FAUNE
DE LA
NORMANDIE

PAR

HENRI GADEAU DE KERVILLE

Fascicule IV

REPTILES, BATRACIENS ET POISSONS

Supplément aux Mammifères et aux Oiseaux

ET

Liste méthodique des Vertébrés sauvages observés en Normandie

AVEC QUATRE PLANCHES EN NOIR

TIRÉ A PART
du *Bulletin de la Société des Amis des Sciences naturelles de Rouen*
2e semestre 1896
(Les deux planches d'ichthyologie de ce tiré à part n'ont pas été publiées dans ce bulletin, mais dans celui du 1er semestre 1894)

PARIS
LIBRAIRIE J.-B. BAILLIÈRE ET FILS
19, rue Hautefeuille
1897

FAUNE

DE LA

NORMANDIE

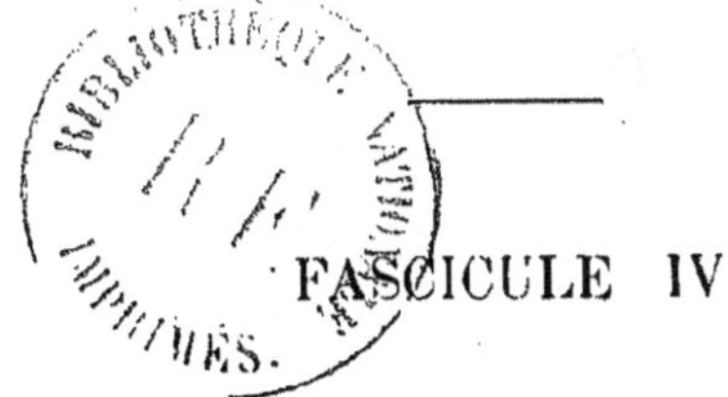

FASCICULE IV

ROUEN. — IMPRIMERIE JULIEN LECERF

FAUNE

DE LA

NORMANDIE

PAR

HENRI GADEAU DE KERVILLE

Fascicule **IV**

REPTILES, BATRACIENS ET POISSONS

Supplément aux Mammifères et aux Oiseaux

ET

Liste méthodique des Vertébrés sauvages observés en Normandie

AVEC QUATRE PLANCHES EN NOIR

TIRÉ A PART

du *Bulletin de la Société des Amis des Sciences naturelles de Rouen*

2e semestre 1896

(Les deux planches d'ichthyologie de ce tiré à part n'ont pas été publiées dans ce bulletin, mais dans celui du 1er semestre 1894)

PARIS

LIBRAIRIE J.-B. BAILLIÈRE ET FILS

19, rue Hautefeuille

1897

A MON PÈRE ET A MA MÈRE

Grâce à vous, j'ai pu me livrer entièrement aux études biologiques et philosophiques, qui, depuis fort longtemps, exercent sur moi une attraction puissante. Non-seulement vous m'avez donné pleine liberté de consacrer ma vie à ces captivantes études, mais, dans votre grande et intelligente affection pour moi, vous me les avez facilitées par tous les moyens en votre pouvoir. Je vous en témoigne ma très-vive reconnaissance, que le temps lui-même ne saurait altérer.

Permettez-moi de vous dédier cette Faune de la Normandie, *laborieux travail inspiré par mon amour sincère pour la province qui m'a vu naître, et acceptez-la comme un faible hommage de mon affection profonde.*

TRAVAUX DE L'AUTEUR

Les Insectes phosphorescents, avec 4 planches chromolithographiées, Rouen, Léon Deshays, 1881.

Les Insectes phosphorescents : Notes complémentaires et Bibliographie générale (Anatomie, Physiologie et Biologie), Rouen, Julien Lecerf, 1887.

Le Taupin des moissons, in Bull. de la Soc. des Amis des Scienc. natur. de Rouen, 2e sem. 1880. — Tiré à part, Rouen, Léon Deshays, 1881, (pagination spéciale).

Comptes rendus des 19e, 20e, 21e, 22e, 23e et 24e *réunions des Délégués des Sociétés savantes à la Sorbonne (Sciences naturelles)*, 1881, 1882, 1883, 1884, 1885 et 1886, in Bull. de la Soc. des Amis des Scienc. natur. de Rouen, 1er sem. des années 1881, 1882, 1883, 1884, 1885 et 1886 ; (l'avant-dernier avec 3 planches en noir et 1 planche en couleurs). — Tirés à part, Rouen : Léon Deshays, 1881, 1882, 1883 et 1884 ; Julien Lecerf, 1885 et 1886 ; (les trois premiers avec une pagination spéciale, et les trois autres avec la même pagination que celle du Bulletin).

Recherches physiologiques et histologiques sur l'organe de l'odorat des Insectes, par Gustav Hauser, traduit de l'allemand, avec 1 planche en noir, in Bull. de la Soc. des Amis des Scienc. natur. de Rouen, 1er sem. 1881. — Tiré à part, Rouen, Léon Deshays, 1881, (pagination spéciale).

Liste générale des Mammifères sujets à l'albinisme, par Elvezio Cantoni, traduction de l'italien et additions, in Bull. de la Soc. des Amis des Scienc. natur. de Rouen, 1er sem. 1882. — Tiré à part, Rouen, Léon Deshays, 1882, (pagination spéciale).

Les œufs des Coléoptères, par Mathias Rupertsberger, traduit de l'allemand, in Revue d'Entomologie, n^os^ de juillet et d'août 1882. — Tiré à part, Caen, F. Le Blanc-Hardel, 1882, (pagination spéciale).

De l'action du Mouron rouge sur les Oiseaux, in Compt. rend. hebdom. des séanc. de la Soc. de Biologie, n° 27, (séance du 8 juillet 1882). — Tiré à part, Paris, Edmond Rousset et Cie, 1882, (pagination spéciale).

De l'action du Persil sur les Psittacidés, in Compt. rend. hebdom. des séanc. de la Soc. de Biologie, n° 3, (séance du 20 janvier 1883). — Tiré à part, Paris, Edmond Rousset et Cie, 1883, (pagination spéciale).

De l'action du Persil sur les Psittacidés : nouvelles expériences et notes complémentaires, Rouen, Léon Deshays, 1883.

De la structure des plumes et de ses rapports avec leur coloration, par le Dr Hans Gadow, traduit de l'anglais et annoté, avec 1 planche en noir, in Bull. de la Soc. des Amis des Scienc. natur. de Rouen, 1er sem. 1883. — Tiré à part, Rouen, Léon Deshays, 1883, (pagination spéciale).

Mélanges entomologiques, 3 *mémoires*, 1er *semestre* 1883, 2e *semestre* 1883, et 1er *et* 2e *semestres* 1884, in Bull. de la Soc. des Amis des Scienc. natur. de Rouen, 1er sem. 1883, 2e sem. 1883 et 2e sem. 1884. — Tirés à part, Rouen, Léon Deshays, 1883, 1884 et 1885, (les deux premiers avec une pagination spéciale, et le dernier avec la même pagination que celle du Bulletin).

Sur la manière de décrire et de représenter en couleurs les animaux à reflets métalliques, avec 1 figure dans le texte, in Bull. de l'Association française pour l'Avancement des Sciences, Congrès de Rouen en 1883. — Tiré à part, Paris, Secrétariat de l'Association, 1884, (pagination spéciale).

Les Myriopodes de la Normandie (1re *liste*), *suivie de diagnoses d'espèces et de variétés nouvelles*, par le Dr Robert Latzel, avec 1 planche en noir, in Bull. de la Soc. des Amis des Scienc. natur. de Rouen, 2e sem. 1883. — Tiré à part, Rouen, Léon Deshays, 1884, (pagination spéciale).

Les Myriopodes de la Normandie (2e *liste*), *suivie de diagnoses d'espèces et de variétés nouvelles (de France, d'Algérie et de Tunisie)*, par le Dr Robert Latzel, in Bull. de la Soc. des Amis des Scienc. natur. de Rouen, 2e sem. 1885. — Tiré à part, Rouen, Julien Lecerf, 1886, (même pagination).

Addenda à la faune des Myriopodes de la Normandie, in Bull. de la Soc. des Amis des Scienc. natur. de Rouen, 1er sem. 1887. — Tiré à part, Rouen, Julien Lecerf, 1887, (pagination spéciale).

Deuxième addenda à la faune des Myriopodes de la Normandie, suivi de la description d'une variété nouvelle (*var. lucida* Latz.) *du Glomeris marginata* Villers, par le Dr Robert Latzel, in Bull. de la Soc. des Amis des Scienc. natur. de Rouen, 1er sem. 1889. — Tiré à part, Rouen, Julien Lecerf, 1890, (même pagination).

Note sur une espèce nouvelle de Champignon entomogène (Stilbum Kervillei Q.), avec 2 figures en couleurs et 2 figures en noir, in Bull. de la Soc. des Amis des Scienc. natur. de Rouen, 2e sem. 1883. — Tiré à part, Rouen, Léon Deshays, 1884, (pagination spéciale).

Note sur un Orque épaulard pêché aux environs du Tréport (Seine-Inférieure), in Bull. de la Soc. des Amis des Scienc. natur. de Rouen, 1er sem. 1884. — Tiré à part, Rouen, Léon Deshays, 1884, (même pagination).

De la reproduction de la Perruche soleil (*Conurus solstitialis* Less.) *en France*, in Bull. mensuel de la Soc. nationale d'Acclimatation de France, n° 7 (juillet) de 1884. — Tiré à part, Paris, Siège de la Société, 1884, (pagination spéciale).

Note sur un Canard monstrueux appartenant au genre Pygomèle, avec 1 planche en noir, in Journal de l'Anatomie et de la Physiologie, n° 5 (septembre-octobre) de 1884. — Tiré à part, Paris, Félix Alcan, 1884, (pagination spéciale).

Description de quatre Monstres doubles (2 Chats et 2 Poussins) appartenant aux genres Synote, Iniodyme, Opodyme et Ischiomèle, avec 1 planche en noir, in Journal de l'Anatomie et de la Physiologie, n° 4 (juillet-août) de 1885. — Tiré à part, Paris, Félix Alcan, 1885, (pagination spéciale).

Les Veaux à deux têtes : deux monstres doubles autositaires, avec 2 figures, in La Nature, Paris, n° du 26 novembre 1887.

Sur un type probablement nouveau d'anomalies entomologiques, présenté par un Insecte coléoptère (Stenopterus rufus L.), avec 2 figures, in Le Naturaliste, n° du 1er janvier 1889. — Tiré à part, Paris, Bureaux du Journal, 1889, (pagination spéciale).

Sur un Levraut monstrueux du genre Hétéradelphe, avec 1 figure, in Le Naturaliste, n° du 15 décembre 1889. — Tiré à part, Paris, Bureaux du Journal, 1889, (pagination spéciale).

Expériences tératogéniques sur différentes espèces d'Insectes, avec 6 figures, in Le Naturaliste, n° du 15 mai 1890. — Tiré à part, Paris, Bureaux du Journal, 1890, (pagination spéciale).

Sur un jeune Chien monstrueux du genre Triocéphale, avec 2 figures, in Le Naturaliste, n° du 1er février 1891. — Tiré à part, Paris, Bureaux du Journal, 1891, (même pagination).

Description d'un Poisson et d'un Oiseau monstrueux (Aiguillat dérodyme et Goëland mélomèle), avec 1 planche en noir, in Journal de l'Anatomie et de la Physiologie, n° 5 (septembre-octobre) de 1892. — Tiré à part, Paris, Félix Alcan, 1892, (même pagination).

Description de quelques espèces nouvelles de la famille des Coccinellidae, avec 4 figures en couleurs, in Annal. de la Soc. entomologique de France, ann. 1884. — Tiré à part, Paris, E. Duruy et Cie, 1884, (figures en noir), (même pagination).

Note sur l'albinisme imparfait unilatéral chez les Lépidoptères, in Annal. de la Soc. entomologique de France, ann. 1885. — Tiré à part, Paris, E. Duruy et Cie, 1886, (même pagination).

Évolution et biologie des Bagous binodulus Hbst. *et Galerucella nymphaeae* L., in Annal. de la Soc. entomologique de France, ann. 1885. — Tiré à part, Paris, E. Duruy et Cie, 1886, (même pagination).

Évolution et biologie des Hypera arundinis Payk. *et Hypera adspersa* F. (*H. pollux* F.), in Annal. de la Soc. entomologique de France, ann. 1886. — Tiré à part, Paris, E. Duruy et Cie, 1886, (même pagination).

Aperçu de la faune actuelle de la Seine et de son embouchure, depuis Rouen jusqu'au Havre, in 2e vol. de *L'Estuaire de la Seine,* par G. Lennier, Le Havre, imprimerie du journal Le Havre, 1885. — Tiré à part, d°, (même pagination).

La faune de l'estuaire de la Seine, in Annuaire des cinq départements de la Normandie (Annuaire normand), Congrès de Honfleur en 1886. — Tiré à part, Caen, Henri Delesques, 1886, (pagination spéciale).

La distribution topographique des animaux dans l'estuaire de la Seine, avec 1 figure, in Le Naturaliste, n° du 15 mars 1888. — Tiré à part, Paris, Bureaux du Journal, 1888, (pagination spéciale).

Note sur les Crustacés schizopodes de l'estuaire de la Seine, suivie de la description d'une espèce nouvelle de Mysis (Mysis Kervillei G.-O Sars), par G.-O. Sars, avec 1 planche en noir, in Bull. de la Soc. des Amis des Scienc. natur. de Rouen, 1er sem. 1885. — Tiré à part, Rouen, Julien Lecerf, 1885, (même pagination).

Note sur un hybride bigénère de Pigeon domestique et de Tourterelle à collier, suivie de la récapitulation des hybrides unigénères et bigénères observés jusqu'alors dans l'ordre des Pigeons, in Bull. de la Soc. des Amis des Scienc. natur. de Rouen, 2e sem. 1885. — Tiré à part, Rouen, Julien Lecerf, 1886, (même pagination).

Note sur un nouvel hybride de Pigeon domestique et de Tourterelle à collier, in Bull. de la Soc. des Amis des Scienc. natur. de Rouen, 2e sem. 1891. — Tiré à part, Rouen, Julien Lecerf, 1892, (même pagination).

Causeries sur le Transformisme, Paris, C. Reinwald, 1887.

L'Aphelochirus aestivalis F. *(Hémiptère hétéroptère),* avec 1 figure, in Le Naturaliste, n° du 15 novembre 1887. — Tiré à part, Paris, Bureaux du Journal, 1887, (pagination spéciale).

Note sur une Pie commune albine, à iris rose, in Bull. de la Soc. des Amis des Scienc. natur. de Rouen, 2e sem. 1887.

Faune de la Normandie, fascicule I, Mammifères, avec 1 planche en noir; *fascicule II, Oiseaux (Carnivores, Omnivores, Insectivores et Granivores)*; et *fascicule III, Oiseaux (Pigeons, Gallinacés, Échassiers et Palmipèdes) (fin des Oiseaux),* avec 1 planche en noir, in Bull. de la Soc. des Amis des Scienc. natur. de Rouen, 2e sem. 1887, 1er sem. 1889 et 2e sem. 1891. — Tirés à part, Paris, J.-B. Baillière et fils, 1888, 1890 et 1892, (même pagination).

Faut-il détruire nos Rapaces nocturnes? (note de zoologie pratique), in Bull. de la Soc. des Amis des Scienc. natur. de Rouen, 2e sem. 1887. — Tiré à part, Rouen, Julien Lecerf, 1888, (même pagination).

De la coloration asymétrique des yeux chez certains Pigeons métis, in Bull. de la Soc. des Amis des Scienc. natur. de Rouen, 2e sem. 1887. — Tiré à part, Rouen, Julien Lecerf, 1888, (même pagination).

Note sur la variation de forme des grains et des pepins chez les Vignes cultivées de l'Ancien-Monde, avec 1 planche en noir, in Bull. de la Soc. centrale d'Horticulture du départem. de la Seine-Inférieure, 4e cahier de 1887. — Tiré à part, Rouen, Espérance Cagniard, 1888, (même pagination).

Les Crustacés de la Normandie (espèces fluviales, stagnales et terrestres) (1re *liste*), in Bull. de la Soc. des Amis des Scienc. natur. de Rouen, 1er sem. 1888. — Tiré à part, Rouen, Julien Lecerf, 1888, (même pagination).

Note sur la découverte du Pélodyte ponctué dans le département de la Seine-Inférieure, in Bull. de la Soc. des Amis des Scienc. natur. de Rouen, 2e sem. 1888. — Tiré à part, Rouen, Julien Lecerf, 1888, (sans pagination).

Note sur la venue du Syrrhapte paradoxal en Normandie, avec 1 planche en bistre, in Bull. de la Soc. des Amis des Scienc. natur. de Rouen, 1er sem. 1889. — Tiré à part, Rouen, Julien Lecerf, 1890, (même pagination).

Sur l'existence du Palaemonetes varians Leach *dans le département de la Seine-Inférieure*, in Bull. de la Soc. zoologique de France, ann. 1890. — Tiré à part, Paris, Siège de la Société, 1890, (même pagination).

Les Animaux et les Végétaux lumineux, avec 49 figures intercalées dans le texte, (Bibliothèque scientifique contemporaine), Paris, J.-B. Baillière et fils, 1890. — Traduction allemande un peu réduite : *Die Leuchtenden Tiere und Pflanzen*, avec 27 figures dans le texte et 1 planche en noir, traduit par W. Marshall, Leipzig, J.-J. Weber, 1893.

Sur un cas d'amitié réciproque chez deux Oiseaux (Perruche et Sturnidé), avec 1 figure, in Le Naturaliste, no du 1er août 1890. — Tiré à part, Paris, Bureaux du Journal, 1890, (même pagination).

Note sur la présence de la Genette vulgaire dans le département de l'Eure, in Bull. de la Soc. des Amis des Scienc. natur. de Rouen, 1er sem. 1890. — Tiré à part, Rouen, Julien Lecerf, 1890, (même pagination).

Biographie de Pierre-Eugène Lemetteil, et liste de ses travaux scientifiques, in Bull. de la Soc. des Amis des Scienc. natur. de Rouen, 1er sem. 1890. — Tiré à part, Rouen, Julien Lecerf, 1890, (même pagination).

Les Vieux Arbres de la Normandie, étude botanico-historique, fascicule I, avec 20 planches en phototypogravure, toutes inédites et faites sur les photographies de l'auteur; *fascicule II*, do; et *fascicule III*, avec 21 planches en photocollographie et 3 figures dans le texte, presque toutes inédites et faites sur les photographies de l'auteur, in Bull. de la Soc. des Amis des Scienc. natur. de Rouen, 2e sem. 1890, 1er sem. 1892 et 2e sem. 1894. — Tirés à part, Paris, J.-B. Baillière et fils, 1891, 1893 et 1895, (même pagination).

Le Chêne-chapelles d'Allouville-Bellefosse (Seine-Inférieure), avec 1 figure, in Le Naturaliste, n° du 15 décembre 1891. — Tiré à part, Paris, Bureaux du Journal, 1891, (même pagination).

L'Aubépine de Bouquetot (Eure), avec 1 figure, in Le Naturaliste, n° du 15 décembre 1893. — Tiré à part, Paris, Bureaux du Journal, 1893, (même pagination).

L'Orme commun de Nonant-le-Pin (Orne), avec 1 figure, in Le Naturaliste, n° du 1er février 1896. — Tiré à part, Paris, Bureaux du Journal, 1896, (même pagination).

Note sur deux Vertébrés albins : Lapin de garenne (Lepus cuniculus L.) *et Bécasse bécassine (Scolopax gallinago* L.), in Bull. de la Soc. des Amis des Scienc. natur. de Rouen, 1er sem. 1891. — Tiré à part, Rouen, Julien Lecerf, 1891, (même pagination).

Colonies hibernantes de Chauves-souris, avec 1 figure, in Le Naturaliste, n° du 15 octobre 1891. — Tiré à part, Paris, Bureaux du Journal, 1891, (même pagination).

Note sur l'historique et la variation des Chrysanthèmes cultivés (Chrysanthème de l'Inde, et Chrys. de la Chine et Chrys. du Japon), avec 1 planche en photocollographie, in Bull. de la Soc. centrale d'Horticulture du départem. de la Seine-Inférieure, 1er cahier de 1892. — Tiré à part, Rouen, Espérance Cagniard, 1892, (même pagination).

Curieuses soudures d'arbres, avec 1 figure, in Le Naturaliste, n° du 1er août 1892. — Tiré à part, Paris, Bureaux du Journal, 1892, (même pagination).

Le Jardin des Plantes de Rouen, avec 1 figure, in Le Naturaliste, n° du 15 février 1893. — Tiré à part, Paris, Bureaux du Journal, 1893, (même pagination).

Matériaux pour la faune normande (1re note), Oiseaux, in Bull. de la Soc. des Amis des Scienc. natur. de Rouen, 1er sem. 1893.

Note sur les Thysanoures fossiles du genre Machilis, et description d'une espèce nouvelle du succin (Machilis succini G. de K.), avec 1 figure dans le texte, in Annal. de la Soc. entomologique de France, ann. 1893. — Tiré à part, Paris, Siège de la Société, 1893, (même pagination).

Note sur des larves marines d'un Diptère du groupe des Muscidés acalyptérés et probablement du genre Actora, trouvées aux îles Chausey (Manche), avec 3 figures dans le texte, in Annal. de la Soc. entomologique de France, ann. 1894. — Tiré à part, Paris, Siège de la Société, 1894, (même pagination).

Les Moutons à cornes bifurquées, avec 1 figure, in Le Naturaliste, n° du 15 mai 1894. — Tiré à part, Paris, Bureaux du Journal, 1894, (même pagination).

Curieux aspect du mycélium d'un Champignon hyménomycète, avec 1 figure, in Le Naturaliste, n° du 1er septembre 1894. — Tiré à part, Paris, Bureaux du Journal, 1894, (même pagination).

Le Lamprocoliou chalybé, avec 1 planche en couleurs, in L'Ami des Sciences naturelles, n° du 1er septembre 1894. — Tiré à part, Rouen, Direction du Journal, 1894, (même pagination).

Allocution prononcée à Elbeuf, le 12 novembre 1894, aux obsèques de Pierre Noury, Conservateur du Musée d'Histoire naturelle d'Elbeuf, Professeur de dessin à la Société industrielle de cette ville, Officier de l'Instruction publique, etc., in Bull. de la Soc. des Amis des Scienc. natur. de Rouen, 2e sem. 1894. — Tiré à part, Rouen, Julien Lecerf, 1894, (pagination spéciale).

Note sur la découverte, aux îles Chausey (Manche), d'une Araignée nouvelle pour la faune française [Hilaira reproba (Cambr.)], in Bull. de la Soc. des Amis des Scienc. natur. de Rouen, 2e sem. 1894. — Tiré à part, Rouen, Julien Lecerf, 1895, (même pagination).

Jeunes Poissons se protégeant par des Méduses, avec 1 figure, in Le Naturaliste, n° du 1er décembre 1894. — Tiré à part, Paris, Bureaux du Journal, 1895, (même pagination).

Recherches sur les faunes marine et maritime de la Normandie, 1er voyage, région de Granville et îles Chausey (Manche), juillet-août 1893, suivies de deux travaux d'Eugène Canu et du Dr E. Trouessart sur les Copépodes et les Ostracodes marins et sur les Acariens marins récoltés pendant ce voyage, avec 11 planches en noir et 7 figures dans le texte, in Bull. de la Soc. des Amis des Scienc. natur. de Rouen, 1er sem. 1894. — Tiré à part, Paris, J.-B. Baillière et fils, 1894, (même pagination).

Sur l'existence de trois cœcums chez des Oiseaux monstrueux, avec 2 figures dans le texte, in Bull. de l'Association française pour l'Avancement des Sciences, Congrès de Caen en 1894, 2e partie. — Tiré à part, Paris, Siège de l'Association, 1895, (même pagination).

Note sur une tête osseuse anomale de Lièvre commun, avec 1 figure dans le texte, in Bull. de la Soc. zoologique de France, ann. 1895. — Tiré à part, Paris, Siège de la Société, 1895, (même pagination).

Note sur une Plie franche et un Flet vulgaire atteints d'albinisme, in Bull. de la Soc. zoologique de France, ann. 1895. — Tiré à part, Paris, Siège de la Société, 1895, (même pagination).

Description d'une Écrevisse commune, de quatre Coléoptères et de deux Lépidoptères anomaux, avec 3 figures dans le texte, in Annal. de la Soc. entomologique de France, ann. 1895. — Tiré à part, Paris, Siège de la Société, 1895, (même pagination).

Une Glycine énorme, à Rouen, avec 1 figure, in Le Naturaliste, n° du 1er août 1895. — Tiré à part, Paris, Bureaux du Journal, 1895, (même pagination).

La protection des Arbres célèbres, avec 1 figure dans le texte, in La Science française, Paris, n° du 2 août 1895.

Le troisième Congrès international de Zoologie, tenu à Leide (Hollande), du 16 au 21 septembre 1895, in Le Naturaliste, n° du 15 octobre 1895. — Tiré à part, Paris, Bureaux du Journal, 1895, (même pagination).

Note sur les têtes de Coqs pourvues d'ergots greffés, avec 1 figure dans le texte, in Bull. de la Soc. d'Étude des Scienc. natur. d'Elbeuf, ann. 1895. — Tiré à part, Elbeuf, C. Allain, 1896, (même pagination).

Perversion sexuelle chez des Coléoptères mâles, avec 1 figure dans le texte, et *Description d'un Coléoptère anomal (Harpalus serripes* Quensel), in Bull. de la Soc. entomologique de France, ann. 1896. — Tiré à part, Paris, Siège de la Société, 1896, (même pagination).

Observations relatives à ma note intitulée : « Perversion sexuelle chez des Coléoptères mâles, avec 1 figure dans le texte », *note communiquée au Congrès annuel de la Société entomologique de France (séance du 26 février 1896) et publiée dans le Bulletin de cette Société*, Rouen, Julien Lecerf, 1896.

Observations sur l'existence, en Normandie, de la Belette vison (Mustela lutreola L.) *ou Vison d'Europe. — Sur la découverte de cette espèce dans le département de la Seine-Inférieure*, in Bull. de la Soc. des Amis des Scienc. natur. de Rouen, 1er sem. 1896. — Tiré à part, Rouen, Julien Lecerf, 1896, (pagination spéciale).

Sur un très-jeune Porc monstrueux du genre Déradelphe, avec 1 figure, in Le Naturaliste, n° du 1er septembre 1896. — Tiré à part, Paris, Bureaux du Journal, 1896, (même pagination).

Sur une tête de Souris commune présentant une éminence galéiforme de nature pathologique, avec 1 figure dans le texte, in Bull. de la Soc. des Amis des Scienc. natur. de Rouen, 2e sem. 1896. — Tiré à part, Rouen, Julien Lecerf, 1896, (pagination spéciale).

Les Cerisaies des environs d'Elbeuf (Seine-Inférieure), in *Le Tout-Savoir universel ; répertoire des renseignements utiles et des connaissances pratiques*, Paris, Rueff et Cie, 1897.

Deux observations personnelles sur l'extension de la huppe, des ailes et de la queue, comme moyen de défense et d'attaque chez les Oiseaux, in Bull. de la Soc. zoologique de France, ann. 1897. — Tiré à part, Paris, Siège de la Société, 1897, (même pagination).

Expériences physiologiques sur le Dyticus marginalis L., in Bull. de la Soc. entomologique de France, ann. 1897. — Tiré à part, Paris, Siège de la Société, 1897, (même pagination).

La richesse faunique de la Normandie, in Le Naturaliste, n° du 15 mars 1897. — Tiré à part, Paris, Bureaux du Journal, 1897, (même pagination).

Sur un Poussin monstrueux du genre Déradelphe, avec 2 figures, in Le Naturaliste, n° du 15 juin 1897. — Tiré à part, Paris, Bureaux du Journal, 1897, (même pagination).

Et cætera.

FAUNE

DE LA

NORMANDIE

PAR

HENRI GADEAU DE KERVILLE

Fascicule IV

REPTILES, BATRACIENS ET POISSONS

Supplément aux Mammifères et aux Oiseaux

ET

Liste méthodique des Vertébrés sauvages observés en Normandie

---

PRÉFACE

Jusqu'alors, nous possédions un petit nombre de mémoires et de notes sur les Reptiles, les Batraciens et les Poissons de la Normandie, mais aucun travail d'ensemble. sauf une liste de douze pages, publiée, il y a soixante ans, par C.-G. Chesnon (op. cit.), et qui était très-insuffisante, même pour l'époque où elle parut. Dans ce quatrième fascicule, je me suis efforcé de combler cette lacune, en y réunissant tous les documents qui, jusqu'à ce jour, ont été publiés sur le sujet en question, en soumettant ces documents à une critique sévère, et en leur ajoutant des renseignements inédits qui me furent très-obligeamment communiqués par des naturalistes et des amis de la nature.

En ce genre de travaux, la précision et l'abondance de détails sont impérieusement nécessaires, mais, hélas! on a fréquemment l'occasion de déplorer leur absence. Depuis que je me suis livré à l'étude si captivante des sciences biologiques, j'ai eu trop souvent la preuve de la légèreté avec laquelle certaines personnes font des publications et fournissent des renseignements scientifiques. Aussi, ne saurais-je trop exhorter les naturalistes à rigoureusement contrôler par eux-mêmes, chaque fois que cela est possible, les faits qu'ils mentionnent dans leurs travaux. Il faut toujours serrer la vérité aussi étroitement qu'on le peut et se bien se garder de publier des travaux hâtifs ou entachés, très-fâcheusement, d'à priori donnés comme étant des réalités. En effet, il est bien regrettable d'obliger des naturalistes consciencieux à employer des semaines, des mois. pour réfuter de longues séries d'erreurs, — besogne bien aride, mais indispensable — au lieu de vérifier les faits insuffisamment démontrés et d'aller à la conquête de vérités nouvelles. Je n'ignore pas que ces lignes sentent le pédagogue et ne me reconnais certes pas une valeur suffisante pour donner des leçons; mais, ces conseils, je les crois si utiles, et mon amour de la science et de la vérité est si grand, que je ne recule nullement devant les railleries des uns, certain d'avoir l'approbation des autres.

Les naturalistes savent que dans les deux premiers congrès internationaux de Zoologie, tenus, à Paris en 1889, et à Moscou en 1892, furent discutées et adoptées des règles pour la nomenclature des êtres organisés (op. cit.), règles d'une importance capitale. Puisque je suis en l'instant donneur de conseils, je me permets de chaleureusement exhorter les naturalistes à l'adoption de ces règles, grâce auxquelles on obtiendra la précision, l'accord et la clarté, si désirables en matière scientifique, comme, d'ailleurs, en toute chose. Pour obtenir cette précision, cet accord, il faut sans crainte, dans l'intérêt de la science, faire jusqu'au dernier les changements utiles, en dépit de la résistance et sous l'œil navré des inguérissables misonéistes.

De ces règles si importantes, que j'ai suivies d'une manière forcément incomplète dans les trois premiers fascicules de cet ouvrage (op. cit.), puisque le dernier était en cours d'impression quand se tenait le deuxième congrès international de Zoologie, mais auxquelles je me suis rigoureusement conformé dans ce volume, de ces règles, dis-je, je crois utile de reproduire ici les trois articles suivants, dont j'ai eu constamment à faire l'application dans ce volume :

« La dixième édition du *Systema Naturae* (1758) est le point de départ de la nomenclature zoologique. L'année 1758 est donc la date à laquelle les zoologistes doivent remonter pour rechercher les noms génériques ou spécifiques les plus anciens, pourvu qu'ils soient conformes aux règles fondamentales de la nomenclature.

« Quand une espèce a été transportée ultérieurement dans un genre autre que celui où son auteur l'avait placée, le nom de cet auteur est conservé dans la notation, mais placé en parenthèse. Ex. : *Pontobdella muricata* (Linné).

« Lorsque le nom de l'auteur d'une espèce ou d'une sous-espèce sera cité en abrégé, on devra se conformer à la liste d'abréviations proposée par le Musée zoologique de Berlin, adoptée et légèrement augmentée par le Congrès de Paris ». Dans ce volume (p. 606), j'indique cette liste, qui a besoin d'être grandement complétée.

Au cours de l'introduction à ma *Faune de la Normandie*, donnée dans le fascicule I, j'ai dit (p. 120), relativement aux animaux marins, que je mentionnerais seulement, en cet ouvrage, ceux qui furent trouvés dans une bande littorale ne dépassant pas en largeur quelques kilomètres, et que, pour plusieurs motifs, je n'y parlerais pas de la faune des îles situées près des côtes normandes. Mais il était indispensable de préciser cette largeur, et, en outre, les îles Chausey, l'île Pelée, les îles Saint-Marcouf, et l'île Tatihou (qui, à chaque marée, est tour à tour île et presqu'île), faisant administrativement partie du département de la Manche, leurs faunules doivent, cela est obligatoire, être comprises dans la faune de la Normandie.

Aussi, est-il nécessaire de répéter dans ce volume ce que j'ai déjà publié en d'autres mémoires, que, après longue réflexion, j'ai adopté la largeur, *évidemment toute conventionnelle*, de douze kilomètres pour la bande littorale que je rattache, au point de vue faunique, à la Normandie. Une largeur moindre serait trop faible, selon moi, et je ne puis adopter une largeur de seize kilomètres, soit une lieue de plus, parce que j'engloberais alors dans cette bande littorale une partie de l'île d'Aurigny, qui, géologiquement parlant, doit sans conteste, ainsi que les autres îles anglo-normandes, être rattachée au Cotentin, dont elles ont été séparées par l'affaissement du sol et l'incessante action érosive des vagues, mais qui appartiennent à l'Angleterre, tout en ayant une partielle autonomie.

En résumé, je considère comme dépendant de la Normandie, au point de vue faunique, une bande littorale d'une largeur de douze kilomètres, sauf pour le petit archipel de Chausey, situé presqu'entièrement, il est vrai, en dehors de cette bande, mais que la logique oblige à rattacher totalement à cette province.

Avec une grande obligeance, des naturalistes et des amis de l'histoire naturelle m'ont fourni de nombreux renseignements, la plupart inédits, ainsi que des spécimens de reptiles, de batraciens et de poissons capturés dans notre belle province normande. C'est pour moi un devoir tout à fait agréable de les en remercier ici d'une manière très-chaleureuse et de faire connaître leur nom. Ce sont MM. Émile Anfrie, à Lisieux (Calvados); Eugène Canu, directeur de la Station aquicole de Boulogne-sur-Mer; L. Corbière, professeur de Sciences naturelles au Lycée de Cherbourg; Éd. Costrel de Corainville, à Mestry (Calvados); A. Duquesne, à Saint-Philbert-sur-Risle (Eure); Raoul Fortin, à Rouen; Auguste Harache, préparateur du Muséum d'Histoire naturelle du Havre; Louis Hulme, aux Andelys (Eure); Henri Joüan, à Cherbourg; Charles van Kempen, à Saint-Omer (Pas-de-Calais); Théodore Lancelevée, à Elbeuf; Fernand Lataste, à Cadillac-sur-Garonne (Gironde); R. Le Dart, à Caen; G. Lennier, conservateur du Muséum d'Histoire naturelle du Havre; l'abbé A.-L. Letacq, à Alençon; A.-E. Malard, sous-directeur du Laboratoire maritime du Muséum d'Histoire naturelle de Paris, à Saint-Vaast-de-la-Hougue (Manche); le docteur F. Mocquard, assistant au Muséum d'Histoire naturelle de Paris; Louis Müller, à Neufchâtel-en-Bray; Eugène Niel, à Rouen; Paul Noel, directeur du Laboratoire régional d'Entomologie agricole de Rouen; Émile Oustalet, assistant au Muséum d'Histoire naturelle de Paris; L. Petit, taxidermiste à Rouen; le docteur Maurice Régimbart, à Évreux; F.-A. Smitt, intendant au Muséum royal d'Histoire naturelle de Stockholm (Suède); Auguste Sourdives, inspecteur-vendeur à la poissonnerie de Rouen; et Vasse (décédé).

A cette liste, qui prouve que des concours, aussi obligeants que désintéressés, m'ont été vastement accordés, je dois ajouter le nom de deux savants qui méritent ma gratitude particulière : MM. G.-A. Boulenger et René Chevrel. Le premier, qui est assistant au British Museum (Natural History), et dont la science profonde, en fait de reptiles et de batraciens, est partout indiscutée, eut la très-grande obligeance de relire attentivement tout le manuscrit de la partie de ce volume concernant ces deux classes de vertébrés, en me donnant de précieux renseignements et en me faisant de sagaces critiques. Quant à M. René Chevrel, le savant et bienveillant chef des travaux de Zoologie à la Faculté des Sciences de Caen, il m'a rendu l'important service de passer en revue avec moi la faune ichthyologique normande et de me donner maints et utiles renseignements sur cette question, qui est un des objets de ses études.

Que les naturalistes et les amis de la nature dont le nom est tracé dans les lignes précédentes, reçoivent, une fois de plus, mon bien reconnaissant et cordial merci.

Dans ce volume, je n'ai pas cru devoir mentionner certains faits très-douteux, sur lesquels je ne pouvais avoir d'éclaircissements. A côté des faits positifs, il est certes nécessaire d'indiquer des renseignements qui le sont plus ou moins, en y ajoutant — cela va sans dire — les observations indispensables, lorsque ces renseignements émanent de personnes ayant quelque compétence en histoire naturelle; mais, bien que je m'efforce, par de très-longues recherches, à être aussi complet que possible, je crois devoir laisser entièrement de côté certains faits concernant la zoologie normande et publiés par des personnes qui eussent mérité l'approbation unanime des naturalistes, si elles avaient laissé leur plume dans l'écritoire.

Au cours de la partie ichthyologique de ce volume, on trouve, à l'égard de la géonémie de certaines espèces, des indications fort ambiguës, comme : Le Havre, Dieppe, Cherbourg, etc. En effet, on se demande si cette indication veut dire que le poisson provient de la région du Havre, de Dieppe, de Cherbourg, ou bien s'il fut trouvé à la poissonnerie. Dans cette deuxième supposition, qui le plus souvent doit être exacte, le poisson peut évidemment avoir été pêché en un point fort éloigné des côtes normandes. Ne pouvant faire mieux, j'ai donné dans ce volume ces indications ambiguës, en déplorant, une fois de plus, l'insuffisance de précision, de détails, si nuisible aux progrès de la science positive.

J'aurais à dire encore plusieurs choses secondaires, mais je ne veux pas trop allonger cette préface, et je prie le lecteur de vouloir bien se reporter, pour la richesse de la faune normande, en reptiles, batraciens et poissons, à la liste méthodique des vertébrés sauvages observés en Normandie, donnée dans la partie terminale de ce volume, et à l'introduction (fasc. I, p. 117) pour le plan de cette *Faune de la Normandie*, très-longue tâche que j'ai entreprise, et pour l'achèvement de laquelle seront joints, tant que je le pourrai, mon labeur et ma volonté.

Par sa nature même, cet ouvrage ne peut contenir que des faits, auxquels je m'efforce de donner le maximum d'exactitude; les idées générales y seraient déplacées. Sans conteste, il faut recueillir et enregistrer le plus grand nombre possible de faits rigoureusement observés, qui forment la base solide de toute généralisation; mais, ces faits, il est indispensable de les grouper, de les synthétiser, et, en terminant, je tiens à dire hautement que si j'aime avec une grande intensité la science des faits positifs, j'ai un amour égal pour les théories, si utiles aux progrès scientifiques, pour les synthèses, qui constituent la philosophie naturelle et sont l'apogée de la science.

1er Embranchement.

VERTEBRATA — VERTÉBRÉS.

3e Classe. *REPTILIA* — REPTILES.

1er Ordre. *CHELONIA* — CHÉLONIENS.

1re Famille. *CHELONIDAE* — CHÉLONIDÉS.

1er Genre. *CHELONE* — CHÉLONÉE.

1re Espèce. **Chelone imbricata** (L.) — Chélonée caret.

Caretta bissa Rüpp., *C. imbricata* Merr., *C. rostrata* Girard, *C. squamata* Gthr., *C. squamosa* Girard.
Chelone imbricata Strauch.
Chelonia imbricata Schweigg., *C. pseudo-caretta* Less., *C. pseudo-mydas* Less.
Eretmochelys imbricata Ag., *E. squamata* Ag.
Onychochelys Kraussi Gray.
Testudo caretta Daud., *T. imbricata* L.

Chélonée imbriquée.
Tortue caret.

A.-M.-C.-Duméril et G. Bibron. — Op. cit.,(1) t. II, p. 534 et 547, et atlas, pl. XXIII, fig. 2, 2 a et 2 b.
É. Sauvage. — *Les Reptiles et les Batraciens* (op. cit.),(1) p. 113 et fig. 121.

La Chélonée caret habite la mer, sauf au moment de la ponte. Sa nourriture est exclusivement animale.

(1) Cet ouvrage est indiqué dans la liste alphabétique des travaux mentionnés dans ce fascicule, liste insérée vers la fin de ce volume.

La femelle dépose ses œufs dans le sable du rivage d'une île ou d'un continent, en un point situé au-dessus de la limite supérieure de la zone du balancement des marées. Lorsque sa ponte est finie, elle remplit de sable le trou qu'elle a creusé pour y déposer ses œufs, qui sont très-nombreux. Aussitôt après leur naissance, les jeunes vont à la mer.

Calvados :

Dans sa *Note concernant des Tortues marines trouvées vivantes sur les côtes du département du Calvados* (op. cit.,[1] p. 279), note que je reproduis en entier dans ces lignes, Eudes-Deslongchamps dit : « Au mois d'août 1836, M. Desloges, directeur de l'Assurance mutuelle contre l'Incendie, me remit une petite Tortue vivante de l'espèce appelée Caret (*Testudo imbricata*), qu'il avait ramassée la veille, à marée basse, sur les rochers situés en face du village de Luc, au lieu dit *le Petit-Enfer*. Je fus tout aussi étonné que lui d'une pareille trouvaille ; je ne soupçonnais pas que cette espèce, ni aucune autre Tortue marine, hantât des latitudes aussi élevées. Est-ce à la température extraordinaire de l'été de cette année (1836) qu'il faut attribuer l'espèce d'émigration de cette Tortue ? Se serait-elle échappée de quelque vaisseau traversant la Manche ? Toute conjecture à cet égard serait à peu près vaine ; il faut se contenter du fait.

« Quoi qu'il en soit, la Tortue ne paraissait nullement malade ; je la plaçai dans un baquet d'eau douce qu'on renouvelait tous les deux jours, et je l'y

(1) Cette note est indiquée dans la liste alphabétique des travaux mentionnés dans ce fascicule et dans la bibliographie des Reptiles et des Batraciens de la Normandie, listes insérées vers la fin de ce volume.

ai conservée vivante pendant deux mois et demi. On lui offrit diverses sortes d'aliments, mais elle n'y toucha point. Au bout de deux mois elle rendit, par l'anus, une certaine quantité de petites pierres dont la grosseur variait depuis celle d'un pois jusqu'à celle d'une noisette : c'étaient des fragments de silex et de pierres calcaires dures, un peu arrondis sur leurs angles, que l'animal avait avalés avec sa nourriture, comme le font les oiseaux gallinacés et quelques reptiles, notamment les Crocodiles, et qui servent sans doute à faciliter, dans l'estomac, la comminution des aliments.

« Quinze jours après l'évacuation des pierres, la Tortue fut trouvée morte dans son baquet. Depuis qu'elle y séjournait, ses narines et ses conjonctives s'étaient couvertes d'une sorte de végétation de mucus jaunâtre très-épais, qui adhérait fortement à la membrane sous-jacente pendant la vie, mais qui s'en est détachée facilement après la mort. Malgré un si long jeûne, l'animal n'était presque pas atrophié, ses muscles étaient assez fermes; dans plusieurs points il y avait des grappes de graisse.

« M. de Magneville, à qui je fis part de la trouvaille de M. Desloges, me dit qu'il était à sa connaissance qu'on avait trouvé une Tortue vivante, de très-grandes dimensions, sur les rochers de Port-en-Bessin. Il tenait ce fait de feu son père ».

Étant donné que des exemplaires de Chélonée caret se montrent accidentellement sur les côtes de France, il est très-légitime de supposer que l'individu en question, qui a été trouvé sur le rivage de Luc-sur-Mer, s'était, par l'action de courants marins, de tempêtes ou d'autres causes, égaré de la région qu'il habitait, et non échappé d'un bateau. C'est pourquoi je parle ici de la Chélonée caret, attendu que, dans ma *Faune de la Normandie*, je mentionne toutes les espèces sauvages dont la présence, en dehors de l'action de l'homme, a été constatée dans cette province.

Quant au nom spécifique de la Tortue indiquée par M. de Magneville, on ne peut faire à cet égard que de très-vagues hypothèses, en l'absence de renseignements descriptifs. Il est possible qu'elle appartenait à l'espèce suivante : Dermochélyde luth [*Dermochelys coriacea* (L.)].

2e Famille. *DERMOCHELIDIDAE*—DERMOCHÉLIDIDÉS.

1er Genre. *DERMOCHELYS* (1) — DERMOCHÉLYDE.

1. **Dermochelys coriacea** (L.) — Dermochélyde luth.

Chelonia coriacea Schweigg.
Coriudo coriacea Harl.
Dermatochelys (1) *coriacea* Strauch, *D. porcata* Wagl.
Sphargis coriacea Gray, *S. mercurialis* Merr., *S. tuberculata* Grav.
Testudo arcuata Catesby, *T. coriacea* L.

Sphargis luth.
Tortue luth.

A.-M.-C. Duméril et G. Bibron. — Op. cit., t. II, p. 560, et atlas, pl. XXIV, fig. 2, 2 a et 2 b.
É. Sauvage. — *Les Reptiles et les Batraciens* (op. cit.), p. 114 et fig. 122.
Albert Granger. — Op. cit., fig. (p. 41).

(1) *Dermochelys* Blainv. et *Dermatochelys* Wagl.

Le Dermochélyde luth habite la mer et se tient au large, excepté au moment de la ponte. Sa nourriture paraît consister presque uniquement en poissons, mollusques et crustacés. La femelle dépose ses œufs dans le sable du rivage d'une île ou d'un continent, en un point situé au-dessus de la limite supérieure de la zone du balancement des marées. Lorsque sa ponte est terminée, elle remplit de sable le trou qu'elle a creusé pour y déposer ses œufs, dont le nombre peut atteindre trois à quatre cents annuellement. Parfois, plusieurs femelles pondent ensemble, de telle sorte que plus d'un millier d'œufs se trouvent réunis. Dès qu'ils sont nés, les jeunes se rendent à la mer.

Seine-Inférieure :

« Le mémoire dont je vais présenter l'extrait, dit Gosseaume (Descroizilles, op. cit., p. 118), est anonyme, et ce n'est que par des recherches faites dans le registre de l'Académie (royale des Sciences, des Belles-Lettres et des Arts de Rouen), que j'ai découvert quel en était l'auteur (François Descroizilles), et que je puis le signaler à la reconnaissance de l'Académie.

« Le 25 octobre 1752, à deux lieues de Dieppe, au nord-est, et à une demi-lieue de la terre, il a été pris un poisson (reptile et non poisson) extraordinaire, qui, eu égard à sa figure, paraît devoir être rapporté aux tortues de mer. Aussi a-t-il été regardé d'abord comme un vrai Caret, même par des navigateurs qui se prétendent connaisseurs ; mais comme le test de notre tortue est membraneux, et celui du Caret écailleux, il n'est pas permis de confondre des espèces si distinctes.

« J'ai comparé la description de M. Descroizilles avec celle de M. le comte de Lacépède, et j'ai reconnu entre elles une entière conformité. Il en est de même de la figure dont M. Descroizilles accompagne sa description, et de celle de M. de Lacépède : ainsi il est hors de doute que le poisson pêché sur la côte de Dieppe ne soit le luth, ou la tortue coriace de Linné.

« . . . .

« Elle était longue de six pieds sept pouces, la tête et la queue comprises.

« Sa largeur était de quatre pieds environ, et son épaisseur de trois pieds. Elle pesait de huit à neuf cents livres.

« La longueur des nageoires antérieures était de trois pieds, leur largeur d'un pied.

« Les deux nageoires postérieures étaient plus petites que les précédentes.

« . . . .

« Un filet tendu pour la pêche du hareng aurait été incapable d'arrêter un poisson pareil. Il s'embarrassa le col dans le cordage qui soutient le filet, et les pêcheurs l'ayant aperçu à la pointe du jour, craignirent d'abord d'en approcher; mais, rassurés enfin, ils l'amarrèrent et l'entraînèrent vivant jusqu'au port. En l'examinant, on s'aperçut qu'il avait sur le dos deux poissons qui y paraissaient collés : c'était deux échénéis ou rémora, poisson sur lequel Pline a débité tant de fables.

« A cette dissertation de M. Descroizilles, j'ai trouvé annexée une lettre de M. Féret à M. Pingré, qui contredit la description ci-dessus en n'accordant que dix-huit pouces d'épaisseur (1) ».

(1) Dans cette lettre de M. Féret il y a : « ..... et suis persuadé que de l'aveu de tous ceux qui l'ont vu, comme nous, que, s'il y a 15 à 18 pouces d'épaisseur, c'est tout au plus ».

Le manuscrit en question de François Descroizilles, accompagné d'une aquarelle et de trois lavis représentant cette Tortue, ainsi

2e Ordre. *SAURIA* — SAURIENS.

1re Famille. *LACERTIDAE* — LACERTIDÉS.

1er Genre. *LACERTA* — LÉZARD.

1. Lacerta viridis (Laur.) — **Lézard vert.**

Lacerta bilineata Daud., *L. chloronota* Raf., *L. sericea* Daud., *L. smaragdina* Meisn., *L. varius* M.-E., *L. viridis* Daud.
Seps sericeus Laur., *S. terrestris* Laur., *S. varius* Laur., *S. viridis* Laur.

Lézard à deux raies, L. piqueté.

Verdelet, Vert de gris.

Victor Fatio. — Op. cit., p. 69 et 108, et pl. II, fig. 1 et 2.
Fernand Lataste. — Op. cit., p. 275, 1er tableau, et pl. VII, fig. 9—11; tiré à part, p. 83, et mêmes tableau, pl. et fig.
Amb. Gentil. — *Erpétologie de la Sarthe* (op. cit.), p. 575; tiré à part, p. 7.
É. Sauvage. — *Les Reptiles et les Batraciens* (op. cit.), p. 253 et fig. 213.
Albert Granger. — Op. cit., p. 57 et fig.
René Martin et Raymond Rollinat. — Op. cit., p. 279.

que la lettre de M. Féret, sont conservés dans les archives de l'Académie des Sciences, Belles-Lettres et Arts de Rouen, où j'ai pu les consulter, grâce à l'obligeante autorisation de cette Académie.

L'examen des figures, dont j'ai fait un calque des deux principales, que j'ai communiqué à l'éminent herpétologue M. G.-A. Boulenger, permet d'affirmer qu'il s'agit bien d'un exemplaire de Dermochélyde luth.

Le Lézard vert habite les lieux boisés et les terrains pierreux plus ou moins découverts, dans les régions basses, mais un peu accidentées, et dans les montagnes, où il se trouve jusqu'à 1.300 mètres d'altitude. Il vit aussi dans les prairies, voire même dans les prairies humides. Souvent on le voit sur le bord des chemins et sur de vieilles souches dans lesquelles il se retire fréquemment. Il est sociable. Son naturel est très-vif en dehors des quelques jours qui précèdent ou suivent sa période d'hibernation. Le Lézard vert est très-sauvage et mord qui veut le prendre. Il court avec beaucoup d'agilité et de vitesse, et grimpe parfois à la partie basilaire du tronc des arbres et sur les arbrisseaux. Ses mœurs sont exclusivement diurnes. Il se meut de préférence par les temps ensoleillés. Sa période d'hibernation, pendant laquelle il est dans un engourdissement profond, s'étend depuis les premiers froids de l'automne jusque dans la seconde quinzaine de février, en mars ou en avril, suivant la température. Il hiverne dans un trou du sol ou dans une fissure de rocher. Ce Lézard est vorace. Sa nourriture se compose de larves et d'insectes, de vers, d'araignées, de mollusques, etc.; il s'attaque aux jeunes orvets et parfois à différents autres petits vertébrés. Cette espèce ne se reproduit que dans sa troisième année. L'accouplement a lieu en mars, avril ou mai, selon la température. La femelle ne fait par an qu'une ponte, qui est normalement de six à quatorze œufs, et, par exception, de quinze à dix-neuf; les jeunes femelles en produisent un peu moins que les autres. Les œufs sont habituellement déposés sous une pierre ou dans un trou du sol, parfois sous du fumier. Les jeunes éclosent entre le milieu de juillet et la fin d'octobre. La queue du Lézard vert, comme celle de beaucoup d'autres espèces de sauriens, se brise très-facilement sous la volonté de l'animal, par un acte d'autotomie, c'est-à-dire d'amputation volontaire. Elle se reforme plus ou moins promptement.

Seine-Inférieure :

« Saint-Étienne-du-Rouvray, haies et buissons de la plaine, bords de la forêt. A. R. ». [Lieury. — Op. cit., p. 118].

M. Eugène Niel, à Rouen, m'a dit qu'il avait vu, en 1880, un exemplaire de cette espèce, que M. Angran avait capturé à Grand-Couronne, sur la lisière de la forêt de La Londe, en face le château du Grésil. De plus, M. Schlumberger lui avait dit que le Lézard vert existait dans ses bois, aux Authieux-sur-le-Port-Saint-Ouen, et dans les bois de Freneuse.

Un Lézard vert provenant des coteaux d'Amfreville-la-Mivoie fait partie de la collection de M. Louis Müller. — J'ai examiné cet échantillon. [H. G. de K.].

Eure :

Espèce mentionnée, sans aucun détail, comme ayant été observée dans le canton de Gisors. [Charles Bouchard. — Op. cit., p. 23].

Un Lézard vert, capturé à Lyons-la-Forêt, fut envoyé vivant, par M. Decaen, à la Société des Amis des Sciences naturelles de Rouen. (Bull. de cette Soc., 1er sem. 1873, p. 16 et 18).

M. Eugène Niel, à Rouen, m'a informé qu'il avait vu, dans la forêt de Vernon, un spécimen de ce Lézard.

M. Paul Noel, directeur du Laboratoire régional d'Entomologie agricole de Rouen, m'a certifié qu'il avait pris plusieurs fois ce Lézard sur les coteaux arides de Vernonnet, à Vernon, en 1881.

Très-rare; côtes arides à Brosville, et entre le village de Houlbec-Cocherel et le hameau de Cocherel (commune de Houlbec-Cocherel); exemplaires capturés par moi-même. [Renseignement manuscrit du Dr Maurice Régimbart, à Évreux].

M. Louis Hulme, juge suppléant aux Andelys, m'a écrit qu'un exemplaire de cette espèce avait été pris par lui dans la forêt de Louviers.

Orne :

Dans ce département, dit l'abbé A.-L. Letacq [*Note sur la découverte du Lézard des souches (Lacerta stirpium* Daud.) *à Bagnoles, et sur les espèces du genre Lacerta observées dans le département de l'Orne* (op. cit., p. 118), le Lézard vert « n'est pas également répandu sur tous les points : ainsi, on ne le trouve pas aux environs de Tourouvre, de Laigle, de Vimoutiers, de Trun, de Putanges, et en général dans le nord du département; je ne l'ai pas remarqué autour de Mortagne, d'Argentan et d'Écouché. Il apparaît çà et là dans les forêts d'Andaine et d'Écouves, mais il n'est commun que sur le versant méridional des collines de Normandie : aux environs d'Alençon, par exemple, il se voit fréquemment à Radon, au Froust (commune de Saint-Nicolas-des-Bois), à Saint-Nicolas-des-Bois, La Butte-Chaumont (communes de Cuissai, Saint-Nicolas-des-Bois, Livaie et Saint-Denis-sur-Sarthon), La Roche-Mabile, tandis qu'il est rare à Saint-Didier-sous-Écouves et à Fontenay-les-Louvets. Autour de la ville (Alençon), les carrières de Damigny, Condé-sur-Sarthe, Saint-Germain-du-Corbéis, des Aunais (commune de Saint-Germain-du-Corbéis), d'Arçonnay (Sarthe) et de Saint-Paterne (Sarthe) en recèlent un grand nombre.

« Au sud de la forêt d'Andaine, je l'ai observé à Bagnoles (commune de Tessé-la-Madeleine), à Antoigny, dans les gorges de Villiers (commune de Saint-Ouen-le-Brisoult), où il habite les carrières, les éboulis et les rochers.

« En résumé, les collines de Normandie me paraissent avoir une influence marquée sur la dispersion du Lézard vert dans le département de l'Orne ».

« C. dans les bois, les forêts, au pied des haies, dans les anciennes carrières au milieu des broussailles. J'en ai vu dans la forêt d'Andaine, près du Gué-aux-Biches, deux exemplaires qui mesuraient près de 40 centimètres de longueur ». [Abbé A.-L. Letacq. — *Matériaux pour servir à la faune des Vertébrés du département de l'Orne* (op. cit.), p. 118; tiré à part, p. 54]. — « C. au sud des collines de Normandie, rare ou inconnu ailleurs ». [Abbé A.-L. Letacq. — *Matériaux*, etc. (op. cit.), additions et rectifications à ce travail, p. 130; tiré à part, p. 66].

« Le Lézard vert est commun dans les cantons du Theil-sur-Huîne, de Bellême et de Nocé ». [Renseignement manuscrit de M. l'abbé A.-L. Letacq, à Alençon].

Manche :

« J'ai vu à maintes reprises et capturé plusieurs fois le Lézard vert au Mont Saint-Michel, sur les rochers et les murs en pierres sèches des jardins, où il est assez commun ». [René Chevrel, chef des travaux de Zoologie à la Faculté des Sciences de Caen, renseignement verbal].

P. Joseph-Lafosse dit, dans son mémoire sur *Le Lézard vivipare et le Lézard des murailles en Normandie* (op. cit., note ajoutée au moment de l'impression, p. 172), que « d'après de nouvelles indications réunies récemment, il est probable que le Lézard vert se trouve à Granville et à Donville ».

Calvados :

Bien que je ne possède aucun renseignement qui démontre, d'une manière non douteuse, la présence du Lézard vert dans le Calvados, je crois néanmoins pouvoir avancer, à priori, qu'il est presque certain que cette espèce existe dans ce département.

2. **Lacerta agilis** L. — Lézard des souches.

Lacerta arenicola Daud., *L. Laurentii* Daud., *L. stirpium* Daud.
Seps argus Laur., *S. caerulescens* Laur., *S. ruber* Laur., *S. stellatus* Schrnk.

Victor Fatio. — Op. cit., p. 75 et 108, et pl. II, fig. 3.
Fernand Lataste. — Op. cit., 1er tableau; tiré à part, idem.
Amb. Gentil. — *Erpétologie de la Sarthe* (op. cit.), p. 575 et 576; tiré à part, p. 7 et 8.
É. Sauvage. — *Les Reptiles et les Batraciens* (op. cit.), p. 255 et fig. 215.
Albert Granger. — Op. cit., p. 58 et fig.
René Martin et Raymond Rollinat. — Op. cit., p. 282.

Le Lézard des souches habite de préférence les régions basses, et, dans les montagnes, ne se trouve guère au-dessus de 1.200 mètres d'altitude. Il vit dans les lieux boisés et les endroits plus ou moins découverts. On le rencontre aussi dans les prairies et les jardins des campagnes. Son naturel est très-vif en dehors des quelques jours qui précèdent ou suivent sa période d'hibernation. Il court vite et grimpe assez facilement dans la partie basilaire des buissons; il peut nager, mais ne le fait que par nécessité. Ses mœurs sont exclusivement diurnes. Sa période de sommeil hibernal s'étend depuis les premiers froids de l'automne jusque dans la seconde quinzaine de février, en mars ou en avril, selon le climat et l'altitude. Il hiverne, plus ou moins profondément engourdi, dans le trou qu'il s'est creusé dans le sol, ou dans une fissure de rocher. Sa nourriture se compose de larves et d'insectes, de vers, d'araignées, de mollusques et de myriopodes. Ce Lézard ne se reproduit que dans sa troisième année. L'accouplement a lieu en mars, avril ou mai, suivant la température. La femelle ne fait par an qu'une ponte, qui est normalement de neuf à treize œufs ; les jeunes femelles en produisent un peu moins que les autres. Les œufs sont habituellement déposés dans un trou du sol, souvent jusqu'à une profondeur de quinze centimètres ; parfois ils sont pondus dans du fumier. La queue du Lézard des souches, comme celle de beaucoup d'autres espèces de sauriens, se casse très-facilement sous la volonté de l'animal, par un acte d'autotomie; elle se reconstitue d'une manière plus ou moins prompte.

Normandie orientale. — P. C. — Le Lézard des souches n'a pas, à ma connaissance, été signalé en Normandie plus à l'ouest que Bagnoles-de-l'Orne (commune de Tessé-la-Madeleine), où la présence de cette espèce a été constatée par M. l'abbé A.-L. Letacq. [*Note sur la découverte du Lézard des souches* (*Lacerta stirpium* Daud.) *à Bagnoles, et sur les espèces du genre Lacerta observées dans le département de l'Orne* (op. cit.), p. 117].

3. **Lacerta vivipara** Jacquin — **Lézard vivipare.**

Lacerta crocea Wolf, *L. nigra* Wolf, *L. pyrrhogaster* Merr., *L. schreibersiana* M.-E.
Zootoca montana Tschudi, *Z. pyrrhogastra* Tschudi, *Z. vivipara* Wagl.

Lézard de Schreibers.

Victor Fatio. — Op. cit., p. 81 et 108, et pl. II, fig. 4.
Fernand Lataste. — Op. cit., p. 269, 1er tableau, et pl. VII, fig. 6—8; tiré à part, p. 77, et mêmes tableau, pl. et fig.

Amb. Gentil. — *Erpétologie de la Sarthe* (op. cit.), p. 575 et 577; tiré à part, p. 7 et 9.

É. Sauvage. — *Les Reptiles et les Batraciens* (op. cit.), p. 254 et fig. 214.

Albert Granger. — Op. cit., p. 60.

René Martin et Raymond Rollinat. — Op. cit., p. 283.

Le Lézard vivipare habite les pays plats, où il recherche les marais, les talus des chemins bordés de fossés humides ou de ruisseaux, et les endroits humides des prairies, des bois et des forêts, ainsi que les régions montagneuses, dans lesquelles on le rencontre jusqu'à plus de 3.000 mètres d'altitude; on le trouve aussi dans des lieux secs. Son naturel est vif en dehors des quelques jours qui précèdent ou suivent sa période d'hibernation. Il court avec prestesse, va très-volontiers à l'eau, et nage et plonge fort bien. Ses mœurs sont exclusivement diurnes. Sa période d'hibernation s'étend depuis les premiers froids de l'automne jusque dans la seconde quinzaine de février, en mars, avril ou mai, suivant la température. Il hiverne dans un trou qu'il s'est pratiqué en terre. Sa nourriture se compose de larves et d'insectes, de vers, de mollusques, d'araignées, etc. Cette espèce ne se reproduit que dans sa troisième année. L'accouplement a lieu en mars, avril ou mai. La femelle ne fait par an qu'une ponte, qui est normalement de quatre à neuf œufs, et, par exception, de dix à douze ; les jeunes femelles en produisent un peu moins que les autres. La ponte a lieu en juillet, en août ou en septembre. Les œufs sont habituellement déposés sous une pierre ; parfois plusieurs femelles pondent sous la même pierre. Cette espèce est ovovivipare : au moment de la ponte, les œufs contiennent des jeunes qui sortent de l'œuf dès qu'il est pondu ou seulement quelques minutes après. Parfois, la coque de l'œuf — une simple membrane — est brisée par le jeune dans l'abdomen de la femelle, ce qui constitue réellement un fait de viviparité, qui fit donner à cette espèce son nom spécifique. De même que la queue de beaucoup d'autres espèces de sauriens se brise très-aisément sous la volonté de l'animal, celle du Lézard vivipare se casse avec une grande facilité, par un acte d'autotomie, mais se reconstitue plus ou moins vivement.

Toute la Normandie. — A.C. en général et C. dans beaucoup de localités.

En 1866, le Lézard vivipare fut indiqué par Lieury (op. cit., p. 117) comme étant très-rare dans le département de la Seine-Inférieure; mais, grâce aux captures faites par plusieurs naturalistes : MM. Charles Brongniart, L. Corbière, Raoul Fortin, P. Joseph-Lafosse, l'abbé A.-L. Letacq, Louis Müller et moi-même, on peut dire que ce Lézard est, en général, assez fréquent dans la Normandie, et commun dans beaucoup de localités.

4. **Lacerta muralis** (Laur.) — Lézard des murailles.

Lacerta Brongniarti Daud., *L. fasciata* Risso, *L. lateralis* Merr., *L. maculata* Daud., *L. merremia* Risso, *L. muralis* Latr.

Podarcis muralis Wagl.

Seps muralis Laur.

Zootoca muralis Gray.

Lézard gris.

Ambiette, Aspic, Coupe-brière, Courant de brière, Courant de bruyère.

Victor Fatio. — Op. cit., p. 92 et 108, et pl. II, fig. 5.

Fernand Lataste. — Op. cit., p. 263, 1er tableau, et pl. VII, fig. 3—5; tiré à part, p. 71, et mêmes tableau, pl. et fig.

Amb. Gentil. — *Erpétologie de la Sarthe* (op. cit.), p. 575 et 577; tiré à part, p. 7 et 9.

É. Sauvage. — *Les Reptiles et les Batraciens* (op. cit.), p. 258 et pl. XI.
Albert Granger. — Op. cit., p. 61 et fig.
René Martin et Raymond Rollinat. — Op. cit., p. 284.

Le Lézard des murailles habite de préférence les endroits pierreux plus ou moins découverts, dans les régions basses aussi bien que dans les montagnes, où il se trouve jusqu'à 1.700 mètres d'altitude. Il recherche les pierres, les murs, les ruines, sur lesquels il aime à se chauffer au soleil, s'enfuyant avec une grande rapidité à la moindre alerte. Il se tient volontiers dans le voisinage des habitations, mais se rencontre peu souvent dans les lieux boisés et dans les champs. Le Lézard des murailles est sociable. Son naturel est extrêmement vif en dehors des quelques jours qui précèdent ou suivent sa période d'hibernation. Il court avec une très-grande prestesse et grimpe avec une étonnante facilité aux parois verticales des rochers et aux murs. Ses mœurs sont exclusivement diurnes. Pendant les heures les plus chaudes des journées estivales, il se met à l'abri des rayons du soleil. Il est peu frileux, et, quand la température est douce et le temps ensoleillé, on le voit en novembre et même en décembre. Sa période d'hibernation est à peu près limitée aux grands froids et s'étend jusqu'en février, mars ou avril, suivant la température. Il hiverne dans une fissure de rocher ou de muraille, sous une pierre ou dans un trou qu'il s'est creusé dans le sol. Sa nourriture se compose particulièrement d'insectes et de larves, d'araignées et de mollusques. Ce Lézard ne se reproduit que dans sa troisième année. L'accouplement a lieu en mars, avril ou mai. La femelle ne fait par an qu'une ponte, qui est normalement de six à dix œufs, et, par exception, de onze à quatorze; les jeunes femelles en produisent un peu moins que les autres. Les œufs sont déposés dans un trou du sol, dans une fissure de rocher, sous une pierre, parfois sous du fumier. Les jeunes éclosent dans le mois de juillet, d'août ou de septembre. On sait très-bien que la queue du Lézard des murailles, comme celle de beaucoup d'autres espèces de sauriens, se brise fort aisément. Il s'agit là d'un acte d'amputation volontaire, d'autotomie pour employer le mot technique. La reformation de la queue s'opère plus ou moins promptement.

Toute la Normandie. — A.C. en général, et C. dans beaucoup de localités.

J'ai constaté que le Lézard des murailles était fort commun dans la Grande-Ile du petit archipel de Chausey (Manche).

2e Famille. *SCINCOIDAE* — SCINCOIDÉS.

1er Genre. *ANGUIS* — ORVET.

1. **Anguis fragilis** L. — Orvet fragile.

Anguis bicolor Risso, *A. cinereus* Risso, *A. clivica* Laur., *A. eryx* L., *A. lineata* Laur.
Eryx clivicus Daud.

Orvet commun, O. ordinaire, O. vulgaire.

Aspi, Auvet, Orver.

Victor Fatio. — Op. cit., p. 103 et 108, et pl. II, fig. 6.
Fernand Lataste. — Op. cit., p. 291, 1er tableau, et pl. VIII, fig. 1—3; tiré à part, p. 99, et mêmes tableau, pl. et fig.
Amb. Gentil. — *Erpétologie de la Sarthe* (op. cit.), p. 578; tiré à part, p. 10.
É. Sauvage. — *Les Reptiles et les Batraciens* (op. cit.), p. 279 et fig. 230.
Albert Granger. — Op. cit., p. 68 et fig.
René Martin et Raymond Rollinat. — Op. cit., p. 286.

L'Orvet fragile habite principalement les endroits herbeux découverts et les lieux boisés. Il se trouve depuis les régions basses jusqu'à une altitude de 2.000 mètres environ. Il est sociable, tout particulièrement pendant la saison d'hivernage. Son naturel est doux. Il rampe assez lestement et nage fort bien, mais ne grimpe pas. Ses mœurs sont diurnes et nocturnes. L'Orvet fragile se tient généralement caché lorsque la chaleur est grande. « Il n'est pas rare de le trouver, disent René Martin et Raymond Rollinat (op. cit., p. 286), dans les villes ou dans les fermes au moment où on rentre le foin ; il cherche à s'enfuir des greniers dans lesquels il est enfermé, tombe dans les cours et est le plus souvent dévoré par les poules ou par les porcs ». A l'arrivée des froids de l'automne, il se blottit, pour y passer la mauvaise saison, dans un trou du sol, sous des feuilles mortes, dans un tas de pierres ou de fumier; souvent il se creuse une galerie souterraine. Il hiverne fréquemment en compagnie, et l'on trouve parfois de vingt à trente Orvets réunis dans la même galerie, dont souvent ils ont fermé l'entrée avec de la terre et de la mousse. Sa période d'hivernage se termine en mars, avril ou même seulement dans la première quinzaine de mai, suivant le climat et l'altitude. Sa nourriture se compose d'insectes et de larves, de lombrics, de mollusques (presque uniquement de limaces), etc. L'accouplement a lieu le plus généralement en avril. Cette espèce est ovo-vivipare. La femelle met au monde une fois par an, au mois d'août ou de septembre, de six à vingt petits, qui sont habituellement déposés dans un trou du sol, et qui déchirent la coque de l'œuf, diaphane et très-mince, fort peu de temps après la ponte. La queue de l'Orvet fragile, comme celle de beaucoup d'autres sauriens, se brise très-facilement sous la volonté de l'animal, par un acte d'autotomie, mais elle ne se reconstitue pas avec la même facilité que celle des lézards, et seulement un petit bout se reforme, de telle sorte que la queue est toujours courte chez les individus où elle a été cassée. Cette fragilité fit donner à cette espèce le nom qu'elle porte.

Toute la Normandie. — C.

3e Ordre. *OPHIDIA* — OPHIDIENS.

1re Famille. *COLUBRIDAE* — COLUBRIDÉS.

1er Genre. *COLUBER* — COULEUVRE.

1. **Coluber longissimus** (Laur.) — **Couleuvre d'Esculape.**

Callopeltis Aesculapii Schreib., *C. flavescens* Bp., *C. longissimus* Cam.

Coluber Aesculapii Lacép., *C. flavescens* Gm., *C. longissimus* Bonnat., *C. Scopolii* Merr.

Elaphis Aesculapii D. et B., *E. flavescens* Leyd.

Natrix longissima Laur.

Zamenis Aesculapii Fitz.

Élaphe d'Esculape.

Serpent d'Esculape.

Sourjetton, Surjetton.

Victor Fatio. — Op. cit., p. 136 et 227, et pl. II, fig. 7—9.

Fernand Lataste. — Op. cit., 1er tableau; tiré à part, idem.

Amb. Gentil. — *Erpétologie de la Sarthe* (op. cit.), p. 580; tiré à part, p. 12.

É. Sauvage. — *Les Reptiles et les Batraciens* (op. cit.), p. 355 et fig. 268.

Albert Granger. — Op. cit., p. 82 et fig. (p. 31).

René Martin et Raymond Rollinat. — Op. cit., p. 288.

La Couleuvre d'Esculape vit dans les endroits pierreux et broussailleux, les prairies, les champs, les bois et les forêts, dans les régions basses et dans les montagnes, où on la trouve jusqu'à 1.300 mètres d'altitude. Souvent on la rencontre parmi les ruines. Son naturel est vif. Ses mouvements sont souples. Elle ne rampe pas d'une façon très-rapide, mais grimpe aisément dans les buissons et sur les arbres de petite taille ; elle grimpe aussi aux murs, en s'aidant des aspérités qu'ils possèdent. Ses mœurs sont principalement diurnes. La Couleuvre d'Esculape est très-frileuse, et, dès les premiers froids de l'automne, elle se blottit dans un trou de rocher, un arbre creux ou quelque autre abri, où elle hiverne jusqu'en avril, mai ou la première quinzaine de juin, suivant le climat et l'altitude. Sa nourriture se compose de petits mammifères, de lézards, de jeunes oiseaux, etc., qu'elle étouffe dans ses replis, à la façon des boas, avant de procéder à la déglutition. La femelle ne fait par an qu'une ponte, qui est de cinq à vingt œufs ; les jeunes femelles en produisent un peu moins que les autres. Les œufs sont déposés dans quelque trou ou dans de la mousse sèche, parfois dans du fumier.

Note. — On a écrit que la Couleuvre d'Esculape était fort probablement le serpent que les Romains vénéraient et qui est enroulé autour du bâton que porte à la main Esculape, le dieu de la médecine, d'où le nom spécifique donné à cet ophidien. On a, de plus, prétendu que ce sont les Romains qui importèrent en Gaule leur serpent sacré, lorsqu'ils vinrent s'établir dans ce pays, et qu'aujourd'hui on le trouve souvent encore sur l'emplacement même ou dans le voisinage de stations romaines. Ce dire d'une importation fut combattu à l'aide de ce double fait de l'absence de cet ophidien sur l'emplacement ou dans le voisinage de stations habitées jadis par les Romains, et de sa présence en des localités ou ne se trouve nul vestige de leur occupation. A mon avis, l'absence ou la présence de la Couleuvre d'Esculape sur l'emplacement ou à proximité de stations romaines ne prouve absolument rien de positif pour ou contre son importation, car cette espèce a pu parcourir de grandes distances en une série de générations. Seul un document précis, sur lequel il faut peu compter, résoudrait cette question.

Orne :

La Couleuvre d'Esculape n'a encore été trouvée en Normandie, à ma connaissance, que dans ce département.

C'est à M. l'abbé A.-L. Letacq, savant et très-laborieux investigateur de la faune et de la flore du département de l'Orne, que l'on doit les seuls renseignements qui aient été imprimés jusqu'alors sur la présence de cet ophidien dans la province normande.

Voici ces renseignements :

« A.C. dans les haies, les bois, les prairies et les champs ; observée fréquemment aux abords de la forêt d'Écouves ». [*Matériaux pour servir à la faune des Vertébrés du département de l'Orne* (op. cit.), p. 118; tiré à part, p. 54].

« Des observations récentes m'ont prouvé qu'elle existe au moins dans une grande partie du département de l'Orne. Elle est sans doute plus commune sur le versant méridional des collines de Normandie, au sud de Mortagne, dans la région alençonnaise, près de Carrouges, de Couterne et de Domfront : mais on la trouve aussi à La Ferté-Macé, à Sées, dans la plaine d'Argentan, aux environs de Gacé et jusqu'à Canapville, sur la limite du Calvados ». [*La Couleuvre d'Esculape et ses stations dans le département de l'Orne* (op. cit.), p. 132]. — D'après la dernière ligne de cette citation, il est possible que des recherches attentives feraient constater la présence de la Couleuvre d'Esculape dans la partie méridionale du département du Calvados.

« A.C. surtout au midi des collines de Normandie ». [*Nouvelles observations sur la faune des Vertébrés du département de l'Orne* (op. cit.), p. 85].

M. l'abbé A.-L. Letacq a obligeamment soumis à mon examen un échantillon empaillé de cette espèce, qui avait été pris dans la forêt d'Écouves, à La Ferrière-Béchet (Orne). Sa mensuration m'a donné une longueur totale de 1 m. 06. — M. Letacq en a vu, à La Lande-de-Goult (Orne), un exemplaire qui mesurait 1 m. 50 de longueur totale. [*La Couleuvre d'Esculape*, etc. (op. cit.), p. 133].

2e Genre. *TROPIDONOTUS* — TROPIDONOTE.

1. **Tropidonotus natrix** (L.) — Tropidonote à collier.

Coluber arabicus Gm., *C. bipes* Gm., *C. gronovianus* Gm., *C. helveticus* Lacép., *C. hybridus* Merr., *C. minutus* Pall., *C. natrix* L., *C. persa* Pall., *C. scopolianus* Daud., *C. scutatus* Pall., *C. siculus* Cuv., *C. torquatus* Lacép., *C. tyrolensis* Gm.

Natrix gronoviana Laur., *N. torquata* Bp., *N. vulgaris* Laur.

Tropidonotus fallax Fatio, *T. hybridus* Boie, *T. natrix* Boie.

Couleuvre à collier.

Anguille de bois, Anguille de haie, Angulle de bois, Angulle de haie, Couleuve, Coulieuvre, Couvre, Culeuvre, Culèvre, Quilleuvre.

Victor Fatio. — Op. cit., p. 147, 153 et 227, et pl. II, fig. 10—12.

Fernand Lataste. — Op. cit., p. 320 et 1er tableau ; tiré à part, p. 128 et même tableau.

Amb. Gentil. — *Erpétologie de la Sarthe* (op. cit.), p. 580 et 581 ; tiré à part, p. 12 et 13.

É. Sauvage. — *Les Reptiles et les Batraciens* (op. cit.), p. 370, et fig. 274, et 290 (p. 409).

Albert GRANGER. — Op. cit., p. 84 et fig.
René MARTIN et Raymond ROLLINAT. — Op. cit., p. 292.

Le Tropidonote à collier habite surtout les régions plus ou moins basses, mais il vit aussi dans les montagnes, où il se trouve jusqu'à 1.700 mètres d'altitude. Il aime le voisinage des eaux douces et se tient fréquemment près des mares, des étangs, des lacs, des fossés pourvus d'eau et dans les marais ; toutefois, on le rencontre souvent aussi dans les bois et les forêts, en des points éloignés d'une eau quelconque, ainsi que dans les prairies sèches et dans les champs. Il est sociable, particulièrement pendant la saison d'hivernage, et, de plus, les femelles le sont pendant la ponte. Son naturel est doux et assez vif. Ses mœurs sont principalement diurnes. Pendant les beaux jours, surtout lorsque le temps est orageux, il montre beaucoup d'activité. Le Tropidonote à collier rampe assez vite, nage aisément et plonge bien. Il grimpe parfois dans les buissons et dans les haies. Il est peu frileux, car on le voit encore en novembre quand la température est douce. Sa saison d'hivernage s'étend depuis les froids de l'automne jusque dans la seconde quinzaine de février, en mars ou en avril, suivant la température. Il passe cette saison blotti dans un trou du sol, d'un rocher ou d'un vieux mur, dans quelque amas de détritus, dans une souche d'arbre, dans un tas de fumier ou de paille et souvent dans un bâtiment de ferme. Sa nourriture se compose principalement de batraciens et de poissons ; les jeunes mangent des vers et des insectes. Cet ophidien ne se reproduit qu'à l'âge de trois ou quatre ans. L'accouplement a lieu en avril ou mai. La femelle ne fait par an qu'une ponte, de dix à cinquante œufs ; les jeunes femelles en produisent un peu moins que les autres. La ponte a lieu habituellement en juin, en juillet ou en août, suivant le climat et l'altitude. Les œufs sont déposés dans quelque trou ou dans un autre abri chaud et plus ou moins humide, les fumiers étant pour la femelle un endroit de prédilection. Celle-ci, disent René Martin et Raymond Rollinat (op. cit., p. 292), « s'introduit dans un fumier, se roule sur elle-même jusqu'à ce qu'elle ait formé, par de violents efforts, une chambre assez spacieuse pour contenir sa ponte, et elle évacue ses œufs en les plaçant les uns sur les autres. Les œufs, d'un blanc mat, à enveloppe souple et parcheminée, plus ou moins allongés, mesurent de 25 à 33 millimètres de longueur, se collent les uns aux autres, non en chapelets, mais pêle-mêle, soit par les bouts, soit par les côtés, formant ainsi des masses irrégulières composées de deux à quarante œufs ; quelques œufs, provenant du début ou de la fin de la ponte, sont isolés. Presque toujours plusieurs femelles se réunissent au même endroit pour y effectuer leur ponte, car nous avons trouvé 332 œufs dans le même coin d'un fumier ; ils formaient plusieurs paquets, et chaque paquet était ordinairement composé de la ponte d'une femelle. Cette Couleuvre pond de 11 à 48 œufs, selon sa taille ; c'est en ouvrant de nombreuses femelles, peu de jours avant la ponte, que nous avons pu connaître la quantité d'œufs pondus chaque année par cette espèce, et le nombre de 48 n'est pas accidentel puisque, plusieurs fois, nous en avons compté de 40 à 48 bien développés dans des femelles de très-grande taille. Elle pond aussi dans les petites excavations du sol, et nous avons trouvé ses œufs jusque dans les banquettes qui bordent les routes, entre la chaussée et le fossé, dans des endroits où, pendant la sécheresse, il y a peu d'humidité, ce qui n'empêche pas les œufs d'éclore aussi bien que dans les fumiers chauds et humides. Tout près de ces œufs, nous avons souvent rencontré des quantités de vieilles coques provenant des pontes des années précédentes. Là encore nous avons pu nous rendre compte que plusieurs femelles pondaient dans le même endroit, car des cultivateurs nous ont dit que, l'année précédente, ils avaient détruit plusieurs centaines d'œufs de serpents dans la même banquette, et qu'ils avaient tué en même temps dans ces trous, près des œufs, plusieurs Couleuvres à collier et d'autres reptiles qui ressemblaient à des Vipères. Les ophidiens qu'ils prenaient pour des Vipères étaient certainement des Couleuvres vipérines, car l'espèce est commune dans cet endroit situé à proximité d'un étang; il peut donc se faire que la Vipérine aille déposer ses œufs dans les mêmes trous que la Couleuvre à collier ». Les jeunes éclosent habituellement au mois d'août ou de septembre, deux mois environ après qu'ils ont été pondus.

Toute la Normandie. — A.C.

2. (?) **Tropidonotus viperinus** (Latr.) — Tropidonote vipérin.

Coluber viperinus Latr.
Natrix cherseoides Wagl., *N. ocellata* Wagl., *N. viperina* Bp.
Tropidonotus viperinus Boie.

Couleuvre vipérine.

Victor Fatio. — Op. cit., p. 157 et 227, et pl. II, fig. 13.
Fernand Lataste. — Op. cit., p. 325 et 332, 1er tableau, et pl. VIII, fig. 4 et 5; tiré à part, p. 133 et 140, et mêmes tableau, pl. et fig.
Amb. Gentil. — *Erpétologie de la Sarthe* (op. cit.), p. 580 et 582; tiré à part, p. 12 et 14.
É. Sauvage. — *Les Reptiles et les Batraciens* (op. cit.), p. 374 et 376, et fig. 275.
Albert Granger. — Op. cit., p. 88 et 91, et fig. 7 et 8 (p. 80).
René Martin et Raymond Rollinat. — Op. cit., p. 300.

Le Tropidonote vipérin habite les régions basses et les pays montagneux, où il se trouve jusqu'à 1.200 mètres d'altitude. Il est beaucoup plus hydrophile que le Tropidonote à collier et se tient dans le voisinage immédiat des eaux douces, près des mares, des étangs, des lacs, des ruisseaux et des rivières, dans lesquels il passe une grande partie de son existence. Ce n'est que par exception qu'on le rencontre loin des eaux. Il est très-sociable. Son naturel est vif. A terre, il se meut d'une façon peu rapide, mais il nage et plonge très-bien. Il peut rester longtemps au-dessous de la surface de l'eau; fréquemment il nage la tête seule émergée ou rampe sur le fond de l'eau. Il aime à se tenir dans les eaux chauffées par le soleil, et grimpe accidentellement dans les buissons. Ses mœurs sont principalement diurnes. Le Tropidonote vipérin hiverne depuis les premiers froids de l'automne jusqu'en mars ou avril, suivant le climat et l'altitude, se tenant dans un trou du sol, une fissure de rocher, une souche d'arbre ou dans la vase. Souvent il passe la saison froide en compagnie, et l'on trouve parfois des masses composées d'une cinquantaine d'individus entrelacés, hivernant ensemble et parmi lesquels on rencontre accidentellement des individus appartenant à d'autres espèces d'ophidiens. La principale nourriture de ce Tropidonote consiste en batraciens et en petits poissons. La femelle ne fait par an qu'une ponte, de cinq à vingt œufs; les jeunes femelles en produisent un peu moins que les autres. La ponte a lieu entre la fin de mai et la fin de juillet. Les œufs sont déposés, au voisinage d'une eau douce, dans un trou du sol ou quelque autre abri, en un point chaud et plus ou moins humide; souvent la femelle utilise, pour y pondre, les trous creusés par de petits mammifères ou des lézards. Les jeunes éclosent ordinairement au mois d'août ou de septembre.

Normandie :

Le Tropidonote vipérin, appelé aussi Couleuvre vipérine, existe-t-il dans la province normande? Je n'ai pu jusqu'alors, malgré l'étude spéciale que j'ai faite de cette question, avoir une preuve tout à fait certaine de la présence de cet ophidien en Normandie. Toutefois, il est possible, probable même, qu'il se trouve, vraisemblablement en petit nombre, dans la partie méridionale du département de l'Orne; c'est pourquoi je le mentionne dans cet ouvrage, en le faisant précéder d'un point de doute, actuellement tout à fait nécessaire.

Voici des renseignements contradictoires, relatifs à la non-existence du Tropidonote vipérin en Normandie :

Seine-Inférieure :

Dans sa *Synopsis des Reptiles du département de la Seine-Inférieure et des départements limitrophes* (op. cit., p. 121), Lieury donne les renseignements suivants au sujet de la présence du Tropidonote vipérin dans cette région : « Forêt Verte, bois d'Ennebourg, forêt de Roumare, bois du Mesnil, etc. — A. C. ».

La Forêt Verte et la forêt de Roumare sont situées aux environs de Rouen, ainsi que la commune du Bois-d'Ennebourg. Quant au bois du Mesnil, je ne sais duquel il s'agit. Le nom de « Mesnil » est commun en Normandie, et il faut absolument lui joindre un renseignement indicatif. Je ne puis m'empêcher, à cet égard, de m'élever une fois de plus contre les renseignements donnés d'une manière insuffisante, ce qui, très-souvent hélas ! met une ombre plus ou moins épaisse où pourrait aisément briller la lumière.

Ayant demandé à M. Lieury (1) s'il pouvait affirmer que le Tropidonote vipérin existe dans la Seine-Inférieure, ou s'il connaissait quelque personne qui en ait conservé un exemplaire capturé dans ce département, il m'a écrit les lignes suivantes, qu'il m'a

(1) M. Jean-Baptiste Lieury est mort en 1888.

autorisé à publier : « La Couleuvre vipérine m'avait été signalée, par un professeur d'histoire naturelle, comme se trouvant dans la basse forêt d'Eu (Seine-Inférieure). Ne l'ayant jamais rencontrée et craignant qu'elle n'existe pas dans ce département, je vous demande la permission de taire le nom du professeur et de m'attribuer personnellement cette indication peut-être erronée ».

C'est le fait d'un esprit généreux ou craintif d'endosser la responsabilité d'une fausse indication émanant d'un autre ; toutefois, en matière scientifique, cela n'est suffisant en aucune façon. Incontestablement, M. Lieury méritait le respect et la sympathie par sa valeur comme botaniste et par son affabilité ; mais il a eu grand tort de publier, sans les avoir sérieusement contrôlés, des renseignements qui propagent l'erreur et font perdre du temps à des naturalistes pour démontrer qu'ils sont vraisemblablement erronés. On ne saurait trop répéter qu'il faut, le plus possible, vérifier par soi-même les renseignements que l'on donne, et ne s'adresser qu'à des naturalistes compétents, car les indications fournies par les personnes étrangères à l'histoire naturelle ou par les paysans sont, le plus fréquemment, entachées d'erreurs, souvent énormes. De plus, on ne doit jamais oublier que si l'on rend service à la science en faisant mention de renseignements ayant quelque intérêt et dont l'exactitude est certaine, par contre, lorsqu'il y a doute, il faut laisser sa plume dans l'écritoire, ou exprimer nettement l'incertitude qui existe sur tel ou tel renseignement donné. Mon extrême amour de la vérité me fera pardonner, j'en suis convaincu, cette digression quelque peu pédantesque.

Revenons au Tropidonote vipérin. Mon excellent et savant ami Louis Müller, qui a chassé et sérieusement étudié les reptiles de la Seine-Inférieure, n'a pu s'y procurer cet ophidien, et les différentes recherches que j'ai faites à son égard ne m'ont donné que des résultats négatifs.

En définitive, je suis très-porté à croire que ce Tropidonote n'existe pas dans la Seine-Inférieure.

Eure :

M. Decaen, alors pharmacien à Lyons-la-Forêt (Eure), mort en 1879, envoya, paraît-il, à la Société des Amis des Sciences naturelles de Rouen, au mois d'août ou au commencement de septembre 1872, un Tropidonote vipérin vivant, capturé dans la forêt de Lyons (1), et qui, conservé dans l'alcool, fut exposé sur le bureau de cette Société. En outre, M. Decaen prétendit, par lettre, que ce reptile était bien le *Coluber viperinus* Latr. (Bull. de la Soc. des Amis des Scienc. natur. de Rouen, 2e sem. 1872, p. 10; et 1er sem. 1873, p. 17).

Je n'ai pas trouvé l'exemplaire en question dans les collections de cette Société. Malgré l'affirmation de M. Decaen, je suis très-porté à penser qu'il y a eu erreur de détermination, si, réellement, cet ophidien a été capturé dans la forêt de Lyons, et suis tout disposé à croire que ce reptile était une Coronelle lisse (*Coronella austriaca* Laur.), espèce dont l'existence en Normandie était fort peu connue des naturalistes avant que M. Louis Müller ait publié en 1883, dans le Bulletin de la Société d'Enseignement mutuel des Sciences naturelles d'Elbeuf (aujourd'hui : Société d'Étude des Sciences naturelles d'Elbeuf),

(1) La plus grande partie de la forêt de Lyons, entre autres celle qui avoisine le bourg de Lyons-la-Forêt, est située sur le département de l'Eure ; l'autre partie dépend de la Seine-Inférieure.

sa *Note sur la Coronella laevis* Lacép. (*Coronella austriaca* Laurenti) (op. cit.), où il indique l'existence de cette espèce dans les départements de la Seine-Inférieure et de l'Eure. Il convient d'ajouter que la Coronelle lisse se trouve dans la forêt de Lyons, fait que j'ai constaté par moi-même.

Charles Brongniart, dans son *Rapport sur l'excursion de la Société d'Études scientifiques de Paris, faite à Gisors (Eure) et aux environs, les 16 et 17 mai* 1880 (op. cit., p. 22), dit que, dans cette région, « on trouve fréquemment la couleuvre à collier et la couleuvre vipérine ». Je suis convaincu que, pour le Tropidonote vipérin, il y a eu erreur de détermination, et il est fort probable qu'il s'agissait de la Coronelle lisse.

Orne :

Relativement à cette espèce, l'abbé A.-L. Letacq donne les renseignements qui suivent dans ses *Matériaux pour servir à la faune des Vertébrés du département de l'Orne* (op. cit., p. 119; tiré à part, p. 55) : « R. — Étang du Mortier, Saint-Germain-du-Corbéis, fossés du château d'Hauteclair, près Alençon ». — Il convient de dire que si la commune de Saint-Germain-du-Corbéis est dans l'Orne; par contre, l'étang du Mortier (commune de Gesne-le-Gandelin) et les fossés du château d'Hauteclair (commune d'Arçonnay), situés aussi dans les environs d'Alençon, font partie du département de la Sarthe. [H. G. de K.].

Au sujet des lignes précédentes, l'abbé A.-L. Letacq a publié la rectification qui suit dans ses *Nouvelles observations sur la faune des Vertébrés du département de l'Orne* (op. cit., p. 86) : « De nouvelles observations sont nécessaires pour être bien fixé sur la présence de cette espèce dans l'Orne ».

En résumé, on voit, d'après les renseignements qui précédent, que jusqu'alors il n'existe, à ma connaissance du moins, aucune preuve certaine de la présence du Tropidonote vipérin en Normandie; mais comme il est fort possible qu'il se trouve, probablement en petit nombre, dans la partie méridionale du département de l'Orne, je l'ai indiqué dans cet ouvrage, en le faisant précéder d'un point de doute, impérieusement nécessaire jusqu'à présent.

Calvados et Manche :

Je ne connais pas une seule indication permettant de dire, avec quelque probabilité, que le Tropidonote vipérin se trouve dans l'un de ces deux départements.

3e Genre. *CORONELLA* — CORONELLE.

1. **Coronella austriaca** Laur. — **Coronelle lisse.**

Coluber austriacus Gm., *C. caucasius* Pall., *C. coronella* Bonnat., *C. laevis* Lacép.
Coronella laevis Boie.
Natrix coronilla Schrnk.
Zacholus austriacus Fitz., *Z. Fitzingeri* Bp.

Couleuvre lisse.

Victor Fatio. — Op. cit., p. 177 et 227, et pl. II, fig. 16—18.
Fernand Lataste. — Op. cit., p. 337 et 1er tableau; tiré à part, p. 145 et même tableau.
Amb. Gentil. — *Erpétologie de la Sarthe* (op. cit.), p. 580 et 583; tiré à part, p. 12 et 15.
É. Sauvage. — *Les Reptiles et les Batraciens* (op. cit.), p. 348 et fig. 265.
Albert Granger. — Op. cit., p. 93 et fig.
René Martin et Raymond Rollinat. — Op. cit., p. 303.

La Coronelle lisse habite les régions basses et les montagnes, où elle se trouve jusqu'à 1.900 mètres d'altitude. Elle préfère les lieux secs, arides ou boisés, mais elle vit aussi dans les endroits humides. Son naturel est assez vif. D'après certains naturalistes, elle est d'un caractère doux, et, d'après d'autres, d'une méchante humeur. L'éminent herpétologue M. G.-A. Boulenger, et MM. Louis Müller et Paul Noel, excellents observateurs, ont constaté que des Coronelles lisses cherchaient à mordre la main qui les prenait. Cette espèce ne va pas volontiers à l'eau, quoiqu'elle nage bien. Ses mœurs sont principalement diurnes. Elle hiverne depuis les premiers froids automnaux jusqu'aux premiers beaux jours du printemps, passant cette période dans un trou du sol ou dans une cavité de rocher. Sa nourriture se compose de lézards, de jeunes orvets, de micromammifères (surtout de leurs petits), de jeunes ophidiens, etc. La femelle ne fait par an qu'une ponte, habituellement de dix à treize œufs. Elle est ovo-vivipare ; les jeunes brisent la coque de l'œuf dès la ponte ou la déchirent lorsque l'œuf est encore dans l'abdomen de la mère. En ce dernier cas, il y a réellement viviparité.

Toute la Normandie. — A. C.

OBSERVATION.

Zamenis gemonensis (Laur.) — Zaménis vert et jaune.

G. de la Serre dit, dans son mémoire intitulé : *Statistique et Historique des Forêts de l'arrondissement de Rouen* (op. cit., p. 174; tiré à part, p. 11), que « la couleuvre (*coluber viridiflavus*) et la vipère (*vipera berus*) » existent dans ces forêts. Pour la Vipère bérus, le fait est très-exact ; mais l'auteur se trompe indubitablement dans le nom spécifique de la Couleuvre. En effet, le *Zamenis gemonensis* (Laur.), qui est le *Coluber viridiflavus* Lacép., ne vit certainement pas dans les forêts de l'arrondissement de Rouen, où l'on ne trouve que deux Couleuvres : le Tropidonote à collier [*Tropidonotus natrix* (L.)] et la Coronelle lisse (*Coronella austriaca* Laur.). Très-probablement, c'est du Tropidonote à collier dont M. G. de la Serre a voulu parler. — Je dois ajouter que le Zaménis vert et jaune n'a jamais, à ma connaissance, été trouvé en Normandie.

Note. — Le « Domfront » indiqué, à propos du Zaménis vert et jaune, par Amb. Gentil dans son *Erpétologie de la Sarthe* (op. cit., p. 584; tiré à part, p. 16), est « Domfront-en-Champagne (Sarthe) », comme le veut la logique, et non « Domfront », chef-lieu d'arrondissement du département de l'Orne, ainsi que plusieurs personnes pourraient le supposer. Je tiens ce renseignement de M. Amb. Gentil lui-même.

2e Famille. *VIPERIDAE* — VIPÉRIDÉS.

1er Genre. *VIPERA* — VIPÈRE.

1. **Vipera aspis** (L.) — **Vipère aspic.**

Coluber aspis L., *C. Redii* Gm.
Vipera aspis Merr., *V. atra* Meisn., *V. chersea* Latr., *V. communis* Millet, *V. ocellata* Latr., *V. prester* Meisn., *V. Redii* Latr., *V. vulgaris* Latr.

Vipère de Redi, V. ocellée.

Note. — On désigne souvent la Vipère aspic sous le nom de Vipère rouge, et la Vipère bérus sous les noms de Vipère noire et de Vipère brune. Il convient de faire observer que ces appellations vulgaires ne sont pas toujours exactes, car il y a des individus de la Vipère aspic dont la partie supérieure est noirâtre ou brune, et des sujets de la Vipère bérus qui sont roussâtres en dessus.

Victor Fatio. — Op. cit., p. 220 et 227, et pl. II, fig. 21, 24 et 25.

Fernand Lataste. — Op. cit., p. 358, 1er tableau, et pl. VIII, fig. 7 a et 7 b; tiré à part, p. 166, et mêmes tableau, pl. et fig.

Amb. Gentil. — *Erpétologie de la Sarthe* (op. cit.), p. 585; tiré à part, p. 17.

É. Sauvage. — *Les Reptiles et les Batraciens* (op. cit.), p. 460, et fig. 313, 317, 320 et 324.

Albert Granger. — Op. cit., p. 110 et fig. (p. 111, à gauche).

René Martin et Raymond Rollinat. — Op. cit., p. 306.

La Vipère aspic habite les régions basses ou peu élevées, mais elle se trouve aussi dans les montagnes, où on la rencontre à de grandes altitudes. Elle vit dans les endroits secs et pierreux, découverts ou boisés, et recherche, dans les forêts, les lieux qui lui offrent une cachette et qui sont bien exposés au soleil. La Vipère aspic est sociable, surtout pendant la saison d'hivernage. Au printemps, on rencontre souvent le mâle et la femelle ensemble. Son caractère est irascible et lent; toutefois, elle se jette d'une façon très-rapide sur sa proie ou son ennemi. Ses mœurs sont nocturnes et diurnes. Elle hiverne à partir des froids de l'automne et se réveille ordinairement en mars. Elle reste plus ou moins engourdie, pendant la saison d'hivernage, dans un trou du sol ou de rocher, sous des racines ou dans un creux d'arbre, sous la mousse, dans une fissure de vieux mur, etc., où cet ophidien est généralement blotti avec plusieurs de ses semblables entrelacés, formant ainsi un paquet d'une nature bien spéciale. Sa nourriture se compose principalement de petits mammifères, de sauriens, de jeunes oiseaux, de vers et d'insectes. L'accouplement a lieu d'ordinaire en avril ou mai. Cette espèce est ovo-vivipare. La femelle met au monde une fois par an, au mois d'août ou de septembre, de quatre à dix petits, exceptionnellement de onze à vingt.

Note. — La piqûre de la Vipère aspic, comme celle de l'espèce suivante (Vipère bérus), est dangereuse pour l'homme. Les accidents occasionnés par elle peuvent être plus ou moins graves, mais, fort heureusement, ne sont que très-rarement suivis de mort, et cela dans des circonstances particulièrement défavorables, entre autres la débilité du sujet mordu et l'application tardive d'un remède. Il convient d'ajouter que la piqûre de ces deux Vipères est beaucoup plus inquiétante pour les enfants que pour les adultes.

Normandie :

L'existence du *Vipera aspis* (L.) en Normandie a été le sujet d'un certain nombre de discussions. J'ai fait de cette question une étude particulière, et il résulte de mes recherches que, jusqu'alors, la présence de la Vipère aspic n'est certaine que dans l'un des cinq départements de cette province, le département de l'Orne, où jusqu'à ce jour il n'en a été pris, à ma connaissance du moins, que deux exemplaires, dont il est question dans les pages suivantes (p. 190 et 191).

Voici des renseignements contradictoires sur la non-existence du *Vipera aspis* (L.) dans la Normandie :

Seine-Inférieure :

Dans leur *Erpétologie générale* (op. cit., t. VII, 2e part., p. 1410), A.-M.-C. Duméril, G. Bibron et A. Duméril disent, en parlant de la Vipère aspic : « Elle n'est pas rare... dans les bois élevés des environs de Rouen ». Je suis convaincu qu'il s'agit là du *Vipera berus* (L.) et non du *Vipera aspis* (L.). Il est important de faire remarquer que ces auteurs n'indiquent pas, dans cet ouvrage, la Vipère bérus comme se trouvant en Normandie.

J.-L. Soubeiran dit en parlant de la Vipère aspic, dans son mémoire intitulé : *De la Vipère, de son venin et de sa morsure* (op. cit., p. 33) : « On la rencontre quelquefois dans les bois élevés auprès de Rouen, dans la forêt d'Eu ! » Pas plus que dans l'ouvrage précédent, la Vipère bérus n'y est indiquée comme existant dans la Normandie. Je suis persuadé que, là aussi, il y a eu méprise, et qu'il faut substituer le nom spécifique de *berus* à celui d'*aspis*. Quant au point exclamatif qui suit l'indication « dans la forêt d'Eu », j'ignore ce qu'il signifie. Soubeiran l'a placé après des noms de régions, et ne l'a pas mis à d'autres, et, malheureusement, il n'a pas fait connaître sa signification dans ce mémoire. L'auteur veut-il dire, par ce point, qu'il a vu les exemplaires provenant de la localité indiquée? La chose est fort possible. Lors même qu'elle serait exacte, je persisterais à croire à une méprise, et à dire qu'il est à peu près certain que pas une Vipère aspic aborigène n'a été prise dans le département de la Seine-Inférieure.

Le Dr Emmanuel Blanche dit ce qui suit en terminant sa *Note sur le Pelias Berus* (op. cit., p. 113) : « Je me borne aujourd'hui à appeler votre attention sur ce fait que, dans les traités d'Erpétologie, le *Vipera Aspis* (Schleg.) est signalé comme commun aux environs de Rouen, et le *Pelias Berus* (Merr.) mentionné sans indication précise de localité, tandis que nos observations nous autorisent à avancer que le *Pelias Berus* est excessivement commun et, disons-le par anticipation, le *V. Aspis* rare et peut-être même très-rare dans le département de la Seine-Inférieure ».

Toutes les Vipères provenant de différentes localités de la Seine-Inférieure et de l'Eure, qui furent examinées par le Dr Emmanuel Blanche, étaient des *Vipera berus* (L.).

Lieury dit en parlant de la Vipère aspic, dans sa *Synopsis des Reptiles du département de la Seine-Inférieure et des départements limitrophes* (op. cit., p. 122) : « Nous ne saurions affirmer que cette espèce, qui a été longtemps confondue avec la Péliade Bérus, se trouvât dans nos environs ».

M. Louis Müller, qui a étudié la tête de nombreuses Vipères tuées sur différents points de la Seine-Inférieure, notamment 145 têtes d'individus provenant des environs de Rouen [1], a constaté que ces têtes appartenaient exclusivement à la Vipère bérus.

Enfin, les Vipères tuées dans la Seine-Inférieure et dans d'autres départements de la Normandie, que j'ai examinées, étaient sans exception des Vipères bérus. Une partie de ces exemplaires a été minutieusement étudiée par un herpétologiste éminent, M. G.-A. Boulenger [2].

Il résulte des paragraphes qui précèdent que très-improbable est l'existence du *Vipera aspis* (L.) dans la Seine-Inférieure, et je suis tout à fait porté à croire que l'on ne peut y trouver d'exemplaires aborigènes.

(1) Voir : Louis Müller. — *Observations sur l'écaillure de la tête de la Vipera berus* Linné (*Pelias berus* Merrem) (op. cit.).

(2) Voir : G.-A. Boulenger. — *Note sur des Vipera berus capturés en Normandie* (op. cit.).

Orne :

L'abbé A.-L. Letacq dit en parlant de la Vipère aspic, dans ses *Matériaux pour servir à la faune des Vertébrés du département de l'Orne* (op. cit., p. 119; tiré à part, p. 55) : « A.C. dans les bois, les taillis, les broussailles, aux endroits secs ».

Il a publié, à ce sujet, la rectification suivante dans ses *Nouvelles observations sur la faune des Vertébrés du département de l'Orne* (op. cit., p. 86) : « Le *Vipera aspis* se trouve très-probablement chez nous, mais doit y être assez rare. Comme c'est une espèce méridionale, on aura plus de chance de la rencontrer aux environs d'Alençon et dans le sud de l'arrondissement de Mortagne. — Les indications données sur le *Vipera aspis* dans mon premier travail (*Matériaux pour servir à la faune des Vertébrés du département de l'Orne*) sont inexactes ».

M. l'abbé A.-L. Letacq n'avait pu, jusqu'au moment d'imprimer ces pages, me communiquer une seule Vipère aspic authentiquement capturée dans le département de l'Orne. Toutefois je pensais, comme lui, que cette espèce existait probablement, mais en petit nombre, dans la partie méridionale de l'Orne, supposition qui trouvait un important appui par ce fait que la Vipère aspic existe dans la partie septentrionale du département de la Sarthe, qui touche au département de l'Orne, ainsi que l'a constaté par lui-même M. Amb. Gentil, le savant auteur d'un utile ouvrage sur les vertébrés de la Sarthe, très-souvent indiqué, comme référence bibliographique, dans cette *Faune de la Normandie*.

Le doute a été changé en certitude par suite de la capture, en juin 1897, de deux *Vipera aspis* (L.

dans les bois de Mâle, à l'extrême sud de l'Orne. L'un des deux exemplaires m'a été obligeamment donné par M. l'abbé A.-L. Letacq. [Voir, dans ce fascicule, l'addenda aux Reptiles].

Eure, Calvados et Manche :

Je ne connais aucun renseignement autorisant à dire que la Vipère aspic existe dans l'un de ces trois départements, où la Vipère bérus est malheureusement assez commune.

En résumé, il n'y a jusqu'alors, à ma connaissance, aucune preuve certaine que la Vipère aspic se trouve, en Normandie, ailleurs que dans l'Orne.

2. **Vipera berus** (L.) — Vipère bérus.

Coluber berus L., *C. chersea* L., *C. melanis* Pall., *C. prester* L., *C. scytha* Pall., *C. vipera* Laur.
Echidnoides trilamina Mauduyt.
Pelias berus Merr.
Vipera berus Daud., *V. communis* Leach, *V. melanis* Latr., *V. prester* Latr., *V. trilamina* Millet.

Péliade bérus.
Vipère à trois plaques, V. péliade.

Aspi, Aspic.

Note. — On désigne fréquemment la Vipère bérus sous les appellations de Vipère noire et de Vipère brune, et la Vipère aspic sous le nom de Vipère rouge. Il convient de faire remarquer que ces désignations ne sont pas toujours correctes. En effet, il y a des sujets de la Vipère bérus qui sont roussâtres en dessus, et des individus de la Vipère aspic dont la partie supérieure est noirâtre ou brune.

Victor Fatio. — Op. cit., p. 210 et 227, et pl. II, fig. 22 et 23.

Fernand LATASTE. — Op. cit., 1er tableau, et pl. VIII, fig. 8a et 8b; tiré à part, mêmes tableau, pl. et fig.

Amb. GENTIL. — *Erpétologie de la Sarthe* (op. cit.), p. 585; tiré à part, p. 17.

É. SAUVAGE. — *Les Reptiles et les Batraciens* (op. cit.), p. 449, pl. XV, et fig. 314, 316, 319 et 322.

Albert GRANGER. — Op. cit., p. 115; fig. 5—6 (p. 99) et fig. (p. 111, à droite).

René MARTIN et Raymond ROLLINAT. — Op. cit., p. 313.

La Vipère bérus habite des endroits très-variés, tels que les lieux arides et secs bien exposés au soleil, les bois, les forêts, les prairies et même les sols marécageux. Elle vit dans les régions basses et dans les montagnes ; on la trouve, dans les Alpes, jusqu'à une altitude de 2.800 mètres environ, près des neiges éternelles. Elle recherche les points qui reçoivent beaucoup de soleil. Elle est sociable, surtout pendant la saison d'hivernage. Son naturel est irascible, nonchalant et assez lourd; toutefois, elle est plus alerte au crépuscule et pendant la nuit. Elle rampe avec une certaine lenteur, mais se jette avec une grande rapidité sur sa proie ou son ennemi. Bien qu'elle n'aille pas à l'eau volontairement, la Vipère bérus est cependant bonne nageuse. Ses mœurs sont nocturnes et diurnes, surtout crépusculaires et nocturnes. Elle hiverne depuis les premiers froids de l'automne jusqu'en mars, avril ou la première quinzaine de mai, suivant le climat et l'altitude. Elle passe la saison d'hivernage dans un trou du sol, dans une fente de rocher, un amas de pierres, sous des racines, dans un arbre creux ou dans un trou de mur. Son sommeil hibernal est plus ou moins profond. Elle passe la saison froide généralement en compagnie, et l'on trouve parfois de quinze à vingt-cinq individus entrelacés, blottis dans le même trou. Sa nourriture se compose de petits mammifères, de jeunes oiseaux, de batraciens, de sauriens, etc.. Cette espèce est ovo-vivipare; les jeunes brisent la coque de l'œuf dès qu'il est pondu ou même lorsqu'il est encore dans le ventre de la mère. Il n'y a qu'une ponte par an, qui a lieu généralement en août ou septembre. Les vipereaux sont au nombre de cinq à quatorze ; les jeunes femelles produisent moins de petits que les autres.

Note. — La piqûre de la Vipère bérus, comme celle de la précédente espèce (Vipère aspic), est dangereuse pour l'homme et détermine des accidents qui peuvent être plus ou moins graves, mais ne sont mortels que d'une manière très-exceptionnelle, dans des circonstances spécialement défavorables, entre autres la débilité de la personne piquée et l'application d'un remède longtemps après l'absorption du venin. Les accidents sont beaucoup plus inquiétants pour les enfants que pour les adultes.

Toute la Normandie. — A. C.

4e Classe. *BATRACHIA* — BATRACIENS.

1er Ordre. *ANURA* — ANOURES.

1re Famille. *HYLIDAE* — HYLIDÉS.

1er Genre. *HYLA* — RAINETTE.

1. **Hyla arborea** (L.) — Rainette verte.

Calamita arboreus Schneid.
Dendrohyas arborea Tschudi.
Hyas arborea Wagl.
Hyla arborea Cuv., *H. viridis* Laur.
Rana arborea L.

Raine commune, R. ordinaire, R. verte, R. vulgaire.
Rainette commune, R. ordinaire, R. vulgaire.

Craisset, Gresset, Guernouillet, Petit baromètre, Raine coudrette, Rainette de Saint-Martin.

Victor Fatio. — Op. cit., p. 423 et 433, et pl. V, fig. 14.
Fernand Lataste. — Op. cit., p. 406; 2e, 3e et 4e tableaux, et pl. X, fig. 4—6; tiré à part, p. 214, et mêmes tableaux, pl. et fig.
Amb. Gentil. — *Erpétologie de la Sarthe* (op. cit.), p. 587; tiré à part, p. 19.
É. Sauvage. — *Les Reptiles et les Batraciens* (op. cit.), p. 594 et fig. 448.
Albert Granger. — Op. cit., p. 128 et fig.
René Martin et Raymond Rollinat. — Op. cit., p. 318.

La Rainette verte mène, pendant la plus grande partie de la belle saison, une existence principalement arboricole, fréquentant les lieux boisés, se tenant souvent dans le voisinage des habitations, soit dans les jardins et les avenues, soit parmi les végétaux tapissant les murs et les maisons, et ne se rendant à l'eau que de temps à autre. Au moment de la reproduction, elle habite les eaux douces stagnantes, principalement les mares et les fossés. Elle vit dans les régions basses et dans les montagnes, où on la trouve jusqu'à des altitudes d'environ 1.500 mètres. La Rainette verte grimpe très-facilement dans les buissons et sur les arbres. Elle saute agilement de branchette en branchette, et s'y tient avec facilité au moyen des pelotes dont est pourvue l'extrémité de tous les doigts de ses quatre pattes, pelotes qui jouent le rôle de ventouses et adhèrent solidement, grâce à la pression atmosphérique, aux objets où elles sont appliquées. C'est ainsi que la Rainette verte peut non-seulement monter à des surfaces très-verticales et tout à fait lisses, mais encore se tenir la partie ventrale en dessus, comme une mouche posée à un plafond. Elle nage et plonge avec habileté. Ses mœurs sont nocturnes et diurnes. Aux premiers froids de l'automne, elle se blottit, volontiers en petite compagnie, dans la vase au fond des eaux, dans un trou du sol, une fissure de rocher, un arbre creux, etc., en un point suffisamment humide, et hiverne ainsi, se réveillant généralement en mars ou avril. Les jeunes abandonnent les eaux dès qu'ils ont terminé leurs métamorphoses. La nourriture de cette espèce se compose principalement d'insectes et de larves, qui, en grande partie, sont attrapés sur les végétaux. La femelle ne fait annuellement qu'une ponte, d'environ mille œufs. L'accouplement a lieu dans l'eau. Les œufs sont pondus par petits paquets attachés aux végétaux aquatiques par la glaire qui les entoure, ou tombent au fond de l'eau.

Notes. — La coloration de ce batracien anoure peut varier considérablement sous l'influence de conditions diverses. Lorsque la partie supérieure de l'animal est colorée en vert, et qu'il se tient sur des feuilles de même teinte, on le voit difficilement, tant le phénomène de mimétisme est accentué.

On a maintes fois préconisé l'emploi de la Rainette verte pour prédire l'état de l'atmosphère, et nombre de personnes ont une grande confiance dans leur Rainette. Or, il a été prouvé expérimentalement que cette opinion n'est point fondée; et un baromètre, même un peu défectueux, lui est tout à fait préférable. N'oublions jamais, à cet égard, qu'un baromètre indique exactement la pression atmosphérique, mais qu'il ne peut donner que d'une manière générale les renseignements météorologiques pour la connaissance desquels il est employé.

Toute la Normandie. — A. C

2e Famille. *RANIDAE* — RANIDÉS.

1er Genre. *RANA* — GRENOUILLE.

1. **Rana esculenta** L. — Grenouille verte.

Pelophylax esculentus Fitz.

Rana cachinnans Pall., *R. maritima* Risso, *R. ridibunda* Pall.

Grenouille commune, G. ordinaire, G. vulgaire.

Guernazelle, Guernouille.

Victor Fatio. — Op. cit., p. 312 et 433, et pl. V, fig. 7 et 8.

Fernand Lataste. — Op. cit., p. 416; 2e, 3e et 4e tableaux, et pl. IX, fig. 4—6; tiré à part, p. 224, et mêmes tableaux, pl. et fig.

Amb. Gentil. — *Erpétologie de la Sarthe* (op. cit.), p. 588; tiré à part, p. 20.

É. Sauvage. — *Les Reptiles et les Batraciens* (op. cit.), p. 570; fig. 364—368 (p. 535), fig. 401—415 (p. 557 et 559), et fig. 434 (p. 568).

Albert Granger. — Op. cit., p. 132 et fig.

René Martin et Raymond Rollinat. — Op. cit., p. 323.

La Grenouille verte habite les eaux douces, surtout les eaux stagnantes ; cependant on la trouve fréquemment aussi dans des eaux courantes. Elle se plaît dans les mares, les étangs, les fossés des marais, les ruisseaux garnis de végétaux et les rivières pourvues de plantes. Elle vit depuis les régions basses jusque dans les montagnes, où on ne la voit que rarement au-dessus de 1.100 mètres d'altitude. Elle est essentiellement aquatique ; toutefois, elle va sur les rives pour chercher de la nourriture, se reposer et se chauffer au soleil, mais, à la moindre alerte, elle saute dans l'eau et plonge, revenant peu de temps après à la surface. La Grenouille verte est sociable. Son naturel est vif. Elle nage et plonge parfaitement, et, sur terre, saute avec prestesse. Ses mœurs sont principalement crépusculaires et nocturnes. Pendant le jour, elle reste soit à la surface de l'eau, cachée parmi des plantes ou se reposant sur une feuille flottante, soit dans le voisinage immédiat des eaux. Aux premiers froids de l'automne, habituellement en octobre ou novembre, elle se retire, pour hiverner, dans la vase au fond de l'eau, dans un trou de la rive ou sous un tas de détritus, et reprend sa vie active dans la seconde quinzaine de février, en mars ou en avril, suivant le climat et l'altitude. Elle est très-vorace. Sa nourriture se compose d'insectes et de larves, de vers, de mollusques, de crustacés, d'araignées, de jeunes batraciens, etc. ; elle s'attaque aussi à de jeunes poissons, à des batraciens adultes, à de jeunes oiseaux et à de jeunes mammifères. La femelle ne fait annuellement qu'une ponte, d'environ dix mille œufs, qui a lieu généralement en mai ou juin. Les œufs sont entourés d'une masse glaireuse et forment plusieurs paquets qui adhèrent fréquemment à des végétaux aquatiques ou tombent au fond de l'eau. Ces œufs sont habituellement déposés dans une eau stagnante, parfois dans des ruisseaux ou des rivières, et accidentellement dans des réservoirs de fontaines.

Toute la Normandie. — T.-C.

2. Rana temporaria L. — Grenouille rousse.

Rana alpina Risso, *R. cruenta* Pall., *R. flaviventris* Millet, *R. fusca* de l'Isle, *R. muta* Laur., *R. platyrrhinus* Steenstr.

Guernouille des haies, G. jaune, G. rousse, Pisseuse.

Victor FATIO. — Op. cit., p. 321 et 433, et pl. V, fig. 6, 9 et 10.
Fernand LATASTE. — Op. cit., 2e tableau ; tiré à part, idem.
Amb. GENTIL. — *Erpétologie de la Sarthe* (op. cit.), p. 588 et 589 ; tiré à part, p. 20 et 21.
É. SAUVAGE. — *Les Reptiles et les Batraciens* (op. cit.), p. 573 et fig. 435 (p. 569).
Albert GRANGER. — Op. cit., p. 135 et fig.
René MARTIN et Raymond ROLLINAT. — Op. cit., p. 329.

La Grenouille rousse habite temporairement les endroits plus ou moins humides des prairies, des bois et des forêts, voire même dans les champs et les vignobles, et à d'assez grandes distances de l'eau ; et temporairement dans les eaux douces : mares, étangs, fossés des marais, ruisseaux et rivières. On la trouve dans les régions basses et dans les montagnes, jusqu'à plus de 2.500 mètres d'altitude. Depuis la fin de sa saison d'hivernage jusqu'à peu de jours après la ponte, elle est surtout aquatique, et uniquement terrestre jusqu'à l'époque où elle entre dans son engourdissement hibernal, ne sautant dans l'eau que pour se mettre momentanément en sûreté. Son naturel est vif. Elle nage et plonge fort bien, et, à terre, saute avec agilité. Ses mœurs sont principalement crépusculaires et nocturnes. Pendant la grande chaleur du jour, elle se tient dans quelque cachette. La Grenouille rousse est peu frileuse. Sa saison d'hivernage commence aux froids automnaux et finit en février, mars ou avril, et seulement en mai ou juin dans les hautes montagnes. Elle hiverne dans la vase ou le sable au fond des eaux, dans un trou du sol ou sous une pierre. Sa nourriture se compose d'insectes et de larves, de vers, de mollusques, d'araignées, de crustacés et de myriopodes. La femelle ne fait annuellement qu'une ponte, de 2.000 à 4.000 œufs environ. L'accouplement a lieu à des époques très-variables, selon la température. Les œufs sont entourés d'une matière glaireuse et pondus par paquets qui flottent ou tombent au fond de l'eau. Ils sont déposés généralement dans une eau stagnante, accidentellement dans une eau courante.

Toute la Normandie. — T.-C.

3. **Rana agilis** Thomas — Grenouille agile.

Rana gracilis Fatio, *R. temporaria* Millet, *R. temporaria* var. *agilis* Schreiber.

Pisseuse.

Victor FATIO. — Op. cit., p. 333 et 433, et pl. V, fig. 11—13.

Fernand LATASTE. — Op. cit., p. 425 ; 2e, 3e et 4e tableaux, et pl. X, fig. 7—9; tiré à part, p. 233, et mêmes tableaux, pl. et fig.

Amb. GENTIL. — *Erpétologie de la Sarthe* (op. cit.), p. 588 et 590 ; tiré à part, p. 20 et 22.

É. SAUVAGE. — *Les Reptiles et les Batraciens* (op. cit.), p. 574.

Albert GRANGER. — Op. cit., p. 138.

René MARTIN et Raymond ROLLINAT. — Op. cit., p. 333.

La Grenouille agile habite temporairement les endroits plus ou moins humides des prairies, des bois et des forêts, allant même sur des coteaux secs, et temporairement les eaux douces : mares, étangs, fossés des marais et ruisseaux. On la trouve depuis les régions basses jusqu'à seulement

1.300 mètres d'altitude. Depuis la fin de sa saison d'hivernage jusqu'à peu de jours après la ponte, elle est surtout aquatique, et uniquement terrestre jusqu'à l'époque où elle s'engourdit pour hiverner. Si, pendant la période de sa vie terrestre, elle va dans l'eau, ce n'est que pour y trouver un abri momentané. On a remarqué que les mâles s'écartent beaucoup moins des eaux que le font les femelles. Son naturel est vif. Elle nage et plonge fort bien, et, sur le sol, elle fait des bonds d'une étonnante amplitude. Ses mœurs sont principalement crépusculaires et nocturnes. Aux premiers froids de l'automne, la Grenouille agile entre dans sa torpeur hibernale, et se réveille en février, mars ou avril, selon le climat et l'altitude. Les mâles hivernent de préférence dans la vase au fond des eaux, tandis que les femelles préfèrent se blottir dans un trou du sol, sous des feuilles ou des racines, dans un trou de rocher, sous une pierre ou dans un tas de détritus. Sa nourriture se compose principalement d'insectes et de larves, de mollusques et de vers. La femelle ne fait annuellement qu'une ponte, d'environ 600 à 1.200 œufs. L'accouplement a lieu en général au mois de février, mars ou avril. Les œufs sont entourés d'une masse glaireuse et forment un paquet qui est déposé dans une eau le plus généralement stagnante. « La glaire gonfle, disent René Martin et Raymond Rollinat (op. cit., p. 334), et la ponte forme une grosse boule qui se trouve presque toujours fixée à une ou plusieurs tiges ; l'œuf est brun foncé en dessus et blanchâtre en dessous. Il arrive souvent que les plantes ne sont pas assez solides pour maintenir la ponte lorsqu'elle est vieille de quelques jours ; elle monte alors à la surface et s'étale plus ou moins. S'il gèle fort à ce moment, les embryons de la partie supérieure seront perdus. Mais il faut que la température baisse beaucoup, car la ponte est toujours plus chaude que l'eau qui l'environne ; on peut facilement s'en rendre compte en plongeant la main dans la mare et ensuite dans la masse glaireuse ».

Toute la Normandie. — A.C. en général; C. dans beaucoup de localités.

3° Famille. *BUFONIDAE* — BUFONIDÉS.

1er Genre. *BUFO* — CRAPAUD.

1. **Bufo vulgaris** Laur. — Crapaud vulgaire.

Bufo cinereus Schneid., *B. palmarum* Cuv., *B. Roeseli* Daud., *B. rubeta* Schneid., *B. spinosus* Daud., *B. ventricosus* Daud.
Phryne vulgaris Fitz.
Rana bufo L.

Crapaud cendré, C. commun, C. de Roesel, C. épineux, C. ordinaire.

Victor FATIO. — Op. cit., p. 387 et 433, et pl. V, fig. 1 et 2.
Fernand LATASTE. — Op. cit., p. 475; 2°, 3° et 4° tableaux; pl. X, fig. 10—12; pl. XI, fig. 4 et 5, et pl. XII; tiré à part, p. 283, et mêmes tableaux, pl. et fig.
Amb. GENTIL. — *Erpétologie de la Sarthe* (op. cit.), p. 593; tiré à part, p. 25.
É. SAUVAGE. — *Les Reptiles et les Batraciens* (op. cit.), p. 606 et pl. XVIII (en haut).
Albert GRANGER. — Op. cit., p. 153, et fig. (p. 145) indiquant fautivement qu'elle représente un Pélobate brun. [La figure de la p. 154 n'est pas, comme il est inscrit, celle d'un Crapaud commun, mais d'un Crapaud calamite].
René MARTIN et Raymond ROLLINAT. — Op. cit., p. 338.

Le Crapaud vulgaire habite des endroits très-différents, tels que les bois, les forêts, les prairies, les marais, les champs, les parcs, les jardins, etc., et, d'une façon générale, les lieux où il trouve de l'humidité, de l'ombre et un abri pour se soustraire à la lumière solaire, dès qu'elle possède un peu d'intensité. Il vit dans les régions basses aussi bien que dans les montagnes, où on le trouve jusqu'à des altitudes dépassant 2.100 mètres. Il est surtout terrestre et ne va pas souvent dans l'eau, hormis la période de la reproduction. Il est peu sociable, vivant fréquemment solitaire en dehors de cette période. Son naturel est très-indolent. Il marche d'une façon lente et maladroite, saute lourdement et nage assez mal. En cas de danger, il s'immobilise et semble mort. Souvent il tombe dans des bassins, des caves, des puits, etc., d'où il ne peut sortir, mais où il peut vivre longtemps, en raison de sa grande résistance au jeûne. Ses mœurs sont particulièrement crépusculaires et nocturnes; pendant le jour, il reste généralement blotti dans quelque cachette et ne sort que par des temps couverts et humides. En octobre ou en novembre, le Crapaud vulgaire se retire, pour hiverner, soit dans un trou du sol qu'il a reconnu propre à son usage, ou que parfois il s'est creusé; soit dans une fissure de rocher, un tas de fumier, un trou de vieille muraille, dans la vase au fond des eaux douces, etc. On a remarqué que les mâles s'éloignent généralement beaucoup moins des eaux que le font les femelles, et qu'ils hivernent plus volontiers dans la vase des eaux, tandis que les femelles préfèrent passer l'hiver dans le sol ou sous quelque autre abri terrestre. Son réveil hibernal se fait entre le milieu de février et le milieu de mai, selon le climat et l'altitude. C'est un animal vorace. Sa nourriture se compose d'insectes et de larves, de vers, de mollusques, d'araignées, de crustacés et de myriopodes. La femelle ne fait annuellement qu'une ponte, d'environ 4.000 à 7.000 œufs. L'accouplement a lieu en général au mois de mars ou d'avril, et s'opère habituellement dans une eau douce stagnante, parfois dans une eau courante, et quelquefois à terre, surtout dans les régions montagneuses. Les œufs sont réunis en deux longs cordons glaireux, attachés à des végétaux aquatiques ou à d'autres objets saillants. Les têtards abandonnent parfois les eaux quand ils possèdent encore un reste de leur queue.

Toute la Normandie. — C.

2. **Bufo calamita** Laur. — Crapaud calamite.

Bufo cruciatus Schneid., *B. cursor* Daud.
Epidalea calamita Cope.

Victor FATIO. — Op. cit., p. 402 et 433, et pl. V, fig. 3.
Fernand LATASTE. — Op. cit., p. 483; 2e, 3e et 4e tableaux, et pl. XI, fig. 1—3; tiré à part, p. 291, et mêmes tableaux, pl. et fig.
Amb. GENTIL. — *Erpétologie de la Sarthe* (op. cit.), p. 593 et 594; tiré à part, p. 25 et 26.
É. SAUVAGE. — *Les Reptiles et les Batraciens* (op. cit.), p. 608 et pl. XVIII (en bas).
Albert GRANGER. — Op. cit., p. 156, et fig. (p. 154) indiquant fautivement qu'elle représente un Crapaud commun. [La figure de la page 156 n'est pas, comme il est inscrit, celle d'un Crapaud calamite, mais d'un Pélobate brun].
René MARTIN et Raymond ROLLINAT. — Op. cit., p. 343.

Le Crapaud calamite vit dans les prairies, les bois, les fossés desséchés, les dunes, les parcs, les carrières, où il trouve l'humidité, l'ombre et la cachette dont il a besoin; il se tient de préférence dans les endroits sablonneux, et particulièrement dans les régions littorales. Il habite les lieux bas et les montagnes, sur lesquelles il ne dépasse pas une altitude de 1.200 mètres. Il est assez sociable. Son naturel est doux. Il marche relativement vite et peut grimper à la partie basilaire des murailles. Ses mœurs sont particulièrement crépusculaires et nocturnes; mais il sort de sa cachette pendant le jour, lorsque le temps est couvert et humide. Aux premiers froids de l'automne, le Crapaud calamite se blottit, pour y passer la mauvaise saison, dans un trou du sol qu'il s'est creusé lui-même ou qu'il a trouvé à sa convenance, dans une fissure de rocher ou de muraille, dans un amas de détritus, dans du fumier, etc. Généralement, il hiverne en compagnie de plusieurs de ses semblables. Son réveil hibernal se fait entre le commencement de mars et la fin de mai, suivant le climat et l'altitude. Sa nourriture se compose d'insectes et de larves, de vers, de mollusques, d'araignées, de crustacés et de myriopodes. La femelle ne fait qu'une ponte par an. L'accouplement a lieu dans une eau douce, stagnante ou courante, dans laquelle les deux animaux restent habituellement près des bords. La ponte a lieu à des époques variant selon le milieu ambiant et l'animal lui-même. Elle se compose de 3.000 à 4.000 œufs environ et s'opère du mois de mars au mois d'août, quelquefois seulement en septembre. Les œufs, pondus dans une eau stagnante ou courante, sont réunis en deux longs cordons glaireux, attachés à des végétaux aquatiques ou à d'autres objets saillants ; mais, dit Héron-Royer dans ses notices sur les mœurs des batraciens de la famille des bufonidés (op. cit., p. 227), « si le fond est sableux, comme cela est fréquent aux bords des rivières, la femelle les colle aux petits cailloux, assez proche du bord, aux endroits peu profonds, afin que la chaleur solaire active leur développement. Il n'est pas rare de voir le Calamite en train de frayer dans des nappes d'eau claire n'ayant pas dix centimètres de profondeur, et même dans des ornières; dans ces cas, le dos des mâles dépasse parfois le niveau du liquide, et la femelle se traîne sur le fond en y allongeant ses deux cordons, comme les rails d'un chemin de fer minuscule ». Les têtards quittent souvent les eaux lorsqu'ils ont encore un reste de queue.

Toute la Normandie. — A. C.

4e Famille. *PELOBATIDAE* — PÉLOBATIDÉS.

1er Genre. *PELOBATES* — PÉLOBATE.

1. **Pelobates fuscus** (Laur.) — Pélobate brun.

Bombina marmorata C.-L. Koch.
Bombinator fuscus Fitz.
Bufo fuscus Laur.
Pelobates fuscus Wagl.
Rana alliacea Shaw, *R. fusca* F.-A.-A. Meyer.

Crapaud brun.
Sonneur brun.

Victor FATIO. — Op. cit., p. 376 et 433.
Amb. GENTIL. — *Erpétologie de la Sarthe* (op. cit.), p. 592; tiré à part, p. 24.
É. SAUVAGE. — *Les Reptiles et les Batraciens* (op. cit.), p. 614 et pl. XIX.
Albert GRANGER. — Op. cit., p. 144, et fig. (p. 156) indiquant fautivement qu'elle représente un Crapaud calamite. [La figure de la p. 145 n'est pas, comme il est inscrit, celle d'un Pélobate brun, mais d'un Crapaud commun].
René MARTIN et Raymond ROLLINAT. — Op. cit., p. 347.

Le Pélobate brun habite les lieux boisés ou découverts, dans des endroits qui lui fournissent l'humidité dont il a besoin. Il est essentiellement terrestre en dehors de la période de la reproduction. Sa démarche est lourde et non rapide; il progresse aussi par petits sauts, et nage rapidement. Lorsqu'il est à l'eau, ce batracien a l'habitude de s'enfoncer dans la vase. Ses mœurs sont crépusculaires et nocturnes; pendant le jour il reste dans le trou du sol qu'il s'est creusé avec les ergots de ses talons. A partir des froids automnaux, le Pélobate brun se tient blotti dans quelque trou jusque, généralement, en mars ou en avril. Sa nourriture se compose d'insectes et de larves, de vers, de mollusques, d'araignées, de crustacés et de myriopodes. La femelle ne fait qu'une ponte par an, d'environ 1.200 œufs. L'accouplement a lieu dans une eau douce et, en général, au mois de mars ou d'avril. Les œufs sont réunis en un long cordon glaireux attaché à des végétaux aquatiques ou à d'autres objets saillants.

Seine-Inférieure :

« Morville. A. R. » [LIEURY. — Op. cit., p. 126].

M. Louis Hulme, juge suppléant aux Andelys (Eure), m'a fait savoir qu'il avait vu dans les environs d'Elbeuf le Pélobate brun, sur la détermination duquel il ne croyait pas s'être trompé.

Orne :

« Sans doute assez commun dans nos régions, où je l'ai observé dans plusieurs localités, à Ticheville, Orville, Le Bosc-Renoult, Avernes-Saint-Gourgon et aux environs d'Alençon ». [A.-L. LETACQ. — *Matériaux pour servir à la faune des Vertébrés du département de l'Orne* (op. cit.), p. 120; tiré à part, p. 56]. — Ce naturaliste m'a informé par lettre qu'il avait aussi constaté la présence de cette espèce à Briouze-Saint-Gervais.

Eure, Calvados et Manche :

Bien que le Pélobate brun n'ait pas été capturé, du moins à ma connaissance, dans ces trois départements, je suis à peu près certain que des recherches suffisantes l'y feraient trouver.

2e Genre. *PELODYTES* — PÉLODYTE.

1. **Pelodytes punctatus** (Daud.) — Pélodyte ponctué.

Alytes punctatus Tschudi.
Obstetricans punctatus Dug.
Pelodytes punctatus Bp.
Rana Daudini Merr., *R. plicata* Daud., *R. punctata* Daud.

Accoucheur ponctué.
Grenouille plissée, G. ponctuée.

Victor FATIO. — Op. cit., p. 353 et 433.
Fernand LATASTE. — Op. cit., p. 434; 2e, 3e et 4e tableaux, et pl. IX, fig. 1—3; tiré à part, p. 242, et mêmes tableaux, pl. et fig.
Amb. GENTIL. — *Erpétologie de la Sarthe* (op. cit.), p. 588 et 590; tiré à part, p. 20 et 22.
É. SAUVAGE. — *Les Reptiles et les Batraciens* (op. cit.), p. 615; fig. 454 et 455.
Albert GRANGER. — Op. cit., p. 140 et fig.
René MARTIN et Raymond ROLLINAT. — Op. cit., p. 349.

Le Pélodyte ponctué habite les régions basses et les contrées accidentées, se tenant de préférence dans les lieux pierreux et buissonneux. On le trouve parfois dans les jardins. Il est essentiellement terrestre, et ne va dans les eaux douces qu'au moment de la reproduction. Il saute avec agilité, peut grimper à des parois verticales et monte souvent dans les buissons; mais il nage mal et ne s'éloigne pas du bord des mares un peu étendues. Ses mœurs sont crépusculaires et nocturnes. Pendant le jour, il reste sous une pierre, dans une fissure de rocher ou quelque autre cachette, ou dans le trou qu'il s'est creusé en terre. A l'arrivée des premiers froids, le Pélodyte ponctué se blottit, pour y passer la mauvaise saison, dans un trou du sol, dans une fissure de rocher ou de vieille muraille, ou dans quelque autre abri d'un terrain plus ou moins sec. Sa nourriture se compose d'insectes et de larves, de vers, de mollusques, etc. La femelle ne fait annuellement qu'une ponte, qui a lieu à une époque très-variable, de février jusqu'en octobre, selon le milieu ambiant et les individus. L'accouplement s'opère dans une eau douce. Les œufs, au nombre de 1.000 à 1.600 environ, sont réunis en un cordon glaireux ; très-souvent il se brise, et le fragment suivant de ponte est déposé dans le voisinage des autres. Ce cordon est pondu dans un fossé, une mare ou un étang, et, fragmenté ou tout entier, est attaché à une plante ou à un autre objet saillant. « Le Pélodyte ponctué, disent René Martin et Raymond Rollinat (op. cit., p. 350), a la déplorable habitude de pondre dans les fossés ; aussi, s'il survient une période de sécheresse, l'eau disparaît et les têtards périssent ; il meurt ainsi, presque chaque année, des milliers de larves de cette espèce ».

Seine-Inférieure :

« Dans le courant de juillet 1888, M. Paul Noel, à Rouen, trouva sous des pierres, dans des carrières de sable situées au Petit-Quevilly, tout près de Rouen, un certain nombre de Crapauds calamites (*Bufo calamita* Laur.) et, ce qui est beaucoup plus intéressant, deux exemplaires d'une petite espèce de batracien raniforme : le Pélodyte ponctué [*Pelodytes punctatus* (Daud.)].

« Il eut l'obligeance de me conduire dans cette localité, où les Crapauds calamites étaient nombreux, et nous avons eu la satisfaction d'y capturer deux autres exemplaires du Pélodyte ponctué. Jusqu'alors, ce batracien n'a pas été trouvé, du moins à ma connaissance, dans la Seine-Inférieure. Il est vrai que M. Lieury avait mentionné l'espèce en question dans sa *Synopsis des Reptiles du département de la Seine-Inférieure et des départements limitrophes*; mais les deux lignes qui, dans ce mémoire, concernent ce batracien (1) : « MM. Duméril « et Bibron l'ont souvent trouvé dans l'ancien parc de « Sceaux-Penthièvre, près Paris », pouvaient tout au plus faire supposer la présence du Pélodyte ponctué dans la Seine-Inférieure. Grâce à M. Paul Noel, cette probabilité est transformée aujourd'hui en certitude ». [Henri Gadeau de Kerville. — *Note sur la découverte du Pélodyte ponctué dans le département de la Seine-Inférieure* (op. cit.), p. 175]. — Je tiens à dire que pour être tout à fait certain du nom de ce batracien anoure, j'en communiquai un exemplaire à un spécialiste très-compétent, M. Héron-Royer, qui a confirmé ma détermination.

Postérieurement aux récoltes faites par M. Paul Noel et par moi, M. Louis Müller a recueilli au même endroit cette intéressante espèce.

« Au mois d'août 1888, M. Henri Gadeau de Kerville publiait dans le Bulletin (de la Société des Amis des Sciences naturelles de Rouen) une note sur la découverte du Pélodyte ponctué dans la Seine-Inférieure. Ayant trouvé moi-même ce batracien, je m'empresse de signaler à l'attention de nos collègues la découverte de cet intéressant raniforme, dont j'ai capturé, en septembre 1888, un exemplaire dans la vallée de l'Yères, à Sept-Meules.

« M. Henri Gadeau de Kerville... a vu et examiné le Pélodyte et changé mes soupçons en certi-

« (1) In Bull. de la Soc. des Amis des Scienc. natur. de Rouen, ann. 1865, p. 126 ».

tude. Je désirai vivement savoir s'il se trouvait dans d'autres localités, ou si sa présence était limitée en cette commune. Cette année (1890), j'ai pu faire une exploration assez étendue, et je fus convaincu que son aire était très-restreinte. Je ne l'ai pas rencontré ailleurs. Je n'en ai vu que deux autres en remontant le vallon qui conduit à Avesnes (Seine-Inférieure); il est caché sous des pierres ou dans les fissures de la craie de l'étage turonien, qui affleure dans la vallée; et c'est à la recherche des fossiles que je dois sa découverte.

« Cette capture porte à deux stations connues et assez éloignées l'une de l'autre sa présence dans la Seine-Inférieure. Peut-être en trouvera-t-on d'autres, maintenant que le Pélodyte ponctué a été signalé et trouvé au Petit-Quevilly par M. Paul Noel, et à Sept-Meules par moi-même.

« J'ai fait également quelques recherches à ce sujet dans la vallée de la Bresle; elles furent infructueuses.....

« Sa présence est donc bien limitée en cet endroit, et encore il est fort rare, puisqu'en deux ans je n'ai pu en trouver que trois ». [Louis-Henri Bourgeois. — *Note sur une nouvelle station du Pélodyte ponctué dans la Seine-Inférieure* (op. cit.), p. 149].

Eure :

Espèce mentionnée, sans aucun détail, comme ayant été observée dans le canton de Gisors. [Charles Bouchard. — Op. cit., p. 23].

Très-rare; entre le village de Houlbec-Cocherel et le hameau de Cocherel (commune de Houlbec-Cocherel), sous les pierres d'une côte aride; capture personnelle. [Renseignement manuscrit du Dr Maurice Régimbart, à Évreux].

5e Famille. *DISCOGLOSSIDAE* — DISCOGLOSSIDÉS.

1er Genre. *BOMBINATOR* — SONNEUR.

1. **Bombinator pachypus** Fitz. var. **brevipes** Blas. — Sonneur à pieds épais var. brévipède.

Bombinator brevipes Blas.

Victor Fatio. — Op. cit., p. 368 et 433, et pl. V, fig. 4; (*Bombinator pachypus var. brevipes*, décrit sous le nom de *Bombinator igneus* Laur.).

Fernand Lataste. — Op. cit., p. 467; 2e, 3e et 4e tableaux, et pl. IX, fig. 10—12; tiré à part, p. 275, et mêmes tableaux, pl. et fig.; (*Bombinator pachypus var. brevipes*, décrit sous le nom de *Bombinator igneus* D. et B.).

Amb. Gentil. — *Erpétologie de la Sarthe* (op. cit.), p. 592; tiré à part, p. 24; (*Bombinator pachypus var. brevipes*, décrit sous le nom de *Bombinator igneus* Merr.).

Albert Granger. — Op. cit., p. 148 et fig.; (*Bombinator pachypus var. brevipes*, décrit sous le nom de *Bombinator igneus* Laur.).

René Martin et Raymond Rollinat. — Op. cit., p. 352; (*Bombinator pachypus var. brevipes*, décrit sous le nom de *Bombinator pachypus* Fitz.).

G.-A. Boulenger. — *Sur le Bombinator pachypus* Bonaparte *et sa var. brevipes* Blasius (op. cit.), n° 261.

Le Sonneur à pieds épais variété brévipède habite les eaux douces plus ou moins stagnantes, particulièrement les petites mares, les fossés et les rigoles, se tenant généralement sur les bords des eaux d'une certaine étendue, bien qu'il nage et plonge facilement. Il s'écarte souvent de l'eau, parfois assez loin, pour aller à la recherche de sa nourriture, et se plaît dans le voisinage des habitations. A terre il se meut par sauts courts et assez précipités. Ses mœurs sont diurnes, crépusculaires et nocturnes. Aux premiers froids de l'automne, il se blottit, pour hiverner, dans la vase au fond des eaux ou dans quelque abri du sol, et reprend sa vie active ordinairement entre le milieu de mars et le milieu d'avril. Les jeunes, lorsqu'ils ont terminé leurs métamorphoses, s'écartent peu des eaux et y reviennent fréquemment. Cette espèce est très-vorace. Sa nourriture se compose principalement de mollusques, de vers, d'insectes et de larves. L'accouplement a lieu à partir de mai jusqu'à la fin de juillet, et peut-être encore plus tard. « Après une forte pluie, le lendemain ou le surlendemain, lorsque les fossés sont encore pleins d'eau, ce Sonneur, disent René Martin et Raymond Rollinat (op. cit., p. 353), s'accouple et fixe ses œufs sur les herbes, non loin de la surface, par groupes de trois à dix, quelquefois plus. La ponte a ordinairement lieu dans la soirée, et la femelle dépose, en quelques heures, de 200 à 300 œufs dont le vitellus est grisâtre ou brun clair en dessus et blanchâtre en dessous ; on trouve assez souvent des œufs isolés. Nous croyons que parfois les femelles ne pondent pas tous leurs œufs pendant la même soirée, et qu'elles s'accouplent de nouveau quelques jours plus tard ».

Normandie :

Le Sonneur à pieds épais var. brévipède se trouve presque certainement dans de nombreuses localités de cette province ; mais, d'une façon générale, il doit y être peu commun.

Seine-Inférieure :

Sous le nom de *Bombinator igneus* (Dug.), Lieury, dans sa *Synopsis des Reptiles du département de la Seine-Inférieure et des départements limitrophes* (op. cit., p. 127), indique ce batracien anoure comme assez rare et comme ayant été trouvé à Saint-Georges et à Gournay. S'il n'y a pas de doute pour Gournay, qui est Gournay-en-Bray (Seine-Inférieure), par contre j'ignore de quel Saint-Georges l'auteur a voulu parler. En effet, il y a, dans la Seine-Inférieure et les départements limitrophes, plusieurs communes du nom de Saint-Georges, auquel on a joint un nom supplémentaire pour les distinguer. Les naturalistes ne devraient jamais oublier que, dans leurs travaux, l'imprécision est un défaut capital.

Louis Müller fait savoir, dans sa *Liste des Reptiles et des Batraciens capturés dans les environs d'Elbeuf en* 1882-83 (op. cit., p. 105), que ce batracien anoure, qu'il indique sous le nom de *Bombinator igneus* Laur., existe aux environs de cette ville, où il est peu commun.

M. Paul Noel, directeur du Laboratoire régional d'Entomologie agricole de Rouen, m'a écrit qu'il avait constaté la présence de ce Sonneur aux environs de Rouen : à Bois-Guillaume, et à Belbeuf (au hameau de Saint-Adrien).

Eure :

T. Lancelevée dit, dans son *Rapport sur l'excursion extraordinaire du* 21 *septembre* 1884 *à Caudebec-en-Caux* (*Seine-Inférieure*) (op. cit., p. 48), que ce Sonneur, qu'il indique sous le nom de *Bombinator igneus*, a été vu dans une mare à Bourg-Achard, au cours de cette excursion.

MM. Louis Müller et T. Lancelevée ont trouvé cette espèce à Grainville-en-Vexin. [Louis Müller, renseignement manuscrit].

« Ce batracien n'est pas rare aux environs d'Évreux ;

je l'ai pris dans bien des endroits et l'ai entendu, sans le voir, dans bien d'autres. Voici les principales localités dont je me souviens : commune d'Évreux, Arnières, Aulnay, Cailly-sur-Eure, etc. ». [Renseignement manuscrit du Dr Maurice Régimbart, à Évreux].

Orne :

L'abbé A.-L. Letacq fait savoir, dans ses *Matériaux pour servir à la faune des Vertébrés du département de l'Orne* (op. cit., p. 121; tiré à part, p. 57), que ce batracien anoure, qu'il mentionne sous le nom de *Bombinator igneus* Laur., a été observé à Ticheville, Orville, Bagnoles-de-l'Orne (commune de Tessé-la-Madeleine) et Alençon.

Calvados et Manche :

Je ne possède aucune indication certaine sur la présence du Sonneur à pieds épais var. brévipède dans ces départements; mais on peut pour ainsi dire affirmer que des recherches suffisantes l'y feraient trouver. Je dois ajouter, à cet égard, que je ne connais aucune publication sur la faune batrachologique de ces deux départements.

NOTE. — Il est pour ainsi dire certain que la forme type de ce Sonneur, c'est-à-dire le Sonneur à pieds épais (*Bombinator pachypus* Fitz.), n'existe pas, non-seulement en Normandie, mais en France. M. G.-A. Boulenger, éminent herpétologue qui a fait une étude très-approfondie des Sonneurs (*Bombinator*), a bien voulu examiner plusieurs de ces batraciens anoures recueillis dans les départements de la Seine-Inférieure, de la Sarthe et de l'Allier, que je lui avais communiqués. Il résulte de son examen qu'ils appartiennent tous à la variété brévipède du Sonneur à pieds épais. Le même herpétologue a eu le mérite de prouver définitivement que, sous le nom de *Bombinator igneus*, la plupart des auteurs ont réuni trois formes distinctes : le *Bombinator igneus* (Laur.), le *Bombinator pachypus* Fitz. et la variété *brevipes* Blas. de ce dernier.

2e Genre. *ALYTES* — ALYTE.

1. **Alytes obstetricans** (Laur.) — **Alyte accoucheur.**

Alytes obstetricans Wagl.
Bombinator obstetricans Merr.
Bufo obstetricans Laur.
Obstetricans vulgaris Dug.
Rana campanisona Laur., *R. obstetricans* Wolf.

Accoucheur commun, A. ordinaire, A. vulgaire.
Crapaud accoucheur.
Grenouille accoucheuse.

Petit potier.

Victor Fatio. — Op. cit., p. 358 et 433, et pl. V, fig. 5.
Fernand Lataste. — Op. cit., p. 441; 2e, 3e et 4e tableaux, et pl. IX, fig. 7—9; tiré à part, p. 249, et mêmes tableaux, pl. et fig.
Amb. Gentil. — *Erpétologie de la Sarthe* (op. cit.), p. 588 et 591; tiré à part, p. 20 et 23.
É. Sauvage. — *Les Reptiles et les Batraciens* (op. cit.), p. 582 et fig. 438.
Albert Granger. — Op. cit., p. 142 et fig.
René Martin et Raymond Rollinat. — Op. cit., p. 356.

L'Alyte accoucheur vit dans les endroits cultivés et incultes, les talus des chemins, les carrières, les jardins, le pourtour des vieilles constructions, les ruines, etc., où il se tient dans quelque trou, sous une pierre, un tas de bois, etc., ou dans la cachette qu'il s'est creusée dans le sol. Fréquemment on le trouve dans le voisinage immédiat des habitations. Il vit dans les régions basses et les montagnes, sur lesquelles on le rencontre jusqu'à des altitudes supérieures à 1.500 mètres. Il est assez sociable. Ses mœurs sont crépusculaires et nocturnes. Aux premiers froids automnaux, il se retire dans un trou en terre, sous une pierre, un amas de détritus, dans une fissure de muraille, etc., ou dans la cavité du sol qu'il s'est creusée, et y passe, blotti, la saison d'hivernage. Sa nourriture se compose d'insectes et de larves, de vers, de mollusques, de crustacés, etc. La femelle fait par an une ou deux pontes, entre le milieu de février et la fin d'octobre. L'accouplement a lieu à terre, toujours le soir, et dans un endroit plus ou moins sec ou en un point humide. La reproduction de ce batracien offre une particularité des plus curieuses, à laquelle cette espèce doit son nom spécifique d'*obstetricans* (accoucheur), particularité concernant exclusivement le mâle. Ce dernier facilite la sortie des œufs, qui s'échappent brusquement du cloaque de la femelle en deux cordons, et que, presque aussitôt, il arrose de sperme. Ces deux cordons, agglutinés en une petite masse, se collent aux pattes postérieures du mâle, et y sont par lui fixés plus solidement au moyen de mouvements spéciaux. Après quoi le mâle, disent René Martin et Raymond Rollinat (op. cit., p. 357). « va se cacher sous terre, dans une petite galerie oblique qu'il se creuse et qu'il habite seul ou en compagnie de quelques individus qui, eux aussi, peuvent être porteurs d'œufs : bien souvent nous en avons trouvé trois ou quatre dans le même trou ou sous la même pierre. Pendant la nuit, lorsque le temps est par trop sec, il va rafraîchir les œufs à la mare voisine. Au bout de vingt-quatre à quarante-quatre jours, selon la température, l'Alyte sent remuer autour de ses jambes les jeunes larves retenues prisonnières dans leurs enveloppes, et va porter la ponte à l'eau. D'après M. Héron-Royer, chaque ponte comprend environ 45 œufs ; d'après le Dr Fatio, 40 à 60. Nous avons compté de 35 à 55 œufs chez les pontes provenant de vieilles femelles, et de 14 à 20 chez celles pondues par des jeunes. Nous avons pris dans notre jardin, le 17 mai, un mâle portant une énorme ponte de 155 œufs ». Arthur de l'Isle dit, dans sa *Note sur l'accouplement de l'Alytes obstetricans* (op. cit., p. 450; tiré à part, p. 258), qu'annuellement « la femelle, comme l'apprend l'inspection des ovaires, émet de 120 à 150 œufs en trois ou quatre lots de 25 à 50 ». Ce dernier naturaliste a fait une étude très-détaillée de ce curieux fait éthologique, et a publié, à son égard, un travail important contenant de nombreux et minutieux détails observés par lui-même. Je renvoie les lecteurs à cet excellent *Mémoire sur les mœurs et l'accouchement de l'Alytes obstetricans* (op. cit.).

Toute la Normandie. — C.

2e Ordre. *URODELA* — URODÈLES.

1re Famille. *SALAMANDRIDAE* — SALAMANDRIDÉS.

1er Genre. *SALAMANDRA* — SALAMANDRE.

1. **Salamandra maculosa** Laur. — **Salamandre tachetée.**

Lacerta salamandra L.
Salamandra maculata Merr., *S. terrestris* Latr.

Salamandre commune, S. maculée, S. ordinaire, S. terrestre, S. vulgaire.

Lézard noir, Moron, Mouron, Sourd, Ta, Tac.

Victor Fatio. — Op. cit., p. 491 et 583.

Fernand Lataste. — Op. cit., p. 514 et 2e tableau; tiré à part, p. 322 et même tableau.

Amb. Gentil. — *Erpétologie de la Sarthe* (op. cit.), p. 596; tiré à part, p. 28.

É. Sauvage. — *Les Reptiles et les Batraciens* (op. cit.), p. 628, et fig. 458 (p. 621) et 461.

Albert Granger. — Op. cit., p. 166 et fig.

René Martin et Raymond Rollinat. — Op. cit., p. 365.

La Salamandre tachetée habite les endroits humides et sombres des bois et des forêts, ainsi que les coins frais et obscurs des rochers, des carrières et des ruines; on la trouve fréquemment sous des tas de bois. Elle vit dans les régions basses et les montagnes, où on ne la rencontre guère au-dessus de 1.300 mètres d'altitude. Elle est essentiellement terrestre, ne se rendant à l'eau que pour mettre bas, car cette espèce est ovo-vivipare. Elle marche d'une façon lente et nage mal. Ses mœurs sont crépusculaires et nocturnes. Pendant le jour, elle se tient cachée sous la mousse ou des racines, dans un trou du sol, sous une pierre ou dans quelque fissure de rocher ou de muraille, et ne sort que par les temps couverts et humides. Accidentellement, on la trouve dans des caves et des puits des villes, où elle est parvenue d'une façon quelconque. Aux grands froids de l'automne, la Salamandre tachetée se blottit sous l'un des abris où elle passe son existence diurne pendant la belle saison. Elle n'est alors que faiblement engourdie, et, en l'absence de froids assez vifs, elle n'a pas, ce qui est très-fréquent, de période d'inactivité. Souvent elle hiverne en petite compagnie. Sa nourriture se compose de vers, de mollusques, d'insectes et de larves, de crustacés, de myriopodes, etc. La femelle ne fait qu'une portée par an, de 40 à 50 larves, et quelquefois davantage. La mise-bas a lieu presque toute l'année. Elle s'opère dans l'eau douce limpide d'un ruisseau ou d'une source, ou dans une flaque d'eau ou une ornière. L'accouplement se fait sur le sol. « Il ne doit pas, disent René Martin et Raymond Rollinat (op. cit., p. 367), avoir lieu à la même époque pour tous les individus, car dans les premiers jours d'octobre on trouve des femelles sur le point de mettre bas, alors qu'en janvier, février et mars, on en trouve d'autres dans le même état... La femelle ne dépose pas tous ses petits le même jour..... Les petits se développent dans le corps de leur mère ; chaque larve est contenue dans une enveloppe mince, souple et transparente, qu'elle déchire aussitôt qu'elle est déposée dans l'eau ».

Toute la Normandie. — A. C.

2e Genre. *TRITON* — TRITON (1).

1. **Triton cristatus** Laur. — Triton à crête.

Hemisalamandra cristata A. Dug.
Lacerta palustris Sturm, *L. porosa* Retz.
Molge cristata Blgr., *M. palustris* Merr.
Salamandra carnifex Schneid., *S. cristata* Houttuyn, *S. pruinata* Schneid.
Triton carnifex Laur., *T. marmoratus* Bp., *T. palustris* Flem.

Salamandre à crête.
Triton crêté.

Lézard, Lizard, Lizarde, Moron d'eau, Sourd.

Victor FATIO. — Op. cit., p. 520 et 583, et pl. V, fig. 15.
Fernand LATASTE. — Op. cit., 2e tableau ; tiré à part, idem.

(1) « On a généralement aujourd'hui abandonné le terme générique *Triton* Laurenti, pour celui de *Molge* Merrem. Le bien fondé de cette modification synonymique, faite en vue de se conformer au droit de priorité, me paraît contestable. Sans doute Linné s'est servi du nom de *Triton* concurremment avec Laurenti (1768), seulement il l'applique, non pas à un animal réel, mais à

Amb. Gentil. — *Erpétologie de la Sarthe* (op. cit.), p. 597; tiré à part, p. 29.

É. Sauvage. — *Les Reptiles et les Batraciens* (op. cit.), p. 636 et fig. 462.

Albert Granger. — Op. cit., p. 172 et fig.

René Martin et Raymond Rollinat. — Op. cit., p. 374.

Le Triton à crête habite, pendant la plus grande partie de son existence, les eaux douces stagnantes ou peu courantes, préférant aux eaux pures et froides les mares, les étangs et les fossés où l'eau est croupissante. Il vit dans les régions basses et dans les montagnes, où on ne le trouve pas au-dessus de 1.200 mètres d'altitude. Les adultes sont surtout aquatiques : les uns n'abandonnent guère les eaux qu'après le milieu de l'été ou seulement en automne, et les autres y restent toute l'année. Par contre, les jeunes, lorsqu'ils ont terminé leurs métamorphoses, quittent les eaux et mènent une vie terrestre jusqu'à ce qu'ils soient capables de se reproduire, se tenant sous quelque abri dans les endroits humides des lieux découverts ou boisés. Le Triton à crête nage et plonge habilement, mais se déplace avec lenteur sur le sol. A l'arrivée des froids de l'automne, il tombe dans la torpeur hibernale, qui, généralement, est assez peu profonde. La plus grande partie de ces Tritons hiverne dans la vase au fond des eaux ; l'autre partie, composée des jeunes et d'un certain nombre de femelles, se blottit sous la mousse, dans des trous du sol, sous des pierres ou sous l'écorce de vieux arbres. La nourriture de cette espèce se compose de vers, de mollusques, d'insectes et de larves, de crustacés, etc. ; les adultes mangent aussi des

un débris d'animal, comme Cuvier l'a parfaitement montré (*Règne animal*, 1817, II, p. 506), le genre ne peut donc être regardé comme légitime ». [Léon Vaillant. — *Sur quelques individus, types d'espèces critiques du genre Triton, appartenant aux collections du Muséum* (op. cit.), p. 145].

larves de batraciens anoures et urodèles, et, parfois, leurs propres enfants. La femelle ne fait annuellement qu'une ponte. L'accouplement a lieu dans une eau douce, entre le mois de février et la fin de juin, selon le milieu ambiant et les individus. La femelle, disent René Martin et Raymond Rollinat (op. cit., p. 375), « choisit un endroit rempli d'herbes aquatiques pour y déposer ses œufs. Elle saisit une feuille dans ses membres postérieurs, la ploie sur son cloaque et pond dans ce pli ordinairement un œuf, rarement deux. Au moyen de ses pieds, elle maintient son œuf pendant quelques instants pour lui donner le temps de se coller, et elle va plus loin continuer sa ponte, ou bien, si la feuille est longue, elle y fait plusieurs plis qui contiennent chacun un œuf ».

Toute la Normandie. — C.

2. **Triton marmoratus** (Latr.) — Triton marbré.

Hemisalamandra marmorata A. Dug.
Molge marmorata Blgr.
Pyronicia marmorata Gray.
Salamandra marmorata Latr.
Triton marmoratus Gray.

Salamandre marbrée.

Victor Fatio. — Op. cit., p. 532 et 583.
Fernand Lataste. — Op. cit., p. 523 et 2e tableau; tiré à part, p. 331 et même tableau.
Amb. Gentil. — *Erpétologie de la Sarthe* (op. cit.), p. 597 et 598 ; tiré à part, p. 29 et 30.
É. Sauvage. — *Les Reptiles et les Batraciens* (op. cit.), p. 638 ; fig. 463 (p. 637), 476 et 477 (p. 651).
Albert Granger. — Op. cit., p. 173 et fig.
René Martin et Raymond Rollinat. — Op. cit., p. 379.

Le Triton marbré habite, pendant une partie de son existence, les eaux douces plus ou moins stagnantes : mares, étangs, fossés, réservoirs de fontaines, etc., et, pendant l'autre partie, il mène une existence terrestre. Il vit dans les régions basses et dans les montagnes, où, toutefois, il ne se trouve pas à de grandes altitudes. « C'est surtout à la fin de février ou au commencement de mars, disent René Martin et Raymond Rollinat (op. cit., p. 381), que cette espèce se rend à l'eau. Les mâles se parent rapidement des brillantes couleurs de leur costume de noces; les femelles, elles aussi, sont assez joliment colorées, et, vers le milieu de mars, commencent la fécondation et la ponte, qui s'opèrent de la même façon que chez le Crêté ; les amours dureront jusqu'à la fin de mai. Pendant cette période, les Marbrés sont très-communs dans les mares où ils viennent s'accoupler..... En juin, on trouve dans les mares quelques couples de retardataires dont les mâles perdent le costume de noces, et qui ne tarderont pas à sortir de l'eau. En juillet, août et septembre, les Marbrés vivent à terre, dans les fissures du sol, dans les trous, sous les pierres...; on ne rencontre dans l'eau que de très-rares sujets qui sont venus s'y rafraîchir; en octobre, la migration vers les mares recommence ». « Vers le milieu d'octobre, disent les deux auteurs en question (op. cit., p. 380), quelques individus se rendent aux mares et dans les réservoirs des grandes fontaines; bientôt le mouvement s'accentue, et, à la fin du même mois ou en novembre, on peut capturer bon nombre de Tritons de cette espèce en pêchant au troubleau. Ils commencent à prendre leur costume d'eau ou costume de noces. S'il survient de grands froids fin novembre ou en décembre et janvier, presque tous les Marbrés quittent l'eau et vont se réfugier sous terre. Lorsque les mares gèlent profondément, on voit, après le dégel, les cadavres des imprudents flotter à la surface ». Les mœurs de ce Triton sont surtout nocturnes. Les jeunes, quand leurs métamorphoses sont accomplies, quittent les eaux et restent à terre jusqu'à ce qu'ils soient capables de se reproduire. A l'arrivée des froids de l'automne, les Tritons marbrés se blottissent, pour y passer la mauvaise saison, sous une pierre, dans un trou du sol, sous une écorce d'arbre, parmi des détritus ou dans la vase au fond des eaux; ils hivernent principalement à terre. La nourriture de cette espèce se compose d'insectes et de larves, de mollusques, de crustacés, de lombrics, de larves de batraciens anoures et urodèles, voire même de tritons de petite taille, etc. La femelle ne fait annuellement qu'une ponte. L'accouplement a lieu dans l'eau. Les œufs sont pondus isolément ou par groupes de deux ou trois sur des feuilles de végétaux aquatiques, que la femelle pince entre ses pattes postérieures, ou sur des branches immergées, et sur lesquelles ils sont fixés au moyen de la substance glaireuse qui les entoure.

Manche :

Relativement au Triton marbré, M. D. Bois dit ce qui suit dans la Feuille des Jeunes Naturalistes (op. cit., p. 36) : « Je lis dans le numéro du 1er décembre 1877 un article de M. Le Mennicier, lequel croit que le *Triton marmoratus* n'a pas encore été trouvé dans le département de la Manche. Je puis, quant à moi, affirmer qu'il existe dans les environs de Granville, en ayant moi-même capturé cinq sous les pierres, dans les parties humides des landes de Donville ».

Un exemplaire de cette espèce, capturé dans cette localité, fait partie de la collection de M. Fernand Lataste qui m'a obligeamment envoyé les lignes suivantes, copiées dans le catalogue de sa collection :

« *Triton marmoratus;* sous les pierres près des mares, landes de Donville (Manche), entre les routes de Coutances et de Longueville, à trois kilomètres de Granville, août 1877 ; Bois ».

Non-seulement M. Fernand Lataste, mais aussi M. G.-A. Boulenger, ont examiné ce spécimen. Le témoignage de ces deux herpétologues éminents ne peut laisser aucun doute sur sa parfaite détermination.

Un exemplaire provenant du département de la Manche, et envoyé par M. l'abbé Bonin (ou Bonnin), fait partie des collections du Muséum d'Histoire naturelle de Paris. [Renseignement communiqué par M. le Dr F. Mocquard, assistant à ce Muséum].

Seine-Inférieure :

Dans sa *Synopsis des Reptiles du département de la Seine-Inférieure et des départements limitrophes* (op. cit., p. 131), Lieury mentionne sans aucun détail le Triton marbré; mais, presque certainement, c'est par le fait d'une erreur de détermination.

Ayant demandé à M. Lieury (1) s'il était tout à fait certain qu'il n'y ait pas eu de méprise, et s'il connaissait quelqu'un possédant un exemplaire, capturé dans cette région, de ce soi-disant Triton marbré, il m'a répondu par lettre ce qui suit, en m'autorisant à le publier : « Le Triton marbré, ou ce que j'ai pris pour cette espèce, aurait été récolté par moi à Forgettes (commune de Saint-Jacques-sur-Darnetal), près de Rouen, dans l'eau d'une fosse au fond de laquelle il y avait du fumier. Je suis loin de pouvoir vous assurer qu'il n'y ait pas eu erreur de détermination ».

En définitive, il est tout à fait probable que le Triton marbré n'existe pas dans le département de la Seine-Inférieure.

(1) M. Jean-Baptiste Lieury est mort en 1888.

3. **Triton alpestris** Laur. — **Triton alpestre.**

Hemitriton alpestris A. Dug.
Molge alpestris Merr., *M. ignea* Merr.
Salamandra alpestris Bchst., *S. cincta* Latr., *S. ignea* Bchst., *S. rubriventris* Daud.
Triton apuanus Bp., *T. salamandroides* Laur., *T. Wurffbaini* Laur.

Salamandre alpestre, S. ceinturée.

Lézard, Lizard, Lizarde, Moron d'eau, Sourd.

Victor Fatio. — Op. cit., p. 541 et 583; pl. III, et pl. V, fig. 16 et 17.
Amb. Gentil. — *Erpétologie de la Sarthe* (op. cit.), p. 597 et 598; tiré à part, p. 29 et 30.
É. Sauvage. — *Les Reptiles et les Batraciens* (op. cit.), p. 640 et fig. 464.
Albert Granger. — Op. cit., p. 176 et fig.
René Martin et Raymond Rollinat. — Op. cit., p. 394.

Le Triton alpestre habite, pendant une partie de son existence, les eaux douces stagnantes : mares, étangs, fossés, flaques et petits lacs, et préfère les eaux ayant une certaine limpidité à celles qui sont croupissantes ; il est terrestre pendant l'autre partie de son existence. Il vit dans les régions basses et dans les montagnes, où on le trouve jusqu'à des altitudes d'environ 2.500 mètres. Les adultes sont partiellement aquatiques et partiellement terrestres, quittant habituellement les eaux dans le cours de l'été, et se tenant alors dans quelque endroit humide et sombre; toutefois, dans les montagnes, on rencontre sur terre des adultes pendant toute la belle saison. Les jeunes quittent les eaux lorsque leurs métamorphoses sont accomplies, et mènent une vie terrestre jusqu'à l'époque à laquelle ils sont aptes à se reproduire ; ce n'est que par exception que l'on voit dans l'eau de jeunes sujets parfaits. Cet urodèle nage et plonge habilement, mais il marche avec lenteur. A l'arrivée des froids automnaux, les Tritons alpestres se blottissent sous la mousse, dans un trou du sol, une fissure de rocher, sous une pierre ou un tronc d'arbre gisant à terre, sous une vieille écorce ou dans la vase au fond des eaux, et hivernent ainsi dans un demi-engourdissement. Ce sont tout particulièrement les adultes qui passent la saison froide dans la vase. La nourriture de cette espèce se compose de vers, de mollusques, d'insectes et de larves, de crustacés, etc. La femelle ne fait annuellement qu'une ponte, à une époque variant beaucoup selon le milieu ambiant et les individus. L'accouplement a lieu dans une eau douce; mais Victor Fatio suppose (op. cit., p. 553) qu'il peut y avoir parfois un accouplement sur terre et une fécondation intérieure permettant le développement, en partie interne, de quelques œufs seulement, lorsque les Tritons alpestres ne peuvent trouver de l'eau pendant la période de la reproduction. Les œufs sont pondus par petits groupes sur des feuilles de végétaux aquatiques, que la femelle prend entre ses pattes postérieures, et sur lesquelles ils adhèrent au moyen de la substance glaireuse qui les entoure. La ponte se fait aussi sur des débris flottants.

Toute la Normandie. — C.

4. **Triton vulgaris** (L.) — Triton ponctué.

Lacerta aquatica L., *L. taeniata* Wolf, *L. vulgaris* L.
Lophinus punctatus Gray.
Molge punctata Merr., *M. taeniata* Grav., *M. vulgaris* Blgr.
Pyronicia punctata Gray.
Salamandra abdominalis Latr., *S. exigua* Laur., *S. punctata* Latr., *S. taeniata* Schneid., *S. vulgaris* Gray.

Triton abdominalis Bibr., *T. exiguus* Bp., *T. lobatus* Otth, *T. palustris* Laur., *T. parisinus* Laur., *T. punctatus* Bp., *T. taeniatus* Leyd., *T. vulgaris* Flem.

Salamandre ponctuée.
Triton commun, T. lobé, T. ordinaire, T. vulgaire.

Lézard, Lizard, Lizarde, Moron d'eau, Sourd.

Victor FATIO. — Op. cit., p. 557 et 583 ; pl. IV (deux fig. du côté gauche et en bas), et pl. V, fig. 18, 20, 22 et 24.
Fernand LATASTE. — Op. cit., 2e tableau ; tiré à part, idem.
Amb. GENTIL. — *Erpétologie de la Sarthe* (op. cit.), p. 597 et 599 ; tiré à part, p. 29 et 31.
É. SAUVAGE. — *Les Reptiles et les Batraciens* (op. cit.), p. 642 et fig. 467 (en haut).
Albert GRANGER. — Op. cit., p. 177 et fig.
René MARTIN et Raymond ROLLINAT. — Op. cit., p. 386.

Le Triton ponctué habite, pendant la plus grande partie de son existence, les eaux douces stagnantes : mares, étangs et fossés, et préfère les eaux claires à celles qui sont troubles. Il vit dans les régions basses et accidentées, mais ne se trouve pas dans les hautes montagnes. Vers le milieu ou seulement vers la fin de la belle saison, les adultes quittent les eaux et se tiennent dans quelque endroit humide et sombre ; toutefois, une partie des adultes reste toute l'année dans les eaux. Lorsqu'ils ont terminé leurs métamorphoses, les jeunes mènent une vie terrestre jusqu'à ce qu'ils soient capables de se reproduire. Le Triton ponctué nage et plonge habilement. A l'arrivée des froids de l'automne, ces Tritons se blottissent sous des pierres, sous la mousse, dans un trou du sol, sous une vieille écorce, dans la vase au fond des eaux, etc., et y restent, à demi-engourdis, pendant la mauvaise saison. Ce sont surtout les mâles adultes qui passent l'hiver dans la vase, et surtout les femelles et les jeunes que l'on trouve hivernant dans quelque abri terrestre. La nourriture de cette espèce se compose de vers, de mollusques, d'insectes et de larves, de crustacés, etc. La femelle ne fait annuellement qu'une ponte. L'accouplement a lieu dans une eau douce. Les œufs sont pondus par petits paquets sur des feuilles de végétaux aquatiques, que la femelle prend entre ses pattes postérieures, et sur lesquelles ces groupes adhèrent, grâce à la substance glaireuse qui entoure les œufs. Ces derniers sont déposés aussi sur des débris flottants, et, parfois, abandonnés libres au fond de l'eau.

Toute la Normandie. — C.

5. **Triton palmatus** (Schneid.) — Triton palmé.

Lophinus palmatus Gray.
Molge palmata Merr.
Salamandra palmata Schneid., *S. palmipes* Latr.
Triton helveticus Leyd., *T. palmatus* Tschudi.

Salamandre palmipède.
Triton helvétique, T. palmipède.

Lézard, Lizard, Lizarde, Moron d'eau, Sourd.

Victor Fatio. — Op. cit., p. 570 et 583; pl. IV (deux fig. du côté droit et une fig. en haut), et pl. V, fig. 19, 21, 23 et 25.
Fernand Lataste. — Op. cit., p. 531 et 2e tableau ; tiré à part, p. 339 et même tableau.
Amb. Gentil. — *Erpétologie de la Sarthe* (op. cit.), p. 597 et 599; tiré à part, p. 29 et 31.
É. Sauvage. — *Les Reptiles et les Batraciens* (op. cit.), p. 641 et fig. 466 (en bas).
Albert Granger. — Op. cit., p. 179 et fig.
René Martin et Raymond Rollinat. — Op. cit., p. 387.

Le Triton palmé habite, pendant une partie de son existence, les eaux douces plus ou moins stagnantes : mares, étangs, fossés, sources, préférant les eaux claires à celles qui sont croupissantes ; et, pendant l'autre partie, il est terrestre. Il vit dans les régions basses et dans les montagnes, mais ne se trouve pas au-dessus de 1.000 mètres d'altitude. Dans le courant de l'été, beaucoup d'adultes abandonnent les eaux et se tiennent sur le sol, dans quelque endroit humide et sombre ; toutefois, un certain nombre ne quittent pas l'eau. Les jeunes, dès qu'ils ont terminé leurs métamorphoses, se retirent des eaux et restent à terre jusqu'à ce qu'ils soient capables de se reproduire. Le Triton palmé nage rapidement, plonge très-bien et marche assez vite. A l'arrivée des froids automnaux, il se blottit, pour y passer la mauvaise saison, sous la mousse, sous une pierre, sous des détritus, dans un trou du sol, sous une vieille écorce ou dans la vase au fond des eaux. Ce sont particulièrement les adultes, qui, en grand nombre, hivernent dans cette dernière condition. L'engourdissement hibernal de ce Triton est plus ou moins faible, et nul quand les froids ne sont pas vifs. Sa nourriture se compose d'insectes et de larves, de mollusques, de vers, de crustacés, de myriopodes, et d'œufs et de jeunes larves de batraciens anoures. La femelle ne fait annuellement qu'une ponte. L'accouplement a lieu dans une eau douce. Les œufs sont pondus par un, deux, trois ou au plus quatre, sur des feuilles de végétaux aquatiques, que la femelle pince entre ses pattes postérieures, et où ils adhèrent au moyen de la substance glaireuse qui les entoure. Ces œufs sont pondus aussi sur des débris flottants, ou encore par fragments de cordons, de quelques œufs seulement, qui tombent au fond de l'eau.

Toute la Normandie. — T.-C.

5e Classe. *PISCES* — POISSONS.

1re Section. *PLAGIOSTOMA* — PLAGIOSTOMES.

1er Ordre. *SELACHA* — SÉLACIENS.

1re Famille. *SCYLLIIDAE* — SCYLLIIDÉS.

1er Genre. *SCYLLIORHINUS* — ROUSSETTE.

1. **Scylliorhinus canicula** (L.) — Roussette à petites taches.

Galeus caniculus Raf., *G. catulus* Raf.
Scylliorhinus canicula Blainv., *S. catulus* Blainv.
Scyllium canicula Cuv.
Squalus canicula L., *S. catulus* L., *S. elegans* Blainv.

Grande roussette.
Squale roussette.

Chien de mer, Houlbiche, Rousse, Vache de mer.

H.-M. Ducrotay de Blainville. — Op. cit. (*Faune franç.*), p. 69, et pl. XVII, fig. 1, 1 a et 1 b.
Aug. Duméril. — Op. cit., t. I, p. 315.
H. Gervais et R. Boulart. — Op. cit., t. III, p. 198, fig. 19 et pl. LXXV.
Émile Moreau. — Op. cit. : *Histoire*, t. I, p. 278, et fig. 34 et 35 ; — *Manuel*, p. 6.
Francis Day. — Op. cit., t. II, p. 309, et pl. CLIX, fig. 1, 1 a, 1 b et 1 c.
F.-A. Smitt. — Op. cit., 2e part., p. 1154, fig. 298 (p. 1070) et 337; atlas, pl. LI, fig. 4.

La Roussette à petites taches habite la mer, dans le voisinage ou à une assez grande distance du littoral. Elle se tient le plus souvent vers le fond de l'eau, et, de préférence, dans les endroits sablonneux couverts ou non de végétation, et situés à de faibles profondeurs, généralement moindres que celles où demeure habituellement l'espèce suivante (Roussette à grandes taches). Elle vit en bandes. Ses mœurs sont nocturnes. C'est une espèce vorace. Sa nourriture se compose de poissons, de mollusques, de vers et de crustacés; elle est friande de buccins et d'arénicoles. La femelle pond des œufs dont la coque, de forme subrectangulaire, offre la consistance et l'aspect de la corne, et dont les angles sont pourvus d'un long appendice contourné en vrille, appendices au moyen desquels l'œuf est attaché à des plantes marines ou à des coraux.

Littoral de la Normandie. — C. — Les sujets que l'on trouve dans le voisinage des côtes sont principalement des jeunes.

2. **Scylliorhinus stellaris** (L.) — Roussette à grandes taches.

Scylliorhinus stellaris Blainv.
Scyllium catulus Cuv., *S. stellare* Cuv.
Squalus canicula Brünn., *S. catulus* Turt., *S. stellaris* L.

Petite roussette.
Roussette rochier, R. rouchier.
Squale rochier.

Chien de mer, Vache de mer.

H.-M. Ducrotay de Blainville. — Op. cit. (*Faune franç.*), p. 71, et pl. XVII, fig. 2 et 2 a.

Aug. Duméril. — Op. cit., t. I, p. 316; atlas, pl. VII, fig. 1 et 2.

H. Gervais et R. Boulart. — Op. cit., t. III, p. 200, fig. 20 et 21, et pl. LXXVI.

Émile MOREAU. — Op. cit. : *Histoire*, t. I, p. 278 et 280, fig. 33 (p. 270) et 36 ; — *Manuel*, p. 6 et 7.
Francis DAY. — Op. cit., t. II, p. 309 et 312, fig. (p. 313), et pl. CLIX, fig. 2 et 2 a.
F.-A. SMITT. — Op. cit., 2e part., p. 1152, et fig. 302 (p. 1076), 335 et 336.

La Roussette à grandes taches habite la mer, dans le voisinage ou à une assez grande distance du littoral. Elle se tient le plus souvent vers le fond de l'eau, et, de préférence, dans les endroits rocheux situés à de faibles profondeurs, mais, habituellement, un peu plus grandes que celles où demeure généralement l'espèce qui précède (Roussette à petites taches). Elle vit en bandes. Ses mœurs sont nocturnes. C'est une espèce vorace. Sa nourriture se compose de poissons, de mollusques, de vers et de crustacés. La femelle pond des œufs dont la coque, de forme subrectangulaire, présente la consistance et l'aspect de la corne, et dont les angles possèdent un long appendice contourné en vrille, appendices au moyen desquels l'œuf est fixé à des plantes marines ou à des coraux. On trouve dans les dilatations utérines des femelles, d'avril à septembre, des œufs prêts à être pondus. La durée du développement de l'embryon dans l'œuf après la ponte est, paraît-il, de neuf mois environ.

Littoral de la Normandie. — A. C. — Les sujets que l'on trouve dans le voisinage des côtes sont principalement des jeunes.

2e Famille. *ALOPECIIDAE* — ALOPÉCIIDÉS.

1er Genre. *ALOPIAS* — ALOPIAS.

1. **Alopias vulpes** (Gm.) — Alopias renard.

Alopecias vulpes M. et H.

Alopias macrourus Raf., *A. vulpes* Bp.
Carcharias vulpes Cuv.
Squalus vulpes Gm.

Requin renard.
Squale faux, S. renard.

Fâ, Faux.

H.-M. Ducrotay de Blainville. — Op. cit. (*Faune franç.*), p. 94, et pl. XIV(1), fig. 1.

Aug. Duméril. — Op. cit., t. I, p. 421 ; atlas, pl. I, fig. 1, 2, 7 et 8.

H. Gervais et R. Boulart. — Op. cit., t. III, p. 188, fig. 16 et pl. LXXII.

Émile Moreau. — Op. cit. : *Histoire*, t. I, p. 287 et fig. 38 ; — *Manuel*, p. 9.

Francis Day. — Op. cit., t. II, p. 300 et pl. CLVII.

F.-A. Smitt. — Op. cit., 2e part., p. 1136 et fig. 328.

L'Alopias renard se tient généralement au large, mais il vient de temps à autre dans le voisinage du littoral. Il est vorace. Sa nourriture se compose de poissons; il poursuit les bandes de ces animaux, dont il dévore un grand nombre. Cette espèce est ovo-vivipare. Les petits sont au nombre de deux à quatre par portée. Dans la Méditerranée, les jeunes naissent en été. On a dit qu'en poursuivant les bandes de poissons, l'Alopias renard décrit autour d'elles des circonférences de plus en plus petites, et balaye la surface de l'eau avec sa très-longue nageoire caudale. Quant aux récits de luttes entre ce poisson et les baleines ou autres grands cétacés, il faut les considérer comme erronés.

(1) A la page 94, il est correctement indiqué pl. XXIV, mais la planche porte fautivement le n° XIV au lieu de XXIV.

Seine-Inférieure :

« Manche (mer), excessivement rare, Normandie, Dieppe; ... ». [Émile MOREAU. — *Histoire* (op. cit.), t. I, p. 290].

L'Alopias renard est vu, mais rarement, sur les côtes du département de la Seine-Inférieure; un spécimen de grande taille a été pêché, vers 1832, dans la rade du Havre. [Renseignement communiqué par M. G. Lennier, conservateur du Muséum d'Histoire naturelle du Havre].

Calvados :

« Deux exemplaires ont été pris, à notre connaissance, dans la partie ouest de l'estuaire, au large de Trouville ». [G. LENNIER. — *L'Estuaire de la Seine* (op. cit.), t. II, p. 151].

« Presque chaque année on en voit ou on en capture sur les côtes du Calvados ». [Renseignement communiqué par M. René Chevrel, chef des travaux de Zoologie à la Faculté des Sciences de Caen].

Manche :

« Bien que peu commun, on le prend quelquefois à Tatihou même (Saint-Vaast-de-la-Hougue); il est moins rare dans les environs de Barfleur et vers le large..... On le voit moins rarement sur la table d'écorage de Barfleur que ne semblerait l'indiquer Moreau (1), qui le dit très-rare dans la Manche (mer) (2) ». [A.-E. MALARD. — Op. cit., p. 63].

(1) Voir le haut de cette page.

(2) « Je dois ce renseignement à M. Courtois, instituteur à Saint-Vaast-de-la-Hougue, qui a bien voulu me donner quelques renseignements sur la vente des espèces comestibles à Barfleur ».

3e Famille. *LAMNIDAE* — LAMNIDÉS.

1er Genre. *ISURUS* — LAMIE.

1. **Isurus cornubicus** (Gm.) — Lamie à nez long.

Isurus cornubicus Gray.
Lamia cornubicus Risso.
Lamna cornubica Cuv.
Squalus cornubicus Gm., *S. glaucus* Gunn., *S. monensis* Shaw.

Lamie cornubique, L. long-nez.
Squale long-nez, S. nez.

Taupe de mer.

H.-M. DUCROTAY DE BLAINVILLE. — Op. cit. (*Faune franç.*), p. 96, et pl. XIV [1], fig. 2, 2 a et 2 b.
Aug. DUMÉRIL. — Op. cit., t. I, p. 405.
H. GERVAIS et R. BOULART. — Op. cit., t. III, p. 180, fig. 12 et pl. LXVIII.
Émile MOREAU. — Op. cit. : *Histoire*, t. I, p. 296; — *Manuel*, p. 13.
Francis DAY. — Op. cit., t. II, p. 297 et pl. CLVI.
F.-A. SMITT. — Op. cit., 2e part., p. 1138, et fig. 297 (p. 1069), 329 et 330; atlas, pl. LI, fig. 1.

La Lamie à nez long se tient le plus souvent au large ; mais elle s'approche de temps à autre du littoral. On la rencontre souvent par petites bandes. Elle nage avec une grande rapidité. Cette espèce est très-vorace et se nourrit principalement de poissons et de céphalopodes. Fréquemment, plusieurs individus font ensemble la chasse aux poissons. Ce sélacien est ovo-vivipare. Il émet une odeur extrêmement désagréable.

(1) A la page 96, il est correctement indiqué pl. XXIV, mais la planche porte fautivement le n° XIV au lieu de XXIV.

Seine-Inférieure :

« Deux exemplaires ont été pêchés dans la rade du Havre ; ils figurent au Muséum de la Ville ». [G. Lennier. — *L'Estuaire de la Seine* (op. cit.), t. II, p. 152].

Plusieurs spécimens de Lamie à nez long, de tailles diverses, ont été pris, à différentes époques, dans la partie ouest de l'estuaire de la Seine. [Renseignement communiqué par M. G. Lennier, conservateur du Muséum d'Histoire naturelle du Havre].

Calvados :

Voir le renseignement ci-dessus de M. G. Lennier.

« Un exemplaire adulte a été pris vivant à Saint-Aubin-sur-Mer, tout près du rivage, en juillet 1893 ». [Renseignement communiqué par M. René Chevrel, chef des travaux de Zoologie à la Faculté des Sciences de Caen].

Manche :

« Manche (mer), assez rare, Cherbourg... ». [Émile Moreau. — *Histoire* (op. cit.), t. I, p. 298; — *Manuel* (op. cit.), p. 14].

« On le trouve assez rarement vers le large (dans les environs de Saint-Vaast-de-la-Hougue), surtout vers le premier printemps et pendant l'hiver ». [A.-E. Malard. — Op. cit., p. 64].

« Depuis trois ou quatre ans, des Lamies à nez long sont venues, presque annuellement, s'échouer à la côte, vers la même époque (septembre), dans les environs de Saint-Vaast-de-la-Hougue : à Quinéville, Saint-Marcouf, Aumeville-Lestre et Réville, ce qui semble peut-être indiquer un passage de ces poissons vers cette époque ». [Renseignement manuscrit communiqué en juillet 1897 par M. A.-E. Malard, sous-directeur du Laboratoire maritime du Muséum d'Histoire naturelle de Paris, à Saint-Vaast-de-la-Hougue].

« Un exemplaire adulte a été pris vivant à une faible distance du rivage de Granville, au mois d'août 1883. Je l'ai mesuré : il avait une longueur totale de 3 mètres ». [Renseignement communiqué par M. René Chevrel, chef des travaux de Zoologie à la Faculté des Sciences de Caen].

NOTE. — Relativement au Lamie à nez long, Henri Joüan [*Poissons de mer observés à Cherbourg en 1858 et 1859* (op. cit.), p. 139; tiré à part, p. 24] dit : « On en apporte quelquefois à Cherbourg pendant l'hiver, mais rarement ». Il est possible que plusieurs d'entre eux aient été pris sur le littoral de la Normandie; toutefois, ce renseignement ne permet certes pas de l'affirmer. (H. G. de K.).

OBSERVATION.

Oxyrhina Spallanzanii Ag. — **Oxyrhine de Spallanzani.**

Relativement à cette espèce, Henri Joüan dit ce qui suit dans ses *Additions aux Poissons de mer observés à Cherbourg* (op. cit., p. 359; tiré à part, p. 7) :

Oxyrhina gomphodon M. et H. — *Oxyrhina Spallanzanii* Bp.

« J'ai vu pour la première fois, le 2 juillet 1873 (1), ce

(1) Henri Joüan dit, dans ses *Mélanges zoologiques* (op. cit., p. 240), que ce jeune individu a été apporté au marché de Cherbourg « le 27 juillet 1874 ».

Squale sur notre marché, représenté par un jeune individu, long de 0m.70 environ. Par son museau conique, allongé, relevé, criblé de petits trous, la forte saillie en forme de carène de chaque côté de la queue, ses trois rangées de dents allongées, mobiles, aiguës, la position relative des nageoires et leur forme, il ressemble beaucoup au *Squale nez* (*Lamna cornubica* Cuv., *Taupe* de nos pècheurs), avec lequel il a été confondu. Il en diffère par les teintes du corps, surtout chez les jeunes, qui sont bleu foncé en dessus et blanc sale en dessous, et par ses dents plus longues et plus élancées que celles du *Lamna cornubica*, et sans dentelures à leur base.

« Ce Squale n'est pas rare sur les côtes du Portugal, où les pêcheurs l'appellent *Annequin;* il arrive à la taille de 2 m. à 2 m. 50. MM. Jose-Vicente Barboza du Bocage et Felix de Brito Capello, dans leurs *Notes pour l'Ichthyologie du Portugal*, *Poissons plagiostomes*, Lisbonne, 1866, donnent une très-bonne figure d'un jeune qui ressemble tout à fait à celui que j'ai vu, et qui avait été apporté par une des grandes barques ».

Comme on le voit, rien n'autorise à dire, d'après cette notule reproduite en entier, que cet exemplaire d'Oxyrhine de Spallanzani ait été pris sur les côtes normandes. Je ne puis donc indiquer cette espèce comme faisant partie de la faune de la Normandie.

2e Genre. *CETORHINUS* — PÈLERIN.

1. **Cetorhinus maximus** (Gunn.) — Pèlerin très-grand.

Cetorhinus Blainvillei Cap., *C. Gunneri* Blainv., *C. maximus* Gray, *C. peregrinus* Blainv., *C. shawianus* Blainv.

Selache maximus Cuv.

Squalus elephas Lesueur, *S. gunnerianus* Blainv., *S. homianus* Blainv., *S. isodus* Macri, *S. maximus* Gunn., *S. peregrinus* Blainv.

Squale pèlerin, S. très-grand.

H.-M. Ducrotay de Blainville. — *Mémoire sur le Squale pèlerin* (op. cit.), p. 88.

Aug. Duméril. — Op. cit., t. I, p. 413; atlas, pl. III, fig. 18.

H. Gervais et R. Boulart. — Op. cit., t. III, p. 190, fig. 17 et pl. LXXIII.

Émile Moreau. — Op. cit. : *Histoire*, t. I, p. 305; — *Manuel*, p. 16.

Francis Day. — Op. cit., t. II, p. 303, et pl. CLVIII, fig. 1, 1 a, 1 b et 1 c.

F.-A. Smitt. — Op. cit., 2e part., p. 1143, et fig. 331 et 332.

Le Pèlerin très-grand se tient le plus souvent au large; mais, de temps à autre, il s'approche du littoral. Son naturel est indolent et paisible. Malgré sa grande taille, il est inoffensif pour l'homme et les animaux d'une certaine grosseur. Il nage très-fréquemment tout près de la surface de la mer, et se laisse souvent porter par les vagues, sans faire de mouvement. On voit parfois plusieurs individus nageant l'un derrière l'autre. Sa nourriture se compose de crustacés, de mollusques et d'autres petits animaux. Ce sélacien est ovo-vivipare.

Seine-Inférieure :

M. Mesaize a communiqué à l'Académie des Sciences, des Belles-Lettres et des Arts de Rouen, une notice (op. cit., p. 57) « sur un squale très-grand (*squalus maximus*) pêché à Yport, département de la Seine-Inférieure, dans le courant du mois de novembre 1806.

« Quelques-uns des détails donnés par notre confrère sont tirés de plusieurs lettres qu'il a reçues, tant de M. Troque, apothicaire à Fécamp, que de M. Patey, négociant de la même ville, auxquels il s'était adressé pour se procurer quelques renseignements au sujet de ce poisson; les autres sont le fruit de ses propres observations, faites sur le poisson même.

« Ayant appris, dit M. Mesaize, que le poisson pêché à Yport était déposé à Rouen, dans une auberge nommée la Ville-de-Fécamp, faubourg Cauchoise, je m'y transportai le 14 janvier 1807, et je trouvai que la peau du poisson, lisse, de couleur noirâtre et assez mal bourrée de paille, était dans le plus mauvais état, détruite même en quelques endroits par la putréfaction.

« M. Mesaize donne les dimensions des nageoires dorsales, pectorales et caudale, du crâne et de quelques autres parties du corps de l'animal ; mais il observe que ces proportions sont très-inexactes et peu d'accord avec les dimensions qui auraient été prises sur l'animal peu de temps après sa mort, vu l'état de dessiccation, de mutilation même où le poisson lui a été présenté. Quoique nous n'ayons pu, ajoute notre confrère, réunir toutes les parties, nous en avons cependant assez vu pour ne pas douter un instant que le poisson d'Yport ne soit le squale très-grand des naturalistes. Sa longueur était de vingt-sept pieds; sa chair a été vendue à des cultivateurs pour servir d'engrais à leurs terres.

« Une lettre de M. Patey à M. Mesaize apprend que, le 15 décembre 1806, un poisson semblable à celui d'Yport a échoué à la grande vallée, au bas de la rivière de Paluel (Seine-Inférieure) ».

D'après l'imposante longueur (27 pieds = 8 m. 77) du poisson examiné par M. Mesaize, je suis, comme lui, persuadé que c'était un Pèlerin très-grand, espèce dont la présence est excessivement rare sur les côtes de la Normandie. (H. G. de K.).

« Le poisson qui fait le sujet de ce mémoire fut pris avec deux autres individus de la même espèce, la nuit du 21 novembre 1810, embarrassé dans des filets à pêcher le hareng, dont il détruisit, comme on le pense bien, une très-grande partie; remorqué dans le port de Dieppe au moyen d'un câble attaché à la base de la nageoire caudale, et d'un bateau pêcheur qui mit à cet effet toutes voiles dehors, il fut acheté par des spéculateurs, chargé encore vivant sur un chariot extrêmement solide et transporté à Paris, où il arriva le dimanche suivant à quatre heures du matin, fort entier et en très-bon état. Envoyé par M. Cuvier avec M. Rousseau, chef des travaux anatomiques du Muséum d'Histoire naturelle, pour en faire la description sur le frais, l'anatomie s'il était possible, et au moins en extraire les pièces les plus propres à orner le superbe Cabinet d'anatomie comparée qu'il a pour ainsi dire créé, c'est à la confiance et aux bontés dont il veut bien m'honorer que je dois l'occasion de ce travail fait sous ses yeux ». [Henry DE BLAINVILLE [1]. — *Mémoire sur le Squale pèlerin* (op. cit.), p. 88]. — D'après ce renseignement, on ne peut dire si l'exemplaire dont il s'agit a été capturé ou non près de la côte du département de la Seine-Inférieure. (H. G. de K.).

(1) Henry de Blainville = H.-M. Ducrotay de Blainville.

4e Famille. *MUSTELIDAE* — MUSTÉLIDÉS.

1er Genre. *MUSTELUS* — ÉMISSOLE.

1. **Mustelus vulgaris** M. et H. — Émissole vulgaire.

Galeus mustelus Leach.
Mustelus laevis Flem., *M. plebeius* Bp.
Squalus hinnulus Blainv., *S. mustelus* Bonnat.

Émissole commune, É. lentillat, É. ordinaire, É. tachetée de blanc.
Mustèle commun, M. ordinaire, M. vulgaire.
Squale émissole, S. lentillat.

Chien beuluet, C. de mer, Moutelle.

H.-M. Ducrotay de Blainville. — Op. cit. (*Faune franç.*), p. 81 et 83, et pl. XX, fig. 1, 1 a et 2.
Aug. Duméril. — Op. cit., t. I, p. 400; atlas, pl. II, fig. 6, et pl. III, fig. 1–3.
H. Gervais et R. Boulart. — Op. cit., t. III, p. 176, fig. 10 et 11, et pl. LXVII.
Émile Moreau. — Op. cit. : *Histoire*, t. I, p. 311, et fig. 10 et 11 (p. 71 et 73); — *Manuel*, p. 17.
Francis Day. — Op. cit., t. II, p. 295 et pl. CLV.

L'Émissole vulgaire habite la mer, s'y tenant au large et dans le voisinage des côtes. Elle est peu vorace. Sa nourriture se compose de mollusques, de crustacés et d'autres petits animaux. Cette espèce est ovo-vivipare.

Littoral de la Normandie. — C. pendant la saison chaude. — Les sujets que l'on trouve dans le voisinage des côtes sont principalement des jeunes.

5° Famille. *GALEIDAE* — GALÉIDÉS.

1er Genre. *GALEORHINUS* — MILANDRE.

1. **Galeorhinus galeus** (L.) — Milandre vulgaire.

Carcharias galeus Risso.
Galeorhinus galeus Blainv.
Galeus canis Bp., *G. Linnei* Malm, *G. vulgaris* Flem.
Squalus galeus L.

Milandre chien, M. commun, M. ordinaire.
Requin milandre.

Chien de mer, Hâ, Haut.

H.-M. Ducrotay de Blainville. — Op. cit. (*Faune franç.*), p. 85 (1).
Aug. Duméril. — Op cit., t. I, p. 390.
H. Gervais et R. Boulart. — Op. cit., t. III, p. 172, fig. 8 et pl. LXV.
Émile Moreau. — Op. cit. : *Histoire*, t. I, p. 317; fig. 6, 7, 8, 14 et 15 (p. 38, 41, 45, 116 et 117), et fig. 45 et 46 ; — *Manuel*, p. 20.
Francis Day. — Op. cit., t. II, p. 292 et pl. CLIII.
F.-A. Smitt. — Op. cit., 2° part., p. 1132, fig. 299 (p. 1072) et 327 ; atlas, p. L, fig. 2.

Le Milandre vulgaire habite la mer. Généralement les vieux individus se tiennent au large, dans les eaux d'une certaine profondeur, excepté pendant la période de la reproduction ; tandis que c'est dans le voisinage du littoral que l'on rencontre les jeunes. Ce sélacien est vorace. Sa nourri-

(1) A la page 85, il est indiqué pl. XXI, fig. 1 ; mais cette planche n'a pas, que je sache, été publiée.

ture se compose de poissons, de crustacés, de mollusques, de vers, d'échinodermes, etc.; il mange aussi des proies mortes. Il est ovo-vivipare. Entre le commencement de juin et la fin de septembre, la femelle met au monde, en une fois, de vingt à quarante petits environ.

Littoral de la Normandie. — C. pendant la saison chaude. — Les sujets que l'on trouve dans le voisinage des côtes sont principalement des jeunes.

6e Famille. *CARCHARIIDAE* — CARCHARIIDÉS.

1er Genre. *CARCHARIAS* — REQUIN.

1. **Carcharias glaucus** (L.) — Requin bleu.

Carcharias glaucus Cuv.
Prionodon glaucus M. et H.
Squalus glaucus L.

Squale bleu, S. glauque.

Hâ, Haut, Peau bleue.

H.-M. Ducrotay de Blainville. — Op. cit. (*Faune franç.*), p. 92[1].
Aug. Duméril. — Op. cit., t. I, p. 353.
H. Gervais et R. Boulart. — Op. cit., t. III, p. 168, fig. 7 et pl. LXIII.
Émile Moreau. — Op. cit. : *Histoire*, t. I, p. 329 et fig. 50–52; — *Manuel*, p. 25.
Francis Day. — Op. cit., t. II, p. 289 et pl. CLII.
F.-A. Smitt. — Op. cit., 2e part., p. 1130 et fig. 326; atlas, pl. L, fig. 3.

(1) A la page 92, il est indiqué pl. XXIII, fig. 2; mais cette planche n'a pas, que je sache, été publiée.

Le Requin bleu se tient au large, ne venant que d'une manière accidentelle dans le voisinage du littoral. Il est migrateur. Ses mœurs sont nocturnes et diurnes, particulièrement nocturnes. Pendant les journées chaudes, il monte à la surface, où il nage lentement, le sommet de la première nageoire dorsale et celui de la nageoire caudale étant émergés. Toutefois, il descend aussi à d'assez grandes profondeurs, au moins à cent mètres environ, et c'est là peut-être son habitat le plus fréquent. Ce sélacien a une grande résistance vitale. Il est vorace. Sa nourriture se compose principalement de poissons de toutes sortes; il mange aussi des proies mortes. Il est ovo-vivipare. Dans la Méditerranée, les jeunes viennent au monde pendant les mois de mai et de juin. Lorsque ses petits sont menacés, il paraît que la mère, ou le père — selon d'autres auteurs — ouvre la bouche et les met à l'abri dans son pharynx.

Normandie :

Assez rare sur les côtes de Normandie. [Émile Moreau. — *Histoire* (op. cit.), t. I, p. 332].

Seine-Inférieure :

« Un seul exemplaire de cette espèce a été pêché dans l'estuaire, entre le banc de l'Éclat et les Hauts de la rade du Havre, au mois de juillet 1869 ». [G. Lennier. — *L'Estuaire de la Seine* (op. cit.), t. II, p. 152]. Un exemplaire naturalisé, qui est très-vraisemblablement celui en question, se voit au Muséum d'Histoire naturelle du Havre.

Manche :

Le *Carcharias glaucus* (L.) a été signalé par Henri Joüan, dans ses *Poissons de mer observés à Cherbourg en* 1858 *et* 1859 (op. cit., p. 139; tiré à part, p. 24), comme y étant assez rare; mais l'auteur a changé « assez rare » en « très-rare » sur l'exemplaire du tiré à part qu'il a eu l'obligeance de me donner.

Dans ses *Additions aux Poissons de mer observés à Cherbourg* (op. cit., p. 359; tiré à part, p. 7), Henri Joüan revient sur sa détermination et dit qu'au lieu du *Carcharias glaucus*, il est plus probable qu'il s'agit du *Carcharias lamia* Risso ou *Prionodon lamia* M. et H. Il y a là une erreur, ainsi que l'a très-justement fait remarquer A.-E. Malard (op. cit., p. 67). En effet, le *Carcharias lamia* Risso et le *Prionodon lamia* M. et H. sont deux espèces fort différentes. La première est le Carcharodonte lamie [*Carcharodon lamia* (Risso)], et, la seconde, le Requin à museau obtus (*Carcharias obtusirostris* É. Moreau), et aucune de ces deux espèces n'a été, à ma connaissance, observée dans la Manche (mer). Le motif qui a conduit Henri Joüan à modifier sa détermination première, c'est que le poisson dont il parle (loc. cit.) a « le dessus du corps d'un brun cendré clair au lieu de l'avoir bleu foncé comme chez le *C. glaucus* ». La coloration de cette dernière espèce étant grandement variable, l'argument est sans valeur, et il est très-probable que la première détermination d'Henri Joüan est la vraie. Il faut ajouter que les renseignements en question d'Henri Joüan ne font nullement savoir si les Requins bleus [*Carcharias glaucus* (L.)] observés à Cherbourg avaient été pris dans la région ou à de grandes distances des côtes; en d'autres termes, s'il s'agit ou non d'exemplaires capturés dans la zone littorale qu'au point de vue faunique je considère comme normande, zone ayant une largeur maximum de douze kilomètres, sauf pour le petit archipel de Chausey (Manche), qu'il convient de rattacher en entier à la Normandie.

Dans ses *Notes ichthyologiques; Nouvelles espèces de Poissons de mer observés à Cherbourg*, Henri Joüan dit (op. cit., p. 313) : « Novembre 1876. Deux beaux exemplaires du *Carcharias glaucus* Cuv...... Il ne se montre que très-rarement sur notre littoral; autrement il serait plus commun sur notre marché..... ». Ce renseignement ne dit malheureusement pas si ces deux Requins bleus ont été pris dans le voisinage des côtes de la Normandie, et, par cela même, s'ils appartiennent à la faune normande.

A.-E. Malard fait mention du Requin bleu dans son *Catalogue des Poissons des côtes de la Manche dans les environs de Saint-Vaast* (op. cit., p. 66). Ce naturaliste m'a informé qu'un exemplaire de cette espèce avait été pris dans la baie de la Hougue, en juin 1897, par un pêcheur de Saint-Vaast-de-la-Hougue (Manche).

7e Famille. *SPINACIDAE* — SPINACIDÉS.

1er Genre. *SQUALUS* — SQUALE.

1. **Squalus acanthias** L. — Squale aiguillat.

Acanthias Linnei Malm, *A. vulgaris* Risso.
Spinax acanthias Cuv.

Acanthias commun, A. ordinaire, A. vulgaire.
Aiguillat commun, A. ordinaire, A. vulgaire.
Spinax aiguillat.

Chien à dardons, C. broqu, C. dard, C. de mer.

H.-M. Ducrotay de Blainville. — Op. cit. (*Faune franc.*), p. 57 (1).

Aug. Duméril. — Op. cit., t. I, p. 437; atlas, pl. II, fig. 7.

H. Gervais et R. Boulart. — Op. cit., t. III, p. 206, fig. 25 et pl. LXXIX.

Émile Moreau. — Op. cit. : *Histoire*, t. I, p. 342; fig. 1 (p. 5), fig. 4 (p. 8), fig. 16 (p. 118) et fig. 58; — *Manuel*, p. 31.

Francis Day. — Op. cit., t. II, p. 315, et pl. CLX, fig. 2, 2 a et 2 b.

F.-A. Smitt. — Op. cit., 2e part., p. 1158, et fig. 338 et 339; atlas, pl. LII, fig. 1 et 2.

Le Squale aiguillat habite la mer, à la fois dans le voisinage et loin du littoral. Généralement, il se tient auprès des côtes pendant la saison chaude, et reste au large, pendant la saison froide, dans les eaux d'une certaine profondeur. Il recherche les fonds vaseux. Il mène une vie errante. C'est un poisson sociable, qui, parfois, se rassemble en bandes constituées par un grand nombre d'individus. Il est très-vorace. Sa nourriture se compose de poissons, particulièrement de ceux qui vivent en bandes, et de mollusques, de crustacés, de vers, etc. Cette espèce est ovo-vivipare. Son mode de reproduction, dit Émile Moreau (*Manuel*, op. cit., p. 32), « est des plus singuliers; les petits naissent au nombre de quatre, deux dans chaque poche utérine, et encore un mâle et une femelle, c'est du moins ce que j'ai remarqué, en décembre, chez les divers spécimens que j'ai examinés. J'ai constaté les faits suivants : 1° dans chaque utérus, deux jeunes fœtus, ovaires peu développés, pas d'œufs en état de maturité ; 2° de chaque côté, deux petits sur le point de naître et deux œufs engagés dans l'oviducte ;

(1) A la page 57, il est indiqué pl. XIV, fig. 1; mais cette planche n'a pas, à ma connaissance, été publiée, car celle qui a paru sous le n° XIV devrait porter le n° XXIV.

3° enfin, et toujours de chaque côté, deux petits, et deux œufs dans la cavité péritonéale, assez rapprochés du pavillon ; il est probable qu'il y a des gestations successives pendant une certaine période. Il serait intéressant de contrôler les observations que je cite et de voir s'il en est toujours ainsi ». Le Squale aiguillat se recourbe en arc pour faire usage de ses aiguillons dorsaux, qui font des piqûres plus ou moins dangereuses.

Littoral de la Normandie. — C. — Les sujets que l'on trouve dans le voisinage des côtes sont principalement des jeunes.

8e Famille. *SCYMNIDAE* — SCYMNIDÉS.

1er Genre. *ACANTHORHINUS* — ACANTHORHINE.

1. **Acanthorhinus carcharias** (Gunn.) — **Acanthorhine à courtes nageoires.**

Acanthorhinus carcharias Smitt, *A. microcephalus* Blainv., *A. norwegianus* Blainv.
Dalatias microcephalus Gray.
Laemargus borealis Bp., *L. brevipinna* A. Dum.
Scymnus borealis Flem., *S. microcephalus* Kroy., *S. micropterus* Val.
Somniosus brevipinna Lesueur, *S. microcephalus* Lütk.
Squalus borealis Scor., *S. carcharias* Gunn., *S. glacialis* Faber, *S. microcephalus* B. et S.

Laimargue à courtes nageoires, L. boréal.
Leiche microptère.
Squale boréal, S. du Grœnland.

Aug. Duméril. — Op. cit., t. I, p. 456; atlas, pl. V, fig. 3 et 4.

H. GERVAIS et R. BOULART. — Op. cit., t. III, p. 212, fig. 29 et 30, et pl. LXXXII.

Émile MOREAU. — Op. cit. : *Histoire*, t. I, p. 361 et fig. 63; *Supplément*, p. 138 ; — *Manuel*, p. 45.

Francis DAY. — Op. cit., t. II, p. 320, et pl. CLXII, fig. 1 et 1 a.

F.-A. SMITT. — Op. cit., 2e part., p. 1167, fig. 296 (p. 1068), 325 (p. 1127) et 342 ; atlas, pl. LII, fig. 3 et 3 a.

L'Acanthorhine à courtes nageoires se tient au large et ne vient près du littoral que d'une manière accidentelle. Son caractère est indolent. Il est très-vorace. Sa nourriture se compose de poissons, de mammifères, etc.; il mange aussi des proies mortes. On ne sait pas encore d'une façon positive, du moins à ma connaissance, si l'Acanthorhine à courtes nageoires est ovipare, ou ovo-vivipare comme le sont, non-seulement les espèces des genres les plus voisins, mais une espèce du même genre : l'*Acanthorhinus rostratus* (Risso).

Seine-Inférieure :

> « Le Leiche microptère, décrit par Valenciennes (op. cit.), est venu, en 1832 (dans la nuit du 31 mars au 1er avril), échouer à l'embouchure de la Seine, au Havre, du côté de l'Eure; c'est un mâle, il mesure quatre mètres de longueur. (Muséum d'Histoire naturelle de Paris) ». [Émile MOREAU. — *Histoire* (op. cit.), t. I, p. 363].

9e Famille. *RHINIDAE* — RHINIDÉS.

1er Genre. *RHINA* — RHINE.

1. **Rhina squatina** (L.) — Rhine ange.

Rhina aculeata A. Dum., *R. Dumerili* Gill, *R. squatina* Raf.

Squalus squatina L.

Squatina aculeata Cuv., *S. angelus* Dum., *S. Dumerili* Lesueur, *S. europaea* Sws., *S. fimbriata* M. et H., *S. laevis* Cuv., *S. oculata* Bp., *S. vulgaris* Risso.

Squale ange.

Squatine ange, S. commune, S. ocellée, S. ordinaire, S. vulgaire.

Ange de mer.

H.-M. Ducrotay de Blainville. — Op cit. (*Faune franç.*), p. 53 (1).

Aug. Duméril. — Op. cit., t. I, p. 464; atlas, pl I, fig. 3 et 4; pl. II, fig. 4 et 5; pl. V, fig. 5—7, et pl. VI, fig. 1.

H. Gervais et R. Boulart. — Op. cit., t. III, p. 217, fig. 33 et pl. LXXXIV.

Émile Moreau. — Op. cit. : *Histoire*, t. I, p. 369 et 373, fig. 9 (p. 59) et 66; — *Manuel*, p. 49.

Francis Day. — Op. cit., t. II, p. 326 et pl. CLXIII.

Le Rhine ange se tient au large et dans le voisinage du littoral. Il vit le plus souvent au fond de l'eau et se plaît à s'enterrer à demi dans le sable. C'est une espèce migratrice. Elle est très-vorace. Sa nourriture se compose de poissons, principalement de poissons plats, et de mollusques et autres petits animaux. Le Rhine ange est ovo-vivipare. La femelle met au monde, à la fois, une à deux douzaines de petits environ.

Littoral de la Normandie. — A. C. — Les sujets que l'on trouve dans le voisinage des côtes sont principalement des jeunes.

(1) A la page 53, il est indiqué pl. XIII, fig. 1 et 2; mais cette planche n'a pas, que je sache, été publiée.

OBSERVATION.

RHINOBATIDAE — RHINOBATIDÉS.

RHINOBATUS — RHINOBATE.

Henri Joüan signale, dans les Mémoires de la Société impériale des Sciences naturelles de Cherbourg (t. X, Paris et Cherbourg, 1864, p. 313), comme espèce rare observée à Cherbourg : « la Raie rhinobate (*Raia rhinobatos* Gm., *Ange* des pêcheurs) ».

Le même auteur dit ce qui suit dans ses *Additions aux Poissons de mer observés à Cherbourg* (op. cit., p. 358 ; tiré à part, p. 6) : « *Rhinobatos Duhameli* Blainv. — Me paraît être très-rare dans nos parages ; du moins, je n'ai vu qu'un seul individu, il y a plusieurs années, que les marchands appelaient *Ange*, de même que le *Squatina vulgaris* Risso. Le *Rhinobate* est plutôt un poisson de la Méditerranée que de l'Océan ».

Une erreur de détermination a dû être commise, car, à ma connaissance, il n'a pas été trouvé de Rhinobates dans la Manche (mer).

L'absence d'un renseignement précis sur les endroits où furent pêchés ces poissons enlève toute valeur, pour une faune régionale, aux lignes qui précèdent. Il convient d'ajouter que j'ignore à quelle espèce de sélacien appartenaient ces soi-disant Rhinobates.

10e Famille. *TORPEDINIDAE* — TORPÉDINIDÉS.

1er Genre. *TORPEDO* — TORPILLE.

1. **Torpedo marmorata** Risso — Torpille marbrée.

Raia torpedo L.

Torpedo Galvanii Risso, *T. immaculata* Raf., *T. punctata* Raf., *T. vulgaris* Flem.

Torpille de Galvani, T. sans taches.

Tremble, Trembleur.

H.-M. Ducrotay de Blainville. — Op. cit. (*Faune franç.*), p. 44.
Aug. Duméril. — Op. cit., t. I, p. 508 ; atlas, pl. II, fig. 12.
H. Gervais et R. Boulart. — Op. cit., t. III, p. 226.
Émile Moreau. — Op. cit. : *Histoire*, t. I, p. 379 et 381, et fig. 24 (p. 236) ; — *Manuel*, p. 53 et 54.
Francis Day. — Op. cit., t. II, p. 331 et 332, et pl. CLXV.

La Torpille marbrée habite la mer et vit sur les fonds sablonneux et vaseux situés à une certaine profondeur, où elle se tient presque appliquée contre le sol ou à demi-enterrée dans le sable ou la vase. Sa nourriture se compose principalement de poissons. Elle est ovo-vivipare. Le nombre des petits est de trente à soixante à chaque portée.

Note. — Bien que, dans cette *Faune de la Normandie*, je n'aie pas à fournir de renseignements anatomiques ou physiologiques, je crois néanmoins devoir donner ici, en raison de l'intérêt tout spécial qu'il présente, quelques détails sur l'appareil électrogène des Torpilles, qui est semblable chez les différentes espèces de ce genre.

Cet appareil électrogène se compose de deux organes réniformes entourés d'une membrane fibreuse, situés à droite et à gauche de la colonne vertébrale, dans un espace limité par la tête, les nageoires pectorales et les branchies, organes qui ne sont recouverts, en dessus et en dessous, que par la peau.

Chacun des deux organes électrogènes est formé d'un très-grand nombre de colonnettes prismatiques droites, placées les unes contre les autres et perpendiculairement aux téguments dorsal et ventral de la Torpille. Ces colonnettes prismatiques, ces prismes sont constitués par une substance gélatineuse, translucide, d'un gris rosé, et séparés les uns des autres par des cloisons résistantes de tissu conjonctif. Chaque prisme est composé de lamelles très-minces, superposées horizontalement, — les lamelles électrogènes — qui sont fortement adhérentes, sur tout leur pourtour, aux cloisons de tissu conjonctif séparant les prismes, et libres dans tout le reste de leur étendue. Sur la face ventrale de ces lamelles électrogènes viennent se terminer, par une arborisation complexe, les fibres des cinq gros nerfs qui, naissant du lobe électrique du cerveau, innervent chaque organe électrogène; il y a donc, en tout, dix gros nerfs électriques.

« Sous l'influence d'une excitation artificielle des nerfs électriques, ou sous l'action de la volonté de l'animal, dit Edmond Perrier dans son monumental et fort remarquable *Traité de Zoologie* (op. cit., t. I, p. 282), l'une des faces de la lamelle électrique se charge d'électricité positive, l'autre d'électricité négative, et, la distribution électrique étant la même pour toutes les lamelles, chaque prisme fonctionne comme une petite pile de Volta. En l'absence d'excitations, les organes électriques n'ont qu'un pouvoir électromoteur beaucoup plus faible que celui des muscles. Cependant, une légère excitation électrique de l'organe détermine un dégagement proportionnellement très-grand d'électricité, ce qui s'explique facilement par la structure même de l'appareil et son analogie avec une batterie électrique. Il n'est pas nécessaire, pour que les décharges apparaissent, que les nerfs excités soient en communication avec le cerveau. Toute excitation produite sur un rameau d'un nerf électrique détaché du cerveau, provoque la décharge de la partie de l'appareil électrique à laquelle il se distribue et de celle-là seulement. On le démontre en plaçant des pattes écorchées de Grenouille sur les diverses parties de l'appareil électrique d'une Torpille; on ne voit se contracter, au moment de la décharge, que les pattes placées sur les parties de l'appareil correspondant aux rameaux nerveux excités. L'appareil électrique, mécaniquement excité, peut donc produire des décharges partielles ou une décharge totale.

« ..... Les décharges des poissons électriques peuvent produire des étincelles, décomposer certains corps, tels que l'iodure de potassium, aimanter un barreau de fer doux, provoquer dans une bobine des phénomènes d'induction. Il n'est donc pas douteux que ce soient bien des décharges électriques. A quel appareil de laboratoire peut-on comparer l'appareil physiologique qui les produit? Il semble, d'après ce que nous venons de dire, qu'il réunisse certaines des propriétés des machines statiques aux propriétés des appareils d'induction, mais qu'il se rapproche surtout de ces derniers. Le caractère intermittent des excitations nerveuses que révèle l'étude de la contraction musculaire, aussi bien que celle des décharges des poissons électriques, est bien en rapport avec ce rapprochement ».

Normandie :

« Cette Torpille est excessivement rare dans la Manche (mer); elle a été trouvée..... sur quelques points de la côte de Normandie, Le Havre ». [Émile MOREAU. — *Histoire* (op. cit.), t. I, p. 383]. — « Manche (mer), excessivement rare,... Le Havre ». [Émile MOREAU. — *Manuel* (op. cit.), p. 54].

Seine-Inférieure :

« Le Havre ». [Émile MOREAU. — *Histoire* (op. cit.), t. I, p. 383; — *Manuel* (op. cit.), p. 54].

Chaque année, on pêche quelques exemplaires de Torpille marbrée dans la partie ouest de l'estuaire de la Seine, sur les fonds sablonneux. Des spécimens normands de cette espèce sont conservés au Muséum d'Histoire naturelle du Havre. [Renseignement communiqué par M. G. Lennier, conservateur de ce Muséum].

Calvados :

Voir le renseignement ci-dessus de M. G. Lennier.

Dans sa *Zoologie* (op. cit., p. 152), G. Lennier dit avoir pêché plusieurs fois la Torpille marbrée sur les côtes sablonneuses du Calvados.

« Pêchée deux fois sur les fonds de sable au large

de Trouville ». [G. Lennier. — *L'Estuaire de la Seine* (op. cit.), t. II, p. 152].

Une Torpille marbrée, provenant des côtes du Calvados, est conservée au Musée d'Histoire naturelle de Caen. Ce spécimen n'est pas un des trois suivants. [Renseignement communiqué par M. René Chevrel].

« Dans ces dernières années, trois exemplaires de cette espèce ont été pris vivants, à ma connaissance, sur les côtes du Calvados : le premier, à une petite distance du rivage de Lion-sur-Mer, pendant l'été de 1890; le second, dans la zone du balancement des marées, à Langrune-sur-Mer, au cours de l'été de 1893; et le troisième, entre Saint-Aubin-sur-Mer et Lion-sur-Mer, pendant l'été de 1895 ». [Renseignement communiqué par M. René Chevrel, chef des travaux de Zoologie à la Faculté des Sciences de Caen].

Note. — C'est presque certainement à la Torpille marbrée qu'il faut rapporter le spécimen provenant des côtes du Calvados et signalé, sous le nom de *Torpedo electrica* L., par Eudes-Deslongchamps dans les Mémoires de la Soc. linnéenne de Normandie (ann. 1839-42, p. x).

Manche :

Au dire des pêcheurs de Saint-Vaast-de-la-Hougue, « elle n'est pas des plus rares; j'ai d'ailleurs eu moi-même l'occasion d'en voir plusieurs exemplaires ». [A.-E. Malard. — Op. cit., p. 69].

« Baie du Mont-Saint-Michel, rare ». [Renseignement communiqué par M. René Chevrel, chef des travaux de Zoologie à la Faculté des Sciences de Caen].

Notes. — Dans ses *Additions aux Poissons de mer observés à Cherbourg* (op. cit., p. 359; tiré à part, p. 7), Henri Jouan a écrit ceci : « *Torpedo vulgaris* Cuv. — Le 4 novembre 1872, on a apporté sur le marché une *Torpille* du poids de deux kil. et demi environ. Cette espèce était inconnue des pêcheurs et des marchands ». Il est beaucoup plus probable que l'individu en question était une Torpille marbrée (*Torpedo marmorata* Risso) et non une Torpille à taches ou Torpille vulgaire (*Torpedo narke* Risso). De plus, la provenance exacte n'étant pas indiquée, ce renseignement est sans valeur pour une faune régionale.

Émile Moreau dit, dans son *Histoire naturelle des Poissons de la France* (op. cit., t. I, p. 386) : « Lennier, dans le catalogue des Poissons de la Manche, cite la Torpille à taches et non la Torpille marbrée, il y a probablement confusion ». Ce n'est pas Lennier, mais Henri Joüan, et il s'agit ici des *Additions aux Poissons de mer observés à Cherbourg* par ce dernier auteur. Il faut savoir que, dans les travaux ichthyologiques d'Henri Joüan, « observés à Cherbourg » signifie observés par lui au marché de Cherbourg ou sur la côte ; et il est évident que la plus grande partie des poissons apportés à ce marché n'ont pas été pêchés sur le littoral de la Normandie.

11e Famille. *RAIIDAE* — RAIIDÉS.

1er Genre. *RAIA* — RAIE.

1. **Raia clavata** L. — Raie bouclée.

H.-M. Ducrotay de Blainville. — Op. cit. (*Faune franç.*), p. 33 (1).

Aug. Duméril. — Op. cit., t. I, p. 528 ; atlas, pl. I, fig. 9 et 10 ; pl. II, fig. 1—3, et pl. XII, fig. 7—10.

H. Gervais et R. Boulart. — Op. cit., t. III, p. 230, fig. 39—41 et pl. LXXXVII.

(1) A la page 33, il est indiqué pl. V c, fig. 2, mais cette planche n'a pas été publiée, à ma connaissance du moins.

Émile MOREAU. — Op. cit. : *Histoire*, t. I, p. 390 et 391 ; fig. 5, 25, 26, 27 et 31 (p. 11, 242, 246, 250 et 262) et fig. 69 ; — *Manuel*, p. 57 et 58.

Francis DAY. — Op. cit., t. II, p. 343 et pl. CLXXI.

F.-A. SMITT. — Op. cit., 2e part., p. 1103 et 1104, fig. 293 B (p. 1064), 300 (p. 1074), 307 (p. 1090) et 315 ; atlas, pl. XLVII, fig. 1 et 2.

La Raie bouclée habite la mer, assez loin ou dans le voisinage des côtes, généralement dans les eaux peu profondes et particulièrement sur les fonds de sable. Ses mœurs sont nocturnes. Pendant la nuit, elle s'élève à de faibles distances du fond, et, pendant le jour, elle demeure sur ce dernier. Toutefois, elle n'y est pas appliquée, mais se tient soulevée sur ses nageoires pectorales, de manière qu'il existe un léger espace entre le sol et la partie ventrale de la Raie, espace nécessaire pour le fonctionnement de la respiration. Elle est très-vorace. Sa nourriture se compose de poissons, de crustacés, de mollusques, de vers, d'échinodermes et d'actinies. Cette espèce est ovipare. Les œufs, de forme rectangulaire, ont l'aspect et la consistance de la corne, et chacun de leurs angles est pourvu d'un prolongement corniforme. Pendant tout l'été on trouve, dans les femelles, des œufs arrivés à maturité ; mais il paraît que seulement un œuf est pondu à la fois.

Littoral de la Normandie. — T.-C. — Les sujets que l'on trouve dans le voisinage des côtes sont principalement des jeunes.

2. **Raia radiata** Donov. — Raie radiée.

Amblyraja radiata Malm.

Dasybatis radiata Bp.

Raia fullonica O. Fabr.

Aug. Duméril. — Op. cit., t. I, p. 531 ; atlas, pl. XII, fig. 15.

H. Gervais et R. Boulart. — Op. cit., t. III, p. 233 et pl. LXXXIX.

Émile Moreau. – Op. cit. : *Histoire*, t. I, p. 390 et 394 ; — *Manuel*, p. 57 et 59.

Francis Day. — Op. cit., t. II, p. 347 et pl. CLXXIII.

F.-A. Smitt. — Op. cit., 2e part., p. 1103 et 1108, et fig. 316; atlas, pl. XLVII, fig. 3.

La Raie radiée habite la mer, assez loin ou dans le voisinage du littoral, et principalement sur les fonds de sable. Ses mœurs sont nocturnes. Pendant la nuit, elle s'élève à de faibles distances du sol, et, pendant le jour, y reste inactive. Toutefois, elle n'est pas appliquée sur le fond, mais se tient soulevée sur ses nageoires pectorales, déterminant ainsi, entre sa partie ventrale et le sol, un petit espace qui lui est nécessaire pour ses actes respiratoires. Sa nourriture se compose de poissons, de crustacés, de vers, etc. Cette espèce est ovipare. Les œufs, de forme rectangulaire, ont l'aspect et la consistance de la corne, et chacun de leurs quatre angles possède un prolongement corniforme.

Seine-Inférieure :

« Espèce rare qui a été quelquefois pêchée à la limite ouest de l'estuaire ». [G. Lennier. — *L'Estuaire de la Seine* (op. cit.), t. II, p. 152].

Calvados :

Voir le renseignement qui précède, publié par G. Lennier.

Cette espèce a été signalée dans la « Manche (mer), Calvados ». [Émile Moreau. — *Histoire* (op. cit.), t. I, p. 396 ; — *Manuel* (op. cit.), p. 60].

3. **Raia falsavela** Bp. — Raie fausse-voile.

Amblyraja circularis Malm.

Raia circularis Couch, *R. naevus* M. et H., *R. rubus* Lacép.

Raie circulaire, R. nævus, R. ronce.

Aug. Duméril. — Op. cit., t. I, p. 536, 549 et 550; atlas, pl. XII, fig. 1—6.

H. Gervais et R. Boulart. — Op. cit., t. III, p. 235, et pl. XC et XCI.

Émile Moreau. — Op. cit. : *Histoire*, t. I, p. 390 et 397, et fig. 70; — *Manuel*, p. 57 et 60.

Francis Day. — Op. cit., t. II, p. 348 et pl. CLXXIV.

F.-A. Smitt. — Op. cit., 2e part., p. 1103 et 1112, et fig. 319.

La Raie fausse-voile habite la mer, dans le voisinage ou assez loin du littoral, et, de préférence, sur les fonds sablonneux et dans les baies. Ses mœurs sont nocturnes. Pendant la nuit, elle nage à peu de distance du fond, et y demeure pendant le jour; toutefois elle n'y est pas appliquée, mais soulevée sur ses nageoires pectorales, de manière qu'il existe, entre le sol et la partie ventrale de l'animal, un léger vide, indispensable pour le fonctionnement de la respiration. Sa nourriture se compose de poissons, de crustacés, de vers, de mollusques, etc. Cette espèce est ovipare. Les œufs, de forme rectangulaire, offrent l'espect et la consistance de la corne, et leurs quatre angles sont pourvus d'un prolongement corniforme.

Littoral de la Normandie. — R. — Les sujets que l'on trouve dans le voisinage des côtes sont principalement des jeunes.

4. **Raia macrorhynchus** Raf. — Raie à bec long.

Laeviraja macrorhynchus Bp.
Raia rostrata Blainv.

Raie macrorhynque.

Flée.

H.-M. Ducrotay de Blainville. — Op. cit. (*Faune franç.*), p. 30 (1).
Aug. Duméril. — Op. cit., t. I, p. 566.
H. Gervais et R. Boulart. — Op. cit., t. III, p. 240.
Émile Moreau. — Op. cit. : *Histoire*, t. I, p. 390 et 405, et fig. 71 et 72; — *Manuel*, p. 57 et 63.
Francis Day. — Op. cit., t. II, p. 338 et pl. CLXVII.

Les mœurs de la Raie à bec long sont probablement les mêmes que celles de l'espèce suivante : Raie batis (*Raia batis* L.).

Normandie :

« Manche (mer), assez commune,... Normandie, bien qu'elle ne soit pas signalée dans les catalogues d'ichthyologie ». [Émile Moreau. — *Histoire* (op. cit.), t. I, p. 409].

Calvados :

« Cette espèce est assez rare sur les côtes de ce département ». [Renseignement communiqué par M. René Chevrel, chef des travaux de Zoologie à la Faculté des Sciences de Caen].

(1) A la page 30, il est indiqué pl. V a, fig. 2; mais cette planche n'a pas, à ma connaissance, été publiée.

Manche :

A.-E. Malard a inscrit cette espèce dans son *Catalogue des Poissons des côtes de la Manche dans les environs de Saint-Vaast* (op. cit., p. 72).

5. **Raia batis** L. — Raie batis.

Batis vulgaris Couch.
Laeviraja batis Malm.
Raia Gaimardi Val.

Raie cendrée.

Coliart, Grand guillot, Guillaume.

H.-M. Ducrotay de Blainville. — Op. cit. (*Faune franç.*), p. 13 (1).
Aug. Duméril. — Op. cit., t. I, p. 563 et 565; atlas, pl. VII, fig. 13–15.
H. Gervais et R. Boulart. — Op. cit., t. III, p. 236 et fig. 42.
Émile Moreau. — Op. cit. : *Histoire*, t. I, p. 390 et 409, et fig. 73; — *Manuel*, p. 57 et 64.
Francis Day. — Op. cit., t. II, p. 336 et pl. CLXVI.
F.-A. Smitt. — Op. cit., 2e part., p. 1103 et 1120, et fig. 306 (p. 1088), 322 et 323; atlas, pl. XLVIII.

La Raie batis habite la mer, assez loin ou dans le voisinage du littoral, habituellement sur les fonds de sable ou de vase. Ses mœurs sont nocturnes. Pendant la nuit, elle s'élève à de légères distances du sol, et, pendant le jour, demeure inactive sur le fond, s'y tenant, non pas appliquée,

(1) A la page 13, il est indiqué pl. III, fig. 1; cette figure ne représente pas la Raie batis, mais la Raie oxyrhynque (*Raia oxyrhynchus* L.).

mais soulevée sur ses nageoires pectorales, de telle sorte qu'il existe, entre le sol et la partie ventrale du poisson, un petit espace, nécessaire pour le fonctionnement de la respiration. Cette Raie a une grande résistance vitale. Sa nourriture se compose de poissons, de crustacés, de vers, de mollusques, etc. Cette espèce est ovipare. Les œufs, de forme rectangulaire, ont l'aspect et la consistance de la corne, et chacun de leurs angles possède un prolongement corniforme. La ponte a lieu entre le commencement de mai et la fin de septembre.

Littoral de la Normandie. — P. C. — Les sujets que l'on trouve dans le voisinage des côtes sont principalement des jeunes.

6. **Raia alba** Lacép. — **Raie blanche.**

Laeviraja bramante Sassi.

Raia bicolor Risso.

Raie bicolore.

Caban, Tire magne.

H.-M. Ducrotay de Blainville. — Op. cit. (*Faune franç.*), p. 14.

Émile Moreau. — Op. cit. : *Histoire*, t. I, p. 390 et 412; — *Manuel*, p. 57 et 64.

Francis Day. — Op. cit., t. II, p. 339 et pl. CLXVIII.

La Raie blanche a les mêmes mœurs que la précédente espèce : Raie batis (***Raia batis*** **L.**).

Littoral de la Normandie. — P. C. — Les sujets que l'on trouve dans le voisinage des côtes sont principalement des jeunes.

NOTE. — C'est probablement à la Raie blanche qu'il faut rapporter l'espèce indiquée par Henri Joüan, dans ses *Poissons de mer observés à Cherbourg en 1858 et 1859* (op. cit., p. 143; tiré à part, p. 28), sous le nom de *Raia oxyrhynchus* L., avec ce renseignement : « Parvient à une très-grande taille; quelques individus pèsent plus de 150 kil. Peu estimée ».

7. **Raia punctata** Risso — Raie ponctuée.

Dasybatis asterias Bp.

Raia asterias Delar., *R. oculata* Risso, *R. Schultzi* M. et H., *R. speculum* Blainv.

Raie à miroir, R. ocellée.

Taperelle.

H.-M. DUCROTAY DE BLAINVILLE. — Op. cit. (*Faune franç.*), p. 25 et 29; pl. IV, fig. 1 [1].

Aug. DUMÉRIL. — Op. cit., t. I, p. 541.

H. GERVAIS et R. BOULART. — Op. cit., t. III, p. 232.

Émile MOREAU. — Op. cit. : *Histoire*, t. I, p. 390 et 426; — *Manuel*, p. 57 et 70.

Les mœurs de la Raie ponctuée sont vraisemblablement analogues à celles des autres espèces de Raies indigènes.

Littoral de la Normandie. — P. C. — Les sujets que l'on trouve dans le voisinage des côtes sont principalement des jeunes.

(1) Cette figure, dit l'auteur dans une note au bas de la p. 29, « a été à tort rapportée à la véritable Miralet de la Méditerranée... ».

8. **Raia maculata** Mont. — Raie estellée.

Raia asterias M. et H.

Raie étoilée, R. mignonne.

H.-M. Ducrotay de Blainville. — Op. cit. (*Faune franç.*), p. 15[1].

Aug. Duméril. — Op. cit., t. I, p. 543.

Émile Moreau. — Op. cit. : *Histoire*, t. I, p. 390 et 429, et fig. 28, 29 et 30 (p. 256, 257 et 258); — *Manuel*, p. 57 et 71.

Francis Day. — Op. cit., t. II, p. 345, fig. (p. 334) et pl. CLXXII.

La Raie estellée habite la mer, à une certaine distance ou dans le voisinage du littoral, et particulièrement sur les fonds de sable. Ses mœurs sont nocturnes. Pendant la nuit, elle s'élève un peu au-dessus du fond, et, pendant le jour, elle y demeure inactive, mais n'y est pas appliquée, se tenant soulevée sur les nageoires pectorales, d'où résulte un léger espace entre le sol et la partie ventrale du poisson, vide indispensable pour les actes respiratoires. Sa nourriture se compose de poissons, de crustacés, de mollusques, de vers, etc. Cette espèce est ovipare. Les œufs, de forme rectangulaire, présentent l'aspect et la consistance de la corne, et, à chacun de leurs angles, est un appendice corniforme.

Littoral de la Normandie. — A. C. — Les sujets que l'on trouve dans le voisinage des côtes sont principalement des jeunes.

(1) A la page 15, il est indiqué pl. III, fig. 1 ; cette figure représente, non point la Raie estellée, mais la Raie oxyrhynque (*Raia oxyrhynchus* L.).

9. **Raia mosaica** Lacép. — **Raie ondulée.**

Raia undulata Lacép.

Raie mosaïque, R. ondée.

Brunette.

H.-M. Ducrotay de Blainville. — Op. cit. (*Faune franç.*), p. 32, et pl. IV, fig. 2.
Aug. Duméril. — Op. cit., t. I, p. 537.
H. Gervais et R. Boulart. — Op. cit., t. III, p. 233.
Émile Moreau. — Op. cit. : *Histoire*, t. I, p. 390 et 434 : — *Manuel*, p. 57 et 73.

La Raie ondulée a vraisemblablement des mœurs analogues à celles des autres Raies indigènes.

Littoral de la Normandie. — A. C. — Les sujets que l'on trouve dans le voisinage des côtes sont principalement des jeunes.

OBSERVATION.

Je ne sais à quelle espèce des Raies précédentes se rapportent la « Raie miraillet (*Raia miraletus* Rond.) » indiquée par G. Lennier dans son grand ouvrage sur *L'Estuaire de la Seine* (op. cit., t. II, p. 152), et le « *Raia miraletus* Lacép. », mentionné par Henri Joüan dans ses *Additions aux Poissons de mer observés à Cherbourg* (op. cit., p. 358; tiré à part, p. 6), et qui, dit-il (p. 359 et 7), « ne semble pas être très-commun chez nous ». En tout cas, ces Raies n'appartiennent point à la véritable Raie miraillet (*Raia miraletus* L.), qui a, dans sa synonymie, les deux noms précédents (*Miraillet* Rond. et *Raia miraletus* Lacép.), car, à ma connaissance, cette espèce n'existe pas dans la Manche (mer).

J'ignore aussi à quelle espèce des Raies se trouvant sur les côtes de la Normandie appartient le *Raia cuculus* Lacép., indiqué comme il suit par Henri Joüan dans ses *Additions aux Poissons de mer observés à Cherbourg* (op. cit., p. 358; tiré à part, p. 6) : « M. de la Blanchère (Nouveau Dictionnaire des Pêches, 1868) dit que la *Raie coucou* est commune à Cherbourg et à l'embouchure de la Seine ; Lacépède la signale comme moins rare à Cherbourg qu'à l'embouchure de ce fleuve. Pour ma part, je n'ai jamais vu qu'un tout petit individu de cette espèce, sur le marché de Montebourg (Manche), en 1864 ».

12e Famille. *MYLIOBATIDAE* — MYLIOBATIDÉS.

1er Genre. *MYLIOBATIS* — MYLIOBATE.

1. **Myliobatis aquila** (L.) — Myliobate aigle.

Myliobatis aquila Dum., *M. noctula* Bp.
Raia aquila L.

Mourine aigle.
Raie aigle.

H.-M. Ducrotay de Blainville. — Op. cit. (*Faune franc.*), p. 38, et pl. VII, fig. 1–7.

Aug. Duméril. — Op. cit., t. I, p. 634.

H. Gervais et R. Boulart. — Op. cit., t. III, p. 248, fig. 46 et 47, et pl. XCVIII.

Émile Moreau. — Op. cit. : *Histoire*, t. I, p. 442, et fig. 75 et 76 ; — *Manuel*, p. 77.

Francis DAY. — Op. cit., t. II, p. 352 et pl. CLXXVI.
F.-A. SMITT. — Op. cit., 2e part., p. 1095, et fig. 310 et 311.

Le Myliobate aigle habite au large; toutefois, il se trouve aussi, mais accidentellement, dans le voisinage des côtes. Il semble, dit Émile Moreau [*Histoire* (op. cit.), t. I, p. 446], « plutôt voler que nager; bien souvent, à l'aquarium d'Arcachon, nous avons observé, avec notre ami Lafont, les évolutions d'un individu très-développé qui, tantôt, nageait lentement au milieu du bassin, tantôt s'approchait du bord qu'il frappait de l'une de ses ailes (nageoires pectorales). Toutes les fois que cet animal était retiré de l'eau, il faisait entendre un mugissement assez fort ». La nourriture de cette espèce se compose principalement de crustacés et de mollusques. Le Myliobate aigle est ovo-vivipare. L'aiguillon ou dard, pourvu de nombreuses dentelures latérales, est situé à la partie supéro-basilaire de la queue, qui est très-flexible et peut s'enrouler aisément autour d'objets variés. Le dard, qui ressemble, en situation et en forme, à celui de l'espèce suivante (Trygon pastenague), est une arme fort dangereuse et très-redoutée; aussi, les pêcheurs ont-ils habituellement la précaution, quand ils capturent un Myliobate aigle, de lui couper la queue dès qu'ils le peuvent.

Seine-Inférieure :

Manche (mer), assez rare; « côtes de Normandie, Fécamp, Le Havre ». [Émile MOREAU. — *Histoire* (op. cit.), t. I, p. 445].

« Cette espèce a été pêchée entre La Hève (commune de Sainte-Adresse) et Dives (Calvados), à mi-chenal; elle est très-rare ». [G. LENNIER. — *L'Estuaire de la Seine* (op. cit.), t. II, p. 152].

Deux moulages représentant la face dorsale et la face ventrale d'un Myliobate aigle pêché dans l'estuaire de la Seine, au nord-ouest de La Hève (commune de Sainte-Adresse), sont conservés au Muséum d'Histoire naturelle du Havre.

Calvados :

Voir le renseignement ci-dessus publié par G. Lennier.

Cette espèce est indiquée par R. Le Sénéchal dans son *Catalogue des animaux recueillis au Laboratoire maritime de Luc, pendant les années* 1884 *et* 1885 (op cit., p. 113).

« Le Myliobate aigle est rare sur les côtes du Calvados ». [Renseignement communiqué par M. René Chevrel, chef des travaux de Zoologie à la Faculté des Sciences de Caen].

Note. — Dans ses *Additions aux Poissons de mer observés à Cherbourg*, Henri Joüan dit (op. cit. p. 359; tiré à part, p. 7) : A la fin du mois d'octobre 1872, « mon attention fut attirée (au marché de Cherbourg) par une Raie de forme particulière, pesant environ 3 kil. et 1/2, dans laquelle il était facile de reconnaître, au premier coup d'œil, la *Raie aigle, Mourine, Rate-penade*, des côtes de Provence, où elle est commune et se montre quelquefois pesant 150 kilogrammes. Cette Raie était tout à fait inconnue aux marchands de Cherbourg ». La provenance exacte de ce Myliobate aigle n'étant pas indiquée, ce renseignement est sans valeur pour une faune régionale.

13e Famille. *TRYGONIDAE* — TRYGONIDÉS.

1er Genre. *TRYGON* — TRYGON.

1. **Trygon pastinaca** (L.) — Trygon pastenague.

Raia pastinaca L., *R. Sayi* Lesueur.
Trygon Akajei M. et H., *T. pastinaca* Cuv., *T. vulgaris* Risso.

Trygonobatis pastinaca Blainv.

Pastenague commune, P. ordinaire, P. vulgaire.
Raie pastenague.

Coucou, Tingre.

H.-M. Ducrotay de Blainville. — Op. cit. (*Faune franç.*), p. 35, et pl. VI, fig. 1 et 2.
Aug. Duméril. — Op. cit., t. I, p. 600.
H. Gervais et R. Boulart. — Op. cit., t. III, p. 243, fig. 45 et pl. XCVI.
Émile Moreau. — Op. cit. : *Histoire*, t. I, p. 448 ; fig. 32 (p. 265) et 77 ; — *Manuel*, p. 79.
Francis Day. — Op. cit., t. II, p. 350 et pl. CLXXV.
F.-A. Smitt. — Op. cit., 2e part., p. 1098 et fig. 312—314.

Le Trygon pastenague habite au large, mais il se trouve souvent aussi dans le voisinage des côtes. Il vit sur les fonds sablonneux ou vaseux. Ses mœurs sont nocturnes. Sa nourriture se compose de poissons, de mollusques, de crustacés, etc. Cette espèce est ovo-vivipare. Elle est pourvue, à la partie supéro-basilaire de la queue, d'un aiguillon ou dard portant de nombreuses dentelures latérales et ressemblant, comme situation et comme forme, à celui de la précédente espèce (Myliobate aigle). Quand un Trygon pastenague attaque un poisson, il l'enlace de sa queue et le perce et le déchire avec son aiguillon, qui lui sert aussi d'arme défensive, arme fort dangereuse et très-redoutée ; c'est pourquoi les pêcheurs ont le soin de couper sans retard la queue aux exemplaires qu'ils capturent.

Seine-Inférieure :

« Manche (mer), assez rare,... Saint-Valery-en-Caux, Le Havre,... ». [Émile Moreau. — *Histoire* (op. cit.), t. I, p. 449].

Calvados :

« Assez rare ; pêchée en été sur les fonds sableux, au large de Dives ». [G. Lennier. — *L'Estuaire de la Seine* (op. cit.), t. II, p. 152].

« Je n'en ai jamais vu qu'un seul spécimen à Luc ; mais il faut dire que les pêcheurs n'en font aucun cas et ne considèrent pas la Pastenague comme un poisson comestible ». [R. Le Sénéchal. — Op. cit., p. 113].

Manche :

Dans son *Catalogue des Poissons des côtes de la Manche dans les environs de Saint-Vaast* (op. cit., p. 73), A.-E. Malard dit que cette espèce n'est pas rare au large. On en peut déduire que, presque certainement, il s'en trouve des individus dans la bande littorale qu'au point de vue faunique je rattache à la Normandie, bande ayant une largeur maximum de douze kilomètres, sauf pour le petit archipel de Chausey, qu'il convient de regarder comme appartenant en entier à cette province.

2e Section. *GANOIDEA* — GANOÏDES.

1er Ordre. *STURIONIA* — STURIONIENS.

1re Famille. *ACIPENSERIDAE* — ACIPENSÉRIDÉS.

1er Genre. *ACIPENSER* — ESTURGEON.

1. **Acipenser sturio** L. — Esturgeon vulgaire.

Acipenser atillus Gray, *A. hospitus* Kroy., *A. huso* Bonnat., *A. latirostris* Parn., *A. Lichtensteini* B. et S., *A. sturioides* Malm, *A. Yarrelli* A. Dum.

Acipensère esturgeon.
Esturgeon commun, E. ordinaire.

Éturgeon, Poisson de roi.

Émile BLANCHARD. — Op. cit., p. 505 et fig. 133—135.

Aug. DUMÉRIL. — Op. cit., t. II, p. 184, 195, 197 et 215; atlas, pl. XVII, fig. 10, et pl. XX, fig. 1 et 2.

H. GERVAIS et R. BOULART. — Op. cit., t. I, p. 183 et pl. LVII.

Émile MOREAU. — Op. cit. : *Histoire*, t. I, p. 471, et fig. 81 et 82 ; — *Manuel*, p. 87.

Francis DAY. — Op. cit., t. II, p. 280 et pl. CL.

F.-A. SMITT. — Op. cit., 2e part., p. 1056, fig. 285—289 (p. 1046—1049), 291 (p. 1052) et 292 ; atlas, pl. XLVI, fig. 1.

L'Esturgeon vulgaire habite temporairement les eaux salées et temporairement les eaux douces. C'est une espèce anadrome. Pendant une grande partie de l'année, elle vit dans la mer, et remonte les fleuves et les grandes rivières pour y frayer, parfois à des distances très-grandes de leur embouchure, mais qui, cependant, ne sont pas aussi considérables que celles parcourues fréquemment par le Saumon vulgaire (*Salmo salar* L.). Après la période de la reproduction, ce poisson redescend à la mer. Il passe au fond de l'eau la plus grande partie de son existence. Son naturel est indolent; toutefois, il nage souvent avec beaucoup de rapidité. Sa force musculaire et sa résistance vitale sont grandes. Quand il émigre, il saute de temps à autre hors la surface de l'eau. Sa nourriture se compose principalement de vers, de crustacés et de mollusques ; il mange aussi des poissons et des substances animales en décomposition. La femelle pond de plusieurs centaines de mille à plusieurs millions d'œufs, entre le commencement d'avril et la fin de juillet. Les jeunes descendent à la mer peu de temps après leur naissance et y restent jusqu'à l'âge où ils sont capables de se reproduire.

Littoral de la Normandie. — Tous les ans, un certain nombre d'Esturgeons vulgaires sont pris sur les côtes normandes, aussi bien en dehors des embouchures des rivières que dans leur voisinage; et, presque chaque année, on en pêche deux ou trois exemplaires dans la Seine, au printemps et en été, c'est-à-dire à l'époque de la reproduction.

Jadis, des individus de cette espèce ont remonté la Seine à de très-grandes distances de son embouchure. En effet, Émile Moreau dit, dans son *Histoire naturelle des Poissons de la France* (op. cit., t. I, p. 477), que des Esturgeons vulgaires ont été pris à Neuilly, à Montereau, et même dans l'Yonne, au-delà de Sens, entre Laroche et Auxerre; mais les barrages qui ont été construits dans la Seine s'opposent, pour ainsi dire entièrement, à la montée de ces poissons jusqu'à Paris. On peut, actuellement, considérer la région d'Elbeuf (Seine-Inférieure) comme étant la limite jusqu'où remonte ce poisson anadrome.

OBSERVATION.

Acipenser Valenciennesi (A. Dum.) — **Esturgeon de Valenciennes.**

Dans les collections du Muséum d'Histoire naturelle de Paris, dit Émile Moreau [*Histoire* (op. cit.), t. III, p. 624; — *Manuel* (op. cit.), p. 89], se trouvent deux spécimens de cette espèce : « l'un, mesurant 3 mètres, a été pêché dans l'Atlantique, aux Sables-d'Olonne (Vendée); l'autre, ayant 1 m. 50 de long, a été acheté par Valenciennes, au marché de Paris, comme provenant de l'embouchure de la Seine. (Aug. Duméril) ».

Étant donné qu'à Paris on vend des poissons venant de régions très-différentes, et que des méprises sont faciles à commettre, relativement à la provenance de tel et tel poisson, il faut, d'une manière générale, n'avoir qu'une confiance toute relative dans l'exactitude des indications de localités que l'on vous donne. A mon avis, le renseignement qui précède n'offre pas une garantie suffisante pour inscrire l'Esturgeon de Valenciennes dans la faune de la Normandie.

Je dois ajouter qu'il est fort possible que cet Esturgeon ne soit pas spécifiquement distinct de l'espèce précédente : Esturgeon vulgaire (*Acipenser sturio* L.).

3e Section. *ICHTHYOSTEA* — ICHTHYOSTÉENS.

1er Ordre. *LOPHOBRANCHIA* — LOPHOBRANCHES.

1re Famille. *SYNGNATHIDAE* — SYNGNATHIDÉS.

1er Genre. *HIPPOCAMPUS* — HIPPOCAMPE.

1. **Hippocampus antiquorum** Leach — **Hippocampe brévirostre.**

Hippocampus brevirostris Cuv.
Syngnathus hippocampus L.

Hippocampe à museau court.

Cheval de mer, C. marin.

Aug. Duméril. — Op. cit., t. II, p. 504.

H. Gervais et R. Boulart. — Op. cit., t. III, p. 144, et pl. LVI, fig. 3.

Émile Moreau. — Op. cit. : *Histoire*, t. II, p. 36 et 38 ; — *Manuel*, p. 92 et 93.

Francis Day. — Op. cit., t. II, p. 265, et pl. CXLIV, fig. 7.

L'Hippocampe brévirostre habite la mer, à une certaine distance ou dans le voisinage du littoral, et dans les endroits garnis d'une abondante végétation parmi laquelle il vit. En nageant, il tient son corps dans une position verticale, et s'accroche par sa queue, qui est préhensile, aux objets qu'il rencontre. Souvent, plusieurs de ces curieux poissons se réunissent au moyen de leurs queues, qui s'enlacent l'une avec l'autre. La nourriture de cette espèce paraît se composer principalement de très-petits crustacés. Le mâle possède une poche incubatrice sous-caudale, dans laquelle la femelle dépose ses œufs.

Seine-Inférieure :

« Manche (mer), excessivement rare, ... Dieppe, ... ». [Émile Moreau. — *Histoire* (op. cit.), t. II, p. 39 ; — *Manuel* (op. cit.), p. 94].

Calvados :

« Cette espèce a été plusieurs fois pêchée par les chaluts à crevettes, sur les fonds sableux de l'estuaire (deux exemplaires sous Villerville, entre les bancs du Ratier et d'Amfard ; plusieurs exemplaires aux environs de Trouville) ». [G. Lennier. — *L'Estuaire de la Seine* (op. cit.), t. II, p. 152].

R. Le Sénéchal dit (op. cit., p. 114) que l'Hippocampe brévirostre est rare dans la région de Luc-sur-Mer, où il se trouve sur les rochers.

« Plusieurs exemplaires pris sur les côtes du Calvados, où cette espèce est très-rare, font partie des collections du Musée d'Histoire naturelle de Caen et du Laboratoire maritime de Luc-sur-Mer (Calvados) ». [Renseignement communiqué par M. René Chevrel, chef des travaux de Zoologie à la Faculté des Sciences de Caen].

Manche :

« Manche (mer), excessivement rare, ... Granville ... ». [Émile MOREAU. — *Histoire* (op. cit.), t. II, p. 39; — *Manuel* (op. cit.), p. 94].

L'Hippocampe brévirostre est mentionné par A.-E. Malard, sans aucun détail, dans son *Catalogue des Poissons des côtes de la Manche dans les environs de Saint-Vaast* (op. cit., p. 101).

« Très-rare dans la baie du Mont-Saint-Michel, où j'ai constaté plusieurs fois sa présence. Cette espèce se prend généralement dans les filets à crevettes placés à demeure ». [Renseignement communiqué par M. René Chevrel, chef des travaux de Zoologie à la Faculté des Sciences de Caen].

NOTE. — « M. G. Sivard de Beaulieu signale, dans les Veys (Calvados et Manche) et à l'embouchure de l'Ouve [chenal du port de Carentan (Manche)], une espèce d'Hippocampe, mais il ne l'a pas trouvée à Cherbourg ». [Henri JOÜAN. — *Poissons de mer observés à Cherbourg en 1858 et 1859* (op. cit.), p. 138; tiré à part, p. 23]. — Presque certainement, il s'agit de l'Hippocampe brévirostre. (H. G. de K.).

2e Genre. *SYNGNATHUS* — SYNGNATHE.

1. **Syngnathus acus** L. — Syngnathe aiguille.

Siphostoma acus Kroy.

Syngnathus typhle Bl.

Syngnathe trompette.

Aiguillette, Couleuvre de mer, Poisson aiguille, P. baromètre, P. de roi.

Aug. DUMÉRIL. — Op. cit., t. II, p. 552.

H. GERVAIS et R. BOULART. — Op. cit., t. III, p. 139 et pl. LIV.

Émile MOREAU. — Op. cit. : *Histoire*, t. II, p. 41 et 42, et fig. 85 (p. 28); — *Manuel*, p. 95.

Francis DAY. — Op. cit., t. II, p. 259, et pl. CXLIV, fig. 1 et 2.

F.-A. SMITT. — Op. cit., 2e part., p. 666 et 668, et fig. 169 (p. 663), 171 et 172.

Le Syngnathe aiguille habite la mer, à de faibles profondeurs, ainsi que la zone du balancement des marées, où l'on trouve surtout des jeunes. Il vit sur les fonds garnis d'algues ou de zostères, parmi lesquelles il se tient; toutefois, il monte aussi jusqu'à la surface de l'eau. Son naturel est actif. Le Syngnathe aiguille a une assez grande résistance vitale. Sa nourriture se compose principalement de crustacés. Le mâle est pourvu d'une poche incubatrice sous-caudale où la femelle dépose ses œufs. La ponte a lieu au printemps et en été. Voici, à son égard, une intéressante observation faite par A. Lafont à l'aquarium d'Arcachon et publiée par lui (op. cit., p. 251; tiré à part, p. 15) : « Le 11 février 1869 (température de l'eau + 12°), je vis deux Syngnathes aiguilles étroitement embrassés, dans un bac de l'aquarium; en les séparant, je constatai que la poche du mâle était vide, mais que les deux replis qui la forment étaient fortement gonflés et vascularisés, et qu'ils étaient soudés par une humeur gélatineuse sur presque toute leur longueur ; vers la partie supérieure de la poche, ces replis s'écartaient et laissaient entre eux une ouverture en cœur. Au bas de l'abdomen de la femelle s'avançait une sorte d'oviducte, long de six à huit millimètres, qui était introduit dans la poche du mâle par l'ouverture que j'ai signalée à la partie supérieure de cet organe. En lâchant dans le bac les deux individus dont je parle, je les vis se rejoindre, et la femelle introduisit chaque fois l'oviducte dans la poche du mâle. L'oviducte semble ne s'allonger autant qu'au moment de la ponte, car les autres femelles que j'ai pu observer n'avaient qu'un oviducte ressorti d'environ deux millimètres ».

Littoral de la Normandie. — T.-C. en toute saison.

On prend souvent des quantités de jeunes Syngnathes aiguilles dans la zone du balancement des marées. J'ai constaté que, pendant la saison chaude, de nombreux jeunes remontent dans l'eau saumâtre de l'estuaire de la Seine jusqu'à la hauteur de la pointe de la Rocque (commune de Saint-Samson-de-la-Rocque) (Eure), et peut-être en amont de ce point.

2. **Syngnathus rostellatus** Nilss. — Syngnathe de Duméril.

Syngnathus Dumerili É. Moreau, *S. pelagicus* Donov.

Aug. DUMÉRIL. — Op. cit., t. II, p. 556.

Émile MOREAU. — Op. cit. : *Histoire*, t. II, p. 41 et 49, et fig. 86 ; — *Manuel*, p. 95 et 99.

F.-A. SMITT. — Op. cit., 2e part., p. 666 et 672 ; atlas, pl. XXVIII, fig. 6, 7, 8 a et 8 b. (Cette espèce est inscrite par erreur, sur la planche, sous le nom de *Syngnathus acus*).

Le Syngnathe de Duméril a probablement des mœurs semblables à celles de l'espèce qui précède : Syngnathe aiguille (*Syngnathus acus* L.).

Seine-Inférieure :

« Manche (mer) ; ce Syngnathe est très-rare ; je l'ai trouvé pour la première fois au Havre, en 1869 ». [Émile Moreau. — *Histoire* (op. cit.), t. II, p. 50]. — « Manche (mer), très-rare, Le Havre ». [Émile Moreau. — *Manuel* (op. cit.), p. 99].

« Observé au Havre par M. le docteur Moreau et par nous ». [G. Lennier. — *L'Estuaire de la Seine* (op. cit.), t. II, p. 152].

Manche :

A.-E. Malard indique cette espèce, sans aucun détail, dans son *Catalogue des Poissons des côtes de la Manche dans les environs de Saint-Vaast* (op. cit., p. 101). Ce naturaliste m'a fait savoir qu'il n'avait pas observé personnellement le Syngnathe de Duméril.

OBSERVATION.

Syngnathus ethon Risso — **Syngnathe éthon.**

A.-E. Malard indique, sans aucun détail, le *Syngnathus ethon* Risso dans son *Catalogue des Poissons des côtes de la Manche dans les environs de Saint-Vaast* (op. cit., p. 101). Il est fort possible que cette espèce existe dans la région de Saint-Vaast-de-la-Hougue, car, d'après Émile Moreau (op. cit. : *Histoire*, t. II, p. 48; et *Manuel*, p. 99), elle a été trouvée, entre autres, dans la baie de la Somme et sur la côte océanique de la France, c'est-à-dire à des latitudes supérieure et inférieure. Quoi qu'il en soit, le renseignement donné par A.-E. Malard n'est pas assez précis pour inscrire, avec certitude, le Syngnathe éthon comme appartenant à la faune de la Normandie. Il convient d'ajouter que ce naturaliste m'a écrit n'avoir pas observé personnellement le Syngnathe éthon.

3e Genre. *SIPHONOSTOMA* – SIPHONOSTOME.

1. **Siphonostoma typhle** (L.) — Siphonostome typhle.

Siphonostoma acus Malm.
Siphonostomus typhle Kaup.
Syngnathus typhle L.

Aug. Duméril. — Op. cit., t. II, p. 576.
H. Gervais et R. Boulart. — Op. cit., t. III, p. 138 et pl. LIII.
Émile Moreau. — Op. cit. : *Histoire*, t. II, p. 55 et fig. 87; — *Manuel*, p. 102.
Francis Day. — Op. cit., t. II, p. 257, et pl. CXLIV, fig. 3.
F.-A. Smitt. — Op. cit., 2e part., p. 666 et 674, et fig. 170 (p. 665); atlas, pl. XXIX, fig. 1.

Le Siphonostome typhle habite la mer, dans le voisinage et même tout près des côtes, et à de plus ou moins petites profondeurs. Il vit parmi les algues et dans les prairies de zostères. Son naturel est peu actif. Sa nourriture se compose principalement de crustacés, de mollusques et de vers. Le mâle est pourvu d'une poche incubatrice sous-caudale où la femelle dépose ses œufs. Outre la ressemblance protectrice que cette espèce obtient par ses changements de couleur, Heincke a remarqué que le mâle en possède une autre, que lui donne sa poche incubatrice lorsqu'elle est distendue par les œufs ou les jeunes. Cette poche incubatrice, avec sa longue fente médiane, présente alors une grande ressemblance avec la spathe des zostères, et augmente encore la difficulté de distinguer ces poissons mâles parmi les zostères en fleurs.

Manche :

Cette espèce est indiquée, sans aucun détail, par A.-E. Malard dans son *Catalogue des Poissons des côtes de la Manche dans les environs de Saint-Vaast* (op. cit., p. 101).

« Le Siphonostome typhle est assez commun dans la région de Granville et dans le petit archipel Chausey ». [Henri Gadeau de Kerville. — *Recherches sur les faunes marine et maritime de la Normandie*, 1er *voyage*, *région de Granville et îles Chausey* (*Manche*), etc., (op. cit.), p. 120].

4e Genre. *ENTELURUS* — ENTELURE.

1. **Entelurus aequoreus** (L.) — Entelure de mer.

Entelurus aequoreus A. Dum.
Nerophis aequoreus Kaup.
Syngnathus aequoreus L.

Nérophis équoréen.

Aug. Duméril. — Op. cit., t. II, p. 605.

H. Gervais et R. Boulart. — Op. cit., t. III, p. 141 et pl. LV.

Émile Moreau.— Op. cit. : *Histoire*, t. II, p. 62; —*Manuel*, p. 105.

Francis Day. — Op. cit., t. II, p. 261, et pl. CXLIV, fig. 4. [*Entelurus aequoreus* (L.) réuni à l'*Entelurus anguineus* (Jen.)].

F.-A. SMITT. — Op. cit., 2e part., p. 666 et 680, et fig. 173; atlas, pl. XXIX, fig. 2. [*Entelurus aequoreus* (L.) réuni à l'*Entelurus anguineus* (Jen.)].

L'Entelure de mer habite loin des côtes ainsi que dans leur voisinage plus ou moins immédiat. Sa queue est préhensile et s'enroule autour d'objets variés. Sa nourriture se compose de crustacés, de vers et de mollusques. Cette espèce fraie en été. Le mâle ne possède pas de poche incubatrice. Les œufs sont déposés par la femelle sous l'abdomen du mâle, en avant de l'anus, et y sont fixés dans une couche de mucus glutineux que le mâle sécrète, couche qui se durcit en un disque solide.

Seine-Inférieure :

« Assez rare, Le Tréport, Le Havre,... ». [Émile MOREAU. — *Histoire* (op. cit.), t. II, p. 63 ; — *Manuel* (op. cit.), p. 106].

« Espèce assez commune sur les fonds de sable de l'estuaire, dans la partie ouest ». [G. LENNIER. — *L'Estuaire de la Seine* (op. cit.), t. II, p. 153].

Manche :

« Un individu provenant de la côte du Val-de-Saire (partie nord-est du département de la Manche) ». [Henri Joüan. — *Additions aux Poissons de mer observés à Cherbourg* (op. cit.), p. 358; tiré à part, p. 6].

« Assez rare, ... Cherbourg, Granville ». [Émile MOREAU. — *Histoire* (op. cit.), t. II, p. 63; — *Manuel* (op. cit.), p. 106].

M. A-E. Malard m'a écrit que l'Entelure de mer est assez commun dans la région de Saint-Vaast-de-la-Hougue.

OBSERVATION.

Entelurus anguineus (Jen.) — Entelure serpentiforme.

Il est très-probable que l'*Entelurus anguineus* (Jen.), qui a été trouvé sur le littoral de la Normandie, n'est pas spécifiquement distinct du précédent : Entelure de mer [*Entelurus aequoreus* (L.)], en compagnie duquel il se tient très-fréquemment.

5e Genre. *NEROPHIS* — NÉROPHIS.

1. **Nerophis lumbriciformis** (Yarr.) — Nérophis lombricoïde.

Acus lumbriciformis Sws.
Nerophis lumbriciformis Kroy.
Scyphius lumbriciformis Nilss.
Syngnathus lumbriciformis Yarr.

Nérophis lombric, N. lombriciforme.

Aug. Duméril. — Op. cit., t. II, p. 604.
H. Gervais et R. Boulart. — Op. cit., t. III, p. 142, et pl. LVI, fig. 1.
Émile Moreau. — Op. cit. : *Histoire*, t. II, p. 65 et fig. 90; — *Manuel*, p. 107.
Francis Day. — Op. cit., t. II, p. 263, et pl. CXLIV, fig. 6.
F.-A. Smitt. — Op. cit., 2e part., p. 666 et 686, et fig. 175; atlas, pl. XXIX, fig. 4 et 4 a.

Le Nérophis lombricoïde habite dans le voisinage du littoral et jusque dans la zone du balancement des marées. Il recherche les fonds rocheux garnis d'algues, principalement d'algues brunes, et se cache parmi elles et sous les pierres. Sa queue est préhensile. La nourriture de cette espèce se compose de crustacés, de vers et de mollusques. Le mâle ne possède pas de poche incubatrice. Les œufs, généralement au nombre de cinquante à cent, sont déposés par la femelle sous l'abdomen du mâle, en avant de l'anus, dans une couche de mucus glutineux sécrétée par lui.

Calvados :

R. Le Sénéchal dit (op. cit., p. 114) que le Nérophis lombricoïde est commun dans la région de Luc-sur-Mer, où il se trouve sur les rochers.

Manche :

A.-E. Malard indique cette espèce, sans aucun détail, dans son *Catalogue des Poissons des côtes de la Manche dans les environs de Saint-Vaast* (op. cit., p. 101).

« Le Nérophis lombricoïde est assez commun dans la région de Granville et dans le petit archipel Chausey ». [Henri Gadeau de Kerville. — *Recherches sur les faunes marine et maritime de la Normandie, premier voyage, région de Granville et îles Chausey* (*Manche*), etc., (op. cit.), p. 120].

2. **Nerophis ophidion** (L.) — Nérophis ophidion.

Acus ophidion Sws.
Nerophis ophidion Kroy.
Scyphius littoralis Risso, *S. ophidion* Nilss.
Syngnathus ophidion L.

Scyphius littoral.

Aug. DUMÉRIL. — Op. cit., t. II, p. 602.

H. GERVAIS et R. BOULART. — Op. cit., t. III, p. 142, et pl. LVI, fig. 2.

Émile MOREAU. — Op. cit. : *Histoire*, t. II, p. 65 et 68 ; — *Manuel*, p. 107 et 109.

Francis DAY. — Op. cit., t. II, p. 262, et pl. CXLIV, fig. 5.

F.-A. SMITT. — Op. cit., 2e part., p. 666 et 683, et fig. 174 ; atlas, pl. XXIX, fig. 3.

Le Nérophis ophidion habite dans le voisinage des côtes et jusque dans la zone du balancement des marées. Il vit sur les fonds garnis d'algues et de zostères, se cachant parmi elles et sous les pierres. Sa queue est préhensile. Il se tient souvent contre les longs filaments d'une algue brune, le *Chorda filum* (L.), à laquelle il ressemble suffisamment pour être bien dissimulé. Sa nourriture se compose de crustacés, de vers et de mollusques. Le mâle ne possède pas de poche incubatrice. Les œufs sont déposés par la femelle sous l'abdomen du mâle, en avant de l'anus, dans une couche de mucus glutineux sécrétée par lui. Cette espèce fraie entre le commencement de mai et la fin d'août.

Manche :

Dans ses *Poissons de mer observés à Cherbourg en* 1858 *et* 1859 (op. cit., p. 137 ; tiré à part, p. 22), Henri Joüan mentionne le Nérophis ophidion comme se trouvant sur les fonds recouverts de zostères. De plus, il entre dans quelques détails descriptifs et parle d'un exemplaire long de 0 m. 45, recueilli par M. Eyriès à l'île Pelée (Cherbourg). Or, la longueur totale des adultes de cette espèce est de 0 m. 15 à 0 m. 30. Il est possible qu'elle puisse atteindre 0 m. 35 ; mais je ne crois nullement à l'existence d'individus ayant 0 m. 45 de long. Il doit y avoir eu méprise dans la détermination ou l'indication de la longueur.

A.-E. Malard fait mention de cette espèce, sans aucun détail géonémique, dans son *Catalogue des Poissons des côtes de la Manche dans les environs de Saint-Vaast* (op. cit., p. 101).

« Le Nérophis ophidion est assez commun dans la région de Granville ». [Henri GADEAU DE KERVILLE. — *Recherches sur les faunes marine et maritime de la Normandie*, 1er *voyage, région de Granville et îles Chausey* (*Manche*), etc., (op.cit.), p. 119].

2e Ordre. *PLECTOGNATHA* — PLECTOGNATHES.

1re Famille. *ORTHAGORISCIDAE* — ORTHAGORISCIDÉS.

1er Genre. *ORTHAGORISCUS* — ORTHAGORISQUE.

1. **Orthagoriscus mola** (L.) — Orthagorisque môle.

Centaurus boops Kaup.
Cephalus brevis Shaw, *C. mola* Risso, *C. orthagoriscus* Risso.
Diodon mola Pall.
Diplanchias nasus Raf.
Mola aculeata Kolr., *M. aspera* Bp.
Orthagoriscus hispidus B. et S., *O. mola* B. et S., *O. spinosus* B. et S.
Tetrodon mola L.

Lune meule.
Môle commune, M. ordinaire, M. orthagorisque, M. vulgaire.
Tétrodon lune.

Leune, Poisson lune, P. soleil, Rouet, R. de mer, Soleil.

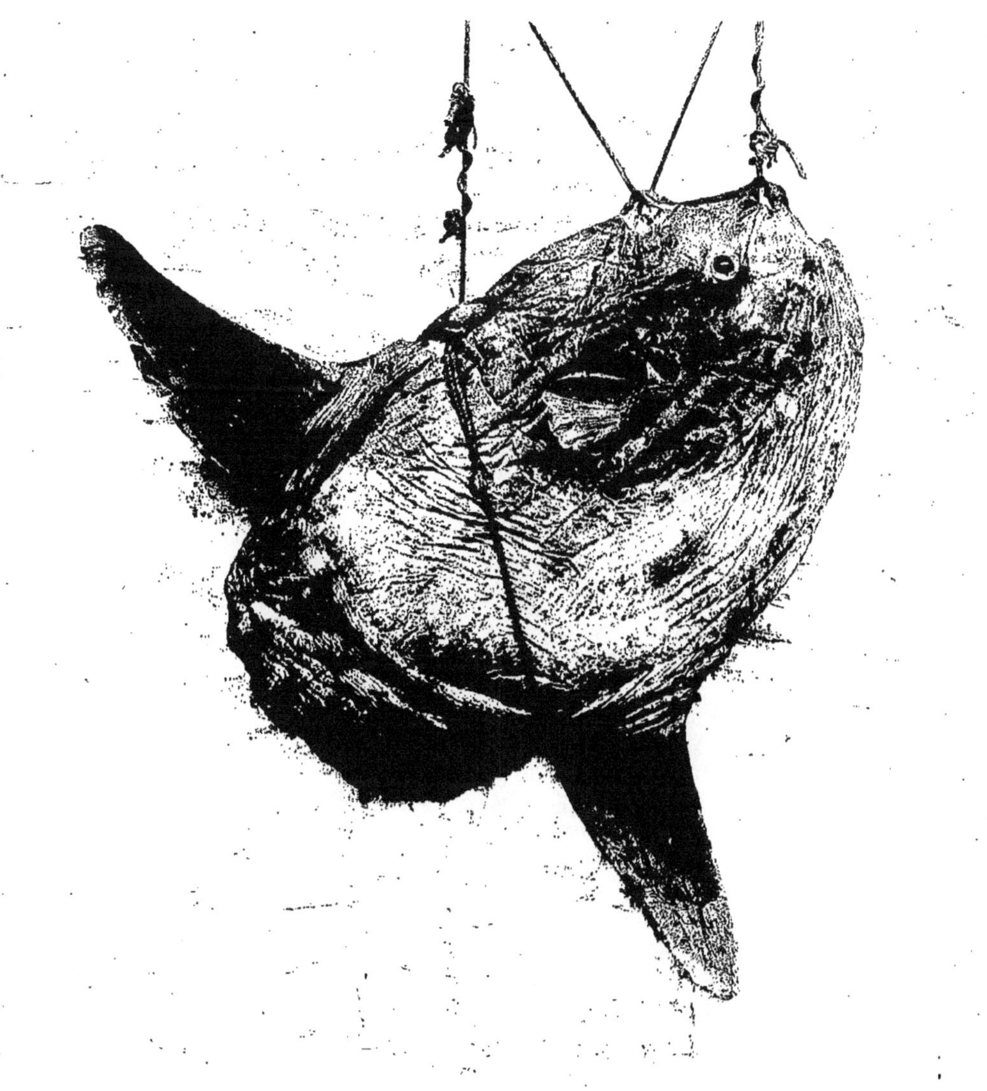

NÉGATIF D'HENRI GADEAU DE KERVILLE. PHOTOCOLLOGRAPHIE J. LECERF.

ORTHAGORISQUE MOLE

pris vivant entre Granville et les îles Chausey (Manche),

le 4 août 1893.

(1/11 *de la grandeur naturelle*).

:. Gervais et R. Boulart. — Op. cit., t. III, p. 155 et pl. LX.

:mile Moreau. — Op. cit. : *Histoire*, t. II, p. 74; — *Manuel*, p. 112.

'rancis Day. — Op. cit., t. II, p. 272 et pl. CXLVIII.

'.-A. Smitt. — Op. cit., 2e part., p. 625, fig. 153 et 154 (p. 622 et 623), 156 et 157; atlas, pl. XXVII, fig. 4.

L'Orthagorisque môle habite la mer et se tient au large. l vit en compagnie de ses semblables ou solitaire. Accidenellement, surtout pendant la saison chaude, il s'approche es côtes, et on le voit à la surface ballotté par les flots. Il emble endormi et se laisse souvent approcher à une disance assez faible pour qu'on puisse le harponner; mais, arfois, il se sauve avec rapidité, soit en plongeant, soit en estant à la surface. Sa nourriture se compose de crustacés, e mollusques, d'échinodermes, de poissons, de polypes, tc. Des parasites variés et nombreux vivent à l'extérieur t dans l'intérieur de ce poisson, dont la grande taille t la forme bizarre ont, depuis longtemps, attiré l'attenion des naturalistes et des curieux.

Littoral de la Normandie. — Presque chaque année, uelques Orthagorisques môles parfois de très-grande aille, se montrent sur les côtes normandes.

3e Ordre. *CHORIGNATHA* — CHORIGNATHES.

1re Famille. *TRACHINIDAE* — TRACHINIDÉS.

1er Genre. *TRACHINUS* — VIVE.

1. **Trachinus vipera** C. et V. — Vive petite.

Trachinus draco Bl.

Petite vive.
Vive vipère.

Arselin, Boadre, Bodero, Boideroc, Boudereu, Boudereux, Firli, Virli.

Cuvier et Valenciennes. — Op. cit., t. III, in-4°, p. 189; in-8°, p. 254.

H. Gervais et R. Boulart. — Op. cit., t. II, p. 29 et pl. X.

Émile Moreau. — Op. cit. : *Histoire*, t. II, p. 96; — *Manuel*, p. 121.

Francis Day. — Op. cit., t. I, p. 81 et pl. XXXI.

F.-A. Smitt. — Op. cit., 1re part., p. 131 et fig. 35.

La Vive petite habite la mer. Elle se tient de préférence sur les fonds sablonneux littoraux, y compris la zone du balancement des marées, et s'y enfonce presque entièrement, ne montrant que la tête. Sa nourriture se compose principalement de crustacés, de mollusques et de poissons. Cette espèce fraie dans la seconde moitié du printemps et en été. De même que ses congénères, la Vive petite fait des piqûres fort douloureuses par ses aiguillons operculaires, qui peuvent déterminer des accidents ayant une certaine gravité, en raison du venin qu'ils inoculent.

Note. — Voici, à l'égard des blessures causées par ce poisson, une intéressante constatation rapportée par Émile Moreau : « J'ai connu, dit-il [*Histoire* (op. cit.), t. II, p. 107], un peintre d'histoire naturelle qui, en pêchant (1874) à Veules (Seine-Inférieure), fut blessé au pouce par l'épine operculaire d'une petite Vive. Une douleur atroce se fit sentir à l'instant; la main et l'avant-bras furent le siége d'un gonflement considérable qui dura vingt-quatre heures environ... A une certaine époque, la crainte que causait le danger de ces blessures était si grande que l'autorité crut devoir prendre une mesure de précaution; il parut des règlements de police obligeant les pêcheurs à couper les épines des Vives avant de les mettre en vente. Ces règlements sont à peu près tombés en désuétude sur nos côtes de l'Ouest ».

Littoral de la Normandie. — C. en toute saison.

G. Lennier dit que cette espèce se trouve dans l'estuaire de la Seine jusqu'à Berville-sur-Mer (Eure). [*L'Estuaire de la Seine* (op. cit.), t. II, p. 153].

2. **Trachinus draco** L. — Vive vulgaire.

Grande vive.
Vive commune, V. ordinaire.

Avive, Firli, Virli, Vivre.

CUVIER et VALENCIENNES. — Op. cit., t. III, in-4°, p. 178; in-8°, p. 238.
H. GERVAIS et R. BOULART. — Op. cit., t. II, p. 27, fig. 3 et pl. IX.
Émile MOREAU. — Op. cit. : *Histoire*, t. II, p. 96 et 98; — *Manuel*, p. 121 et 123.
Francis DAY. — Op. cit., t. I, p. 79 et pl. XXX.
F.-A. SMITT. — Op. cit., 1re part., p. 128; atlas, pl. IV, fig. 3.

La Vive vulgaire habite la mer. Elle se tient dans des eaux peu profondes et, de préférence, sur les fonds sablonneux, où elle s'enterre presque entièrement, ne montrant que la tête. Elle a une grande résistance vitale. Sa nourriture se compose principalement de poissons, de crustacés et de mollusques. Elle fraie pendant l'été. Les épines operculaires de cette espèce font des piqûres très-douloureuses et peuvent déterminer des accidents de quelque gravité, par suite du venin qu'elles inoculent.

Littoral de la Normandie. — C. en toute saison.

G. Lennier dit que cette espèce ne se trouve pas dans l'estuaire de la Seine en amont de Honfleur (Calvados). [*L'Estuaire de la Seine* (op. cit.), t. II, p. 153].

2e Famille. *BLENNIIDAE* — BLENNIIDÉS.

1er Genre. *BLENNIUS* — BLENNIE.

1. **Blennius palmicornis** C. et V. — Blennie palmicorne.

Blennius pholis Risso, *B. sanguinolentus* Pall.

Cabot.

Cuvier et Valenciennes. — Op. cit., t. XI, in-4°, p. 159; in-8°, p. 214; et pl. CCCXIX-CCCXX, fig. 2, (les 2 édit.).

Émile Moreau. — Op. cit. : *Histoire*, t. II, p. 110 et 114; — *Manuel*, p. 129 et 131.

Le Blennie palmicorne habite la zone littorale, sur les fonds rocheux, et se tient très-souvent sous les pierres.

Seine-Inférieure :

« Je l'ai vu seulement une fois sur nos côtes de la Manche, au Havre, en 1875 ». [Émile Moreau. — *Histoire* (op. cit.), t. II, p. 115]. — « Manche (mer), excessivement rare, Le Havre ». [Émile Moreau. — *Manuel* (op. cit.), p. 132].

« Commun à Sainte-Adresse et au cap de La Hève (près du Havre), sous les pierres, dans les laminaires qui découvrent aux grandes basses mers ». [G. Lennier. — *L'Estuaire de la Seine* (op. cit.), t. II, p. 153].

Calvados :

« Assez rare sur les côtes du Calvados ». [Renseignement communiqué par M. René Chevrel, chef des travaux de Zoologie à la Faculté des Sciences de Caen].

2. **Blennius gattorugine** Brünn. — Blennie gattorugine.

Cabot.

Cuvier et Valenciennes. — Op. cit., t. XI, in-4°, p. 148; in-8°, p. 200.

H. Gervais et R. Boulart. — Op. cit., t. II, p. 212 et pl. LXXVII.

Émile Moreau. — Op. cit. : *Histoire*, t. II, p. 110 et 121; — *Manuel*, p. 129 et 134.

Francis Day. — Op. cit., t. I, p. 198, et pl. LIX, fig. 1.

Le Blennie gattorugine habite la zone littorale, particulièrement les endroits rocheux et les eaux ayant quelque profondeur; toutefois, on le trouve aussi dans les flaques d'eau produites par le reflux. Il est mauvais nageur et se tient ordinairement au fond de l'eau. Il est très-vorace. Sa nourriture se compose principalement de crustacés et de mollusques.

Manche :

Dans ses *Poissons de mer observés à Cherbourg en* 1858 *et* 1859 (op. cit., p. 124 et 125; tiré à part, p. 9 et 10), ses *Additions aux Poissons de mer observés à Cherbourg* (op. cit., p. 354; tiré à part, p. 2) et son mémoire *Sur quelques espèces rares de Poissons de mer de Cherbourg* (op. cit., p. 417),

Henri Joüan dit que des Blennies se rapportant au *Blennius gattorugine* Brünn. et au *Blennius ruber* C. et V. ont été recueillis à Cherbourg, à Diélette et à Granville.

Émile Moreau [*Histoire* (op. cit.), t. II, p. 124 et 125; et *Manuel* (op. cit.), p. 135 et 136] indique Cherbourg et Granville comme localités où fut trouvé le Blennie gattorugine, et Granville pour le Blennie rouge.

Il est pour ainsi dire certain que le Blennie rouge (*Blennius ruber* C. et V.) doit être rapporté au Blennie gattorugine (*Blennius gattorugine* Brünn.).

3. **Blennius ocellaris** L. — Blennie papillon.

Blennius ocellatus Sws.

Blennie lièvre.

Cabot.

Cuvier et Valenciennes. — Op. cit., t. XI, in-4°, p. 163; in-8°, p. 220.

H. Gervais et R. Boulart. — Op. cit., t. II, p. 214 et pl. LXXVIII.

Émile Moreau. — Op. cit. : *Histoire*, t. II, p. 110 et 128; — *Manuel*, p. 129 et 138.

Francis Day. — Op. cit., t. I, p. 201, et pl. LIX, fig. 2.

Le Blennie papillon habite la zone littorale, sur les fonds rocheux, et se tient très-souvent sous les pierres. Il nage mal et reste habituellement au fond de l'eau. Sa nourriture se compose de crustacés, de mollusques, etc., et même de poissons.

Seine-Inférieure :

« Le Havre, Sainte-Adresse, La Hève (près du Havre), sous les pierres ». [G. LENNIER. — *L'Estuaire de la Seine* (op. cit.), t. II, p. 153].

4. **Blennius pholis** L. — Blennie pholis.

Pholis laevis Flem.

Pholis lisse.

Babouin, Baveuse, Baveuse commune, Cabot, Loche de mer, Meunier, Perce-pierre, Serène, Sirène.

CUVIER et VALENCIENNES. — Op. cit., t. XI, in-4°, p. 199; in-8°, p. 269.
H. GERVAIS et R. BOULART. — Op. cit., t. II, p. 216, et pl. LXXIX, fig. 2.
Émile MOREAU. — Op. cit. : *Histoire*, t. II, p. 110 et 143; — *Manuel*, p. 130 et 145.
Francis DAY. — Op. cit., t. I, p. 203, et pl. LX, fig. 2.
F.-A. SMITT. — Op. cit., 1re part., p. 214 et fig. 61.

Le Blennie pholis habite la zone littorale, sur les fonds rocheux, de préférence dans la zone du balancement des marées, où on le trouve souvent dans les flaques d'eau formées par le reflux. Il se tient très-fréquemment sous les pierres. Il a une grande activité. Son tempérament est combattif, et il mène une existence solitaire. Ce poisson est résistant à la vie. Souvent il reste quelque temps à sec sur le rivage. Sa nourriture se compose de mollusques, de crustacés, de vers, etc.; il paraît friand de petits mollusques à coquille et de balanidés. La femelle pond au printemps et en été. Elle choisit, parmi les rochers, une petite cavité dont l'ouverture est étroite, et fixe ses œufs à la voûte de cette cavité.

Littoral de la Normandie. — C. en toute saison.

2e Genre. *PHOLIS* — PHOLIS.

1. **Pholis gunnellus** (L.) — Pholis gonnelle.

Blennius gunnellus L.
Centronotus gunnellus B. et S.
Gunnellus vulgaris Flem.
Muraenoides gunnellus Gill.
Ophisomus gunnellus Sws.
Pholis gunnellus Gron.

Blennie gunnel.
Gonnelle commune, G. ordinaire, G. vulgaire.

Sauterelle, Sauteurieure.

CUVIER et VALENCIENNES. — Op. cit., t. XI, in-4°, p. 309; in-8°, p. 419.
H. GERVAIS et R. BOULART. — Op. cit., t. II, p. 222 et pl. LXXXI.
Émile MOREAU. — Op. cit. : *Histoire*, t. II, p. 153; — *Manuel*, p. 149.
Francis DAY. — Op. cit., t. I, p. 208, et pl. LXI, fig. 1.
F.-A. SMITT. — Op. cit., 1re part., p. 220; atlas, pl. XI, fig. 6.

Le Pholis gonnelle habite la zone littorale, dans les endroits rocheux sur le fond desquels il se tient sous les pierres ou parmi les algues. Très-souvent on le trouve dans les flaques d'eau produites par la mer en se retirant, et même sous les pierres laissées à sec par le reflux. Ce poisson mène une existence solitaire. Il est très-résistant à la vie. Sa nourriture se compose principalement de crustacés et de mollusques. Quand on veut le prendre, ses mouvements sont très-actifs; il se tortille désespérément dans la main et s'en échappe assez facilement, grâce à l'abondant mucus dont sa peau est enduite.

Littoral de la Normandie. — T.-C. en toute saison.

OBSERVATION.

ENCHELYOPUS — ZOARCÈS.

Enchelyopus viviparus (L.) — Zoarcès vivipare.

A.-E. Malard dit, dans son *Catalogue des Poissons des côtes de la Manche dans les environs de Saint-Vaast* (op. cit., p. 84), que cette espèce est « commune dans les flaques d'eau laissées par la mer ».

Ayant demandé à ce naturaliste s'il était absolument certain de ce fait, il m'a dit, par lettre, qu'il y avait eu méprise de sa part dans la détermination, qu'il avait pris pour cette espèce une variété de Pholis gonnelle ou Gonnelle vulgaire [*Pholis gunnellus* (L.)], et qu'en conséquence le Zoarcès vivipare devait être rayé de son Catalogue en question.

3e Genre. *ANARRHICHAS* — ANARRHIQUE.

1. **Anarrhichas lupus** L. — Anarrhique loup.

Chat marin, Loup marin, Mordant.

Cuvier et Valenciennes. — Op. cit., t. XI, in-4°, p. 349; in-8°, p. 473; et pl. CCCXLI-CCCXLII, fig. 1, (les 2 édit.).
H. Gervais et R. Boulart. — Op. cit., t. II, p. 209, fig. 22 et pl. LXXVI.

Émile Moreau. — Op. cit. : *Histoire*, t. II, p. 159; — *Manuel*, p. 151.

Francis Day. — Op. cit., t. I, p. 195 et pl. LVIII.

F.-A. Smitt. — Op. cit., 1re part., p. 232 et fig. 62; atlas, pl. XII, fig. 2.

L'Anarrhique loup habite la mer, à des profondeurs variables, mais peu grandes. Il se tient habituellement au fond de l'eau, caché parmi les pierres ou les plantes, de préférence sur les sols rocheux. Ses mouvements ressemblent à ceux des Anguilles. Il a une assez grande résistance vitale. Quand il est pris, il mord tout ce qui est à sa portée. L'Anarrhique loup est vorace. Sa nourriture se compose principalement de mollusques à coquille; il mange aussi des crustacés, des échinodermes et vraisemblablement des poissons. Cette espèce fraie au printemps.

Normandie :

C.-G. Chesnon (op. cit., p. 41) mentionne, sans aucun détail de géonémie, l'Anarrhique loup comme étant très-rare en Normandie.

Seine-Inférieure :

« Un seul exemplaire de cette espèce a été pris entre la tête du banc du Ratier et les Hauts de la rade du Havre, en septembre 1875 ». [G. Lennier. — *L'Estuaire de la Seine* (op. cit.), t. II, p. 153].

Manche :

Cette espèce est mentionnée, sans aucun détail géonémique, par A.-E. Malard dans son *Catalogue des Poissons des côtes de la Manche dans les environs de Saint-Vaast* (op. cit., p. 84).

3e Famille. *CALLIONYMIDAE* — CALLIONYMIDÉS.

1er Genre. *CALLIONYMUS* — CALLIONYME.

1. Callionymus lyra L. — Callionyme lyre.

Callionymus dracunculus L. (*femina*), *C. elegans* Lesueur (*juvenis*), *C. lyra* L. (*mas*).

Callionyme de Lesueur (jeune), C. dragonneau ou C. dragonnet (femelle), C. élégant (jeune).

Chiqueur, Chiqueux, Doucet, Lavandière, Savary, Sèche, Six-deniers, Suzanne.

CUVIER et VALENCIENNES. — Op. cit., t. XII, in-4°, p. 200, 206 et 218; in-8°, p. 266, 274 et 291.
H. GERVAIS et R. BOULART. — Op. cit., t. II, p. 247 et 251, et pl. XC.
Émile MOREAU. — Op. cit. : *Histoire*, t. II, p. 164; — *Manuel*, p. 153.
Francis DAY. — Op. cit., t. I, p. 174 et pl. LIV.
F.-A. SMITT. — Op. cit., 1re part., p. 272 et 273; atlas, pl. XIV.

Le Callionyme lyre habite la mer, dans des eaux d'une faible ou d'une certaine profondeur, et sur les fonds sablonneux ou rocheux. Il se tient habituellement au fond de l'eau, ne le quittant que pour passer d'un point à un autre, ce qui est fait avec beaucoup de promptitude. Son caractère est indolent et, d'une façon générale, ses mouvements sont lents; mais, au besoin, ils sont rapides. Le Callionyme lyre a une grande résistance vitale. Sa nourriture se compose principalement de crustacés et de mollusques. Les deux sexes adultes sont dissemblables; le mâle possède une coloration beaucoup plus riche que celle de la femelle.

Littoral de la Normandie. — T.-C. en toute saison.

4e Famille. *LOPHIIDAE* — LOPHIIDÉS.

1er Genre. *LOPHIUS* — BAUDROIE.

1. **Lophius piscatorius** L. — Baudroie vulgaire.

Batrachus piscatorius Risso.
Lophius eurypterus D. et K.

Baudroie commune, B. ordinaire, B. pêcheresse.
Lophie baudroie.

Ange, Ange de mer, Baudreuil, Diable, Diable de mer, Madeleine, Thouin, Vaudreuil.

CUVIER et VALENCIENNES. — Op. cit., t. XII, in-4°, p. 258; in-8°, p. 344; et pl. CCCLXII (les 2 édit.).
H. GERVAIS et R. BOULART. — Op. cit., t. II, p. 254, fig. 26 et pl. XCI.
Émile MOREAU. — Op. cit. : *Histoire*, t. II, p. 179 et 180; — *Manuel*, p. 160.
Francis DAY. — Op. cit., t. I, p. 73 et pl. XXIX.
F.-A. SMITT. — Op. cit., 1re part., p. 138 et fig. 36—40; atlas, pl. X, fig. 2.

La Baudroie vulgaire habite à des profondeurs variables, souvent dans le voisinage immédiat du rivage et quelquefois à de grandes profondeurs; accidentellement on trouve des jeunes jusque dans la zone du balancement des marées. Elle se tient cachée parmi les algues ou les pierres, ou s'enterre, à l'aide de ses nageoires pectorales, dans le sable ou la vase, guettant ainsi sa proie et se précipitant dessus dès qu'elle est près de ses redoutables mâchoires. La Baudroie vulgaire se déplace avec lenteur. Elle est extrêmement vorace. Sa nourriture se compose de poissons, de mollusques, de crustacés, etc.; elle saisit les oiseaux qui, en plongeant, sont venus à sa portée; et, prise dans un filet, elle dévore ses compagnons de captivité, principalement les poissons de la famille des pleuronectidés.

Littoral de la Normandie. — P. C. en toute saison. Les sujets que l'on trouve dans le voisinage des côtes sont principalement des jeunes.

5e Famille. *GOBIIDAE* — GOBIIDÉS.

1er Genre. *GOBIUS* — GOBIE.

1. **Gobius laticeps** É. Moreau — **Gobie à tête large.**

Cabot.

Émile Moreau. — Op. cit. : *Histoire*, t. II, p. 193 et 215, et fig. 103 et 104 ; — *Manuel*, p. 167 et 173.

L'éthologie du Gobie à tête large est vraisemblablement analogue à celle des espèces voisines du même genre.

Seine-Inférieure :

« Saint-Valery-en-Caux. Je n'ai jamais trouvé qu'un seul individu de cette espèce ; je l'ai pêché dans une flaque d'eau, au milieu de laquelle il se tenait suspendu, par sa ventouse, à un éclat de pierre ». [Émile Moreau. — *Histoire* (op. cit.), t. II, p. 217]. — « Manche (mer), Saint-Valery-en-Caux, excessivement rare ». [Émile Moreau. — *Manuel* (op. cit.), p. 174].

G. Lennier dit [*L'Estuaire de la Seine* (op. cit.), t. II, p. 153] que cette espèce habite avec le Gobie buhotte (*Gobius minutus* Pall.) sous les pierres, à Sainte-Adresse.

Calvados :

G. Lennier dit [*L'Estuaire de la Seine* (op. cit.), t. II, p. 153] que cette espèce habite avec le Gobie buhotte (*Gobius minutus* Pall.) sous les pierres, à Villers-sur-Mer.

2. **Gobius minutus** Pall. — Gobie buhotte.

Eleotris minuta B. et S.
Gobius elongatus Can.

Boulingué, Bourguette, Buhotte, Cabot, Menize, Poisson de sable.

Cuvier et Valenciennes. — Op. cit., t. XII, in-4°, p. 29; in-8°, p. 39.
H. Gervais et R. Boulart. — Op. cit., t. II, p. 232, et pl. LXXXV, fig. 2.
Émile Moreau. — Op. cit. : *Histoire*, t. II, p. 193 et 212; — *Manuel*, p. 167 et 177.
Francis Day. — Op. cit., t. I, p. 165, et pl. LII, fig. 4.
F.-A. Smitt. — Op. cit., 1re part., p. 244 et 262; atlas, pl. XIII, fig. 7.

Le Gobie buhotte habite la zone littorale, dans les endroits sablonneux et à de plus ou moins faibles profondeurs; il se trouve aussi dans les eaux saumâtres. On le rencontre très-fréquemment en bandes dans les flaques d'eau produites par le reflux, surtout dans les endroits abrités, tels que les anses, les chenaux entre les îles, etc. Il est fort sociable. Ses mouvements sont très-vifs, et il nage avec une très-grande célérité. Sa nourriture se compose principalement de crustacés. Frédéric Guitel a publié, sur les mœurs de cette espèce, un très-intéressant mémoire dont voici une partie du résumé :

« Le mâle du *Gobius minutus*, dit ce naturaliste (op. cit., p. 551), choisit pour faire son nid une coquille de *Cardium*, de *Tapes*, de *Patella*, d'*Artemisia*, de *Venus*, de *Mya*, etc., ou même une carapace de crabe ou une pierre. Si la coquille qu'il a choisie a sa concavité tournée vers le haut, il la retourne très-habilement, la concavité en dessous.

« Lorsque la coquille est retournée, le mâle s'introduit dessous, et, par une agitation rapide de sa queue, chasse le sable en excès dans son logis. Il transporte même, si besoin est, dans sa bouche, des débris de coquilles, de petites pierres ou de petites quantités de sable qu'il rejette hors de sa maison.

« Le *Gobius minutus* mâle recouvre son nid de sable. Pour cela, il se place au-dessus, progresse sur le fond en agitant rapidement ses pectorales et sa queue, de manière à projeter derrière lui un flot de sable qui vient s'accumuler sur la coquille. La trace de son passage dans le sable est marquée par un sillon profond. Lorsque de semblables sillons ont été tracés ainsi dans un grand nombre de directions rayonnantes, la coquille est complètement cachée sous un monticule de sable.

« L'ouverture donnant accès dans le nid est unique et parfaitement cylindrique. Les grains de sable de sa paroi sont agglutinés par le mucus que sécrète la peau du poisson.

« Quand le mâle a terminé l'aménagement de son nid, il cherche à décider une femelle à venir y déposer ses œufs Lorsqu'il s'approche de celle-ci, ses couleurs deviennent subitement plus vives ; à plusieurs reprises il la frôle avec son museau et retourne vers son gîte comme pour lui en indiquer le chemin.

« Pour pondre, la femelle se renverse au plafond du nid et, au moyen de sa ventouse, progresse par petits bonds saccadés. Chaque temps d'arrêt est marqué par l'expulsion d'un œuf qui se colle immédiatement de lui-même au plafond du nid.

« Quand un certain nombre d'œufs sont déposés, le mâle, marchant à son tour au plafond du logis, les féconde.

« Dès que la femelle a déposé tous les œufs mûrs que contiennent ses ovaires, ou une quantité d'œufs suffisante pour couvrir entièrement toute la face interne de la coquille, elle abandonne le domicile conjugal pour n'y plus revenir. Si elle a encore des œufs à pondre, elle va les déposer sous une coquille habitée par un autre mâle; autrement dit elle est polygame.

« Le mâle veille sur les œufs jusqu'à l'éclosion des jeunes, et se bat avec acharnement si un autre mâle cherche à s'emparer de la coquille qui abrite sa progéniture.

« Pendant toute la durée de l'incubation, qui demande de six à neuf jours, le mâle agite sa queue et ses pectorales, tantôt d'un côté, tantôt de l'autre, de manière à déterminer dans le nid des courants qui renouvellent constamment l'eau.

« Dès que l'éclosion de quelques embryons laisse une place vide au plafond du nid, le mâle accepte qu'une femelle vienne combler les vides en déposant quelques-uns de ses œufs. Autrement dit les mâles, comme les femelles, sont polygames.

« Pendant la période d'activité sexuelle, qui commence dans les premiers jours de mai et qui dure jusqu'à la fin d'août, les femelles pondent en moyenne tous les sept jours.

« Lorsqu'une femelle très-gonflée d'œufs éprouve le besoin de pondre, si aucun mâle ne l'invite à partager son domicile, elle s'approche des mâles gardant leur nid et s'agite devant eux comme pour leur demander asile. Cette manœuvre n'est probablement couronnée de succès que si le mâle est en état de féconder les œufs pondus par la femelle.

« Quand un mâle veille sur sa progéniture, si on le chasse de son nid en laissant ce dernier en place, il y revient tout droit même si d'autres coquilles semblables à la sienne se trouvent à côté.

« Si l'on substitue à la coquille renfermant ses œufs une coquille vide placée au même endroit, il s'introduit d'abord sous cette coquille vide ; mais il ne tarde pas à s'apercevoir qu'elle ne renferme pas ses œufs, et bientôt la quitte pour rechercher et retrouver la sienne. Si celle-ci est occupée par un autre mâle, il n'hésite pas à lui livrer une bataille acharnée pour reconquérir son bien.

« La femelle qui commence à pondre dépose ses œufs au hasard, souvent à une grande distance les uns des autres ; mais à mesure que leur nombre augmente, pour en déposer d'autres, elle cherche au moyen de sa papille génitale les endroits encore inoccupés ».

Dans ses très-intéressantes *Observations sur les mœurs du Gobius Ruthensparri*, — publiées postérieurement à son mémoire sur les mœurs du *Gobius minutus*, indiqué précédemment — Frédéric Guitel dit (op. cit., p. 283) :

« Il n'est pas douteux que le *Gobius minutus* mâle choisit parfois des coquilles recouvertes de sable par les courants ou par les lames [(1)], car son but unique semble toujours être de trouver pour ses œufs un abri qu'il puisse dissimuler, s'il ne l'est pas déjà. Cependant, le monticule *lisse* qui recouvre certaines coquilles n'en est pas moins, la plupart du temps, l'œuvre du *Gobius*, et ce monticule a été édifié exactement de la même manière que ceux qui portent des sillons rayonnants ; seulement, dans le cas qui nous occupe, ces sillons ont été effacés.

« Deux causes amènent fréquemment la disparition des sillons tracés par le *Gobius*. Ce sont d'abord les courants et les lames qui nivellent rapidement le sable meuble dans

« (1) Il arrive aussi fréquemment, quand on suit la mer descendante, qu'on rencontre des coquilles complètement mises à nu par le jusant. Dans ce cas, le mâle ne tarde pas à réparer le dommage causé à son nid en traçant de nouveaux sillons tout autour de celui-ci, de manière à le dissimuler sous un nouveau monticule de sable ».

lequel sont creusés ces sillons ; puis les *Mysis* qui, en se promenant continuellement sur le sol, tracent elles-mêmes un grand nombre de très-petits sillons, qui font bien vite disparaître les inégalités du fond, même dans l'eau la plus calme.

« Le *Gobius minutus* n'a donc qu'un seul et unique procédé pour enfouir son nid ; mais quand il rencontre dans le sable une cavité suffisamment dissimulée et dont les parois sont susceptibles de recevoir ses œufs, il l'adopte et y fait élection de domicile, sans qu'on puisse pour cela considérer chacun de ces cas, très-particuliers, comme des modes spéciaux d'enfouissement, car alors le poisson n'est pour rien dans la manière dont son nid est dissimulé. C'est ainsi que j'ai trouvé des mâles, gardant des œufs, collés à la face inférieure de grosses pierres reposant sur le sable.

« Le même cas se présentait quand je donnais à mes animaux en captivité des verres de montre en guise de coquille, car la transparence du verre m'obligeait à ensabler moi-même le futur nid [1].

« En ce qui concerne les sillons divergents aboutissant à l'orifice du nid, il est possible qu'on puisse en compter plus d'un, puisque le *Gobius* les trace dans toutes les directions autour de sa maison ; mais il n'y en a jamais qu'un seul destiné à ses entrées et à ses sorties, les autres ne servent jamais à cet usage, et c'est tout à fait par hasard qu'on les voit aboutir au trou du *Gobius* ».

Littoral de la Normandie. — T.-C. en toute saison.

J'ai constaté que le Gobie buhotte remonte dans l'estuaire de la Seine, durant la saison chaude, jusqu'à Aizier (Eure), endroit où l'eau est saumâtre pendant le flux et douce pendant le reflux.

« (1) On rencontre parfois aussi des mâles qui ne recouvrent pas leur nid, même lorsque ce nid n'est qu'une simple coquille posée sur le fond ; mais le fait est exceptionnel ».

3. **Gobius niger** L. — Gobie noir.

Gobius aler Bellotti, *G. jozo* Müll.

Gobie commun, G. ordinaire, G. vulgaire.

Cabot, Doucet.

CUVIER et VALENCIENNES. — Op. cit., t. XII, in-4°, p. 7; in-8°, p. 9.

H. GERVAIS et R. BOULART. — Op. cit., t. II, p. 229, fig. 23 et 24, et pl. LXXXIV.

Émile MOREAU. — Op. cit. : *Histoire*, t. II, p. 193 et 230; — *Manuel*, p. 167 et 183.

Francis DAY. — Op. cit., t. I, p. 163, et pl. LII, fig. 3 et 3 a. [D'après Émile MOREAU (*Manuel*, op. cit., p. 184), la fig. 3 rappelle mieux le *Gobius jozo* L.].

F.-A. SMITT. — Op. cit., 1re part., p. 244 et 245, fig. 63 et 64 (p. 241 et 242); atlas, pl. XII, fig. 3—5.

Le Gobie noir habite la zone littorale, sur les fonds rocheux. On le trouve fréquemment sous les pierres dans les flaques d'eau produites par le reflux. Son caractère est indolent. Sa nourriture se compose principalement de crustacés et de vers. Cette espèce fraie à partir de mai et pendant l'été. La femelle pond ses œufs à la face inférieure des pierres et des coquilles vides, où ils se tiennent collés. Le mâle les garde, repoussant vigoureusement les importuns.

Littoral de la Normandie. — C. en toute saison.

OBSERVATION.

Gobius jozo L. — Gobie jozo.

Le Gobie jozo ou Gobie à haute dorsale, poisson qui a été trouvé sur les côtes des départements de la Seine-Inférieure et du Calvados, n'est peut-être qu'un Gobie noir (*Gobius niger* L.) dont la première nageoire dorsale a été détériorée. C'est une question à élucider.

---

4. Gobius paganellus L. — Gobie paganel.

Gobius punctipinnis Can.

Cabot.

Cuvier et Valenciennes. — Op. cit., t. XII, in-4°, p. 15 ; in-8°, p. 20.

H. Gervais et R. Boulart. — Op. cit., t. II, p. 233 et pl. LXXXVI. [Réuni à l'espèce suivante : Gobie à deux teintes].

Émile Moreau. — Op. cit. : *Histoire*, t. II, p. 193 et 225 ; — *Manuel*, p. 167 et 185.

Francis Day. — Op. cit., t. I, p. 162, et pl. LII, fig. 2.

Le Gobie paganel habite la zone littorale, sur les fonds rocheux ; toutefois, il ne paraît pas être aussi spécial à ces fonds que la précédente espèce : Gobie noir (*Gobius niger* L.). On le trouve fréquemment sous les pierres dans la zone du balancement des marées.

Seine-Inférieure :

« Manche (mer), rare, ... Le Havre ». [Émile Moreau. — *Histoire* (op. cit.), t. II, p. 228 ; — *Manuel* (op. cit.), p. 186].

Calvados :

R. Le Sénéchal indique, dans son *Catalogue des animaux recueillis au Laboratoire maritime de Luc, pendant les années* 1884 *et* 1885 (op. cit., p. 116), le Gobie paganel comme se rencontrant « aux limites de la grève » dans la région de Luc-sur-Mer. Bien que ce fait soit très-possible, il est permis de supposer qu'il y a eu méprise dans la détermination, erreur fort excusable, étant donné que certains *Gobius* sont difficiles à déterminer. Ce qui me fait soupçonner une méprise, c'est parce que l'auteur ne mentionne, dans son catalogue en question, que deux espèces de Gobies (*Gobius minutus* Pall. et *Gobius paganellus* L.), tandis qu'il y a, sur la côte du Calvados, d'autres espèces de Gobies beaucoup moins rares que le Gobie paganel.

5. **Gobius bicolor** Brünn. — Gobie à deux teintes.

Gobius paganellus Gthr.

Cabot.

Cuvier et Valenciennes. — Op. cit., t. XII, in-4°, p. 14 ; in-8°, p. 19.

H. Gervais et R. Boulart. — Op. cit., t. II, p. 233. [Réuni à l'espèce précédente : Gobie paganel].

Émile Moreau. — Op. cit. : *Histoire*, t. II, p. 193 et 228 ; — *Manuel*, p. 167 et 186.

Les mœurs du Gobie à deux teintes sont probablement semblables à celles des espèces voisines.

Littoral de la Normandie. — P. C. en toute saison.

6. **Gobius flavescens** F. — Gobie de Ruuthensparre.

Gobius bipunctatus Yarr., *G. minutus* Nilss., *G. Ruuthensparrei* Euphr.

Gobie à deux taches.

Cabot.

Cuvier et Valenciennes. — Op. cit., t. XII, in-4°, p. 36; in-8°, p. 48.
H. Gervais et R. Boulart. — Op. cit., t. II, p. 231, et pl. LXXXV, fig. 1.
Émile Moreau. — Op. cit. : *Histoire*, t. II, p. 193 et 232; — *Manuel*, p. 167 et 187.
Francis Day. — Op. cit., t. I, p. 160, et pl. LII, fig. 1.
F.-A. Smitt. — Op. cit., 1re part., p. 244 et 251; atlas, pl. XIII, fig. 3 et 4.

Le Gobie de Ruuthensparre habite la zone littorale, sur les fonds rocheux. On trouve de jeunes individus nageant en bandes nombreuses dans les flaques d'eau produites par le reflux. Ce Gobie possède à un haut degré la faculté de modifier sa coloration pour la faire ressembler à celle du fond où il se trouve, et cela en peu de temps. La femelle fixe ses œufs à des coquilles vides de mollusques ou à des pièces calcaires de balanidés. Frédéric Guitel a publié, sur les mœurs de cette espèce, de très-intéressantes observations dont voici une partie du résumé :

« A Roscoff (Finistère), dit-il (op. cit., p. 286), je n'ai jamais trouvé la ponte du *Gobius Ruthensparri* que dans es souches anfractueuses de la *Laminaria bulbosa* Lmx. Les animaux que j'ai élevés en captivité ont pondu dans des coquilles de Lamellibranches (*Mya*, *Artemisia*, etc.), ou de Gastéropodes (*Haliotis*, etc.).

« Le mâle qui a fait élection de domicile sous une coquille commence par l'aménager à sa convenance. Il la débarrasse du sable qu'elle contient en excès par une agitation très-rapide de sa queue ; il sait même saisir de petits graviers dans sa bouche, et venir les rejeter sur le pas de sa porte ; mais il ne sait ni recouvrir de sable sa coquille, ni la retourner quand elle est renversée, comme le fait si adroitement le *Gobius minutus*.

« Le mâle, par ses provocations, cherche à décider les femelles à venir pondre dans son nid. Il les poursuit avec une persévérance infatigable, et ne s'arrête que lorsque ses efforts ont été couronnés de succès. Quand il s'approche d'une femelle, ses couleurs deviennent éclatantes, sa gorge se gonfle, ses nageoires se hérissent ; il progresse à ses côtés par petits bonds saccadés, et souvent la frôle pour attirer plus sûrement son attention.

« La ponte déposée, la femelle abandonne le nid, laissant les œufs à la garde de leur père.

« L'incubation dure neuf jours. Dès l'éclosion, les jeunes sont abandonnés à eux-mêmes et mènent la vie pélagique. Quand la grandeur du nid le permet, le mâle n'attend pas l'éclosion des œufs sur lesquels il veille pour provoquer d'autres femelles et obtenir de nouvelles pontes.

« Pendant la période d'activité sexuelle, qui commence en mai et finit en août, les femelles pondent, en général, tous les six jours.

« . . . .

« Lorsqu'un mâle veille sous la coquille renfermant ses œufs, si on l'en éloigne, il la retrouve bientôt.

« Si, après avoir chassé un mâle de son nid, on déplace sa coquille et on la remplace par une autre ne renfermant pas d'œufs, il revient d'abord sous cette dernière ; mais, au bout d'un certain temps, il finit toujours par reprendre celle qui abrite sa progéniture, à moins, toutefois, qu'un autre mâle ne s'en soit emparé ».

Littoral de la Normandie. — A. C. en toute saison.

2e Genre. *APHYA* — APHYE.

1. **Aphya minuta** (Risso) — **Aphye pellucide.**

Aphia meridionalis Risso.
Aphya minuta Smitt, *A. pellucida* É. Moreau.
Atherina minuta Risso.
Boreogobius Stuwitzi Gill.
Brachyochirus aphya Bp., *B. pellucidus* Nardo.
Gobiosoma Stuwitzi Gthr.
Gobius albus Parn., *G. pellucidus* Nardo, *G. Stuwitzi* D. et K.
Latrunculus albus Gthr., *L. pellucidus* Gthr., *L. Stuwitzi* Collett.

Aphie méridionale.
Gobie blanc.

CUVIER et VALENCIENNES. — Op. cit., t. X, in-4°, p. 324 ; in-8°, p. 437.
Émile MOREAU. — Op. cit. : *Histoire*, t. II, p. 238 et fig. 106 ; *Supplément*, p. 26 ; — *Manuel*, p. 189.
Francis DAY. — Op. cit., t. I, p. 169, et pl. LIII, fig. 3.
F.-A. SMITT. — Op. cit., 1re part., p. 266, fig. 69, 70 et 71 ; atlas, pl. XIII, fig. 8 et 9.

L'Aphye pellucide habite la zone littorale, à de faibles profondeurs. Elle est très-sociable. Elle nage avec une vitesse moyenne. Sa nourriture se compose principalement de crustacés et de larves de mollusques. Cette espèce fraie pendant la saison chaude.

Seine-Inférieure et Calvados :

« Dans le cours de mes recherches sur la faune générale de l'estuaire de la Seine, j'ai capturé avec le chalut, entre le banc du Ratier et Le Havre (Seine-Inférieure), et entre Honfleur (Calvados) et La Rivière-Saint-Sauveur (Calvados), au mois de juin 1885, un certain nombre d'exemplaires d'un petit poisson dont j'ai l'honneur d'exposer quelques individus sur le bureau ». Ce poisson est l'Aphye pellucide ou Gobie blanc [*Aphya minuta* (Risso) = *Gobius albus* Parn.]. « Il a été déterminé par l'un de nos plus savants ichthyologistes actuels, M. le Dr Émile Moreau, à Paris, qui a l'obligeance d'examiner tous les poissons que je recueille en Normandie ». L'Aphye pellucide « est excessivement commune sur certains points de la Méditerranée (notamment entre Antibes et Menton), et a été pêchée sur diverses plages de l'Angleterre ; mais c'est la première fois qu'elle est trouvée, ou, du moins, reconnue d'une manière précise sur les côtes occidentales de la France. Elle constitue donc une acquisition nouvelle et intéressante pour la zoologie normande ». [Henri Gadeau de Kerville, renseignement in Bull. de la Soc. des Amis des Scienc. natur. de Rouen, 1er sem. 1886, p. 9].

6e Famille. *MULLIDAE* — MULLIDÉS.

1er Genre. *MULLUS* — MULLE.

1. **Mullus barbatus** L. **var. surmuletus** L. — Mulle rouget var. surmulet.

Mulle surmulet.

Poisson royal, Rouge d'Yport, Rouget.

CUVIER et VALENCIENNES. — Op. cit., t. III, in-4°, p. 319; in-8°, p. 433.
H. GERVAIS et R. BOULART. — Op. cit., t. II, p. 35 et pl. XII.
Émile MOREAU. — Op. cit. : *Histoire*, t. II, p. 244 et fig. 107; — *Manuel*, p. 191.
Francis DAY. — Op. cit., t. I, p. 22, et pl. VIII, fig. 2 et 2 a. [Francis Day considère, dit Émile Moreau [*Manuel* (op. cit.), p. 192], « le *Mullus surmuletus* comme une variété du *M. barbatus;* mais la fig. 1, pl. VIII (et non pl. VII comme Moreau l'indique fautivement), qui, suivant lui, est celle du *M. barbatus*, se rapporte mieux au jeune du *M. surmuletus* »].
F.-A. SMITT. — Op. cit., 1re part., p. 62 et fig. 17; atlas, pl. IV, fig. 1. [Réuni au Mulle rouget (*Mullus barbatus* L.)].

Le Mulle rouget var. surmulet habite la mer. Il vit, pendant la saison chaude, dans des eaux faiblement profondes, au voisinage des côtes, et se tient habituellement, pendant la saison froide, dans des eaux d'une certaine profondeur. Sa nourriture se compose principalement de mollusques et de crustacés. Cette espèce fraie au printemps.

Littoral de la Normandie. — P. C. — Cette variété se trouve en toute saison sur les côtes normandes, mais principalement pendant la saison chaude.

7e Famille. *TRIGLIDAE* — TRIGLIDÉS.

1er Genre. *TRIGLA* — GRONDIN.

1. **Trigla pini** Bl. — Grondin pin.

Rouget commun, R. ordinaire, R. pin, R. vulgaire.
Trigle pin.

Cuvier et Valenciennes. — Op. cit., t. IV, in-4°, p. 20; in-8°, p. 26.

H. Gervais et R. Boulart. — Op. cit., t. II, p. 51 et pl. XIX.

Émile Moreau. — Op. cit. : *Histoire*, t. II, p. 266; — *Manuel*, p. 198 et 199.

Francis Day. — Op. cit., t. I, p. 58 et pl. XXIII.

F.-A. Smitt. — Op. cit., 1re part., p. 194 et 195, et fig. 56.

Le Grondin pin habite la mer, à de faibles profondeurs, et se tient le plus souvent au fond de l'eau. Il nage d'une façon peu rapide, en se servant de ses nageoires pectorales, qu'il déploie et referme alternativement. Grâce aux trois rayons inférieurs de chacune de ses deux nageoires pectorales, rayons indépendants l'un de l'autre, il peut marcher, mais lentement, sur le fond de l'eau, le corps soulevé légèrement, en aidant cette progression par de faibles mouvements latéraux de la nageoire caudale. Le Grondin pin est vorace. Sa nourriture se compose principalement de mollusques, de crustacés et de poissons.

Littoral de la Normandie. — T.-C. en toute saison. Ce sont principalement de jeunes sujets que l'on trouve près des côtes.

2. **Trigla lineata** Gm. — Grondin imbriago.

Trigla adriatica Gm.

Rouget camard, R. imbriago.
Trigle camard, T. imbriago.

Cuvier et Valenciennes. — Op. cit., t. IV, in-4°, p. 25; in-8°, p. 34.

H. Gervais et R. Boulart. — Op. cit., t. II, p. 53 et pl. XX.

Émile Moreau. — Op. cit. : *Histoire*, t. II, p. 266 et 269 ; — *Manuel*, p. 198 et 200.

Francis Day. — Op. cit., t. I, p. 56 et pl. XXII.

Le Grondin imbriago habite la mer, à de faibles profondeurs. Il reste le plus souvent sur le fond ; mais il se tient aussi entre ce dernier et la surface de l'eau, où il monte accidentellement. Il nage avec peu de rapidité, en utilisant ses nageoires pectorales, qu'il étend et replie successivement. Au moyen des trois rayons inférieurs de chacune de ses deux nageoires pectorales, rayons indépendants l'un de l'autre, il peut marcher, mais lentement, sur le fond de l'eau, le corps soulevé légèrement, en aidant cette progression par de petits mouvements latéraux de la nageoire caudale. La nourriture du Grondin imbriago se compose principalement de crustacés et de poissons.

Littoral de la Normandie. — C. en toute saison. Ce sont principalement de jeunes sujets que l'on trouve près des côtes.

3. **Trigla gurnardus** L. — Grondin gornaud.

Trigla hirundo L.

Grondin gris.

Rouget gornaud, R. gris.

Trigle gornaud, T. gournau, T. gris, T. gurnard, T. gurnau.

Gurnard, Gurnau.

Cuvier et Valenciennes. — Op. cit., t. IV, in-4°, p. 45 ; in-8°, p. 62.

H. Gervais et R. Boulart. — Op. cit., t. II, p. 57 et pl. XXIII.

Émile Moreau. — Op. cit. : *Histoire*, t. II, p. 266 et 274 ; — *Manuel*, p. 198 et 202.

Francis Day. — Op. cit., t. I, p. 62 et pl. XXV.

F.-A. Smitt. — Op. cit., 1re part., p. 194, 196 et 197 ; atlas, pl. XI, fig. 1.

Le Grondin gornaud habite la mer, à de faibles profondeurs. Il se tient habituellement au fond de l'eau ; toutefois, il vient souvent à la surface. Il est sociable. Ce Grondin nage d'une manière peu rapide, en utilisant ses nageoires pectorales, qu'il déploie et referme alternativement. A l'aide des trois rayons inférieurs de chacune de ses deux nageoires pectorales, rayons qui sont indépendants l'un de l'autre, il peut marcher, mais lentement, sur le fond de l'eau, le corps soulevé légèrement, tout en aidant cette progression par de faibles mouvements latéraux de la nageoire caudale. Sà nourriture se compose principalement de mollusques, de crustacés, de vers et de poissons.

Littoral de la Normandie. — T.-C. en toute saison. Ce sont principalement de jeunes sujets que l'on trouve près des côtes.

3 bis. **Trigla gurnardus** L. **var. cuculus** Bl. — Grondin gornaud var. milan.

Trigla Blochi Yarr., *T. cuculus* Bl., *T. milvus* Lacép.

Grondin milan.

Rouget milan.

Trigle de Bloch, T. milan.

Cuvier et Valenciennes. — Op. cit., t. IV, in-4°, p. 48 ; in-8°, p. 67.

H. Gervais et R. Boulart. — Op. cit., t. II, p. 54.

Émile Moreau. — Op. cit. : *Histoire*, t. II, p. 266 et 278 ; — *Manuel*, p. 198 et 203.
Francis Day. — Op. cit., t. I, p. 63.

La variété milan a les mêmes mœurs que le type.

Littoral de la Normandie. — P. C. en toute saison. Ce sont principalement de jeunes sujets que l'on trouve près des côtes.

4. **Trigla lyra** L. — Grondin lyre.

Rouget lyre.
Trigle lyre.

Cuvier et Valenciennes. — Op. cit., t. IV, in-4°, p. 40 ; in-8°, p. 55.
H. Gervais et R. Boulart. — Op. cit., t. II, p. 56 et pl. XXII.
Émile Moreau. — Op. cit. : *Histoire*, t. II, p. 266 et 280 ; — *Manuel*, p. 199 et 204.
Francis Day. — Op. cit., t. I, p. 64 et pl. XXVI.

Le Grondin lyre a très-probablement les mêmes mœurs que les espèces voisines.

Littoral de la Normandie. — R. en toute saison.

5. **Trigla lucerna** L. — Grondin corbeau.

Trigla corax Bp., *T. laevis* Mont., *T. microlepidota* Risso, *T. poeciloptera* C. et V. (*juvenis*).

Grondin perlon.
Rouget corbeau.
Trigle à petites écailles, T. corbeau, T. perlon.

Pirlon.

Cuvier et Valenciennes. — Op. cit., t. IV, in-4°, p. 29 et 34; in-8°, p. 40 et 47.

H. Gervais et R. Boulart. — Op. cit., t. II, p. 59, et pl. XXIV, fig. 2.

Émile Moreau. — Op. cit. : *Histoire*, t. II, p. 266 et 284; — *Manuel*, p. 199 et 205.

Francis Day. — Op. cit., t. I, p. 59 et pl. XXIV.

F.-A. Smitt. — Op. cit., 1re part., p. 194, 196, 199 et 200, fig. 57 et ? 58.

Le Grondin corbeau habite la mer, à de faibles profondeurs. Il se tient le plus souvent au fond de l'eau, mais il monte accidentellement jusqu'à la surface. Ce Grondin nage d'une façon peu rapide, en se servant de ses nageoires pectorales qu'il déploie et replie successivement. Grâce aux trois rayons inférieurs de chacune de ses deux nageoires pectorales, rayons indépendants l'un de l'autre, il peut marcher, mais lentement, sur le fond de l'eau, le corps soulevé légèrement, en aidant cette progression par de petits mouvements latéraux de la nageoire caudale. Sa nourriture se compose principalement de crustacés, de mollusques et de poissons.

Littoral de la Normandie. — A. C. en toute saison. Ce sont principalement de jeunes sujets que l'on trouve près des côtes.

« On prend communément de mai à octobre, à l'embouchure de la Seine, de jeunes individus de cette espèce, qui ne remontent pas dans l'estuaire au delà d'Honfleur (Calvados). Ces jeunes Grondins regagnent le large à l'apparition des premiers froids ». [Henri Gadeau de Kerville. — *Aperçu de la faune actuelle de la Seine et de son embouchure, depuis Rouen jusqu'au Havre* (op. cit.), p. 194].

2e Genre. *COTTUS* — COTTE.

1. **Cottus gobio** L. — Cotte chabot.

Cottus affinis Heck.

Chabot commun, C. de rivière, C. ordinaire, C. vulgaire.

Caborgne, Cabot, Cafaut, Camesot, Sabot, Têtard.

CUVIER et VALENCIENNES. — Op. cit., t. IV, in-4°, p. 106; in-8°, p. 145.
Émile BLANCHARD. — Op. cit., p. 161 et fig. 23.
H. GERVAIS et R. BOULART. — Op. cit., t. I, p. 57 et pl. IV.
Émile MOREAU. — Op. cit. : *Histoire*, t. II, p. 293 ; — *Manuel*, p. 208.
Francis DAY. — Op. cit., t. I, p. 46, et pl. XIX, fig. 2 et 2a.
Amb. GENTIL. — *Ichthyologie de la Sarthe* (op. cit.), p. 359; tiré à part, p. 4.
F.-A. SMITT. — Op. cit., 1re part., p. 169, 170 et 174; atlas, pl. VIII, fig. 1.

Le Cotte chabot ou Chabot de rivière habite les rivières, les ruisseaux et les lacs; il se trouve aussi dans les fleuves, mais au voisinage de l'embouchure des premiers. Ce petit poisson vit dans les eaux claires, sur les fonds sableux garnis de pierres sous lesquelles il se cache. En général, il passe son existence solitairement. Ses mouvements sont très-vifs; il peut s'élancer rapidement, mais pour très-peu de temps, car il n'a pas une force suffisante pour parcourir d'un trait une certaine distance, et il ne nage jamais près de la surface de l'eau. Il possède une grande résistance vitale. Il est très-vorace. Sa nourriture se compose d'insectes et de larves, de mollusques, de vers, de crustacés et d'œufs et de jeunes poissons. Le Cotte chabot fraie entre le commencement de février et le milieu de juin. Les œufs, généralement au nombre de plusieurs centaines, sont réunis et solidement fixés sous des pierres ou dans la cavité pratiquée dans le sol par le mâle. Ce dernier veille avec beaucoup de sollicitude sur les œufs et les petits durant les premiers temps de leur existence, et, au besoin, défend avec courage les uns et les autres.

Toute la Normandie. — C. dans les eaux douces à courant rapide (rivières et ruisseaux).

Ce petit poisson ne se pêche dans la Seine que d'une manière accidentelle, près de l'embouchure des rivières et des ruisseaux. [Henri Gadeau de Kerville. — *Aperçu de la faune actuelle de la Seine et de son embouchure, depuis Rouen jusqu'au Havre* (op. cit.), p. 193].

2. **Cottus scorpius** L. — Cotte scorpion.

Acanthocottus groenlandicus Yarr., *A. scorpius* Yarr.
Cottus groenlandicus C. et V., *C. porosus* C. et V.

Chaboisseau commun, C. du Groënland, C. poreux, C. scorpion.

Cotte du Groënland, C. poreux.

Cabot, Caramasson, Crapas de mer, Crapaud de mer, Crapias de mer, Diable de mer, Tatin, Têtard.

Cuvier et Valenciennes. — Op. cit., t. IV, in-4°, p. 117 et 135; in-8°, p. 160 et 185; et t. VIII, in-4°, p. 367; in-8°, p. 498.

H. Gervais et R. Boulart. — Op. cit., t. II, p. 46 et 50, et pl. XVI.

Émile Moreau. — Op. cit. : *Histoire*, t. II, p. 293 et 298; — *Manuel*, p. 208 et 210.

Francis Day. — Op. cit., t. I, p. 49, pl. XIX, fig. 1, et pl. XX, fig. 1 et 1 a.

F.-A. Smitt. — Op. cit., 1re part., p. 169 et 180, et fig. 44 (p. 157); atlas, pl. VIII, fig. 2 et 3.

Le Cotte scorpion habite la zone littorale, sur les fonds rocheux garnis d'algues et sur les fonds sablonneux pourvus, çà et là, de végétation ; on le trouve très-fréquemment dans les flaques d'eau produites par le reflux. Il se déplace le long des côtes, séjournant en quantité dans certaines localités pendant plusieurs années de suite, puis s'en éloignant en grande partie et s'y montrant de nouveau, fort nombreux, après un certain nombre d'années. Son caractère est indolent; il se tient caché sous les pierres ou parmi les plantes, et mène une vie solitaire hors la période de la reproduction. Ses mouvements sont rapides, mais il ne nage pas longtemps de suite, et les sinuosités, analogues à celles d'une anguille, qu'il décrit en progressant sont vraisemblablement le résultat d'assez grands efforts musculaires. Sa résistance vitale est très-grande. Le Cotte scorpion a beaucoup de voracité. Sa nourriture se compose principalement de poissons; il mange aussi des crustacés, des vers et des mollusques. Cette espèce fraie pendant la saison froide.

Littoral de la Normandie. — P. C. en toute saison.

3. **Cottus bubalis** Euphr. — **Cotte à épines longues.**

Aspicottus bubalis Gir.

Chaboisseau à longues épines.

Cabot, Caramasson, Crapas de mer, Crapaud de mer, Crapias de mer, Diable de mer, Tatin, Têtard.

Cuvier et Valenciennes. — Op. cit., t. IV, in-4°, p. 120; in-8°, p. 165; et pl. LXXVIII (les 2 édit.).

H. Gervais et R. Boulart. — Op. cit., t. II, p. 48 et pl. XVII.
Émile Moreau. — Op. cit. : *Histoire*, t. II, p. 293 et 302, et fig. 114 ; — *Manuel*, p. 208 et 211.
Francis Day. — Op. cit., t. I, p. 51, et pl. XX, fig. 2 et 2 a.
F.-A. Smitt. — Op. cit., 1re part., p. 169, 187 et 192 ; atlas, pl. VII, fig. 2 et 3.

Le Cotte à épines longues habite la zone littorale, sur les fonds plus ou moins durs garnis de végétation. On le trouve très-souvent dans les flaques d'eau que produit le reflux. Il se tient caché sous les pierres ou parmi les plantes, et mène une vie solitaire hors la période de la reproduction. Sa résistance vitale est très-grande. Le Cotte à épines longues a beaucoup de voracité. Sa nourriture se compose de poissons, de crustacés, de mollusques et de vers. Cette espèce fraie pendant la saison froide.

Littoral de la Normandie. — T.-C. en toute saison.

3e Genre. *AGONUS* — AGONE.

1. **Agonus cataphractus** (L.) — Agone armé.

Agonus cataphractus B. et S.
Aspidophorus armatus Lacép., *A. cataphractus* Lacép., *A. europaeus* C. et V.
Cottus cataphractus L.
Phalangistes cataphractus Pall.

Aspidophore armé, A. d'Europe.

Bouri, Souris de mer, Têtuais.

Cuvier et Valenciennes. — Op. cit., t. IV, in-4°, p. 147 ; in-8°, p. 201.

H. Gervais et R. Boulart. — Op. cit., t. II, p. 62 et pl. XXVI.

Émile Moreau. — Op. cit. : *Histoire*, t. II, p. 306 et fig. 115; *Supplément*, p. 138; — *Manuel*, p. 212.

Francis Day. — Op. cit., t. I, p. 67, et pl. XXVIII, fig. 1 et 1 a.

F.-A. Smitt. — Op. cit., 1re part., p. 204, 207 et 208; atlas, pl. V, fig. 1.

L'Agone armé habite la zone littorale, principalement sur les fonds sablonneux. Il se plaît dans les endroits protégés: baies, estuaires, ports; toutefois, on le trouve aussi à une certaine distance des côtes. Il passe sur le fond de l'eau la plus grande partie de son existence. Sa nourriture se compose principalement de crustacés et de vers. Cette espèce fraie entre le commencement de mars et la fin de juillet.

Seine-Inférieure :

Les collections du Muséum d'Histoire naturelle de Paris possèdent ce poisson provenant de Dieppe. [Émile Moreau. — *Histoire* (op. cit.), t. II, p. 308].

« Est commun au Havre; il se trouve dans les fonds de chaluts. M. G. Lennier, en 1882, a eu l'obligeance de m'en faire apporter une grande quantité au Musée du Havre, pour servir à des recherches ». [Émile Moreau. — *Supplément* à l'*Histoire* (op. cit.), p. 138].

« Cette espèce est très-commune sur tous les fonds sableux de l'estuaire, partie ouest ». [G. Lennier. — *L'Estuaire de la Seine* (op. cit.), t. II, p. 154].

« Ce petit poisson aux formes bizarres se prend communément, en toute saison, sur les fonds sablonneux de l'embouchure de la Seine, mais il ne paraît pas remonter dans l'estuaire au delà d'Honfleur (Calvados) ». [Henri Gadeau de Kerville. — *Aperçu de la faune actuelle de la Seine et de son embouchure, depuis Rouen jusqu'au Havre* (op. cit.), p. 193]. — C'est avec le chalut à crevettes que j'ai pêché, dans cet estuaire, de nombreux spécimens d'Agone armé.

Calvados :

Voir les renseignements précédents de G. Lennier et d'Henri Gadeau de Kerville.

Les collections du Muséum d'Histoire naturelle de Paris possèdent ce poisson provenant de Trouville. [Émile Moreau. — *Histoire* (op. cit.), t. II, p. 309].

« L'Agone armé est rare dans la baie de l'Orne ». [Renseignement communiqué par M. René Chevrel, chef des travaux de Zoologie à la Faculté des Sciences de Caen].

Pendant ma seconde campagne zoologique sur le littoral de la Normandie, faite dans la région de Grandcamp-les-Bains (Calvados) et aux îles Saint-Marcouf (Manche), au cours de l'été de 1894, j'ai chaluté, dans la région en question, plusieurs exemplaires de ce poisson. (H. G. de K.).

Manche :

« Les actives recherches de M. G. Sivard de Beaulieu ne lui en ont procuré qu'un, long de 0 m. 15, pris en rade de Cherbourg ». [Henri Joüan. — *Poissons de mer observés à Cherbourg en* 1858 *et* 1859 (op. cit.), p. 122; tiré à part, p. 7].

« On le trouve sur les fonds sableux où vivent les *Philine* (Mollusque opisthobranche) et l'*Ophiura lacertosa* (Échinoderme ophiure), à l'Est des îles Saint-Marcouf ». [A.-E. Malard. — Op. cit., p. 81].

4ᵉ Genre. *SCORPAENA* — SCORPÈNE.

1. Scorpaena porcus L. — Scorpène rascasse.

Scorpène brune.

CUVIER et VALENCIENNES. — Op. cit., t. IV, in-4°, p. 220; in-8°, p. 300.

H. GERVAIS et R. BOULART. — Op. cit., t. II, p. 42.

Émile MOREAU. — Op. cit. : *Histoire*, t. II, p. 310 et 315; *Supplément*, fig. 225 (p. 28); — *Manuel*, p. 214 et 216.

La Scorpène rascasse habite la mer et se tient sur le fond, cachée dans le sable ou parmi les végétaux croissant sur les rochers. Sa nourriture se compose principalement de poissons.

Normandie :

C.-G. Chesnon (op. cit., p. 41) mentionne, sans aucun détail géonémique, cette espèce comme ne se trouvant que rarement sur les côtes de la Normandie.

Seine-Inférieure :

« Manche (mer), très-rare,...? Dieppe ». [Émile MOREAU. — *Histoire* (op. cit.), t. II, p. 316; — *Manuel* (op. cit.), p. 217].

Calvados :

« Manche (mer), très-rare, Caen... ». [Émile MOREAU. — *Histoire* (op. cit.), t. II, p. 316; — *Manuel* (op. cit.), p. 217].

OBSERVATION.

Scorpaena scrofa L. — Scorpène truie
et **Scorpaena dactyloptera** Delar. — Scorpène
dactyloptère.

C.-G. Chesnon (op. cit., p. 41) indique, sans aucun détail de géonémie, la Scorpène truie [1] comme ne se trouvant que rarement sur les côtes normandes, et la Scorpène dactyloptère comme y étant très-rare.

Je ne puis, d'après un renseignement aussi vague, le seul que je connaisse à cet égard, inscrire ces deux espèces comme appartenant à la faune de la Normandie.

8e Famille. *PERCIDAE* — PERCIDÉS.

1er Genre. *PERCA* — PERCHE.

1. **Perca fluviatilis** L. — Perche de rivière.

Perca italica C. et V., *P. vulgaris* Ag.

Perche commune, P. fluviatile, P. ordinaire, P. sans bandes d'Italie, P. vulgaire.

Persèque perche.

Perque.

(1) C.-G. Chesnon a mis seulement : « La Scorpène » ; mais il est très-probable qu'il voulait parler de la Scorpène truie.

CUVIER et VALENCIENNES. — Op. cit., t. II, in-4°, p. 14 et 33; in-8°, p. 20 et 45; et t. I, pl. I—VIII (les 2 édit.).
Émile BLANCHARD. — Op. cit., p. 130, fig. 7 (p. 127) et 8—12.
H. GERVAIS et R. BOULART. — Op. cit., t. I, p. 49 et pl. I.
Émile MOREAU. — Op. cit. : *Histoire*, t. II, p. 328; — *Manuel*, p. 223, et pl. II (p. 615), fig. 1, 2 et 3.
Francis DAY. — Op. cit., t. I, p. 2, fig. 2 (p. XIV), et 5, n° 1 (p. XXI), et pl. I.
Amb. GENTIL. — *Ichthyologie de la Sarthe* (op. cit.), p. 359 ; tiré à part, p. 4.
F.-A. SMITT. — Op. cit., 1re part., p. 26 et fig. 3—5; atlas, pl. III, fig. 1.

La Perche de rivière habite les rivières à courant peu rapide, les fleuves, les lacs, les étangs et les canaux ; elle vit aussi dans les eaux saumâtres et dans la zone littorale des mers faiblement salées, telles que la Baltique, par exemple. Elle préfère les eaux claires à fond pierreux et recherche les endroits où existe un courant de vitesse moyenne; toutefois, on la trouve souvent dans des eaux dont le fond est vaseux. Dans la mer, elle se tient près du rivage, et particulièrement aux endroits où l'eau d'un fleuve ou d'une rivière diminue la salure de l'eau. Elle reste généralement près du fond, souvent entre le fond et la surface, ne venant à cette dernière que pendant les belles journées de la saison chaude, où on la voit, de temps à autre, sauter en dehors de la surface. Elle vit en compagnie de ses semblables pendant la plus grande partie de l'année, et, pendant l'autre, elle mène une existence solitaire. Bien que la Perche de rivière soit bonne nageuse, elle reste souvent immobile pendant longtemps, et, en général, attend plutôt sa proie qu'elle ne la cherche. Cette espèce a une grande résistance vitale. Elle est très-vorace. Sa nourriture se compose principalement d'insectes et de larves, de vers, de poissons et de leurs œufs. La ponte a lieu entre le commencement de février et la fin de juin. Les œufs sont agglomérés et enveloppés d'une membrane qui entoure la masse. Ils sont fixés, près des rives, à des végétaux, à une pierre ou à un morceau de bois à demeure, ou déposés, libres, dans l'eau. Une femelle en pond annuellement, selon sa taille, de plusieurs milliers à plusieurs centaines de mille.

Toute la Normandie. — C. dans les eaux douces à courant peu rapide, et A. R. dans les eaux douces stagnantes et dans les eaux saumâtres.

2e Genre. *ACERINA* — GREMILLE.

1. **Acerina cernua** (L.) — Gremille vulgaire.

Acerina cernua Schinz, *A. vulgaris* C. et V.
Cernua fluviatilis Flem.
Gymnocephalus cernua B. et S.
Holocentrus post Lacép.
Perca cernua L.

Acérine commune, A. ordinaire, A. vulgaire.
Gremille commune, G. ordinaire.
Holocentre post.

Gremillet, Perche goujonnière.

Cuvier et Valenciennes. — Op. cit., t. III, in-4° et in-8°, p. 4; t. VII, in-4°, p. 336; in-8°, p. 448; et t. III, pl. XLI (les 2 édit.).

Émile Blanchard. — Op. cit., p. 151 et fig. 18—22.

H. Gervais et R. Boulart. — Op. cit., t. I, p. 52 et pl. II.

Émile Moreau. — Op. cit. : *Histoire*, t. II, p. 344; — *Manuel*, p. 227.

Francis Day. — Op. cit., t. I, p. 11 et pl. III.

Amb. GENTIL. — *Ichthyologie de la Sarthe* (op. cit.), p. 360; tiré à part, p. 5.

F.-A. SMITT. — Op. cit., 1re part., p. 41; atlas, pl. III, fig. 3.

La Gremille vulgaire habite les rivières, les fleuves, les lacs, les étangs et les canaux; elle vit aussi dans les eaux saumâtres et dans la zone littorale des mers dont l'eau a une faible salure, telles que, par exemple, la Baltique. Elle recherche les eaux claires ayant un fond de sable; toutefois, on la trouve aussi dans les eaux dont le fond est vaseux ou pierreux. Cette espèce préfère les endroits où l'eau est courante. Au printemps, elle remonte fréquemment les ruisseaux et les torrents, et y séjourne jusqu'à l'arrivée des froids, époque à laquelle ce poisson regagne ses domaines habituels. La Gremille vulgaire se tient le plus souvent près du fond de l'eau; elle ne vient que par ci, par là, près de la surface, jusqu'où elle ne monte pas. Elle vit une grande partie de l'année en compagnie de ses semblables, et solitaire le reste du temps. Son caractère est indolent; elle se tient longtemps au même point, immobile; mais, au besoin, elle a des mouvements très-vifs. Elle attend sa proie plutôt qu'elle ne lui fait la chasse. Sa résistance vitale est grande. Cette espèce est très-vorace. Sa nourriture se compose d'insectes et de larves, de vers, de mollusques, de poissons et de leurs œufs. La ponte a lieu entre le commencement de février et la fin de juin. Les œufs sont déposés près des rives, soit attachés à des végétaux, soit pondus sur le sable. Une femelle, suivant sa taille, en produit annuellement de plusieurs milliers jusqu'à des centaines de mille.

Seine-Inférieure et Eure :

P. C. dans la partie de la Seine dépendant de ces deux départements. (H. G. de K.).

NOTE. — Il paraît que la Gremille vulgaire ne se trouve dans la Seine, au-dessous de Troyes (Aube), que depuis le commencement de ce siècle.

3e Genre. *MORONE* — BAR.

1. **Morone labrax** (L.) — Bar vulgaire.

Centropomus lupus Lacép.
Dicentrarchus elongatus Gill.
Labrax diacanthus Gill, *L. elongatus* C. et V., *L. Linnei* Malm, *L. lupus* C. et V., *L. vulgaris* Guér.
Morone labrax Blgr.
Perca diacantha B. et S., *P. elongata* Geoffr., *P. labrax* L., *P. punctata* Gm., *P. sinuosa* Geoffr.
Roccus labrax Smitt.
Sciaena diacantha Bl., *S. labrax* Bl.

Bar allongé, B. commun, B. loup, B. ordinaire.
Centropome loup.
Persèque diacanthe, P. loup.

CUVIER et VALENCIENNES. — Op. cit., t. II, in-4°, p. 41 et 57; in-8°, p. 56 et 77; et pl. XI (les 2 édit.).
H. GERVAIS et R. BOULART. — Op. cit., t. II, p. 4, fig. 1 et pl. I.
Émile MOREAU. — Op. cit. : *Histoire*, t. II, p. 333; — *Manuel*, p. 224.
Francis DAY. — Op. cit., t. I, p. 8 et pl. II.
F.-A. SMITT. — Op. cit., 1re part., p. 45 et fig. 11.

Le Bar vulgaire habite la mer, de préférence dans les endroits rocheux. Pendant la saison chaude, il vit dans les eaux faiblement profondes, et, pendant la saison froide, dans les eaux ayant une certaine profondeur. Ce poisson va souvent dans les ports et remonte accidentellement les fleuves et les rivières au delà des points où le flux se fait sentir. Il peut vivre et même se reproduire dans l'eau complètement douce. Les adultes vont en compagnie ou mènent une existence solitaire, et les jeunes se tiennent en bandes. Ce Bar est d'un naturel actif. Il est très-vorace. Sa nourriture se compose de presque toutes sortes de substances animales, de préférence d'animaux vivants ; il mange principalement des poissons et des crustacés. Le Bar vulgaire fraie pendant la saison chaude. Les œufs sont déposés près des embouchures des fleuves et des rivières et dans les baies et les anses.

Littoral de la Normandie. — C. pendant la saison chaude.

2. **Morone punctata** (Bl.) — Bar tacheté.

Labrax orientalis Gthr., *L. punctatus* Gthr.
Morone punctata Blgr.
Perca punctata Geoffr., *P. punctulata* Lacép.
Sciaena punctata Bl.

Bar ponctué.

Émile Moreau. — Op. cit. : *Histoire*, t. II, p. 333 et 337, et fig. 118 ; — *Manuel*, p. 224 et 225.

Le Bar tacheté a probablement des mœurs semblables à celles de l'espèce qui précède : Bar vulgaire [*Morone labrax* (L.)].

Manche :

« Manche (mer), très-rare, Granville ». [Émile Moreau. — *Histoire* (op. cit.), t. II, p. 338].

4e Genre. *SERRANUS* — SERRAN.

1. **Serranus cabrilla** (L.) — Serran cabrille.

Bodianus hiatula Lacép.
Centropristis praestigiator Gthr.
Holocentrus argentinus Bl., *H. flavus* Risso, *H. serranus* Risso.
Lutjanus serranus Lacép.
Perca cabrilla L., *P. channus* Couch.
Serranus cabrilla Risso, *S. flavus* Risso.

Bodian hiatule.
Holocentre jaune. H. serran.
Serran commun, S. jaune, S. ordinaire, S. vulgaire.

Sonneur, Violon.

Cuvier et Valenciennes. — Op. cit., t. II, in-4°, p. 166; in-8°, p. 223; et pl. XXIX (les 2 édit.).
H. Gervais et R. Boulart. — Op. cit., t. II, p. 13, fig. 2 et pl. V.
Émile Moreau. — Op. cit. : *Histoire*, t. II, p. 355 et 360; — *Manuel*, p. 230 et 231.
Francis Day. — Op. cit., t. I, p. 14 et pl. IV.

Le Serran cabrille habite la mer, dans les endroits rocheux, et fraie pendant la saison chaude.

Note. — « Depuis les recherches d'Aristote, dit Émile Moreau [*Histoire* (op. cit.), t. II, p. 367], le *Channa* (*Serranus scriba* et probablement aussi *S. cabrilla*) est regardé comme hermaphrodite. Vers la fin du siècle dernier, Cavolini confirma la réalité du fait signalé par le créateur de l'histoire naturelle (Cavolini, *Memoria sulla generazione dei Pesci e dei Granchi*, p. 97, pl. I, fig. 16—17, Napoli, 1787). La plupart des anatomistes soutenant, malgré les travaux du savant italien, qu'il n'y a pas d'hermaphrodisme normal parmi les vertébrés, que les sexes sont toujours séparés, la question dut être reprise. Le docteur Dufossé, placé dans des conditions favorables, put examiner un fort grand nombre de Serrans; il fit trois cent soixante-huit autopsies qui lui démontrèrent l'identité de conformation des organes génitaux chez les *Serranus scriba, S. cabrilla, S. hepatus.* Il formule ainsi le résultat de ses observations : Les individus des espèces *S. scriba, S. cabrilla, S. hepatus* sont hermaphrodites. Chaque individu de ces trois espèces produit des œufs qu'il féconde dès qu'il les a pondus (Dufossé, *De l'hermaphrodisme chez certains Vertébrés*, dans Ann. Scienc. natur., 1856, t. V, p. 295—330, pl. VIII, fig. 1—6) ».

D'autre part, Francis Day (op. cit., t. I, p. 15) a écrit, au sujet de l'hermaphrodisme du Serran cabrille, quelques lignes dont voici la traduction : « Cavolini et Cuvier, après un examen répété, ont décrit ce poisson comme étant un véritable hermaphrodite : une partie de chaque lobe des glandes génitales consistant, d'après eux, en un véritable ovaire; l'autre partie ayant entièrement l'aspect de laitance parfaite, et les deux mûrissant simultanément. Toutefois, Yarrell ayant obtenu des glandes génitales, les examina conjointement avec le professeur Owen, et ils n'observèrent rien d'équivoque, ni dans leur structure, ni dans leur aspect ».

En définitive, cette importante question biologique mérite certainement d'être étudiée à nouveau.

Manche :

« J'ai tout lieu de croire que ce poisson, très-rare à Cherbourg, est celui qui m'a été signalé par M. G. Sivard de Beaulieu, sous le nom de *Sonneur*, que lui donneraient les pêcheurs de Fermanville (Manche). Le seul que j'aie pu me procurer (1859) est la variété β du Serran décrit dans l'Encycl. méth., Hist. nat., t. III, p. 365 ». [Henri Joüan. — *Poissons de mer observés à Cherbourg en* 1858 *et* 1859 (op. cit.), p. 118; tiré à part, p. 3].

« Le *Serranus cabrilla* C. et V... ne se montre

dans nos eaux qu'accidentellement et à de longs intervalles. C'est à peine si, depuis trente ans, j'en avais vu, trois ou quatre fois, un exemplaire isolé; mais, dans les derniers jours de mars de cette année (1890) et au commencement du mois d'avril, j'ai eu l'occasion d'en voir une dizaine. Cette abondance *relative* me paraît bien être un fait exceptionnel ». [Henri JOÜAN. — *Époques et mode d'apparition des différentes espèces de Poissons sur les côtes des environs de Cherbourg* (op. cit.), p. 127].

« Normandie, rare, Cherbourg ». [Émile MOREAU. — *Histoire* (op. cit.), t. II, p. 363]. « Manche (mer),... rare, Cherbourg,... ». [Émile MOREAU. — *Manuel* (op. cit.), p. 233].

9e Famille. *SCIAENIDAE* — SCIÉNIDÉS.

1er Genre. *SCIAENA* — MAIGRE.

1. **Sciaena aquila** (Lacép.) — **Maigre vulgaire.**

Cheilodipterus aquila Lacép.
Sciaena aquila Cuv., *S. umbra* Lacép.

Chilodiptère aigle.
Maigre aigle, M. commun, M. d'Europe, M. ordinaire.
Sciène aigle, S. commune, S. ordinaire, S. vulgaire.

Aigle, Aigle de mer, Haut-Bar.

CUVIER et VALENCIENNES. — Op. cit., t. V, in-4°, p. 21; in-8°, p. 28; et pl. C (les 2 édit.).

H. GERVAIS et R. BOULART. — Op. cit., t. II, p. 71 et pl. XXIX.

Émile MOREAU. — Op. cit. : *Histoire*, t. II, p. 398 et fig. 3 (t. I, p. 7); — *Manuel*, p. 244.

Francis DAY. — Op. cit., t. I, p. 150 et pl. L.
F.-A. SMITT. — Op. cit., 1re part., p. 50 et fig. 13.

Le Maigre vulgaire habite la mer et se tient dans les eaux ayant une certaine profondeur. Il aime à changer de localité et vit en compagnie de ses semblables. Son naturel est courageux. Sa nourriture se compose principalement de poissons.

Seine-Inférieure :

« Manche (mer), rare,... Dieppe... ». [Émile MOREAU. — *Histoire* (op. cit.), t. II, p. 401 ; — *Manuel* (op. cit.), p. 245].

Calvados :

« Manche (mer), rare, ... Arromanches,... ». [Émile MOREAU. — *Histoire* (op. cit.), t. II, p. 401 ; — *Manuel* (op. cit.), p. 245].

Manche :

« Tous les ans, ordinairement pendant l'été (1), on apporte au marché (de Cherbourg) quelques grands poissons auxquels on donne, à Cherbourg, le nom de *Hauts-Bars* à cause de leur ressemblance avec le Bar commun (*Labrax lupus* C. et V.); mais le manque complet de dents aux palatins, au vomer et sur la langue, les écarte de la famille des Percoïdes à laquelle appartiennent les Bars, et les place dans celle des Sciénoïdes..... Je n'en ai jamais vu de petits sur notre marché ; tous ceux qui y ont été apportés à ma connaissance, depuis vingt ans, avaient

(1) « Ordinairement en juin et en juillet ». [Henri JOÜAN. — *Époques et mode d'apparition des différentes espèces de Poissons sur les côtes des environs de Cherbourg* (op. cit.), p. 126].

au moins un mètre et demi de longueur. On en prend *aux cordes*, avec les gros Congres, dans les environs des Casquets et du cap de la Hague. En 1869, j'en ai compté huit sur le marché en juin et juillet; pendant l'été de 1871, ils ont été plus communs pendant les mêmes mois, et, un jour, on en a apporté à la fois six de très-grande taille »... Ces poissons se montrent chez nous du mois de mai à la fin de juillet. [Henri Joüan. — *Additions aux Poissons de mer observés à Cherbourg* (op. cit.), p. 366; tiré à part, p. 14].

« Manche (mer), rare, Cherbourg... ». [Émile Moreau. — *Histoire* (op. cit.), t. II, p. 401 ; — *Manuel* (op. cit.), p. 245].

« Le Maigre vulgaire est assez rare dans la baie du Mont-Saint-Michel ». [Renseignement communiqué par M. René Chevrel, chef des travaux de Zoologie à la Faculté des Sciences de Caen].

10e Famille. *SCOMBRIDAE* — SCOMBRIDÉS.

1er Genre. *SCOMBER* — SCOMBRE.

1. **Scomber scombrus** L. — Scombre maquereau.

Scomber scomber L., *S. vulgaris* Flem.

Maquereau commun, M. ordinaire, M. vulgaire.

Chevillé (individu dont les glandes génitales sont vidées), Macré, Macret, Macriau, Maqueriau, Sansonnet (jeune, et individu sans laitance ou sans œufs).

Cuvier et Valenciennes. — Op. cit., t. VIII, in-4°, p. 5; in-8°, p. 6.

H. Gervais et R. Boulart. — Op. cit., t. II, p. 114 et pl. XLV.
Émile Moreau. — Op. cit. : *Histoire,* t. II, p. 409 ; — *Manuel,* p. 249.
Francis Day. — Op. cit., t. I, p. 83 et pl. XXXII et XXXIII.
F.-A. Smitt. — Op. cit., 1re part., p. 92 et 110 ; atlas, pl. V, fig. 2.

Le Scombre maquereau ou Maquereau vulgaire est une espèce marine. Pendant la saison chaude et une partie de la saison froide, il se tient dans des eaux d'une profondeur plus ou moins faible, accomplissant, près des côtes, des voyages dont différentes causes font varier l'époque ; alors on prend aussi des Scombres maquereaux dans des eaux assez profondes, où cette espèce se retire pendant une partie de la saison froide. Ce poisson vit en bandes, souvent grandes. Son naturel est très-actif et ses mouvements très-vifs. Pendant les mois les plus chauds de l'année, il monte à la surface de l'eau. Il est d'une grande voracité. Sa nourriture se compose principalement de poissons et de leurs œufs, de crustacés et de mollusques. Il fraie pendant la saison chaude et, parfois, au cours de la saison froide. Les œufs sont pondus en dehors du voisinage immédiat des côtes, et flottent jusqu'à la naissance de l'embryon. Une femelle bien développée pond annuellement plusieurs centaines de mille œufs.

Littoral de la Normandie. — T.-C. pendant la saison chaude.

Le Scombre maquereau ou Maquereau vulgaire commence à se montrer en avril sur les côtes normandes ; mais c'est en juin, juillet, août et septembre qu'il est le plus commun. Un certain nombre d'individus passent l'hiver sur le littoral de la Normandie.

A.-E. Malard dit, dans son *Catalogue des Poissons des côtes de la Manche dans les environs de Saint-Vaast* (op.

cit., p. 81), que ces poissons s'approchent « très-près de la côte, au point de se laisser quelquefois prendre en masse dans les parcs à huîtres ».

2e Genre. *ORCYNUS* — ORCYNE.

1. **Orcynus thynnus** (L.) — Orcyne thon.

Orcynus thynnus Lütk.
Scomber thynnus L.
Thynnus brachypterus C. et V., *T. coretta* C. et V., *T. Linnei* Malm, *T. mediterraneus* Risso, *T. orientalis* T. et S., *T. vulgaris* C. et V.

Scombre thon.
Thon à pectorales courtes, T. commun, T. d'Amérique, T. ordinaire, T. vulgaire.

CUVIER et VALENCIENNES. — Op. cit., t. VIII, in-4°, p. 42, 71 et 74 ; in-8°, p. 58, 98 et 102 ; et pl. CCX et CCXI (les 2 édit.).
H. GERVAIS et R. BOULART. — Op. cit., t. II, p. 121, fig. 12 et pl. XLVII.
Émile MOREAU. — Op. cit. : *Histoire*, t. II, p. 419, 422 et 426; — *Manuel*, p. 252, 254 et 255.
Francis DAY. — Op. cit., t. I, p. 93 et pl. XXXV.
F.-A. SMITT. — Op. cit., 1re part., p. 91 et 97, fig. 28.

L'Orcyne thon ou Thon vulgaire est un poisson marin. Pendant la saison chaude, il se tient dans des eaux d'une profondeur plus ou moins faible, accomplissant des voyages près des côtes, et, pendant la saison froide, il se retire dans des eaux assez profondes. C'est une espèce sociable. Quand ils se rapprochent du littoral, ces poissons se réunissent en grandes bandes et nagent très-rapidement; on les voit alors fréquemment sauter en partie hors de l'eau. Leur naturel est très-peureux. Ils sont voraces. Leur nourriture se compose principalement de poissons. Ils fraient pendant la saison chaude. Les œufs sont déposés près des côtes, parmi les algues.

Manche :

M. G. Lennier, conservateur du Muséum d'Histoire naturelle du Havre, m'a dit que, presque chaque année, on rencontre des bandes d'Orcynes thons ou Thons vulgaires dans le voisinage des côtes, à l'ouest de Barfleur. Il m'a dit, de plus, avoir pris lui-même ce poisson à une distance du rivage inférieure à douze kilomètres, largeur maximum de la bande littorale qu'au point de vue faunique je crois devoir considérer comme normande, exception faite pour le petit archipel de Chausey (Manche), situé presque totalement en dehors de cette bande, mais que la logique oblige à rattacher en entier à la Normandie.

M. A.-E. Malard, sous-directeur du Laboratoire maritime du Muséum d'Histoire naturelle de Paris, à Saint-Vaast-de-la-Hougue (Manche), m'a écrit qu'un très-bel exemplaire d'Orcyne thon, mesurant 1 m. 80 de longueur, avait été pris dans cette région, en septembre 1890, et vendu au détail sur le marché de cette ville.

3e Genre. *CARANX* — CARANX.

1. **Caranx trachurus** (L.) — **Caranx saurel.**

Caranx semispinosus Nilss., *C. trachurus* Lacép.
Scomber trachurus L.
Trachurus Linnei Malm, *T. saurus* Raf., *T. vulgaris* Flem.

Caranx trachure.
Saurel commun, S. ordinaire, S. vulgaire.

Carangue, Caranque, Caret, Càret, Galant, Maquereau bâtard.

CUVIER et VALENCIENNES. — Op. cit., t. IX, in-4°, p. 9; in-8°, p. 11; et pl. CCXLVI (les 2 édit.).
H. GERVAIS et R. BOULART. — Op. cit., t. II, p. 143 et pl. LV.
Émile MOREAU. — Op. cit. : *Histoire*, t. II, p. 437; — *Manuel*, p. 261.
Francis DAY. — Op. cit., t. I, p. 124 et pl. XLIV.
F.-A. SMITT. — Op. cit., 1re part., p. 86; atlas, pl. V, fig. 3.

Le Caranx saurel habite la mer. Pendant la saison froide, il vit dans des eaux d'une certaine profondeur, et, pendant la saison chaude, il s'approche des côtes et vient jusque dans leur voisinage immédiat. Les adultes vivent solitaires ou en bandes qui, parfois, sont énormes; et les jeunes se tiennent en société. La nourriture de cette espèce se compose principalement de poissons et de crustacés. Elle fraie pendant la saison chaude.

Relativement aux jeunes du Caranx saurel, j'ai fait une observation que j'ai publiée dans mes *Recherches sur les faunes marine et maritime de la Normandie, premier voyage, région de Granville et îles Chausey* (*Manche*) (op. cit., p. 115 et pl. IV) et dont j'ai fait le sujet d'un article paru dans le journal Le Naturaliste (op. cit., p. 267, et une fig. à cette page). Je ne crois pas inutile de reproduire ici cette observation :

Plusieurs jours sans aucune brise, pendant lesquels la surface de la mer était aussi calme que celle d'un étang, m'ont permis, dans la région de Granville (Manche), au cours de l'été de 1893, d'observer nombre de fois, dans des conditions excellentes et de fort près, à la surface et à une très-faible profondeur, une intéressante association, déjà signalée, de jeunes Caranx saurels avec des exemplaires, nageant isolément, d'une discoméduse : le Rhizostome de Cuvier (*Rhizostoma Cuvieri* P. et L.).

Beaucoup de ces Rhizostomes, particulièrement ceux d'assez grandes dimensions, étaient accompagnés chacun d'une flottille de jeunes Caranx saurels, flottille composée, soit de quelques-uns seulement, soit d'un petit nombre, soit, parfois, de plusieurs douzaines d'individus, les flottilles nombreuses accompagnant les gros Rhizostomes, et les petites étant associées indifféremment à des exemplaires gros ou de taille moyenne.

Ces jeunes poissons nagent parallèlement au grand axe du Rhizostome et dans la même direction que cet animal. Ils se tiennent au-dessus, au-dessous, sur les côtés et en arrière de lui, mais ne s'avancent pas au delà du sommet de son ombrelle. Ajoutons que l'on en voit fréquemment qui se sont introduits dans les cavités sous-génitales, et sont visibles de l'extérieur, en raison de la transparence du Rhizostome. Par moments, la flottille s'en écarte de quelques mètres ; mais, à la moindre alerte, immédiatement et avec une très-grande vitesse, elle revient occuper auprès de lui sa situation précédente. J'ai pêché de nombreux individus composant ces flottilles et constaté que leur longueur était de deux à neuf centimètres.

Il n'est pas douteux que les jeunes Caranx saurels accompagnent les Rhizostomes de Cuvier pour se protéger par eux. En effet, cette espèce et les autres discoméduses ne sont la proie d'à peu près aucun animal, en raison de leur consistance gélatineuse et de leur propriété urticante. Par ce double fait, elles créent autour d'elles, d'une manière absolument passive, cela va sans dire, une zone de protection où les jeunes de certaines espèces de poissons viennent se mettre à l'abri de leurs ennemis. Je dois ajouter que les jeunes Caranx saurels se protègent aussi par d'autres discoméduses et que, bien avant d'être adultes, ils cessent de les accompagner, sans doute lorsqu'ils se sentent assez forts pour se protéger eux-mêmes.

DESSIN D'A.-L. CLÉMENT. PHOTOCOLLOGRAPHIE J. LECERF.

JEUNES CARANX SAURELS SE PROTÉGEANT PAR UN RHIZOSTOME DE CUVIER.

(1/2 de la grandeur naturelle).

Depuis que j'ai publié cette observation, j'ai lu que les unes Caranx saurels mangent les œufs des discoméduses; , très-probablement, ils mangent aussi les petits crustacés ui vivent en parasites chez ces acalèphes. Quoi qu'il n soit, je regarde comme certaine la protection passive en uestion.

Littoral de la Normandie. — T.-C. pendant la saison haude. Le Caranx saurel se trouve en toute saison sur les ôtes normandes.

4e Genre. *NAUCRATES* — NAUCRATE.

. **Naucrates ductor** (L.) — Naucrate pilote.

entronotus conductor Lacép., *C. ductor* Couch.
asterosteus ductor L.
auclerus compressus C. et V.
aucrates ductor C. et V., *N. fanfarus* Raf., *N. indicus* C. et V., *N. Koelreuteri* C. et V., *N. noveboracensis* C. et V.
comber ductor Bl., *S. Koelreuteri* B. et S.

entronote pilote.
auclère comprimé.

uvier et Valenciennes. — Op. cit., t. VIII, in-4°, p. 229, 239 et 240; in-8°, p. 312, 325, 326 et 327; et pl. CCXXXII (les 2 édit.); et t. IX, in-4°, p. 185; in-8°, p. 249; et pl. CCLXIII — CCLXIV (pl. unique), fig. 1 (les 2 édit.).
I. Gervais et R. Boulart. — Op. cit., t. II, p. 136 et pl. LIII.
mile Moreau. — Op. cit. : *Histoire*, t. II, p. 449 et fig. 129; — *Manuel*, p. 266.
rancis Day. — Op. cit., t. I, p. 127 et pl. XLV.

Le Naucrate pilote habite la mer et doit son nom spéci- ique à une fable d'après laquelle il servirait de guide, de pilote à de grands poissons du groupe des Squales, dans la recherche de leur nourriture. La vérité est, qu'en effet, on voit très-souvent des Naucrates pilotes accompagnant de grands Squales — fréquemment le Requin bleu [*Carcharias glaucus* (L.)] — qui, eux-mêmes, suivent les navires pour manger les débris que l'on en jette. Il est fort probable que les Naucrates pilotes se tiennent près des Squales accompagnant les navires pour prendre leur part de la nourriture de ces poissons et, aussi, pour manger les animaux qui sont fixés sur eux et sur la partie immergée des navires. De plus, le Naucrate pilote est protégé en se tenant dans le voisinage immédiat de ces Squales, que leur très-grande voracité fait hautement redouter des poissons qui le mangeraient volontiers. Il convient d'ajouter que, très-souvent, on voit des Naucrates pilotes accompagnant des navires en l'absence de tout Squale, ce qui confirme l'opinion qu'ils les suivent pour manger ce qu'ils peuvent des débris qui en tombent, ainsi que les animaux fixés sur leur partie immergée. En accompagnant les bateaux, des Naucrates pilotes entrent jusque dans les ports et les canaux.

Seine-Inférieure :

M. G. Lennier, conservateur du Muséum d'Histoire naturelle du Havre, m'a informé qu'un Naucrate pilote, qui fait partie des collections de ce Muséum, avait été pris au Havre, dans le bassin de la Barre, en 1861, près d'un navire venant de Rio-de-Janeiro (Brésil).

5e Genre. *ZEUS* — ZÉE.

1. Zeus faber L. — Zée forgeron.

Dorée commune, D. ordinaire, D. vulgaire.

Dorade, Poisson de Saint-Pierre, Poisson Saint-Pierre, Poule de mer, Saint-Pierre.

CUVIER et VALENCIENNES. — Op. cit., t. X, in-4°, p. 4; in-8°, p. 6.

H. GERVAIS et R. BOULART. — Op. cit., t. II, p. 148, fig. 14 et pl. LVII.

Émile MOREAU. — Op. cit. : *Histoire*, t. II, p. 467 ; — *Manuel*, p. 272.

Francis DAY. — Op. cit., t. I, p. 138 et pl. XLVIII.

F.-A. SMITT. — Op. cit., 1re part., p. 306; atlas, pl. IX, fig. 2.

Le Zée forgeron habite la mer, sur les fonds rocheux et sablonneux, et vit à de faibles profondeurs. Il se creuse un trou dans le sable pour s'y cacher ou se dissimule parmi les pierres. Habituellement, il mène une vie solitaire. Son caractère est quelque peu indolent. Bien que, d'une façon générale, ses mouvements soient lents, ils deviennent accélérés quand l'animal se sauve ou cherche sa proie, qu'il poursuit par saccades. Le Zée forgeron est très-vorace. Sa nourriture se compose particulièrement de poissons, de mollusques, de crustacés et de vers.

Littoral de la Normandie. — A. C. en toute saison. Ce sont principalement de jeunes sujets que l'on trouve près des côtes.

2. **Zeus pungio** C. et V. — Zée à épaule armée.

Dorée à épaule armée.

Zée piquant.

Dorade, Poisson de Saint-Pierre, Poisson Saint-Pierre, Poule de mer, Saint-Pierre.

Cuvier et Valenciennes. — Op. cit., t. X, in-4°, p. 18 ; in-8°, p. 25; et pl. CCLXXX (les 2 édit.).

H. Gervais et R. Boulart. — Op. cit., t. II, p. 150.

Émile Moreau. — Op. cit. : *Histoire*, t. II, p. 467 et 472, et fig. 132; *Supplément*, p. 49; — *Manuel*, p. 272.

Francis Day. — Op. cit., t. I, p. 139.

Le Zée à épaule armée a très-probablement les mêmes mœurs que la précédente espèce : Zée forgeron (*Zeus faber* L.).

Seine-Inférieure :

« Dans le courant de l'année 1889 (*sic*), un poisson que n'avaient jamais vu les pêcheurs du Havre a été capturé dans le bassin du Commerce (au Havre). Le nouveau type a paru tellement curieux qu'il a eu les honneurs de la photographie. M. G. Lennier, directeur du Musée de la ville, a eu l'amabilité de m'en communiquer une épreuve, et il m'a été facile, dans cette figure, de reconnaître un beau spécimen de *Zée à épaule armée*. C'est le premier sujet qui ait été signalé sur nos côtes de l'Ouest d'une façon authentique ». [Émile Moreau. — *Supplément* (op. cit.), p. 49].

« *Zeus pungio* C. et V. a été signalé pour la première fois dans la Manche, par nous, en 1888 (*sic*). M. le Dr Moreau a fait mention d'un individu que nous lui avions communiqué à cette époque, et qui avait été pêché par le mousse du yacht à vapeur *Héron*, appartenant à M. de Rothschild, dans le bassin de la Barre, au Havre (voir les lignes précédentes). Cette espèce n'est pas très-rare sur nos côtes, où on la confond généralement avec la Dorée commune (*Zeus faber* L.) ». [G. Lennier. — *Sur le Zée à épaule armée* (*Zeus pungio* C. et V.) (op. cit.), p. 51].

Le Zée à épaule armée se vend assez communément au marché du Havre, mais d'une manière accidentelle et pendant la saison chaude. Une partie de ces poissons est prise sur les côtes de la Seine-Inférieure et du Calvados. [Renseignement communiqué par M. G. Lennier, conservateur du Muséum d'Histoire naturelle du Havre, qui m'a dit que le spécimen dont il est question dans les lignes précédentes, spécimen de très-grande taille, a été naturalisé et fait partie des collections de ce Muséum].

Calvados :

Voir les lignes qui précèdent.

6° Genre. *CAPROS* — CAPROS.

1. **Capros aper** (L.) — Capros sanglier.

Capros aper Lacép.
Perca pusilla Brünn.
Zeus aper L.

Poisson soleil.

CUVIER et VALENCIENNES. — Op. cit., t. X, in-4°, p. 22; in-8°, p. 30; et pl. CCLXXXI (les 2 édit.).

H. GERVAIS et R. BOULART. — Op. cit., t. II, p. 146 et pl. LVI.

Émile MOREAU. — Op. cit. : *Histoire*, t. II, p. 475 et fig. 133 ; — *Manuel*, p. 274.

Francis DAY. — Op. cit., t. I, p. 134, et pl. XLVII, fig. 2 et 2 a.

Le Capros sanglier habite la mer, dans des eaux peu profondes. Sa nourriture se compose principalement de crustacés et de mollusques.

Seine-Inférieure :

Il est fort possible que cette espèce, recueillie par M. G. Lennier dans l'estuaire de la Seine, en 1878 (voir les lignes suivantes), l'ait été dans la partie de l'estuaire dépendant de la Seine-Inférieure et non du Calvados. Il est même possible que cet éminent naturaliste l'ait prise en des points dépendant, l'un de la Seine-Inférieure et l'autre du Calvados.

Calvados :

« Nous avons recueilli cette espèce dans l'estuaire, pour la première fois, en 1878 (voir les lignes qui précèdent). Depuis, plusieurs exemplaires ont été rapportés par les pêcheurs, qui les avaient capturés au chalut, à la côte sud, au large, entre Trouville et Dives. (Muséum d'Histoire naturelle du Havre) ». [G. LENNIER. — *L'Estuaire de la Seine* (op. cit.), t. II, p. 154].

« Le Capros sanglier est pêché accidentellement sur les côtes du Calvados ». [Renseignement communiqué par M. René Chevrel, chef des travaux de Zoologie à la Faculté des Sciences de Caen].

Manche :

« Le 9 octobre 1874, je remarquai sur le marché de Cherbourg une assez grande quantité de petits poissons que j'y voyais pour la première fois, et que les marchandes offraient comme de jeunes Poissons Saint-Pierre (*Zeus faber* L.). Ils avaient, en effet, des rapports de forme avec cette espèce, mais leur couleur rose et d'autres caractères les en éloignaient à la première vue. Ces poissons appartenaient à l'espèce *Capros aper* Lacép. (*Zeus aper* L.), vulgairement *Sangliers* en Provence..... Les Sangliers restent de petite taille : il est rare qu'on en voie ayant de 15 à 18 centimètres de longueur; les plus grands, parmi ceux qui étaient au marché, ne dépassaient pas 9 cm..... Quelques jours après, je retrouvai encore quelques individus au marché. Le 10 mars 1875, on en apporta un grand nombre, pris par un des grands bateaux qui pêchent au large, et depuis lors l'espèce a paru assez souvent sur le marché, représentée quelquefois par des lots comprenant peut-être plus de trois cents individus, notamment en octobre et en novembre 1875, ce qui porterait à croire qu'elle ne se montre pas dans nos parages aussi rarement et en aussi petit nombre qu'on l'a dit ». [Henri Joüan. — *Mélanges zoologiques* (op. cit.), p. 237]. — Très-probablement, la plupart des individus en question ont été pêchés au large de la bande littorale que je rattache, au point de vue faunique, à la Normandie, bande ayant une largeur maximum de douze kilomètres, sauf pour le petit archipel de Chausey, presque totalement situé en dehors de cette bande, mais que la logique oblige à rattacher en entier à cette province; toutefois, il est très-possible qu'un petit nombre de ces poissons ait été pris dans la bande littorale dont il s'agit. [H. G. de K.].

A.-E. Malard indique, sans aucun détail géonémique, le *Capros aper* (L.) dans son *Catalogue des Poissons des côtes de la Manche dans les environs de Saint-Vaast* (op. cit., p. 83).

« Ce petit poisson est pris accidentellement dans la baie du Mont-Saint-Michel ». [Renseignement communiqué par M. René Chevrel, chef des travaux de Zoologie à la Faculté des Sciences de Caen].

Note. — « Le Capros sanglier est, le plus souvent, trouvé dans l'estomac de poissons pêchés sur les côtes de la Normandie ». [Renseignement communiqué par M. René Chevrel].

7e Genre. *LAMPRIS* — LAMPRIS.

1. **Lampris pelagicus** (Gunn.) — Lampris lune.

Chrysotosus luna Lacép.
Lampris guttatus Retz., *L. lauta* Lowe, *L. luna* Risso, *L. pelagicus* Smitt.
Scomber Gunneri B. et S., *S. pelagicus* Gunn.
Zeus guttatus Brünn., *Z. luna* Gm., *Z. regius* Bonnat.

Chrysotose lune.
Lampris tacheté.

Poisson lune.

Cuvier et Valenciennes. — Op. cit., t. X, in-4°, p. 29; in-8°, p. 39; et pl. CCLXXXII (les 2 édit.).
H. Gervais et R. Boulart. — Op. cit., t. II, p. 151 et pl. LVIII.
Émile Moreau. — Op. cit. : *Histoire*, t. II, p. 484; — *Manuel*, p. 276.
Francis Day. — Op. cit., t. I, p. 118 et pl. XLII.
F.-A. Smitt. — Op. cit., 1re part., p. 123 et fig. 34.

Le Lampris lune habite la mer, à d'assez grandes profondeurs. Sa nourriture se compose de mollusques, de crustacés, de poissons, de méduses.

Seine-Inférieure :

« M. Lemoyne m'écrivit de Dieppe qu'on avait pris dans un parc, à deux lieues de cette ville, un gros et très-beau poisson qui avait été acheté par le pourvoyeur de la Cour ». [DUHAMEL DU MONCEAU. — Op. cit., t. III, 4e sect., p. 74]. — Ce spécimen a été décrit et représenté par l'auteur en question (p. 74 et pl. XV).

« A l'énumération que nous venons de faire des différents parages où l'on a pêché le Lampris, nous ajouterons les environs du Havre, d'où est venu, en 1804, le plus grand individu du Muséum d'Histoire naturelle de Paris ». [CUVIER et VALENCIENNES. — Op. cit., t. X, in-4°, p. 34; in-8°, p. 46].

« Une seule fois cette espèce, à notre connaissance, a été pêchée dans la baie de Seine par une plate de Villerville; elle a été vendue au Havre, en 1850, et exhibée moyennant rétribution au public, sur la place des Pilotes. Cet unique exemplaire n'a malheureusement pas été conservé ». [G. LENNIER. — *L'Estuaire de la Seine* (op. cit.), t. II, p. 154]. — Ce renseignement ne permet pas de dire si le Lampris lune en question a été pêché dans la partie de l'estuaire dépendant de la Seine-Inférieure ou dans celle qui dépend du Calvados. [H. G. de K.].

Calvados :

Voir les dernières lignes qui précèdent.

8e Genre. *BRAMA* — CASTAGNOLE.

1. **Brama Raii** (Bl.) — **Castagnole de Ray.**

Brama Raii B. et S.

Sparus brama Bonnat., *S. castaneola* Lacép., *S. Raii* Bl.

Castagnole commune, C. de la Méditerranée, C. ordinaire, C. vulgaire.

Spare castagnole.

Cuvier et Valenciennes. — Op. cit., t. VII, in-4°, p. 210; in-8°, p. 281; et pl. CXC (les 2 édit.).

H. Gervais et R. Boulart. — Op. cit., t. II, p. 156, fig. 15 et pl. LX.

Émile Moreau. — Op. cit. : *Histoire*, t. II, p. 487 et fig. 136; — *Manuel*, p. 277.

Francis Day. — Op. cit., t. I, p. 114 et pl. XLI.

F.-A. Smitt. — Op. cit., 1re part., p. 76, 77 et 81, et fig. 23; atlas, pl. VI, fig. 1.

La Castagnole de Ray habite la mer, à de grandes profondeurs, mais elle remonte un peu pendant la saison chaude. Elle vit en petites compagnies. Cette espèce fraie pendant la saison chaude.

Calvados :

« Nous apprenons par M. Le Sauvage qu'il en a été pêché une à Caen, l'année dernière (1828); mais elle n'y fut reconnue par aucun pêcheur ». [Cuvier et Valenciennes. — Op. cit., t. VII, in-4°, p. 218; in-8°, p. 293]. — Il serait, selon moi, fort invraisemblable de supposer que cette Castagnole de Ray soit remontée jusqu'aux abords de Caen; et il me paraît très-admissible de croire qu'elle a été pêchée, non à Caen, mais dans la baie de l'Orne.

9e Genre. *CENTROLOPHUS* — CENTROLOPHE.

1. **Centrolophus pompilus** (L.) — Centrolophe pompile.

Centrolophus morio C. et V., *C. niger* Lacép., *C. pompilus* Risso.

Coryphaena pompilus L.

Centrolophe nègre.
Coryphène pompile.

Cuvier et Valenciennes. — Op. cit., t. IX, in-4°, p. 247 et 254; in-8°, p. 334 et 342; et pl. CCLXIX (les 2 édit.).
H. Gervais et R. Boulart. — Op. cit., t. II, p. 158 et pl. LXI.
Émile Moreau. — Op. cit. : *Histoire*, t. II, p. 492 et fig. 137; — *Manuel*, p. 278 et 279.
Francis Day. — Op. cit., t. I, p. 111, et pl. XL, fig. 2.

Le Centrolophe pompile est une espèce marine dont la nourriture se compose de mollusques et autres animaux.

Seine-Inférieure :

« Manche (mer), accidentellement; un individu, pris à Fécamp, a été envoyé à de Lacépède qui l'a décrit sous le nom de *Centrolophe nègre* ». [Émile Moreau. — *Histoire* (op. cit.), t. II, p. 496]. « Manche (mer), accidentellement, Fécamp ». [Émile Moreau. — *Manuel* (op. cit.), p. 279].

10e Genre. *XIPHIAS* — ESPADON.

1. **Xiphias gladius** L. — Espadon épée.

Espadon commun, E. empereur, E. ordinaire, E. vulgaire.
Xiphias espadon.

Cuvier et Valenciennes. — Op. cit., t. VIII, in-4°, p. 187; in-8°, p. 255; et pl. CCXXV, CCXXVI et CCXXXI (les 2 édit.).
H. Gervais et R. Boulart. — Op. cit., t. II, p. 166 et pl. LXIV.
Émile Moreau. — Op. cit. : *Histoire*, t. II, p. 526; — *Manuel*, p. 290.

Francis DAY. — Op. cit., t. I, p. 146, fig. (p. 148) et pl. XLIX.

F.-A. SMITT. — Op. cit., 1re part., p. 118 et fig. 33 (p. 117); atlas, pl. IX, fig. 1.

L'Espadon épée habite le large; cependant, il s'approche accidentellement des côtes et va quelquefois dans les eaux saumâtres, voire même dans les eaux douces des fleuves et des grandes rivières. Il vit habituellement par paires. Ses mouvements sont très-vifs. Souvent il nage à la surface de l'eau. Sa nourriture se compose de poissons appartenant principalement à des espèces vivant en bandes, poissons qu'il tue avec son rostre; il mange aussi des céphalopodes.

NOTES :

« On a souvent écrit, dit H.-É. Sauvage [*Les Poissons* (op. cit.), p. 295], que l'Espadon s'attaquait aux Baleines. Bien que le fait puisse être possible, il ne doit être accepté qu'avec beaucoup de réserve, car l'Espadon est extrêmement rare dans les parages où arrivent, même accidentellement, ces cétacés. Crow, navigateur anglais, rapporte cependant le trait suivant : « Un matin, « écrit-il, un calme plat ayant arrêté le navire que nous mon- « tions, tout l'équipage put assister à un singulier et curieux « combat entre des Squales-Renards et des Espadons, d'un côté, « et une gigantesque Baleine de l'autre. C'était pendant l'été, la « nuit était claire, et les animaux se trouvant non loin du vais- « seau, nous étions dans les meilleures conditions pour observer. « Sitôt que le dos de la Baleine apparut au-dessus de l'eau, les « Requins sautèrent à plusieurs mètres de hauteur dans l'air; « ils se précipitèrent de toutes leurs forces contre l'objet de leur « haine et donnèrent à la Baleine de si rudes coups avec leur « queue, que ces coups résonnaient comme des coups de feu tirés « à quelque distance. De leur côté, les Espadons attaquèrent la « malheureuse Baleine en dessous. Attaqué de toutes parts, assailli « partout, blessé en plusieurs endroits, le pauvre cétacé ne pou- « vait plus fuir; l'eau était couverte de sang; la Baleine ayant « disparu, nous ne pûmes suivre tout le drame; mais il est plus

« que probable que le cétacé dut périr ». (Voir ci-dessous les lignes de Günther).

« Il est, dit H.-É. Sauvage dans le même volume (p. 294), un fait certain que l'on ne peut expliquer, c'est que parfois l'Espadon s'attaque aux navires en marche, et qu'il arrive que ce grand et puissant poisson enfonce son épée dans les planches d'un vaisseau. Une pareille attaque est, du reste, plus souvent fatale à l'animal qu'au navire lui-même, car il est réellement plus facile d'enfoncer une pareille arme que de la retirer; le rostre se brise presque toujours.

« Valenciennes rapporte que Cornide cite cependant et expressément le fait d'une palandre espagnole qui fut au moment de périr, sur la côte de Galice, pour avoir été percée par un Espadon. Il assure que la planche et le bec, qui s'y était implanté, sont conservés au Cabinet royal de Madrid. « On doit comprendre, « ajoute-t-il, que de tels accidents ne peuvent arriver qu'à des « bâtiments légers et vieux; mais ce qui arrive souvent, c'est de « trouver des becs d'Espadon rompus dans des carènes de na- « vires ».

« Tout récemment, Günther a rapporté des faits du même ordre. « L'Espadon, dit-il, n'hésite jamais à s'attaquer aux grands céta- « cés, mais ces derniers sortent généralement victorieux du « combat. La raison qui pousse l'Espadon à la bataille est incon- « nue; cet instinct est chez lui si aveugle qu'il s'attaque aux « navires, qu'il prend certainement pour des cétacés de grande « taille. Il arrive parfois que l'Espadon perce ainsi les œuvres « vives d'une barque, la mettant en danger; l'Espadon peut alors « retirer très-difficilement l'arme engagée, et elle se brise lors- « que l'animal fait des efforts pour se dégager. On peut voir au « British Museum une pièce de bois de deux pouces d'épaisseur « provenant d'un navire pour la pêche des cétacés, percée par « l'épée d'un Espadon, épée qui est restée dans le bois. Le révé- « rend Wyatt Gill, qui, pendant de longues années, habita les « îles de la mer du Sud, a remarqué que beaucoup d'Espadons « ont le rostre brisé, et que ces animaux percent facilement « les canots des indigènes ».

Seine-Inférieure :

Un seul exemplaire de cette espèce a été pris à l'extrémité du cap de La Hève (commune de Sainte-Adresse), en août 1879. (Muséum d'Histoire naturelle du Havre). [G. Lennier. — *L'Estuaire de la Seine* (op. cit.), t. II, p. 155].

« Manche (mer), excessivement rare, Le Havre... ». [Émile Moreau. — *Histoire* (op. cit.), t. II, p. 530; — *Manuel* (op. cit.), p. 290].

Calvados :

« M. Eudes-Deslongchamps fait part à la Société de la capture, ou plutôt de l'échouage, sur la côte de Villers-sur-Mer (en janvier 1851), d'un grand spécimen de l'Espadon commun. Cette capture n'a d'autre intérêt que sa rareté, car l'espèce de ce poisson est bien connue. Assez commun dans la Méditerranée, il vient rarement dans l'Océan, et, de mémoire d'homme, il n'avait été pris sur les côtes du Calvados. Cependant il en était échoué au moins un avant celui-ci, car M. Eudes-Deslongchamps a vu, il y a une vingtaine d'années, entre les mains du nommé Bloche, pêcheur et ramasseur de fossiles à Villers-sur-Mer, une vertèbre d'Espadon. Les vertèbres d'Espadon ont une forme si particulière qu'il est très-aisé de les reconnaître. M. Eudes-Deslongchamps acquit cette vertèbre; Bloche ne put lui dire comment elle se trouvait chez lui; il la possédait depuis longtemps et l'avait probablement ramassée sur la côte. Le spécimen échoué en janvier 1851 a été acquis par la Faculté des Sciences de Caen; il est maintenant monté. Beaucoup de personnes ont mangé de la chair de cet Espadon et l'ont trouvée fort bonne. Elle ne paraît point grasse au premier aspect; mais, en se desséchant, elle jaunit, devient demi-transparente et laisse suinter une matière huileuse. Outre la peau montée, on a conservé la colonne vertébrale, les yeux (qui sont énormes et à sclérotique osseuse) et les branchies, dont la structure est fort différente de celle de ces organes chez les autres poissons. Les hommes qui ont ramassé cet Espadon en ont jeté les viscères à la mer, ce qui est à regretter, car on les eût conservés ou au moins étudiés. L'animal est long de 3 m. et quelques centimètres; son épée est épointée, mais l'accident est d'ancienne date, car la surface de la fracture est arrondie et comme usée. La peau était bigarrée irrégulièrement de grandes taches blanchâtres, à circonférence comme déchiquetée, et dont il eût été difficile de reconnaître la nature, si l'explication ne s'en fût pour ainsi dire trouvée près de la queue, où il existait une large plaie superficielle, en voie très-avancée de cicatrisation; ces taches paraissent donc être le résultat de plaies ou déchirures produites probablement dans les combats de ce poisson avec les autres habitants des mers ». [Note in Mémoir. de la Soc. linnéenne de Normandie, Caen, ann. 1849-53, p. XIV]. — Cet Espadon épée fait actuellement partie des collections du Musée d'Histoire naturelle de Caen (H. G. de K.).

OBSERVATION.

TETRAPTURUS — TÉTRAPTURE.

Tetrapturus belone Raf. — Tétrapture aiguille.

G. Lennier dit ce qui suit dans son grand ouvrage sur *L'Estuaire de la Seine* (op. cit., t. II, p. 155) :

« Tétrapture aiguille ou orphie (*Tetrapturus belone* C. et V.). — Cette espèce se pêche assez fréquemment dans la. rade du Havre et dans la partie ouest de l'estuaire, de juin à septembre ».

Ces lignes sont incontestablement erronées, car je ne connais aucune indication de la présence, sur les côtes de la Normandie, d'un seul exemplaire de Tétrapture aiguille ou T. orphie.

Il était des plus probables que G. Lennier avait confondu cette espèce, à cause de son nom spécifique d'orphie (*belone*), avec le Ramphistome orphie ou Orphie vulgaire [*Ramphistoma belone* (L.)], espèce qu'il indique correctement, dans son ouvrage en question (t. II, p. 157), comme étant « assez commune dans la partie ouest de la baie, en été » ; ces dernières lignes correspondant bien à ce qu'il dit, par erreur, du Tétrapture aiguille ou T. orphie.

Sur ma demande d'éclaircir entièrement ce point, cet éminent naturaliste m'a écrit qu'en effet il avait commis, par similitude de nom, l'erreur dont il s'agit.

11° Genre. *ECHENEIS* — ÉCHÉNÉIS.

Le Dermochélyde luth [*Dermochelys coriacea* (L.)] capturé vivant en mer, dans les environs de Dieppe (Seine-Inférieure), le 25 octobre 1752, et dont je parle dans ce fascicule IV (p. 157), « avait sur le dos, est-il dit (idem, p. 158), deux poissons qui y paraissaient collés : c'était deux échénéis ou rémora ».

Il est fort possible que ces deux spécimens appartenaient à l'Échénéis rémora (*Echeneis remora* L.); mais comme jadis on a confondu, sous le nom de Rémora, différentes espèces d'Échénéis, on ne saurait dire affirmativement à quelle espèce de ce genre appartenaient les deux spécimens fixés sur la tortue marine en question.

11e Famille. *TRICHIURIDAE* — TRICHIURIDÉS.

1er Genre. *LEPIDOPUS* — LÉPIDOPE.

1. **Lepidopus argenteus** Bonnat. — Lépidope argenté.

Lepidopus argyreus C. et V., *L. caudatus* White, *L. ensiformis* Bp., *L. Gouani* B. et S., *L. gouanianus* Lacép., *L. Peroni* Risso.
Trichiurus caudatus Euphr.

Lépidope de Gouan, L. de Péron, L. gouanien.

Cuvier et Valenciennes. — Op. cit., t. VIII, in-4°, p. 163; in-8°, p. 223; et pl. CCXXIII (les 2 édit.).

H. Gervais et R. Boulart. — Op. cit., t. II, p. 175 et pl. LXVII.

Émile Moreau. — Op. cit. : *Histoire*, t. II, p. 544 et fig. 143; — *Manuel*, p. 295.

Francis Day. — Op. cit., t. I, p. 156, et pl. LI, fig. 2.

Le Lépidope argenté habite la mer, à une certaine profondeur; toutefois, il vient dans le voisinage des côtes. Cette espèce nage avec une grande rapidité. Elle est très-vorace. Sa nourriture se compose principalement de poissons.

Calvados :

« Quelques animaux rares ont été observés dans ce département..... Parmi les poissons, le *Lepidopus argyreus* Colegno, jeté, après une tempête, sur la côte de Port-en-Bessin, le 15 mai 1839, par M. Chesnon, de Bayeux... ». [Note in Mémoir. de la Soc. linnéenne de Normandie, Caen, ann. 1839-42, p. x].

12e Famille. *SPARIDAE* — SPARIDÉS.

1er Genre. *SPARUS* — SPARE.

1. **Sparus centrodontus** Delar. — Spare rousseau.

Aurata massiliensis Risso.
Pagellus centrodontus C. et V.
Sparus massiliensis Risso, *S. orphus* Lacép., *S. pagrus* Bl.

Dorade marseillaise.
Pagel à dents aiguës, P. centrodonte, P. rousseau.
Spare à dents aiguës, S. marseillais, S. orphe.

Brême, Brême de mer, Brême rouge, Brêne, Brêne de mer, Brêne rouge, Dorade, Dorade de mer, Gros-yeux, Piloneau, Pironeau.

CUVIER et VALENCIENNES. — Op. cit., t. VI, in-4°, p. 133; in-8°, p. 180.
H. GERVAIS et R. BOULART. — Op. cit., t. II, p. 89 et pl. XXXVII.
Émile MOREAU. — Op. cit. : *Histoire*, t. III, p. 23 et 33; — *Manuel*, p. 315 et 319.
Francis DAY. — Op. cit., t. I, p. 35 et 36, et pl. XIII.
F.-A. SMITT. — Op. cit., 1re part., p. 57 et 59, et fig. 16.

Le Spare rousseau habite la mer, de préférence dans les endroits rocheux garnis d'algues. Pendant la saison chaude, il vient près des côtes, et se rend très-fréquemment dans les ports, surtout quand il est jeune. Pendant la saison froide, il se retire, en grande partie, dans des eaux d'une certaine profondeur. Les adultes mènent une existence solitaire ou vivent en bandes, parfois grandes, et les jeunes se réunissent en troupes. Leur nourriture se compose principalement de crustacés et de poissons.

Littoral de la Normandie. — C. pendant la saison chaude. Le Spare rousseau se trouve en toute saison sur les côtes normandes.

2. **Sparus acarne** (Risso) — Spare acarne.

Pagellus acarne C. et V., *P. Oweni* Gthr.

Pagrus acarne Risso.

Pagel acarne, P. d'Owen.

Pagre acarne, P. blanc.

Cuvier et Valenciennes. — Op. cit., t. VI, in-4°, p. 141 ; in-8°, p. 191.

H. Gervais et R. Boulart. — Op. cit., t. II, p. 90.

Émile Moreau. — Op. cit. : *Histoire*, t. III, p. 23 et 36, et fig. 150 ; — *Manuel*, p. 316 et 320.

Francis Day. — Op. cit., t. I, p. 35, 36, 38 et 39, et pl. XV et XVI. [Émile Moreau dit (*Manuel*, p. 318) que le *Pagellus bogaraveo* décrit et représenté par Francis Day dans son ouvrage en question (t. I, p. 37 et pl. XIV) est évidemment un Spare acarne].

Les mœurs du Spare acarne sont analogues à celles de la précédente espèce : Spare rousseau (*Sparus centrodontus* Delar.).

Seine-Inférieure :

« Un seul exemplaire pêché en rade du Havre, en 1877, à 200 mètres au nord-ouest de la bouée à cloche ». [G. Lennier. — *L'Estuaire de la Seine* (op. cit.), t. II, p. 155].

2e Genre. *CANTHARUS* — CANTHÈRE.

1. **Cantharus lineatus** (Mont.) — Canthère gris.

Cantharus griseus C. et V., *C. lineatus* W. Thomps., *C. Linnei* Malm, *C. tanuda* Risso, *C. vulgaris* C. et V.
Sparus cantharus L., *S. lineatus* Mont.

Canthare tanude.
Canthère commun, C. ordinaire, C. vulgaire.
Sarde grise.
Spare canthère.

Brême de rocher, Brême grise. Brêne de rocher, Brêne grise, Dorade, Dorade de mer, Piloneau, Pironeau, Sarde.

CUVIER et VALENCIENNES. — Op. cit., t. VI, in-4°, p. 239 et 249; in-8°, p. 319 et 333; et pl. CLX (les 2 édit.).
H. GERVAIS et R. BOULART. — Op. cit., t. II, p. 96 et pl. XL.
Émile MOREAU. — Op. cit. : *Histoire*, t. III, p. 49; — *Manuel*, p. 327.
Francis DAY. — Op. cit., t. I, p. 26 et pl. IX.
F.-A. SMITT. — Op. cit., 1re part., p. 54 et fig. 14.

Le Canthère gris habite la mer, dans les endroits rocheux et dans les endroits vaseux. Pendant la saison chaude, il vient dans le voisinage des côtes et se rend parfois dans les ports; et, pendant la saison froide, il se retire, en grande partie, dans des eaux ayant une certaine profondeur. Les adultes vivent habituellement solitaires, et les jeunes se réunissent en bandes.

Littoral de la Normandie. — A. C. pendant la saison chaude. Le Canthère gris se trouve en toute saison sur les côtes normandes.

OBSERVATION.

Cantharus brama C. et V. — Canthère brême.

Relativement à ce Canthère, Émile Moreau dit ce qui suit dans son *Histoire naturelle des Poissons de la France* (op. cit., t. III, p. 54) :

« ? Manche (mer), ? Cherbourg (Duhamel du Monceau). — Le poisson figuré par Duhamel du Monceau [1], sous le nom de Brême de mer, est-il le Canthère brême, ainsi que l'écrit Valenciennes [2] ? Ce n'est pas probable ».

Il résulte de ces lignes qu'il vaut beaucoup mieux ne pas inscrire, même avec un point de doute qui eût été indispensable, le Canthère brême dans la faune de la Normandie. De plus, il faut ajouter que, très-probablement, le Canthère brême n'est pas spécifiquement distinct de la précédente espèce : Canthère gris [*Cantharus lineatus* (Mont.)].

13e Famille. *LABRIDAE* — LABRIDÉS.

1er Genre. *LABRUS* — LABRE.

1. **Labrus berggylta** Asc. — Labre vieille.

Labrus aper Retz., *L. ballan* Bonnat., *L. comber* Gm., *L. cornubiensis* Couch, *L. Donovani* C. et V., *L. lineatus* Donov., *L. maculatus* Bl., *L. Neustriae* Lacép., *L. tancoides* Lacép., *L. tinca* Shaw, *L. variabilis* W. Thomps.

(1) Op. cit., t. III, 4e sect., p. 22, et pl. IV, fig. 1.

(2) Cuvier et Valenciennes. — Op. cit., t. VI, in-4°, p. 245; in-8°, p. 328.

Labre ballan, L. berggylte, L. neustrien.

Vieille commune, V. jaune, V. ordinaire, V. rouge, V. verte, V. vulgaire.

Grande vieille, Perroquet, Perroquet de mer, Vra, Vracq, Vras.

CUVIER et VALENCIENNES. — Op. cit., t. XIII, in-4°, p. 15 et 28 ; in-8°, p. 20 et 39.

H. GERVAIS et R. BOULART. — Op. cit., t. II, p. 262 et pl. XCIII.

Émile MOREAU. — Op. cit. : *Histoire*, t. III, p. 81 et fig. 19 (t. I, p. 164) ; — *Manuel*, p. 342 et 343.

Francis DAY. — Op. cit., t. I, p. 252, et pl. LXX et LXXI.

F.-A. SMITT. — Op. cit., 1re part., p. 4 et 7, et pl. I, fig. 1.

Le Labre vieille habite la mer, dans le voisinage des côtes et à de plus ou moins petites profondeurs. Il se tient dans les endroits rocheux garnis d'algues. Les adultes vivent à des profondeurs un peu moins faibles que les jeunes. C'est une espèce sociable. Sa nourriture se compose de crustacés, de mollusques, de vers et de poissons. Le Labre vieille fraie au printemps et en été, et pond parmi les algues.

Littoral de la Normandie. — T.-C. sur les côtes de la Manche; A. C. sur les côtes du Calvados et de la Seine-Inférieure. Le Labre vieille se trouve en toute saison sur le littoral normand.

2. **Labrus mixtus** L. — Labre varié.

Labrus caeruleus Asc. (*mas*), *L. carneus* Asc. (*femina*), *L. lineatus* Bonnat. (*mas*), *L. mixtus* L. (*mas*), *L. quadrimaculatus* Risso (*femina*), *L. trimaculatus* Gm. (*femina*), *L. variegatus* Gm. (*mas*), *L. vetula* Bl. (*mas*).

Labre à quatre taches (femelle), L. à trois taches (femelle), L. bleu (mâle), L. mêlé (mâle), L. rayé (mâle), L. varié (mâle).

Vieille, Vieille rayée (mâle), Violon, Vra, Vracq, Vras.

Cuvier et Valenciennes. — Op. cit., t. XIII, in-4°, p. 31 et 42; in-8°, p. 43 et 58; et pl. CCCLXIX (les 2 édit.).

H. Gervais et R. Boulart. — Op. cit., t. II, p. 260 et pl. XCII.

Émile Moreau. — Op. cit. : *Histoire*, t. III, p. 81 et 96; — *Manuel*, p. 342 et 349.

Francis Day. — Op. cit., t. I, p. 256 et pl. LXXII.

F.-A. Smitt. — Op. cit., 1re part., p. 4 et 10; atlas, pl. II, fig. 1 et 2.

Le Labre varié habite la mer, au voisinage des côtes et dans les endroits rocheux garnis d'algues. Il vit à des profondeurs plus ou moins faibles, plus petites pendant la saison chaude que pendant la saison froide. Il se nourrit d'animaux très-variés, principalement de crustacés. Cette espèce fraie au printemps et en été. Les œufs sont pondus parmi les algues.

Littoral de la Normandie. — R. en toute saison.

2e Genre. *CRENILABRUS* — CRÉNILABRE.

1. **Crenilabrus melops** (L.) — Crénilabre mélope.

Crenilabrus Couchi C. et V., *C. Donovani* C. et V., *C. melops* Cuv., *C. norwegicus* C. et V.

Labrus cornubicus Gm., *L. melops* L., *L. norwegicus* B. et S.

Lutjanus melops Risso, *L. norwegicus* Bl.

Crénilabre de Couch, C. de Donovan, C. norwégien.
Labre mélope, L. norwégien.
Lutjan mélope, L. norwégien.

Sanaize, Vieillotte, Vra. Vracq, Vras.

Cuvier et Valenciennes. — Op. cit., t. XIII, in-4°, p. 121, 128, 129 et 130; in-8°, p. 167, 176, 178 et 180.
H. Gervais et R. Boulart. — Op. cit., t. II, p. 265 et pl. XCIV.
Émile Moreau. — Op. cit. : *Histoire*, t. III, p. 103 et 111; — *Manuel*, p. 351 et 355.
Francis Day. — Op. cit., t. I, p. 260 et pl. LXXIII.
F.-A. Smitt. — Op. cit., 1re part., p. 4 et 18; atlas, pl. II, fig. 3.

Le Crénilabre mélope habite la mer, dans le voisinage des côtes et à de plus ou moins faibles profondeurs. Il vit dans les endroits rocheux garnis d'algues et dans les endroits sablonneux. C'est une espèce sociable. Sa nourriture se compose de crustacés, de mollusques et autres animaux. Elle fraie au printemps et en été.

Littoral de la Normandie. — T.-C. sur les côtes de la Manche; A. R. sur les côtes du Calvados et de la Seine-Inférieure. Le Crénilabre mélope se trouve en toute saison sur le littoral normand.

2. **Crenilabrus Bailloni** C. et V. — Crénilabre de Baillon.

Cuvier et Valenciennes. — Op. cit., t. XIII, in-4°, p. 138 ; in-8°, p. 191 ; et pl. CCCLXXIII (les 2 édit.).
H. Gervais et R. Boulart. — Op. cit., t. II, p. 267 et pl. XCV.
Émile Moreau. — Op. cit. : *Histoire*, t. III, p. 103 et 119; — *Manuel*, p. 351 et 359.

Le Crénilabre de Baillon a vraisemblablement des mœurs analogues à celles de la précédente espèce : Crénilabre mélope [*Crenilabrus melops* (L.)].

Seine-Inférieure :

« Un seul exemplaire recueilli à La Hève (commune de Sainte-Adresse) ». [G. Lennier. — *L'Estuaire de la Seine* (op. cit.), t. II, p. 155].

3e Genre. *CTENOLABRUS* — CTÉNOLABRE.

1. **Ctenolabrus rupestris** (L.) — Cténolabre de roche.

Crenilabrus rupestris Cuv.
Ctenolabrus rupestris C. et V., *C. suillus* Malm.
Labrus rupestris L., *L. suillus* L.
Lutjanus rupestris Bl.

Labre des roches.

Vra, Vracq, Vras.

Cuvier et Valenciennes. — Op. cit., t. XIII, in-4°, p. 162; in-8°, p. 223.
H. Gervais et R. Boulart. — Op. cit., t. II, p. 273 et pl. XCVIII.
Émile Moreau. — Op. cit. : *Histoire*, t. III, p. 133 et 134, et fig. 158; — *Manuel*, p. 366.
Francis Day. — Op. cit., t. I, p. 264 et pl. LXXIV.
F.-A. Smitt. — Op. cit., 1re part., p. 4 et 16; atlas, pl. I, fig. 2.

Le Cténolabre de roche habite la mer, au voisinage des côtes et dans les endroits rocheux garnis d'algues. Il se tient à des profondeurs plus ou moins faibles, plus petites pendant la saison chaude que pendant la saison froide. Ce poisson ne monte à la surface que lorsqu'il voit une proie, et, dès qu'il l'a saisie, il retourne vers le fond. Sa nourriture se compose de crustacés, de mollusques, de vers, etc. Cette espèce fraie au printemps et en été. Les œufs sont pondus parmi les algues.

Littoral de la Normandie. — A. R. en toute saison.

14e Famille. *GASTEROSTEIDAE* — GASTÉROSTÉIDÉS.

1er Genre. *GASTEROSTEUS* — ÉPINOCHE.

1. **Gasterosteus aculeatus** L. — Épinoche aiguillonnée.

Note. — La grande variabilité de l'Épinoche aiguillonnée a fait créer une série de noms pour ses formes principales, simples variétés aux yeux de la plupart des ichthyologistes, mais que certains regardent comme de bonnes espèces. Ainsi, pour en montrer un exemple, voici les huit formes de l'Épinoche aiguillonnée dont Émile Blanchard donne la description dans son ouvrage sur *Les Poissons des eaux douces de la France* (op. cit.), formes qu'il considère comme de véritables espèces : Épinoche aiguillonnée (*Gasterosteus aculeatus* L.), É. neustrienne (*G. neustrianus* Blanch.), É. demi-cuirassée (*G. semiloricatus* C. et V.), É. demi-armée (*G. semiarmatus* C. et V.), É. à queue lisse (*G. leiurus* C. et V.), É. de Baillon (*G. Bailloni* Blanch.), É. argentée (*G. argentatissimus* Blanch.) et É. élégante (*G. elegans* Blanch.). En suivant cet exemple, on voit ce qu'il adviendrait si un fanatique créateur d'espèces était chargé de cataloguer des exemplaires d'Épinoches aiguillonnées provenant de tous les points de l'habitat de ce poisson.

Je crois inutile de tenir compte des multiples variétés de cette espèce, dont un petit nombre se trouve en Normandie, et les réunis toutes sous le même nom spécifique ci-dessus, comme je le fais pour l'Épinoche épinochette (*Gasterosteus pungitius* L.). (Voir la note de la p. 372).

Ce qui importe, à mon sens, ce n'est pas d'encombrer la science d'une multitude de noms sans profit appréciable, mais de faire connaître minutieusement les limites de la variation de chaque espèce polymorphe et — ce qui offre un extrême intérêt — les causes qui produisent ces variations.

Gastérostée épinoche.

Arselet, Darselet, Digard, Épignoc, Épinarde, Épinocle.

Cuvier et Valenciennes. — Op. cit., t. IV, in-4°, p. 352; in-8°, p. 481; et pl. XCVIII (les 2 édit.).
Émile Blanchard. — Op. cit., p. 214, fig. 24 (p. 192) et 26—37.
H. Gervais et R. Boulart. — Op. cit., t. I, p. 62, pl. V, la fig. à gauche, et pl. VI, la fig. en haut.
Émile Moreau. — Op. cit. : *Histoire*, t. III, p. 163; — *Manuel*, p. 381.
Francis Day. — Op. cit., t. I, p. 237 et 238, et pl. LXVIII, fig. 1, 2, 2a et 3.
Amb. Gentil. — *Ichthyologie de la Sarthe* (op. cit.), p. 361; tiré à part, p. 6.
F.-A. Smitt. — Op. cit., 2e part., p. 644, 645, 646, 647 et 659, fig. 156—157 (p. 636) et 158—163; atlas, pl. XXVIII, fig. 1 et 2.

L'Épinoche aiguillonnée habite les eaux douces courantes et stagnantes : ruisseaux, rivières, fleuves, canaux, mares, étangs, lacs, etc. On la trouve aussi dans les eaux saumâtres et dans la zone littorale. Elle aime surtout les eaux claires et courantes. Cette espèce vit généralement en bandes, petites ou grandes et parfois considérables; on voit peu d'individus solitaires. Le naturel de ces poissons minuscules est irascible, et ils ne craignent pas d'attaquer des poissons qui les dépassent de beaucoup en taille; assez fréquemment ils se battent entre eux. L'Épinoche aiguillonnée a des mouvements d'une fort grande vivacité. Elle est très-vorace. Sa nourriture se compose de vers, de crustacés, d'insectes et de larves, de mollusques, d'œufs et de très-jeunes poissons, etc. Elle fraie au printemps et en été. Une femelle bien développée pond annuellement de cent dix à cent cinquante œufs. La nidification de cette espèce est un fait éthologique d'un grand intérêt, qui, bien que fort connu, mérite cependant une description détaillée dans cet ouvrage. Le nid est entièrement construit par le mâle. Voici, à ce sujet, ce que dit Émile Blanchard dans son remarquable ouvrage sur *Les Poissons des eaux douces de la France* (op. cit., p. 192) : « L'Épinoche mâle, après s'être arrêté à un endroit déterminé, fouille avec son museau la vase qui se trouve au fond de l'eau ; il finit par s'y enfoncer tout entier. S'agitant avec violence, tournant avec rapidité sur lui-même, il forme bientôt une cavité qui se trouve circonscrite par les parties terreuses rejetées sur les bords. Ce premier travail exécuté, le poisson s'éloigne sans paraître toujours suivre une direction bien arrêtée ; il regarde de divers côtés, il est évidemment en quête de quelque chose. Un peu de patience encore, et vous le verrez saisir avec ses dents un brin d'herbe ou un filament de racine. Alors, tenant ce fragment dans sa bouche, il retourne directement et sans hésitation au petit fossé qu'il a creusé. Il y place le brin, le fixe à l'aide de son museau, en apportant au besoin des grains de sable pour le maintenir, et en frottant son ventre sur le fond. Dès qu'il est assuré que le fragile filament ne pourra être entraîné par le courant, il va en chercher un nouveau pour l'apporter et l'ajuster comme il a fait du premier. Le même manège devra être recommencé bien des fois avant que le fond du fossé ne soit garni d'une couche suffisante de brindilles. Le moment arrive cependant où le tapis est devenu épais; toutes les parties sont bien enchevêtrées et parfaitement adhérentes les unes aux autres, car l'Épinoche, par le frottement de son corps, les a agglutinées avec le mucus qui suinte des orifices percés le long de ses flancs.

« Ce qui ravit l'observateur attentif à suivre ce travail, c'est de voir l'intelligence qui paraît présider aux moindres détails de l'opération. En plaçant ses matériaux, le poisson semble d'abord chercher simplement à les entasser ; mais, une fois le premier lit établi, il les dispose avec plus de soin, se préoccupant de leur donner la direction qui sera celle de l'ouverture à la sortie du nid. Si l'ouvrage n'est pas parfait, l'habile constructeur arrache les pièces défectueuses, les façonne, et recommence jusqu'à ce qu'il ait réussi au gré de son désir. Parmi les matériaux apportés, s'en trouve-t-il que leur dimension ou leur forme ne permet pas d'employer convenablement, il les rejette et les abandonne après les avoir essayés. Ce n'est pas tout encore : comme s'il voulait s'assurer que la base de l'édifice est bien consolidée, il agite avec force ses nageoires de façon à produire des courants énergiques, capables de montrer que rien ne sera entraîné.

« L'industrieux Épinoche, dans l'accomplissement de son labeur, déploie une activité infatigable. Il veille à ce que nul n'approche, et s'élance avec ardeur sur les poissons ou les insectes qui osent se montrer dans son voisinage.

« Les fondations du nid seules sont établies ; pour compléter l'édifice, notre architecte doit travailler beaucoup encore, mais sa persistance ne faiblit pas un seul instant. Il continue à se procurer des matériaux, et bientôt les côtés du fossé, dont le fond est tapissé, se garnissent de brindilles qui sont pressées et tassées les unes contre les autres. L'Épinoche les englue toujours avec le même soin. Il s'introduit entre celles qui s'élèvent des deux côtés, de façon à ménager une cavité assez vaste pour que le corps de la femelle y passe sans difficulté. Il s'agit enfin de construire la toiture ; de nouvelles pièces sont encore apportées, et, pour former la voûte, elles prennent place sur les murailles déjà établies et s'enchevêtrent par leurs extrémités. Le poisson poursuit toujours son travail de la même manière ; il fixe et contourne les brindilles avec son museau, il lisse les parois de l'édifice en lès imprégnant de mucosité par les frottements répétés de son corps. La cavité est particulièrement l'objet de ses soins ; il s'y retourne à maintes reprises, jusqu'à ce que les parois du tube soient devenues bien unies. Parfois, le nid demeure fermé à l'une de ses extrémités ; le plus souvent, au contraire, il est ouvert aux deux bouts, seulement, l'ouverture opposée à celle par laquelle l'animal est entré si fréquemment, pour accomplir son travail, reste très-petite. La première est surtout construite avec un soin extrême ; pas un brin ne dépasse l'autre, le bord est englué, poli avec les plus minutieuses précautions pour rendre le passage facile.

« . . . .

« Les nids d'Épinoches se trouvent en grande partie enfouis dans la vase, et, quand on les aperçoit à plate-terre, au fond d'un ruisseau clair, où il y en a parfois des quantités énormes, ils apparaissent comme autant de petits monticules dont la dimension est d'une dizaine de centimètres ».

Lorsque le nid est prêt à recevoir les œufs, le mâle, dit Émile Blanchard (op. cit., p. 198), « est dans tout l'éclat de sa parure de noces ; ses couleurs ont une vivacité surprenante, son dos est diapré des plus jolies nuances. Ainsi paré, il s'élance au milieu d'un groupe de femelles, s'attache à celle qui semble être la mieux en situation de pondre, tournant, s'agitant auprès d'elle, paraissant l'engager à le suivre. Celle-ci s'empresse à son tour ; on supposerait volontiers de la coquetterie de sa part. Alors, le mâle, comme s'il avait saisi une intention manifestée de le suivre, se précipite vers son nid, en élargit l'ouverture de façon à ce que l'accès en soit rendu plus facile. La femelle, qui ne l'a pas quitté, ne tarde pas à s'enfoncer dans l'intérieur du tube, où elle disparaît en entier, ne montrant plus au dehors que l'extrémité de sa queue. Elle y demeure deux ou trois minutes, témoignant par ses mouvements saccadés qu'elle fait des efforts pour pondre. Après avoir déposé quelques œufs, elle s'échappe par l'ouverture opposée à celle qui lui a servi d'entrée, pratiquant quelquefois elle-même cette ouverture par un effort violent, si l'extrémité du nid est restée fermée. Alors, pâle, décolorée, elle semble avoir éprouvé une souffrance ou un affaiblissement qui réclame un repos.

« Pendant que la femelle occupe l'intérieur du nid, le mâle paraît plus agité, plus animé que jamais ; il remue, il frétille, il touche fréquemment sa femelle avec son museau, et à peine celle-ci est-elle partie, qu'il entre précipitamment à son tour et se met à frotter comme avec délices son ventre sur les œufs.

« Mais le nid, objet de tant de soins et de fatigues, n'a pas été construit pour recevoir une seule ponte. Le mâle s'efforce sans relâche d'y attirer successivement d'autres femelles. Il recommence près d'elles les mêmes agaceries, et continue le même manège plusieurs jours de suite; la même femelle est quelquefois ramenée au nid à diverses reprises. Les pontes s'accumulent ainsi dans la petite construction, formant une quantité plus ou moins considérable de tas, qui, réunis, deviennent une masse considérable. Ces habitudes de polygamie de l'Épinoche mâle suffiraient à montrer que, parmi ces poissons, les femelles sont beaucoup plus abondantes que les mâles, si l'inspection d'un grand nombre d'individus, pris dans une foule de localités, n'avait fait constater à cet égard une disproportion très-marquée.

« Lorsque les nids sont remplis d'œufs, lorsque les pontes sont achevées, la mission du mâle n'est pas arrivée à son terme. Ce mâle va avoir pour premier soin de fermer l'ouverture du nid qui a été le passage de sortie pour les femelles ; ensuite, il veillera sur le berceau de sa postérité, avec une persévérance et une sollicitude dont les oiseaux n'offrent pas d'exemple plus parfait. Ne voulant rien laisser approcher de son nid, il donne la chasse et poursuit avec fureur les insectes et les poissons attirés par la présence de ces magasins d'œufs, si séduisants pour les voraces habitants dès eaux. S'il a affaire à des ennemis trop nombreux ou trop puissants, il doit naturellement succomber malgré sa vaillance; mais en pareille circonstance, avec le sentiment de sa faiblesse relative, il sait avoir recours à la ruse. Il s'éloigne de son nid, il fuit pour détourner l'attention de l'ennemi, sans toujours y parvenir. Les œufs sont quelquefois mangés, l'édifice bouleversé, et tout est à recommencer pour l'Épinoche, qui ne se décourage pas si la saison est peu avancée.

« Pendant dix à douze jours, s'écoulant entre le moment de la ponte et celui de l'éclosion des jeunes, on voit fréquemment ce mâle venir, le museau placé vers l'entrée de son nid, agiter ses nageoires avec force, pour déterminer des courants sur les œufs. C'est le moyen de les bien laver et d'empêcher qu'aucune végétation ne puisse se développer à la surface ». Il faut ajouter : et de les bien aérer.

Dans certaines circonstances, lorsque, par exemple, le mâle a trouvé une cavité convenable parmi des plantes, il s'en empare et se contente de la préparer pour recevoir les œufs.

Toute la Normandie. — T.-C.

2. **Gasterosteus pungitius L.** — Épinoche épinochette.

NOTE. — L'Épinoche épinochette, de même que l'espèce précédente : Épinoche aiguillonnée (*Gasterosteus aculeatus* L.), est une espèce polymorphe qui a donné lieu à la création d'une série de noms, formes qui ne sont, pour la plupart des ichthyologistes, que de simples variétés, tandis que certains les regardent comme de véritables espèces. Pour en citer un exemple, Émile Blanchard, dans son ouvrage sur *Les Poissons des eaux douces de la France* (op. cit.), donne la description des cinq formes suivantes, qu'il considère comme étant de réelles formes spécifiques : Épinochette piquante (*Gasterosteus pungitius* L.), É. bourguignonne (*G. burgundianus* Blanch.), É. lisse (*G. laevis* Cuv.),

É. lorraine (*G. lotharingus* Blanch.) et É. à tête courte (*G. breviceps* Blanch.).

Je crois inutile de tenir compte de ces variétés, dont au moins deux se trouvent en Normandie, et les réunis toutes sous le même nom spécifique ci-dessus, ainsi que je le fais pour l'Épinoche aiguillonnée. (Voir la note de la p. 366).

Gastérostée épinochette.

Arselet, Darselet, Digard, Épignoc, Épinarde, Épinocle.

Cuvier et Valenciennes. — Op. cit., t. IV, in-4°, p. 370; in-8°, p. 506.
Emile Blanchard. — Op. cit., p. 238, fig. 25 (p. 197) et 38—43.
H. Gervais et R. Boulart. — Op. cit., t. I, p. 66, pl. V, la fig. à droite, et pl. VI, la fig. en bas.
Émile Moreau. — Op. cit. : *Histoire*, t. III, p. 169; — *Manuel*, p. 382.
Francis Day. — Op. cit., t. I, p. 237 et 244, et pl. LXVIII, fig. 4 (anomalie).
Amb. Gentil. — *Ichthyologie de la Sarthe* (op. cit.), p. 361; tiré à part, p. 6.
F.-A. Smitt. — Op. cit., 2e part., p. 646 et 658; atlas, pl. XXVIII, fig. 3 et 4.

L'Épinoche épinochette habite les eaux douces courantes et stagnantes : ruisseaux, rivières, fleuves, sources, canaux, mares, étangs, lacs, etc. On la trouve aussi dans les eaux saumâtres et dans la zone littorale. Elle préfère les eaux limpides et courantes. Cette espèce vit généralement en bandes, petites ou grandes. Son naturel est irascible. Elle a des mouvements d'une grande rapidité. Ce poisson minuscule est très-vorace. Sa nourriture se compose de vers, de crustacés, d'insectes et de larves, de mollusques, d'œufs et de très-jeunes poissons, de fragments d'herbes. L'Épinoche épinochette fraie au printemps et en été. Sa nidification est tout aussi remarquable que celle de la précédente espèce: Épinoche aiguillonnée (*Gasterosteus aculeatus* L.). Comme chez cette dernière, c'est le mâle seul qui construit le nid. Il l'établit, dit Émile Blanchard (op. cit., p. 195), « à une certaine hauteur du sol, parmi les plantes qui croissent dans les eaux, entre les tiges ou contre les feuilles. Il fait choix des matériaux les plus délicats; ce sont surtout des conferves, des brins d'herbes très-déliés. Il en apporte jusqu'à ce qu'il y en ait un paquet suffisant pour construire le petit édifice, en prenant des soins incessants pour leur faire contracter adhérence avec les végétaux sur lesquels ils sont appuyés, et les empêcher d'être entraînés par le courant. Il emploie, dans ce but, le même moyen que l'Épinoche : il englue de mucus toutes les parties, à l'aide de frottements de son corps. Lorsque la masse des brins d'herbes et des conferves est devenue assez considérable, il s'efforce de pénétrer dans le milieu en poussant avec son museau. Dès qu'il a réussi à s'enfoncer un peu dans cette masse, il se retourne à diverses reprises, et avance de mieux en mieux en faisant agir ses nombreuses épines dorsales qui contournent et enchevêtrent tous les brins les uns avec les autres. Parvenu au bout, il sort par l'extrémité opposée à celle par laquelle il a pénétré. A ce moment, le nid a pris sa forme définitive. On a comparé assez heureusement ce nid à un petit manchon. Le poisson a encore peut-être quelques précautions à prendre pour que le petit édifice soit achevé, les parois du tube bien lissées, l'orifice d'entrée bien uni. Tout cela s'exécutera à l'aide des procédés que nous avons vu employés par l'Épinoche. (Se reporter à la page 368).

« Le nid de l'Épinochette est encore plus gracieux que celui de l'Épinoche. D'abord, il est suspendu aux feuilles et aux tiges comme le nid des petits oiseaux; ensuite, n'ayant point de contact avec la terre, avec la vase, il conserve ordinairement une jolie teinte verte.

« On ne découvre pas aussi facilement les nids des Épinochettes que ceux des Épinoches; cachés entre les herbes, entre les roseaux, ils demeurent dérobés aux regards les plus attentifs. Une recherche spéciale devient nécessaire pour les apercevoir ».

Quand le nid est prêt à recevoir les œufs, l'Épinoche épinochette mâle se livre aux mêmes actes sexuels que le mâle de l'Épinoche aiguillonnée. (Voir, à cet égard, la page 370). Le mâle ne construit pas toujours un nid ; les œufs sont alors déposés parmi les plantes.

Toute la Normandie. — T.-C.

2e Genre. *SPINACHIA* — GASTRÉE.

1. Spinachia vulgaris Flem. — **Gastrée vulgaire.**

Gasterosteus spinachia L.
Gastraea spinachia Sauv.
Polyacanthus spinachia Sws.
Spinachia Linnei Malm.

Épinoche de mer.
Gastérostée spinachie.
Gastrée commune, G. ordinaire.
Spinachie commune, S. ordinaire, S. vulgaire.

Cuvier et Valenciennes. — Op. cit., t. IV, in-4°, p. 373 ; in-8°, p. 509.

H. Gervais et R. Boulart. — Op. cit., t. II, p. 68 et pl. XXVIII.

Émile Moreau. — Op. cit. : *Histoire*, t. III, p. 171 et fig. 164 ; — *Manuel*, p. 383.

Francis Day. — Op. cit., t. I, p. 246, et pl. LXVIII, fig. 5.

F.-A. Smitt. — Op. cit., 2e part., p. 638 ; atlas, pl. XXVIII, fig. 5.

La Gastrée vulgaire ou Épinoche de mer habite le voisinage immédiat du littoral, y compris la zone du balancement des marées, et va parfois dans les eaux saumâtres. Elle aime les endroits sablonneux parsemés de pierres couvertes de fucacées, et les prairies de zostères ; mais elle vit aussi dans les endroits rocheux garnis d'algues. Elle mène une existence plus ou moins solitaire parmi les plantes. Son naturel n'est pas très-actif, mais elle a des mouvements très-rapides. Cette espèce est résistante à la mort et vorace. Sa nourriture se compose principalement de crustacés et de vers ; elle mange aussi des œufs et des jeunes poissons, etc. La saison du frai, pendant laquelle les Gastrées vulgaires vivent par couples, est le printemps et l'été. Le mâle construit, dans un endroit abrité, un nid qui est placé sous une touffe d'algues ou protégé par une pierre, ou qui repose sur le fond de l'eau. Les matériaux de construction sont des fragments de plantes, que le mâle enduit d'une substance glutineuse sécrétée par lui. Des filaments très-ténus de cette substance, qui se durcit dans l'eau, servent aussi à maintenir ensemble les parois du nid. Les œufs, très-bien dissimulés parmi ces matériaux, sont disposés en grappes comme du raisin et reliés les uns aux autres en une masse compacte, au moyen de filaments très-fins constituant un réseau qui luit au soleil comme une toile d'araignée ou des fils de soie très-ténus. Le mâle et la femelle veillent attentivement sur le nid et sur leurs petits, en les défendant au besoin avec courage. Quand le nid a été construit dans la zone du balancement des marées, ils sont obligés de le quitter au cours du reflux ; mais l'humidité qu'il conserve est suffisante pour les œufs et les jeunes jusqu'au retour du prochain flux.

Littoral de la Normandie. — A. C. en toute saison.

15e Famille. *MUGILIDAE* — MUGILIDÉS.

1er Genre. *MUGIL* — MUGE.

1. **Mugil auratus** Risso — Muge doré.

Mulet.

CUVIER et VALENCIENNES. — Op. cit., t. XI, in-4°, p. 31; in-8°, p. 43; et pl. CCCVIII (les deux fig. en-bas) (les 2 édit.).
H. GERVAIS et R. BOULART. — Op. cit., t. II, p. 196 et pl. LXXIII.
Émile MOREAU. — Op. cit. : *Histoire*, t. III, p. 182 et 185, et fig. 167; — *Manuel*, p. 387 et 388.
F.-A. SMITT. — Op. cit., 1re part., p. 333, 337 et 340, et fig. 89.

Le Muge doré a très-probablement des mœurs semblables à celles du Muge à grosses lèvres (*Mugil chelo* Cuv.), espèce dont il est question dans les pages suivantes.

Littoral de la Normandie. — Probablement plus ou moins commun et s'y trouvant en toute saison.

Dans son *Histoire naturelle des Poissons de la France* (op. cit., t. III, p. 188) et son *Manuel d'Ichthyologie française* (op. cit., p. 389), Émile Moreau dit seulement, concernant la présence du Muge doré sur les côtes normandes : « très-rare, Dieppe ». Je suis, pour les raisons suivantes, d'un avis contraire :

M. René Chevrel, chef des travaux de Zoologie à la Faculté des Sciences de Caen, m'a informé que le *Mugil auratus* Risso avait été pêché dans la baie de l'Orne (Calvados) ; et un exemplaire de ce Muge provenant de cette localité, spécimen déterminé par lui et dont nous avons revu ensemble la détermination, est conservé dans l'alcool et fait partie des collections du Laboratoire maritime de Luc-sur-Mer (Calvados).

De plus, un Muge pris dans la baie de l'Orne et acheté sans aucun examen au marché de Caen, le 25 juin 1897, parmi d'autres exemplaires dont au moins plusieurs appartenaient vraisemblablement à la même espèce, fut déterminé à l'état frais, par M. René Chevrel et moi, comme étant un Muge doré. Pour rendre plus certaine notre détermination, j'ai envoyé, dans l'alcool, cet exemplaire à l'éminent ichthyologiste, M. le professeur F.-A. Smitt, du Muséum royal d'Histoire naturelle de Stockholm, qui a eu l'obligeance d'examiner le spécimen en question — ce dont je le remercie grandement — et a confirmé notre détermination.

En définitive, je pense que le Muge doré, qui a beaucoup de ressemblance avec l'espèce suivante : Muge capiton (*Mugil capito* Cuv.), et que, par cela même, on peut facilement confondre avec elle, est, probablement, plus ou moins commun sur le littoral de la Normandie et s'y trouve en toute saison. J'appelle l'attention des zoologues sur cette question faunique.

2. **Mugil capito** Cuv. — Muge capiton.

Mugil ramada Risso.

Muge ramade.

Mulet.

CUVIER et VALENCIENNES. — Op. cit., t. XI, in-4°, p. 26; in-8°, p. 36; et pl. CCCVIII (les 2 fig. en haut) (les 2 édit.).

Émile BLANCHARD. — Op. cit., p. 248 et fig. 44.

H. GERVAIS et R. BOULART. — Op. cit., t. II, p. 193 et pl. LXXII.

Émile MOREAU. — Op. cit. : *Histoire*, t. III, p. 182 et 188; — *Manuel*, p. 387 et 389.

Francis DAY. — Op. cit., t. I, p. 230 et pl. LXVI.

F.-A. SMITT. — Op. cit., 1re part., p. 333 et 339, et fig. 90.

Le Muge capiton habite la mer, dans le voisinage des côtes, et fréquente les embouchures des fleuves et des grandes rivières, ainsi que les ports. Pendant la saison chaude, il remonte souvent les fleuves, les rivières et les canaux jusqu'à des distances plus ou moins grandes de leur embouchure. On le trouve aussi dans des lacs et des étangs d'eau douce ; c'est dire qu'il vit fort bien dans cette eau. Il se tient en bandes ; il a un naturel très-actif, des mouvements rapides et une agilité fort grande. Sa nourriture se compose de crustacés, de mollusques, de vers, de larves d'insectes, d'œufs de poissons, de zostères, d'algues, etc. ; il aime surtout les aliments qui sont mous, graisseux ou huileux, et mange très-volontiers des substances en décomposition. Une femelle bien développée pond annuellement plusieurs millions d'œufs.

Littoral de la Normandie. — C. en toute saison.

Le Muge capiton « remonte la Seine jusqu'aux environs de Rouen, habituellement en avril, ou même en mars lorsque la température est douce, et il regagne la mer à l'arrivée des premiers froids, vers la fin du mois d'octobre ». [Henri GADEAU DE KERVILLE. — *Aperçu de la faune actuelle de la Seine et de son embouchure, depuis Rouen jusqu'au Havre* (op. cit.), p. 194].

3. **Mugil chelo** Cuv. — Muge à grosses lèvres.

Mugil labrosus Risso, *M. septentrionalis* Gthr.

Muge chélon.

Mulet.

Cuvier et Valenciennes. — Op. cit., t. XI, in-4°, p. 36; in-8°, p. 50; et pl. CCCIX (les 2 fig. en haut) (les 2 édit.).
H. Gervais et R. Boulart. — Op. cit., t. II, p. 197.
Émile Moreau. — Op. cit. : *Histoire,* t. III, p. 182 et 195; — *Manuel,* p. 387 et 392.
Francis Day. — Op. cit., t. I, p. 232 et pl. LXVII.
Amb. Gentil. — *Ichthyologie de la Sarthe* (op. cit.), p. 362; tiré à part, p. 7.
F.-A. Smitt. — Op. cit., 1re part., p. 333, 334 et 340; atlas, pl. XV, fig. 11.

Le Muge à grosses lèvres habite la mer, dans le voisinage du littoral, se plaisant surtout dans les parties vaseuses des baies et dans les prairies de zostères, et fréquentant les ports, ainsi que les embouchures des fleuves et des grandes rivières et les canaux, où souvent, pendant la saison chaude, il remonte aussi loin que la marée se fait sentir. Il peut vivre fort bien dans les eaux douces. Le Muge à grosses lèvres se tient en bandes. Son naturel est très-actif et ses mouvements sont rapides. Il est doué d'une très-grande agilité. Sa nourriture se compose de crustacés, de mollusques, de vers, d'œufs de poissons, de zostères, d'algues, etc.; il est surtout avide d'aliments qui sont mous, graisseux ou huileux, et mange très-volontiers des substances en décomposition.

Littoral de la Normandie. — C. en toute saison.

16e Famille. *ATHERINIDAE* — ATHÉRINIDÉS.

1er Genre. *ATHERINA* — ATHÉRINE.

1. **Atherina presbyter** Jen. — **Athérine prêtre.**

Capelan, Éperlan, Éplan, Faux éperlan, Gras d'eau, Prêtre, Rozeret, Rozette.

Cuvier et Valenciennes. — Op. cit., t. X, in-4°, p. 325; in-8°, p. 439; et pl. CCCIV—CCCV (pl. unique), fig. 2, (les 2 édit.).

H. Gervais et R. Boulart. — Op. cit., t. II, p. 202 et pl. LXXIV.

Émile Moreau. — Op. cit. : *Histoire*, t. III, p. 202 et 207; *Supplément*, p. 57; — *Manuel*, p. 395 et 397.

Francis Day. — Op. cit., t. I, p. 225, et pl. LXV, fig. 1.

L'Athérine prêtre habite le voisinage des côtes, fréquentant les baies, les eaux saumâtres des embouchures des fleuves et des grandes rivières, les ports, les marais salants, et se retirant, pendant la saison froide, dans des eaux de moins faible profondeur. Elle vit en bandes et fraie au printemps et en été.

Littoral de la Normandie. — C. en toute saison.

17e Famille. *AMMODYTIDAE* — AMMODYTIDÉS.

1er Genre. *AMMODYTES* — AMMODYTE.

1. Ammodytes lanceolatus Lesauv. — **Ammodyte lançon.**

Cigare, Ékil, Lanchon.

H. Gervais et R. Boulart. — Op. cit., t. III, p. 89, et pl. XXXII, fig. 2.

Émile Moreau. — Op. cit. : *Histoire*, t. III, p. 216 et 217; — *Manuel*, p. 401.

Francis Day. — Op. cit., t. I, p. 329, et pl. XCII, fig. 1, 1 a et 1 b.

F.-A. Smitt. — Op. cit., 2e part., p. 569 et 570, et fig. 135; atlas, pl. XXIII, fig. 4.

L'Ammodyte lançon a le même genre de vie que l'espèce suivante : Ammodyte équille (*Ammodytes tobianus* Lesauv.), avec laquelle on le trouve souvent.

Littoral de la Normandie. — A. C. — L'Ammodyte lançon habite en toute saison ce littoral, mais il y est plus commun pendant la saison chaude.

2. **Ammodytes tobianus** Lesauv. — Ammodyte équille.

Ammodytes lancea Cuv.

Équille commune, É. ordinaire, É. vulgaire.

Cigare, Ékil, Lanchon.

H. Gervais et R. Boulart. — Op. cit., t. III, p. 90, et pl. XXXII, fig. 1.
Émile Moreau. — Op. cit. : *Histoire*, t. III, p. 216 et 218, fig. 172, et fig. 12 (t. I, p. 113) ; — *Manuel*, p. 401 et 402.
Francis Day. — Op. cit., t. I, p. 331, et pl. XCII, fig. 2.
F.-A. Smitt. — Op. cit., 2e part., p. 569 et 574, et fig. 137.

L'Ammodyte équille habite la mer, sur les fonds sablonneux, à une certaine distance des côtes et à d'assez grandes profondeurs, ainsi que dans le voisinage du littoral et dans la zone du balancement des marées. Pendant la saison froide, il se retire à des profondeurs moins faibles que celles où il vit durant la saison chaude; toutefois, on prend encore souvent ce poisson, en hiver, dans la zone du balancement des marées. Il passe une partie de son existence enterré complètement dans le sable, où il s'enfonce avec une étonnante rapidité. L'Ammodyte équille est très-vorace. Il sort de sa cachette pour se mettre en quête de sa nourriture, qui se compose d'animaux variés, principalement de jeunes poissons et de vers. Les œufs, très-nombreux, sont pondus dans le sable mou. On trouve souvent cette espèce en compagnie de la précédente : Ammodyte lançon (*Ammodytes lanceolatus* Lesauv.).

Littoral de la Normandie. — T.-C. — L'Ammodyte équille habite en toute saison ce littoral, mais il y est plus abondant pendant la saison chaude.

18e Famille. *GADIDAE* — GADIDÉS.

1er Genre. *GADUS* — GADE.

1. **Gadus luscus L.** — Gade tacaud.

Gadulus luscus Malm.
Morhua lusca Flem.

Gode, Poule de mer.

H. Gervais et R. Boulart. — Op. cit., t. III, p. 61 et pl. XIX.
Émile Moreau. — Op. cit. : *Histoire*, t. III, p. 231 et 233; — *Manuel*, p. 409 et 410.
Francis Day. — Op. cit., t. I, p. 275 et 286, et pl. LXXX.
F.-A. Smitt. — Op. cit., 1re part., p. 466, 467, 493 et 498; atlas, pl. XXII a, fig. 2.

Le Gade tacaud habite la mer, dans les endroits rocheux et dans les endroits sablonneux, à des profondeurs plus ou moins petites, et il descend un peu pendant la période des froids. Très-souvent on le trouve, durant la saison chaude, dans les eaux saumâtres des embouchures des fleuves et des grandes rivières. C'est une espèce plus ou moins sédentaire. Elle est sociable et très-vorace. Sa nourriture se compose de poissons et de leurs œufs, de crustacés, de mollusques, de vers, etc. Elle fraie en hiver et au printemps.

Littoral de la Normandie. — T.-C. pendant la saison chaude. Le Gade tacaud se trouve en toute saison sur les côtes normandes.

2. **Gadus callarias** L. — Gade morue.

Gadus macrocephalus Til., *G. morhua* L., *G. ruber* Lacép.
Morhua callarias Cuv., *M. vulgaris* Flem.

Gade callarias.
Morue franche.

Mourue.

H. Gervais et R. Boulart. — Op. cit., t. III, p. 54 et pl. XIV et XV.

Émile Moreau. — Op. cit. : *Histoire*, t. III, p. 231 et 235, fig. 20 (t. I, p. 166), fig. 83 (t. II, p. 3) et fig. 84 (t. II, p. 15) ; — *Manuel*, p. 409 et 411.

Francis Day. — Op. cit., t. I, p. 275, fig. 3 (p. xv) et pl. LXXVIII.

F.-A. Smitt. — Op. cit., 1re part., p. 465, 467 et 472, et fig. 117 (p. 462) ; atlas, pl. XXII, fig. 2 et 3, et pl. XXIII, fig. 1.

Le Gade morue ou Morue franche habite la mer, dans des eaux d'une assez grande profondeur, montant dans des eaux moins profondes pendant la période de la reproduction. Les jeunes se tiennent à des distances plus ou moins faibles de la surface, ainsi qu'à la surface même, et vivent aussi dans des eaux saumâtres ; plus ils grossissent, plus ils descendent dans l'eau. Cette espèce est très-sociable. Son naturel est indolent. Le Gade morue est très-vorace. Sa nourriture, qu'il cherche habituellement près du fond, se compose principalement de poissons et de leurs œufs, de crustacés, de mollusques et de vers. La période de la reproduction est comprise entre le commencement de l'automne et la fin du printemps. Les poissons se tiennent alors en bandes nombreuses et serrées ; les vieux mâles et les vieilles femelles frayant généralement avant les jeunes. Les mâles sont aptes à se reproduire dans leur troisième année et les femelles dans leur quatrième. Les œufs sont pondus libres, fécondés, puis montent jusqu'à la surface, où ils flottent. Une femelle bien développée produit annuellement plusieurs millions d'œufs, qui n'arrivent pas tous ensemble à maturité ; elle met plusieurs semaines à les pondre. L'éclosion a lieu au bout de treize à cinquante jours environ, selon la température de l'eau. Pendant une partie de leur jeunesse, les Gades morues se protègent en accompagnant les Discoméduses ou en se mettant à l'abri sous des algues ou autres objets flottants. Afin de donner une idée de l'abondance de ce poisson, disons que, dans le nord de l'Atlantique, il est pêché annuellement au moins de trois à quatre cents millions d'adultes environ.

Littoral de la Normandie. — C. pendant la saison chaude. Le Gade morue existe en toute saison sur les côtes normandes, mais ce sont principalement des jeunes qui s'y trouvent.

3. **Gadus aeglefinus** L. — Gade églefin.

Aeglefinus Linnei Malm.
Melanogrammus aeglefinus Gill.
Merlangus aeglefinus Bp.
Morhua aeglefinus Flem.

Mourue.

H. Gervais et R. Boulart. — Op. cit., t. III, p. 58 et pl. XVI.

Émile Moreau. — Op. cit. : *Histoire*, t. III, p. 231 et 237; — *Manuel*, p. 409 et 412.

Francis Day. — Op. cit., t. I, p. 275 et 283, et pl. LXXIX.

F.-A. Smitt. — Op. cit., 1re part., p. 465 et 466; atlas, pl. XXII, fig. 1, et pl. XXIII, fig. 2.

Le Gade églefin habite la mer, au voisinage des côtes, dans des eaux d'une certaine profondeur; les adultes, ni même les jeunes, ne s'approchent tout près du rivage. Ce poisson recherche les fonds vaseux et sablonneux. Presque continuellement il voyage; les adultes en plus ou moins petites compagnies, et les jeunes en grandes bandes. Fréquemment, il ne vient pas ou ne se rend qu'en petit nombre, pendant plusieurs années, dans tels et tels endroits où précédemment il était commun, et où il reviendra en plus ou moins grande abondance. Le Gade églefin est très-vorace. Sa nourriture, qu'il cherche habituellement près du fond, se compose de poissons et de leurs œufs, de crustacés, de mollusques, de vers, d'échinodermes, etc. Il fraie entre le commencement de l'hiver et la fin du printemps. Les œufs sont flottants. Une femelle bien développée pond annuellement de plusieurs centaines de mille œufs jusqu'à deux millions et même davantage. Pendant une partie de leur jeunesse, ces poissons, pour se protéger, accompagnent les Discoméduses.

Littoral de la Normandie. — P. C. pendant la saison chaude. Le Gade églefin se trouve en toute saison sur les côtes normandes.

OBSERVATION.

Gadus minutus L. — **Gade capelan.**

A.-E. Malard indique cette espèce, sans aucun détail géonémique, dans son *Catalogue des Poissons des côtes de la Manche dans les environs de Saint-Vaast* (op. cit., p. 88).

Je ne puis, d'après ce vague renseignement, le seul que je connaisse, inscrire le Gade capelan comme faisant partie de la faune du département de la Manche, et, par suite, de la faune normande.

2e Genre. *MERLANGUS* — MERLAN.

1. **Merlangus vulgaris** Flem. — **Merlan vulgaire.**

Gadus merlangus L.
Merlangus Linnei Malm.

Gade merlan.
Merlan commun, M. ordinaire.

Mélan, Mêlan.

H. Gervais et R. Boulart. — Op. cit., t. III, p. 59 et pl. XVII.

Émile Moreau. — Op. cit. : *Histoire*, t. III, p. 239 ; — *Manuel*, p. 413.

Francis Day. — Op. cit., t. I, p. 275 et 290, et pl. LXXXII.

F.-A. Smitt. — Op. cit., 1re part., p. 466, 467, 486 et 487; atlas, pl. XXIV, fig. 1.

Le Merlan vulgaire habite la mer. Il vit, pendant la saison chaude, dans des eaux d'une profondeur plus ou moins faible, et se retire, pendant la saison froide, dans des eaux plus profondes. Il recherche les fonds sablonneux et n'est pris que par exception dans les endroits rocheux, sauf dans ceux qui contiennent de petites parties sablonneuses. Très-souvent il entre dans les eaux saumâtres des embouchures des fleuves et des grandes rivières. Il est peu voyageur et peu sociable; cependant, on le rencontre parfois en grandes bandes. Ses mouvements sont prompts quand il veut saisir une proie ou lorsqu'il est effrayé; mais, autrement, il nage d'une façon lente. Il est très-vorace. Sa nourriture se compose de poissons et de leurs œufs, de crustacés, de mollusques, de vers, etc. La saison du frai est très-variable; habituellement c'est l'hiver et le printemps. Les œufs sont flottants. Les jeunes, pendant une partie de leur existence, se protègent en accompagnant les Discoméduses.

Littoral de la Normandie. — T.-C. pendant la saison chaude. Cette espèce se trouve en toute saison sur les côtes normandes.

Des Merlans vulgaires remontent, mais très-rarement, à l'époque des grandes chaleurs, dans l'eau saumâtre de l'estuaire de la Seine jusqu'à la hauteur de la pointe de la Rocque [commune de Saint-Samson-de-la-Rocque (Eure)]. [Henri Gadeau de Kerville. — *Aperçu de la faune actuelle de la Seine et de son embouchure, depuis Rouen jusqu'au Havre* (op. cit.), p. 192].

2. **Merlangus pollachius** (L.) — Merlan jaune.

Gadus pollachius L.

Merlangus pollachius Yarr.

Pollachius Linnei Malm, *P. typus* Bp.

Gade pollack.
Merlan lieu.

Colin, Grelin, Lu, Luts, Merluverdin.

H. Gervais et R. Boulart. — Op. cit., t. III, p. 64 et pl. XXI.
Émile Moreau. — Op. cit. : *Histoire*, t. III, p. 239 et 241 ; — *Manuel*, p. 413 et 414.
Francis Day. — Op. cit., t. I, p. 275 et 296, et pl. LXXXIII, fig. 2.
F.-A. Smitt. — Op. cit., 1re part., p. 466, 467, 499 et 504 ; atlas, pl. XXIV, fig. 3.

Le Merlan jaune habite la mer, dans le voisinage des côtes. Il aime les endroits rocheux ; toutefois on le trouve, mais accidentellement, en des points où le fond est sablonneux. Il est sociable. Sa nourriture se compose de poissons et de leurs œufs, surtout des jeunes et des œufs de la Clupée hareng ou Hareng vulgaire (*Clupea harengus* L.) ; il mange aussi d'autres animaux. La reproduction a lieu pendant la saison froide.

Littoral de la Normandie. — T.-C. pendant la saison chaude. Le Merlan jaune se trouve en toute saison sur les côtes normandes.

OBSERVATION.

Merlangus virens (L.) — Merlan colin.

Il est fort probable que le Merlan colin — appelé aussi Merlan noir et M. vert — se trouve accidellement sur le littoral normand ; toutefois, ne connaissant aucun renseignement certain relatif à la venue de cette espèce sur ce littoral, la prudence, absolument indispensable en matière scientifique, me commande de ne pas indiquer avec certitude le *Merlangus virens* (L.) = *M. carbonarius* (L.) = *Gadus virens* L. = *G. carbonarius* L. comme appartenant à la faune de la Normandie.

Dans ses *Poissons de mer observés à Cherbourg en* 1858 *et* 1859 (op. cit., p. 133; tiré à part, p. 18), Henri Joüan dit que le Merlan colin est « rare à Cherbourg »; mais, dans son mémoire ultérieur ayant pour titre : *Époques et mode d'apparition des différentes espèces de Poissons sur les côtes des environs de Cherbourg* (op. cit., p. 124; tiré à part, p. 7), cet auteur dit que ce poisson « est très-rare dans nos eaux, si même il s'y montre quelquefois? »

Dans son *Catalogue des Poissons des côtes de la Manche dans les environs de Saint-Vaast* (op. cit., p. 88), A.-E. Malard a inscrit cette espèce sans donner, à son égard, un seul renseignement géonémique. Cet auteur m'a écrit que le Merlan colin se trouve sur les côtes normandes, mais j'ignore si ce poisson a été pris dans la bande littorale que je rattache, au point de vue faunique, à la Normandie, bande ayant une largeur maximum de douze kilomètres, sauf pour le petit archipel de Chausey, presque totalement situé en dehors de cette bande, mais que la logique oblige à rattacher en entier à cette province.

Enfin, le savant directeur de la Station aquicole de Boulogne-sur-Mer (Pas-de-Calais), M. Eugène Canu, m'a écrit que le Merlan colin est pêché en petit nombre au large des côtes normandes, particulièrement dans les mois de mai et de juin.

3e Genre. *MERLUCIUS* — MERLUS.

1. **Merlucius vulgaris** Flem. — Merlus vulgaire.

Gadus merlucius L.

Merlucius esculentus Risso, *M. Linnei* Malm, *M. sinuatus* Sws., *M. smiridus* Raf.

Gade merlus.
Merluche commune, M. ordinaire, M. vulgaire.
Merlus commun, M. ordinaire.

Anon, Hec.

H. GERVAIS et R. BOULART. — Op. cit., t. III, p. 68 et pl. XXIII.
Émile MOREAU. — Op. cit. : *Histoire*, t. III, p. 251 ; — *Manuel*, p. 420.
Francis DAY. — Op. cit., t. I, p. 300, et pl. LXXXV, fig. 1.
F.-A. SMITT. — Op. cit., 1re part., p. 515; atlas, pl. XXV, fig. 1.

Le Merlus vulgaire habite la mer, à des profondeurs variables, et se tient au fond de l'eau, excepté quand il chasse sa proie. C'est un poisson erratique. En certaines années, il est commun dans telles et telles régions, et, dans d'autres, il y est rare, puis de nouveau commun. Il ne vit en compagnie de ses semblables qu'à l'époque de la reproduction, se réunissant alors en bandes plus ou moins grandes. Il est très-vorace. Sa nourriture se compose principalement de poissons.

Littoral de la Normandie.—P.C. durant la saison chaude. Le Merlus vulgaire se trouve pendant toute l'année sur les côtes normandes.

4e Genre *LOTA* — LOTE.

1. **Lota vulgaris** Cuv. — Lote vulgaire.

Enchelyopus lota B. et S.
Gadus lota L.

Lota lepidion Can., *L. Linnei* Malm.
Molva lota Flem.

Gade lote
Lote commune, L. de rivière, L. ordinaire.

Émile BLANCHARD. — Op. cit., p. 272 et fig. 51.
H. GERVAIS et R. BOULART. — Op. cit., t. I, p. 169, fig. 34 (p. 43) et pl. LIV.
Émile MOREAU. — Op. cit. : *Histoire*, t. III, p. 255 et 256; — *Manuel*, p. 422.
Francis DAY. — Op. cit., t. I, p. 308 et pl. LXXXVII.
Amb. GENTIL. — *Ichthyologie de la Sarthe* (op. cit.), p. 363; tiré à part, p. 8.
F.-A. SMITT. — Op. cit., 1re part., p. 531 et 532, et fig. 128; atlas, pl. XXVI, fig. 1.

La Lote vulgaire habite les eaux douces, de préférence les eaux claires et tranquilles des cours d'eau et des lacs; on la trouve aussi dans des eaux saumâtres. Ce poisson ne vit jamais en bandes; il se tient habituellement caché au fond de l'eau, attendant sa proie plutôt qu'il ne la cherche, et ne monte jamais à la surface. La Lote vulgaire a des mouvements très-vifs et se meut à la façon des Anguilles. Elle a une grande résistance vitale et est très-vorace. Sa nourriture se compose de poissons et de leurs œufs, de vers, de larves et d'insectes, de mollusques, de crustacés, voire même de substances animales en décomposition. Elle fraie entre le milieu de l'automne et le milieu du printemps. Une femelle bien développée pond annuellement plusieurs centaines de mille œufs.

Normandie. — A. R.

2. **Lota molva** (L.) — Lote molve.

Enchelyopus molva B. et S.
Gadus molva L., *G. raptor* Nilss.

Lota molva Jen.
Molva Linnei Malm, *M. vulgaris* Flem.

Gade molve.
Lote lingue.
Molve commune, M. ordinaire, M. vulgaire.

H. GERVAIS et R. BOULART. — Op. cit., t. III, p. 73 et pl. XXV.
Émile MOREAU. — Op. cit. : *Histoire*, t. III, p. 255 et 258; — *Manuel*, p. 422 et 423.
Francis DAY. — Op. cit., t. I, p. 305 et pl. LXXXVI.
F.-A. SMITT. — Op. cit., 1re part., p. 521, 525, 526 et 531, et fig. 124—127 ; atlas, pl. XXVI, fig. 2.

La Lote molve habite la mer, à d'assez grandes profondeurs, mais on la trouve aussi dans des eaux plus ou moins faiblement profondes. Elle aime les endroits rocheux et se tient souvent cachée au fond de l'eau. Cette Lote est très-résistante à la mort et très-vorace. Sa nourriture se compose principalement de poissons; elle mange aussi des crustacés, des mollusques, des échinodermes, des vers. Elle fraie au printemps et pendant la première moitié de l'été. Les œufs sont flottants. Une femelle bien développée pond annuellement plusieurs millions d'œufs.

Littoral de la Normandie. — P. C. — La Lote molve se trouve en toute saison sur les côtes normandes.

5e Genre. *PHYCIS* — PHYCIS.

1. **Phycis blennoides** (Brünn.) — **Phycis blennoïde.**

Batrachoides Gmelini Risso.
Blennius gadoides Lacép.
Gadus albidus Gm., *G. blennoides* Brünn.

Phycis blennoides B. et S., *P. furcatus* Flem., *P. Gmelini* Risso, *P. tinca* B. et S.

Batrachoïde de Gmelin.

Blennie gadoïde.

Merlus barbu.

Phycis barbu, P. de Gmelin.

H. GERVAIS et R. BOULART. — Op. cit., t. III, p. 71 et pl. XXIV.

Émile MOREAU. — Op. cit. : *Histoire*, t. III, p. 264; — *Manuel*, p. 426.

Francis DAY. — Op. cit., t. I, p. 303, et pl. LXXXV, fig. 2.

F.-A. SMITT. — Op. cit., 1re part., p. 540 et fig. 129 (p. 539); atlas, pl. XXV, fig. 2.

Le Phycis blennoïde habite la mer, en général à d'assez grandes profondeurs. Sa nourriture se compose principalement de crustacés et de poissons. Il fraie dans la seconde moitié du printemps et pendant l'été.

Seine-Inférieure :

« Se pêche à La Hève (commune de Sainte-Adresse), sous les roches, dans les grandes mers d'équinoxe. Assez rare ». [G. LENNIER. — *L'Estuaire de la Seine* (op. cit.), t. II, p. 156].

6e Genre. *ONOS* — MOTELLE.

1. **Onos tricirratus** (Bl.) — **Motelle à trois barbillons.**

Couchia argentata Gthr.

Gadus argenteolus Mont., *G. tricirratus* Bl.

Motella argenteola Yarr., *M. tricirrata* Nilss., *M. vulgaris* Yarr.
Onos mustella Risso, *O. vulgaris* Collett, *O. tricirratus* Smitt.

Motelle commune, M. ordinaire, M. vulgaire.
Mustèle à trois barbillons.

Loche, Loche de mer, Loque, Loque de mer, Renard, Renard de mer.

H. GERVAIS et R. BOULART. — Op. cit., t. III, p. 75 et pl. XXVI.
Émile MOREAU. — Op. cit. : *Histoire*, t. III, p. 268; — *Manuel*, p. 428.
Francis DAY. — Op. cit., t. I, p. 314 et 317, pl. LXXXVIII, fig. 3, et pl. LXXXIX, fig. 1 et 1 a.
F.-A. SMITT. — Op. cit., 1re part., p. 544 et 550, et fig. 131.

La Motelle à trois barbillons habite la mer, généralement à de petites profondeurs et même dans la zone du balancement des marées ; toutefois, elle habite aussi dans des eaux plus profondes. Elle vit sur les fonds rocheux garnis d'algues, se cachant parmi ces plantes et sous les pierres. On la trouve aussi sur les fonds vaseux couverts de zostères. Elle se tient le plus souvent au fond de l'eau. La Motelle à trois barbillons nage avec rapidité. Elle est très-vorace. Sa nourriture se compose de crustacés, de poissons et de leurs œufs, de mollusques, de vers, etc.

Littoral de la Normandie. — A. C. en toute saison.

2. **Onos mustela** (L.) — Motelle à cinq barbillons.

Ciliata glauca Couch.
Couchia glauca W. Thomps., *C. minor* W. Thomps.

Enchelyopus mustela R. et S.

Gadus fuscus Bonnat., *G. mustela* L., *G. quinquecirratus* Cuv.

Motella glauca Jen., *M. mustela* Nilss., *M. quinquecirrata* Yarr.

Onos mustela Collett.

Motelle glauque, M. mustèle.

Mustèle à cinq barbillons.

Loche, Loche de mer, Loque, Loque de mer.

H. Gervais et R. Boulart. — Op. cit., t. III, p. 77, et pl. XXVII, fig. 1.

Émile Moreau. — Op. cit. : *Histoire*, t. III, p. 268, 273 et 274 ; — *Manuel*, p. 428 et 430.

Francis Day. — Op. cit., t. I, p. 314, et pl. LXXXIX, fig. 2.

F.-A. Smitt. — Op. cit., 1re part., p. 544 et 554, et fig. 132—134; atlas, pl. XXVII, fig. 2 et 3.

La Motelle à cinq barbillons habite la mer, à de faibles profondeurs, y compris la zone du balancement des marées. Elle préfère les endroits rocheux, mais on la trouve souvent dans les endroits sablonneux parsemés de touffes d'algues. Elle vit aussi dans les eaux saumâtres. Sa nourriture se compose principalement de poissons et de leurs œufs, de mollusques et de crustacés. Cette espèce fraie en hiver et au printemps. Pendant une partie de leur jeunesse, les Motelles à cinq barbillons se protègent en accompagnant les Discoméduses et en se mettant sous des objets flottants.

Littoral de la Normandie. — T.-C. en toute saison.

7e Genre. *RANICEPS* — RANICEPS.

1. **Raniceps raninus** (L.) — Raniceps trifurqué.

Batrachoides blennioides Lacép.
Blennius fuscus Müll., *B. raninus* L., *B. tridactylus* Lacép., *B. trifurcatus* Shaw.
Gadus raninus Brünn.
Phycis fusca B. et S., *P. ranina* B. et S.
Raniceps fuscus Kroy., *R. niger* Nilss., *R. raninus* Cuv., *R. trifurcatus* Flem.

Batrachoïde blennioïde.
Blennie tridactyle.
Raniceps commun, R. ordinaire, R. vulgaire.

H. GERVAIS et R. BOULART. — Op. cit., t. III, p. 79 et pl. XXVIII.
Émile MOREAU. — Op. cit. : *Histoire*, t. III, p. 275 ; — *Manuel*, p. 432.
Francis DAY. — Op. cit., t. I, p. 320, et pl. XC, fig. 1.
F.-A. SMITT. — Op. cit., 1re part., p. 558 ; atlas, pl. XXV, fig. 3.

Le Raniceps trifurqué habite la mer, à des profondeurs variables et dans les endroits garnis de végétation. Sa nourriture se compose de crustacés, de mollusques, de vers, d'échinodermes, de poissons, etc. Il émet une odeur très-désagréable.

Seine-Inférieure :

« Manche (mer), excessivement rare ;... Le Havre (G. Lennier) ». [Émile MOREAU. — Op. cit. : *Histoire*, t. III, p. 277 ; — *Manuel*, p. 433].

Calvados :

« Recueilli deux fois dans un dragage, sous Dives ». [G. Lennier. — *L'Estuaire de la Seine* (op. cit.), t. II, p. 156].

« Trois exemplaires de Raniceps trifurqué, pêchés sur les côtes du Calvados, font partie des collections du Musée d'Histoire naturelle de Caen (2 exemplaires) et du Laboratoire maritime de Luc-sur-Mer (Calvados) ». [Renseignement communiqué par M. René Chevrel, chef des travaux de Zoologie à la Faculté des Sciences de Caen].

Manche :

Dans la séance du 14 août 1864, M. Henri Joüan dit qu'un individu de cette espèce, pris au large de la digue de Cherbourg, a été envoyé au Muséum d'Histoire naturelle de Paris. Sa détermination a été faite par M. Guichenot. [Henri Joüan, renseignement in Mémoires de la Soc. impériale des Scienc. natur. de Cherbourg, t. X, Paris et Cherbourg, 1864, p. 314].

« Je n'ai vu, en tout, que deux individus : un tout petit, pris au large de la digue de Cherbourg, en 1864, et un autre, long de 0 m. 25, apporté au marché de cette ville, en décembre 1873 ». [Henri Joüan. — *Additions aux Poissons de mer observés à Cherbourg* (op. cit.), p. 357; tiré à part, p. 5].

« Manche (mer), excessivement rare ; deux des spécimens qui sont au Muséum d'Histoire naturelle de Paris viennent de Cherbourg, ils ont été envoyés par M. Joüan, en 1864; ils sont inscrits sous la dénomination de *Raniceps ranina;...* ». [Émile Moreau. — *Histoire* (op. cit.), t. III, p. 277]. — « Manche (mer), excessivement rare, Cherbourg (Joüan),... ; rare, Saint-Vaast-de-la-Hougue (E. Perrier) ». [Émile Moreau. — *Manuel* (op. cit.), p. 433].

19e Fam. *PLEURONECTIDAE* — PLEURONECTIDÉS.

1er Genre. *HIPPOGLOSSUS* — HIPPOGLOSSE.

1. Hippoglossus vulgaris Flem. — **Hippoglosse flétan.**

Hippoglossus gigas Sws., *H. Linnei* Malm, *H. maximus* Minding.
Pleuronectes hippoglossus L.

Pleuronecte flétan.

H. Gervais et R. Boulart. — Op. cit., t. III, p. 94 et pl. XXXIII.
Émile Moreau. — Op. cit. : *Histoire*, t. III, p. 287; — *Manuel*, p. 439.
Francis Day. — Op. cit., t. II, p. 5 et pl. XCIV.
F.-A. Smitt. — Op. cit., 1re part., p. 408 et 409; atlas, pl. XVII, fig. 1 et 2.

L'Hippoglosse flétan habite la mer, sur les fonds sablonneux et rocheux. Les individus de forte taille vivent généralement à des profondeurs plus ou moins grandes, et les jeunes viennent souvent dans des eaux beaucoup moins profondes, voire même jusqu'auprès du rivage. Ce poisson vit habituellement paisible sur le fond de l'eau; mais, quand il poursuit sa proie, il est vif dans ses mouvements. L'Hippoglosse flétan est très-vorace. Sa nourriture, qu'il cherche près du fond, se compose principalement de poissons; il mange aussi des crustacés, des mollusques, etc. Cette espèce fraie en hiver, au printemps et pendant l'été. Une femelle bien développée pond annuellement de deux à quatre millions d'œufs environ.

Seine-Inférieure :

« Manche (mer), assez rare;... Le Havre ». [Émile MOREAU. — *Histoire* (op. cit.), t. III, p. 288].

Calvados :

« Trois ou quatre Hippoglosses flétans ont été pris sur la côte du Calvados. Nous en possédons un grand individu à la Faculté des Sciences de Caen ». [Lettre inédite d'Eugène Eudes-Deslongchamps, en date du 2 octobre 1873 et adressée à M. Henri Joüan, à Cherbourg, qui a eu l'obligeance de me la communiquer]. Ce grand exemplaire, provenant aussi de la côte du Calvados, fait actuellement partie des collections du Musée d'Histoire naturelle de Caen.

2e Genre. *HIPPOGLOSSOIDES* — HIPPOGLOSSOÏDE.

1. **Hippoglossoides platessoides** (O. Fabr.) — **Hippoglossoïde platessoïde.**

Drepanopsetta limandoides Smitt, *D. platessoides* Gill.

Hippoglossoides limandoides Gthr., *H. platessoides* Gill.

Hippoglossus limanda Gottsche.

Platessa limandoides Parn.

Pleuronectes limandoides Bl., *P. linguatula* Pontopp., *P. platessoides* O. Fabr.

Limandier.

H. GERVAIS et R. BOULART. — Op. cit., t. III, p. 96 et pl. XXXIV.

Francis DAY. — Op. cit., t. II, p. 9 et pl. XCV.

F.-A. SMITT. — Op. cit., 1re part., p. 408 et 421 ; atlas, pl. XVII, fig. 3.

L'Hippoglossoïde platessoïde habite la mer, à des profondeurs plus ou moins faibles. Sa nourriture se compose de crustacés, de mollusques, d'échinodermes, de poissons.

Calvados :

Dans ses *Additions aux Poissons de mer observés à Cherbourg* (op. cit., p. 357; tiré à part, p. 5; en note), Henri Joüan dit : « Sur les côtes du Calvados, on appelle *Limandier* la *Platessa limandoides*. Je crois bien avoir vu cette dernière espèce à Cherbourg, mais je n'oserais l'affirmer ». Très-vraisemblablement, ce *Platessa limandoides* devait être l'*Hippoglossoides platessoides* (O. Fabr.). Or, ni dans son *Histoire naturelle des Poissons de la France* (1881), ni dans son *Supplément* à cet ouvrage (1891), ni dans son *Manuel d'Ichthyologie française* (1892), Émile Moreau ne mentionne cette dernière espèce.

Bien qu'Henri Joüan n'ait pas indiqué de nom d'auteur, j'ai pensé, comme je viens de le dire, qu'il avait voulu parler de l'*Hippoglossoides platessoides* (O. Fabr.) = *Hippoglossoides limandoides* (Bl.) = *Pleuronectes limandoides* Bl., etc., et l'ai prié de vouloir bien me fixer à cet égard.

Avec son extrême et habituelle obligeance, dont je le remercie profondément, ce savant distingué et très-sympathique m'a écrit ce qui suit : « Les lignes en question m'ont été dictées par la première des deux lettres que m'écrivait, le 2 et le 11 octobre 1873, feu Eugène Eudes-Deslongchamps (1), et dans lesquelles il me donnait l'énumération des Pleuronectidés des côtes du Calvados, en y joignant, pour

(1) Cet éminent naturaliste est mort en 1889, étant professeur de Géologie à la Faculté des Sciences de Caen. (H. G. de K.).

chacun d'eux, quelques notes courtes, ainsi que le croquis des espèces lui paraissant les plus remarquables ».

A propos de l'espèce en question, Eugène Eudes-Deslongchamps écrivait à M. Henri Joüan, dans la première de ces deux lettres, qui m'ont été communiquées par ce dernier, que cette espèce est « assez commune sur nos côtes calcaires, où elle préfère les petites plages entre les rochers ». De plus, la synonymie et la brève description, indiquées dans cette lettre, se rapportent bien à l'Hippoglossoïde platessoïde, appelé aussi Hippoglossoïde limandoïde. Enfin, il m'a communiqué un croquis fait minutieusement au crayon et à l'encre par Eugène Eudes-Deslongchamps, représentant cette espèce, que ce dernier désigne sous le nom de « *Platessa limandoides* (Bl.), le Limandier », et qui, dit-il, « atteint une assez grande taille ». Cette figure ressemble complètement à la figure en couleur donnée par F.-A. Smitt dans l'atlas (pl. XVII, fig. 3) de son grand ouvrage sur les Poissons scandinaves, ouvrage cité constamment dans ce fascicule.

Aucun doute n'est plus possible; l'Hippoglossoïde platessoïde appartient certainement à la faune de la Normandie.

Ce qui est étonnant, c'est que ce Pleuronectidé, signalé par Francis Day (op. cit., t. II, p. 10) sur la côte anglaise de la Manche, n'ait pas été indiqué par Émile Moreau dans ses deux ouvrages classiques en question sur les Poissons de la France. Cet éminent ichthyologiste n'aura pas vu les lignes dans lesquelles Henri Joüan l'a signalé, ou bien n'en aura pas tenu compte. Il est possible que, dans ces dernières années, l'Hippoglossoïde platessoïde ait été mentionné de nouveau sur les côtes françaises; mais je ne connais de certain, relativement à sa présence sur le littoral de la Normandi , que l'indication publiée par Henri Joüan, d'après le renseignement inédit d'Eugène Eudes-Deslongchamps.

Il reste la question de savoir si l'Hippoglossoïde platessoïde est réellement assez commun sur les côtes calcaires du Calvados, comme l'a dit ce dernier auteur, ou bien si cette espèce ne s'y trouve en plus ou moins grande abondance que d'une manière accidentelle. Je me permets d'appeler, sur cette intéressante question de géonémie, l'attention des zoologistes normands.

Manche :

Voir plus haut, immédiatement après le mot *Calvados*, les lignes d'Henri Joüan, où ce savant dit qu'il croit bien avoir vu cette espèce sur le marché de Cherbourg, sans toutefois oser l'affirmer.

3e Genre. *LIMANDA* — LIMANDE.

1. **Limanda platessoides** (Faber) — **Limande vulgaire.**

Limanda oceanica Bp., *L. vulgaris* Gottsche.
Platessa limanda Flem.
Pleuronectes limanda L., *P. platessoides* Faber.

Limande commune, L. ordinaire.
Pleuronecte limande.

H. GERVAIS et R. BOULART. — Op. cit., t. III, p. 112 et pl. XLV.

Émile MOREAU. — Op. cit. : *Histoire*, t. III, p. 289; — *Manuel*, p. 440.

Francis DAY. — Op. cit., t. II, p. 25 et 31, et pl. CIV.

F.-A. Smitt. — Op. cit., 1re part., p. 378, 386 et 407; atlas, pl. XX, fig. 3.

La Limande vulgaire habite la mer, à des profondeurs plus ou moins faibles, et particulièrement sur les fonds sablonneux. On la trouve aussi dans les eaux saumâtres. Elle se tient généralement sur le fond. Sa nourriture se compose de crustacés, de vers, de mollusques, d'échinodermes, etc. Elle fraie en hiver, au printemps et pendant la première moitié de l'été. Les jeunes éclosent au bout de dix à quinze jours environ, selon la température de l'eau.

Littoral de la Normandie. — T.-C. en toute saison.

4e Genre. *PLATESSA* — PLIE.

1. **Platessa vulgaris** Flem. — Plie carrelet.

Pleuronectes borealis Faber, *P. platessa* L.

Pleuronecte plie.
Plie franche, P. rosée.

H. Gervais et R. Boulart. — Op. cit., t. III, p. 109 et pl. XLII.
Émile Moreau. — Op. cit. : *Histoire*, t. III, p. 291 ; — *Manuel*, p. 441 et 442.
Francis Day. — Op. cit., t. II, p. 25 et pl. CI.
F.-A. Smitt. — Op. cit., 1re part., p. 378, 392, 401 et 407, et fig. 109 ; atlas, pl. XXI, fig. 2.

La Plie carrelet habite la mer, à des profondeurs plus ou moins faibles, principalement sur les fonds sablonneux ; toutefois, on la pêche souvent sur les fonds vaseux, et accidentellement sur les fonds rocheux. Elle vit aussi dans les eaux saumâtres et remonte volontiers, jusque dans l'eau douce, les fleuves et les grandes rivières dont le fond est sablonneux. Pendant la période des froids, elle se tient dans des eaux plus profondes. Elle mène généralement une vie indolente, et passe une grande partie de son temps cachée dans le sable, dont elle se recouvre avec une grande promptitude, ne laissant voir que la tête ou même seulement les yeux; au besoin, elle nage avec beaucoup de rapidité. La Plie carrelet est très-résistante à la mort. Sa nourriture se compose de crustacés, de mollusques, de vers, de poissons, d'échinodermes. Elle fraie en hiver et au printemps. Les œufs flottent dans l'eau salée, mais tombent au fond dans l'eau saumâtre. Une femelle bien développée pond annuellement d'une à plusieurs centaines de mille œufs.

Littoral de la Normandie. — T.-C. en toute saison.

2. **Platessa microcephala** (Donov.) — Plie microcéphale.

Cynoglossa microcephala Bp.
Microstomus latidens Gottsche.
Platessa microcephala Flem., *P. pola* Bp.
Pleuronectes cynoglossus Nilss., *P. microcephalus* Donov., *P. microstomus* Faber, *P. pola* Cuv., *P. quadridens* O. Fabr.

Plie à petite tête.

H. Gervais et R. Boulart. — Op. cit., t. III, p. 111 et pl. XLIII.

Émile Moreau. — Op. cit. : *Histoire*, t. III, p. 291 et 294; — *Manuel*, p. 441 et 443.

Francis Day. — Op. cit., t. II, p. 25 et 28, et pl. CII.

F.-A. Smitt. — Op. cit., 1re part., p. 378 et 383 ; atlas, pl. XX, fig. 1.

La Plie microcéphale habite la mer et se tient, de préférence, sur les fonds pierreux et rocheux. Sa nourriture se compose principalement de crustacés, de vers et de mollusques. Elle fraie habituellement au printemps et pendant la première moitié de l'été.

Calvados :

« Nous avons pêché plusieurs fois cette espèce au large de Trouville ». [G. LENNIER. — *L'Estuaire de la Seine* (op. cit.), t. II, p. 156].

Une Plie microcéphale, pêchée sur les côtes du Calvados, fait partie des collections du Musée d'Histoire naturelle de Caen. [Renseignement communiqué par M. René Chevrel, chef des travaux de Zoologie à la Faculté des Sciences de cette ville].

Manche :

« Assez rare à Cherbourg ». [Henri JOÜAN. — *Additions aux Poissons de mer observés à Cherbourg* (op. cit.), p. 358; tiré à part, p. 6].

« Manche (mer), assez rare... Cherbourg ». [Émile MOREAU. — Op. cit. : *Histoire*, t. III, p. 295; — *Manuel*, p. 443].

A.-E. Malard a inscrit la Plie microcéphale, sans aucun renseignement géonémique, dans son *Catalogue des Poissons des côtes de la Manche dans les environs de Saint-Vaast* (op. cit., p. 93).

5e Genre. *FLESUS* — FLET.

1. **Flesus vulgaris** É. Moreau — Flet vulgaire.

Platessa flesus Flem.

Pleuronectes flesus L.

Flet commun, F. ordinaire.
Pleuronecte flet, P. flez.

Cheval, Flonde, Flondre, Picaud.

Émile Blanchard. — Op. cit., p. 267 et fig. 50.
H. Gervais et R. Boulart. — Op. cit., t. III, p. 113 et pl. XLVI.
Émile Moreau. — Op. cit. : *Histoire*, t. III, p. 299 ; — *Manuel*, p. 445.
Francis Day. — Op. cit., t. II, p. 25 et 33, et pl. CV.
F.-A. Smitt. — Op. cit., 1re part., p. 378, 398 et 407 ; atlas, pl. XXI, fig. 1.

Le Flet vulgaire habite les eaux salées, saumâtres et douces, où il préfère les fonds sablonneux et les fonds vaseux ; mais il se trouve aussi sur les fonds pierreux. Dans la mer, il vit à de petites profondeurs, se retirant, pendant la période des froids, dans des eaux un peu plus profondes. Il habite les eaux saumâtres et les eaux douces des fleuves, des rivières, des canaux, des lacs et des fossés des marais et des prairies, et remonte aussi de petits cours d'eau. Ce poisson peut vivre dans une eau très-impure. Il passe une partie de son existence caché dans le sable ou la vase, les yeux et la bouche restant seuls visibles. Il nage habituellement tout près du fond. Le Flet vulgaire est très-résistant à la mort. Il est vorace. Sa nourriture se compose de mollusques, de crustacés, de vers, de jeunes poissons, d'insectes et de larves, etc. La reproduction a lieu dans les eaux salées, saumâtres et douces. La période du frai est comprise entre le commencement de l'hiver et la fin du printemps. Une femelle bien développée pond annuellement plusieurs centaines de mille œufs, un million et même davantage.

Normandie et son littoral. — T.-C. en toute saison.

6e Genre. *SOLEA* — SOLE.

1. **Solea vulgaris** Quensel — Sole vulgaire.

Pleuronectes solea L.

Solea Linnei Malm.

Pleuronecte sole.

Sole commune, S. franche, S. ordinaire.

H. Gervais et R. Boulart. — Op. cit., t. III, p. 116 et pl. XLVII.

Émile Moreau. — Op. cit. : *Histoire*, t. III, p. 303 et 304 ; — *Manuel*, p. 448.

Francis Day. — Op. cit., t. II, p. 39 et pl. CVI.

F.-A. Smitt. — Op. cit., 1re part., p. 372 ; atlas, pl. XX, fig. 2.

La Sole vulgaire habite la mer, sur les fonds sablonneux, pierreux et vaseux. Pendant la saison chaude, elle vit à une plus ou moins faible profondeur, et se retire, pendant la saison froide, dans des eaux plus profondes. On la trouve fréquemment dans les eaux saumâtres. Assez souvent, elle remonte les fleuves et les rivières à une certaine distance du littoral, et peut croître dans l'eau douce. Elle passe une grande partie de son existence cachée dans le sable, la bouche et les yeux étant seuls visibles. La Sole vulgaire est résistante à la mort. Sa nourriture se compose principalement de crustacés, de mollusques et de poissons : elle mange aussi des vers, des échinodermes, des œufs de poissons. Cette espèce fraie entre le milieu de l'hiver et le milieu de l'été.

Littoral de la Normandie. — T.-C. en toute saison.

2. **Solea lascaris** Risso (1) — Sole lascaris.

Pleuronectes lascaris Risso.
Solea aurantiaca Gthr., *S. impar* Benn., *S. nasuta* Nordm., *S. pegusa* Yarr.

Pleuronecte lascaris.
Sole à museau, S. orangée.

Sole pole.

H. GERVAIS et R. BOULART. — Op. cit., t. III, p. 118 et 119, et pl. XLVIII.
Émile MOREAU. — Op. cit. : *Histoire*, t. III, p. 303 et 307; — *Manuel*, p. 448 et 450.
Francis DAY. — Op. cit., t. II, p. 39 (*Solea impar*) et 42, et pl. CVII.

La Sole lascaris, qui habite la mer, a vraisemblablement des mœurs analogues à celles de la précédente espèce : Sole vulgaire (*Solea vulgaris* Quensel).

Seine-Inférieure :

« Manche (mer), rare,... Le Havre ». [Émile MOREAU. — *Histoire* (op. cit.), t. III, p. 310]. — « Assez commune, Le Havre,... ». [Émile MOREAU. — *Manuel* (op. cit.), p. 450].

La Sole lascaris est assez commune sur les fonds sableux de la partie ouest de la baie. [G. LENNIER. — *L'Estuaire de la Seine* (op. cit.), t. II, p. 156].

Calvados :

Voir les lignes précédentes de G. Lennier.

(1) Il ne faut pas mettre le nom de Risso entre parenthèses, car cet auteur a désigné ce poisson sous les noms de *Pleuronectes lascaris* et de *Solea lascaris*.

« Assez commune,... Trouville ». [Émile Moreau. — *Manuel* (op. cit.), p. 450].

« La Sole lascaris est rare sur les côtes du Calvados ». [Renseignement communiqué par M. René Chevrel, chef des travaux de Zoologie à la Faculté des Sciences de Caen].

Manche :

Dans son *Catalogue des Poissons des côtes de la Manche dans les environs de Saint-Vaast* (op. cit., p. 94), A.-E. Malard dit, relativement à la Sole lascaris : « On la trouve à Cherbourg...; je n'ai pas encore eu l'occasion de l'observer ».

7e Genre. *MICROCHIRUS* — MICROCHIRE.

1. **Microchirus luteus** (Risso) — Microchire jaune.

Microchirus luteus Bp.
Monochirus luteus O. Costa.
Pleuronectes luteus Risso.
Rhombus luteus Risso.
Solea lutea Bp.

Pleuronecte jaune.
Sole jaune.
Turbot jaune.

H. Gervais et R. Boulart. — Op. cit., t. III, p. 120.
Émile Moreau. — Op. cit. : *Histoire*, t. III, p. 315 et 316, et fig. 184; — *Manuel*, p. 453.
Francis Day. — Op. cit., t. II, p. 39 et 44, et pl. CVIII, fig. 2.

Le Microchire jaune est une espèce marine dont les mœurs sont, je le crois, peu connues.

Seine-Inférieure :

Le Microchire jaune se pêche, avec l'espèce suivante : Microchire panaché [*Microchirus variegatus* (Donov.), sur les fonds sableux de la partie ouest de l'estuaire. [G. Lennier. — *L'Estuaire de la Seine* (op. cit.), t. II, p. 157].

Calvados :

Voir les lignes précédentes de G. Lennier.

« Assez rare. Cette espèce, qui est indiquée par les auteurs anglais comme habitant la Manche, n'a pas encore été signalée, à notre connaissance, sur les côtes de France baignées par cette mer ». [René Chevrel. — *Poissons* (de la côte du Calvados) (op. cit.), p. 80]. Les lignes précédentes de G. Lennier montrent que le Microchire jaune a été signalé avant René Chevrel (onze ans avant lui), sur les côtes de la Normandie, voire même sur celle du Calvados, puisque la partie ouest de l'estuaire de la Seine dépend à la fois des départements du Calvados et de la Seine-Inférieure.

« Dans la baie de l'Orne, le chalut du Laboratoire maritime de Luc-sur-Mer (Calvados) a rapporté, à maintes reprises, un petit nombre de Microchires jaunes ». [Renseignement communiqué par M. René Chevrel, chef des travaux de Zoologie à la Faculté des Sciences de Caen].

2. **Microchirus variegatus** (Donov.) — **Microchire panaché.**

Microchirus lingula Bp., *M. variegatus* É. Moreau.
Monochirus lingula O. Costa, *M. variegatus* W. Thomps.
Pleuronectes Mangilii Risso, *P. microchirus* Delar., *P. variegatus* Donov.

Rhombus Mangilii Risso.
Solea Mangilii Bp., *S. variegata* Flem.

Pleuronecte de Mangili.
Sole de Mangili, S. panachée.
Turbot de Mangili.

H. GERVAIS et R. BOULART. — Op. cit., t. III, p. 119 et pl. XLIX.
Émile MOREAU. — Op. cit. : *Histoire*, t. III, p. 315 et 317; — *Manuel*, p. 453 et 454.
Francis DAY. — Op. cit., t. II, p. 39 et 43, et pl. CVIII, fig. 1.

Le Microchire panaché est une espèce marine dont les mœurs ne sont pas, je le suppose, bien connues.

Seine-Inférieure :

« Très-commun sur tous les fonds sableux de la partie ouest de l'estuaire ». [G. LENNIER. — *L'Estuaire de la Seine* (op. cit.), t. II, p. 157]. Il y a, je le crois, exagération relativement à l'abondance. (H. G. de K.).

Calvados :

Voir les lignes précédentes de G. Lennier.

Manche :

« Cette espèce, assez commune en Angleterre, paraît très-rarement sur le marché de Cherbourg : cela vient-il de ce qu'elle habite à de plus grandes profondeurs que la Sole ordinaire? Je n'en ai vu qu'un seul exemplaire, en décembre 1874 ». [Henri JOÜAN. — *Mélanges zoologiques* (op. cit.), p. 239]. Il est regrettable de ne pas savoir si cet exemplaire a été pêché sur le littoral de ce département. (H. G. de K.).

8e Genre. *ZEUGOPTERUS* — ZEUGOPTÈRE.

1. **Zeugopterus punctatus** (Bl.) — **Zeugoptère targeur.**

Pleuronectes hirtus Abildg., *P. punctatus* Bl.
Rhombus hirtus Yarr., *R. punctatus* Gthr.
Scophthalmus hirtus Bp.
Zeugopterus hirtus Gottsche, *Z. punctatus* Collett.

Pleuronecte targeur.

Mérissole, Sole de rocher.

H. Gervais et R. Boulart. — Op. cit., t. III, p. 100 et pl. XXXVIII.
Émile Moreau. — Op. cit. : *Histoire*, t. III, p. 321 ; — *Manuel*, p. 456 et 457.
Francis Day. — Op. cit., t. II, p. 17 et 18, et pl. C.
F.-A. Smitt. — Op. cit., 1re part., p. 427 et 456, et fig. 116; atlas, pl. XIX, fig. 2.

Le Zeugoptère targeur habite la mer, à des profondeurs plus ou moins faibles, sur les fonds rocheux garnis d'algues et sur les fonds sablonneux parsemés de rochers. Sa nourriture se compose principalement de poissons et de crustacés.

Seine-Inférieure :

Manche (mer), très-rare; « ... je l'ai trouvé une seule fois au Havre;... ». [Émile Moreau. — *Histoire* (op. cit.), t. III, p. 323]. — « Manche (mer), très-rare,... Le Havre,... ». [Émile Moreau. — *Manuel* (op. cit.), p. 457].

« Cette espèce est rare dans l'estuaire; j'en ai, cependant, pêché plusieurs sur les fonds sableux ». [G. LENNIER. — *L'Estuaire de la Seine* (op. cit.), t. II, p. 157].

Calvados :

Voir les lignes précédentes de G. Lennier.

« Le Zeugoptère targeur est rare sur les côtes du Calvados. Deux exemplaires pêchés à Luc-sur-Mer sont conservés : l'un au Musée d'Histoire naturelle de Caen, et l'autre au Laboratoire maritime de Luc-sur-Mer (Calvados) ». [Renseignement communiqué par M. René Chevrel, chef des travaux de Zoologie à la Faculté des Sciences de Caen].

Manche :

« Très-rare sur notre côte. Les plus grands que j'aie vus avaient tout au plus 0 m. 25 de longueur ». [Henri JOÜAN. — *Poissons de mer observés à Cherbourg en* 1858 *et* 1859 (op. cit.), p. 135; tiré à part, p. 20].

Dans son *Catalogue des Poissons des côtes de la Manche dans les environs de Saint-Vaast* (op. cit., p. 96), A.-E. Malard dit, relativement au Zeugoptère targeur : « J'en ai trouvé un seul exemplaire, qui m'a été déterminé par M. le professeur Vaillant, et que j'ai donné à la collection du Muséum d'Histoire naturelle de Paris ». Cet auteur ne fait malheureusement pas connaître l'endroit où il a trouvé l'exemplaire en question.

2. **Zeugopterus unimaculatus** (Risso) — Zeugoptère unimaculé.

Phrynorhombus unimaculatus Gthr.

Pleuronectes punctatus Flem., *P. unimaculatus* É. Moreau.
Rhombus punctatus Yarr., *R. unimaculatus* Risso.
Scophthalmus punctatus Bp., *S. unimaculatus* Bp.
Zeugopterus punctatus White, *Z. unimaculatus* Day.

Pleuronecte unimaculé.
Turbot unimaculé.

H. Gervais et R. Boulart. — Op. cit., t. III, p. 102 et pl. XL.
Émile Moreau. — Op. cit. : *Histoire*, t. III, p. 321 et 323; — *Manuel*, p. 456 et 458.
Francis Day. — Op. cit., t. II, p. 17, et pl. XCIX, fig. 1.

Le Zeugoptère unimaculé, qui habite la mer, a vraisemblablement des mœurs analogues à celles de la précédente espèce : Zeugoptère targeur [*Zeugopterus punctatus* (Bl.)].

Seine-Inférieure :

« Manche (mer), Dieppe,... ». [Émile Moreau. — Op. cit. : *Histoire*, t. III, p. 325 ; — *Manuel*, p. 459].

Voir les lignes suivantes de G. Lennier.

Calvados :

« Assez rare ; pêché plusieurs fois sur les bancs de sable, au large de Villers-sur-Mer ». [G. Lennier. — *L'Estuaire de la Seine* (op. cit.), t. II, p. 157].

Manche :

A.-E. Malard indique le Zeugoptère unimaculé, sans aucun renseignement géonémique, dans son *Catalogue des Poissons des côtes de la Manche dans les environs de Saint-Vaast* (op. cit., p. 96).

9e Genre. *PLATOPHRYS* — PLATOPHRYS.

1. **Platophrys laterna** (Walb.) — Platophrys arnoglosse.

Arnoglossus laterna Gthr., *A. soleaeformis* Malm.
Platophrys laterna Smitt.
Pleuronectes arnoglossus B. et S., *P. casurus* Hanmer, *P. conspersus* Can., *P. diaphanus* Shaw, *P. laterna* Walb., *P. Leotardi* Risso.
Rhombus arnoglossus Yarr., *R. nudus* Risso, *R. soleaeformis* Malm.

Arnoglosse transparent.
Pleuronecte arnoglosse, P. moucheté.

Limandier.

H. Gervais et R. Boulart. — Op. cit., t. III, p. 104 et pl. XLI.
Émile Moreau. — Op. cit. : *Histoire*, t. III, p. 321, 328 et 329 ; — *Manuel*, p. 456 et 460.
Francis Day. — Op. cit., t. II, p. 22, et pl. XCIX, fig. 2.
F.-A. Smitt. — Op. cit., 1re part., p. 426 et 428; atlas, pl. XIX, fig. 4.

Le Platophrys arnoglosse habite la mer, sur les fonds sablonneux et les fonds vaseux, et dans des eaux d'une certaine profondeur ou faiblement profondes. J'ai constaté que ce poisson a une très-faible résistance vitale.

Seine-Inférieure :

« Manche (mer), très-rare; je l'ai trouvé au Havre». [Émile Moreau. — Op. cit. : *Histoire*, t. III, p. 329; — *Manuel*, p. 460].

« Cette espèce est très-rare dans l'estuaire ».

[G. Lennier. — *L'Estuaire de la Seine* (op. cit.), t. II, p. 157].

J'ai chaluté plusieurs individus de cette espèce dans l'estuaire de la Seine, entre le banc du Ratier et Le Havre, au mois de juin 1885. [H. G. de K.].

Calvados :

Voir les lignes précédentes de G. Lennier.

« Le Platophrys arnoglosse est très-commun sur les côtes du Calvados ». [Renseignement communiqué par M. René Chevrel, chef des travaux de Zoologie à la Faculté des Sciences de Caen].

J'ai chaluté plusieurs individus de cette espèce dans l'estuaire de la Seine, devant Honfleur, en juin 1885. [H. G. de K.].

Pendant ma seconde campagne zoologique sur le littoral de la Normandie, faite dans la région de Grandcamp-les-Bains (Calvados) et aux îles Saint-Marcouf (Manche), au cours de l'été de 1894, j'ai constaté que, dans la région dont il s'agit, le Platophrys arnoglosse y était très-commun. [H. G. de K.].

10e Genre. *LEPIDORHOMBUS* — LÉPIDORHOMBE.

1. **Lepidorhombus whiff** (Walb.) — **Lépidorhombe mégastome.**

Arnoglossus megastoma Day.

Lepidorhombus megastoma Collett, *L. whiff* Jord. et Goss.

Pleuronectes cardina Cuv., *P. megastoma* Donov., *P. whiff* Walb.

Rhombus megastoma Yarr.

Zeugopterus megastoma Collett.

Pleuronecte cardine, P. mégastome.
Rhombe cardine.

Balet, Limandier, Plie sole, Pole, Sole pole.

H. GERVAIS et R. BOULART. — Op. cit., t. III, p. 99 et pl. XXXVI.
Émile MOREAU. — Op. cit. : *Histoire*, t. III, p. 321 et 332 ; — *Manuel*, p. 456 et 462.
Francis DAY. — Op. cit., t. II, p. 21 et pl. XCVIII.
F.-A. SMITT. — Op. cit., 1re part., p. 427 et 448, et fig. 115.

Le Lépidorhombe mégastome habite la mer, à d'assez grandes ou de faibles profondeurs, sur les fonds sablonneux. Sa nourriture se compose principalement de crustacés et de poissons.

Seine-Inférieure :

« Manche (mer), assez rare ; je l'ai vu quelquefois sur le marché du Havre ». [Émile MOREAU. — *Histoire* (op. cit.), t. III, p. 334]. — « Manche (mer), assez rare, Le Havre ». [Émile MOREAU. — *Manuel* (op. cit.), p. 463].

« Assez rare dans l'estuaire ; pêché sur les fonds de sable ». [G. LENNIER. — *L'Estuaire de la Seine* (op. cit.), t. II, p. 157].

Voir les lignes suivantes d'Henri Gadeau de Kerville.

Calvados :

Voir les lignes précédentes de G. Lennier.

« On pêche en toute saison dans l'estuaire de la Seine, en allant d'Honfleur vers la mer, de jeunes individus de cette espèce ». [Henri GADEAU DE KER-

VILLE. — *Aperçu de la faune actuelle de la Seine et de son embouchure, depuis Rouen jusqu'au Havre* (op. cit.), p. 193]. Ces jeunes Lépidorhombes mégastomes y sont peu communs.

Manche :

« Rare autrefois sur le marché, elle y paraît plus souvent aujourd'hui, apportée par les grandes barques ». [Henri JOÜAN. — *Additions aux Poissons de mer observés à Cherbourg* (op. cit., p. 357 ; tiré à part, p. 5]. — Très-probablement, la plus grande partie des individus de cette espèce sont pêchés en dehors du littoral normand. (H. G. de K.).

Dans son *Catalogue des Poissons des côtes de la Manche dans les environs de Saint-Vaast* (op. cit., p. 96), A.-E. Malard dit que cette espèce « n'est pas très-commune ».

11e Genre. *BOTHUS* — BOTHE.

1. **Bothus maximus** (L.) — **Bothe turbot.**

Bothus maximus Collett.
Pleuronectes maximus L.
Psetta maxima Sws.
Rhombus aculeatus Duham., *R. maximus* Cuv.
Scophthalmus maximus Raf.

Pleuronecte turbot.
Turbot commun, T. épineux, T. ordinaire, T. vulgaire.

Galtas (jeune), Teurbot.

H. GERVAIS et R. BOULART. — Op. cit., t. III, p. 97 et pl. XXXV.
Émile MOREAU. — Op. cit. : *Histoire*, t. III, p. 337 et 338; — *Manuel*, p. 465.

Francis Day. — Op. cit., t. II, p. 11 et pl. XCVI.
F.-A. Smitt. — Op. cit., 1re part., p. 427, 433, 434 et 442; atlas, pl. XVIII, fig. 1.

Le Bothe turbot ou Turbot vulgaire habite la mer, de préférence sur les fonds sablonneux, bien qu'on le trouve aussi sur les fonds vaseux et les fonds rocheux. Pendant la saison chaude, il se tient à des profondeurs plus ou moins faibles, et se retire, pendant la saison froide, dans des eaux plus profondes. Il fréquente aussi les eaux saumâtres, surtout à l'état jeune, et entre parfois dans des fleuves et des grandes rivières, ne s'avançant pas au delà de leur embouchure. Le Bothe turbot est très-résistant à la mort et très-vorace. Sa nourriture se compose principalement de poissons, de crustacés et de mollusques; il mange aussi des vers et des échinodermes. La saison du frai est le printemps et l'été. Une femelle bien développée pond annuellement d'un à plusieurs millions d'œufs, nombre pouvant même dépasser quinze millions.

Littoral de la Normandie. — C. — Les sujets que l'on trouve près des côtes sont principalement des jeunes.

2. **Bothus rhombus** (L.) — Bothe barbue.

Bothus rhombus J. et G.
Pleuronectes rhombus L.
Psetta rhombus Bp.
Rhombus barbatus Risso, *R. laevis* Gottsche, *R. Linnei* Malm, *R. vulgaris* Cuv.
Scophthalmus rhombus Raf.

Barbue commune, B. ordinaire, B. vulgaire.
Turbot barbu, T. lisse.

H. Gervais et R. Boulart. — Op. cit., t. III, p. 99 et pl. XXXVII.

Émile Moreau. — Op. cit. : *Histoire*, t. III, p. 337 et 340, et fig. 187—189; — *Manuel*, p. 465 et 466.

Francis Day. — Op. cit., t. II, p. 11 et 14, et pl. XCVII.

F.-A. Smitt. — Op. cit., 1re part., p. 427, 433 et 441; atlas, pl. XVIII, fig. 2.

Le Bothe barbue ou Barbue vulgaire habite la mer, de préférence sur les fonds sablonneux; mais on le trouve aussi sur les fonds vaseux. Pendant la saison chaude, il vit à des profondeurs plus ou moins faibles, et se retire, durant la saison froide, dans des eaux plus profondes. Il fréquente aussi les eaux saumâtres, surtout à l'état jeune, et va parfois dans des fleuves et des grandes rivières, ne s'avançant guère au delà de leur embouchure. Le Bothe barbue est très-vorace. Sa nourriture se compose principalement de poissons et de crustacés; il mange aussi des mollusques, des vers et des échinodermes. Il fraie au printemps et au cours de l'été.

Littoral de la Normandie. — C. — Les sujets que l'on trouve près des côtes sont principalement des jeunes.

20e Famille. *CYCLOPTERIDAE* — CYCLOPTÉRIDÉS.

1er Genre. *CYCLOPTERUS* — CYCLOPTÈRE.

1. **Cyclopterus lumpus** L. — Cycloptère lompe.

Cyclopterus caeruleus Mitch., *C. coronatus* Couch, *C. minutus* Pall., *C. pavoninus* Shaw.

Lepadogaster minutus B. et S.

Lumpus Anglorum Duham.

Diable, Gras mollet, Gras seigneur, Gros mollet, Gros seigneur, Lièvre de mer, Mollet, Seigneur.

H. Gervais et R. Boulart. — Op. cit., t. II, p. 236, fig. 25 et pl. LXXXVII.

Émile Moreau. — Op. cit. : *Histoire*, t. III, p. 349; — *Manuel*, p. 472.

Francis Day. — Op. cit., t. I, p. 179 et pl. LV.

F.-A. Smitt. — Op. cit., 1re part., p. 294 et fig. 74 (p. 293); atlas, pl. XVI.

Le Cycloptère lompe habite la mer, à des profondeurs variables : les unes assez grandes et les autres plus ou moins faibles. A l'époque de la reproduction, il s'approche des côtes. On le trouve parfois dans les embouchures des fleuves et des grandes rivières. Il préfère les endroits rocheux ou pierreux; toutefois, il se tient fréquemment aussi sur les fonds sablonneux. Ce poisson est très-mauvais nageur et passe la plus grande partie de son existence fixé, au moyen de son disque ventral, sur le fond de l'eau. De temps à autre il s'attache à des corps flottants, généralement des objets inanimés, dans le but, paraît-il, de se faire transporter d'un endroit à un autre. Sa force d'adhérence est très-grande. Ainsi, dit H.-É. Sauvage [*Les Poissons* (op. cit.), p. 314], « Hanow a calculé qu'il fallait un poids de 36 kilogrammes pour faire lâcher prise à un Cycloptère lompe de 0 m. 20 de long. Pennant a fait cette expérience qu'on pouvait soulever un seau plein d'eau en prenant un Lompe fixé au fond ». Cette espèce possède une grande résistance vitale. Sa nourriture se compose de crustacés, de vers, de poissons, etc. A l'époque de la reproduction, qui a lieu dans la seconde moitié de l'hiver et au printemps, le Cycloptère lompe vient dans le voisinage des côtes et fraie à de faibles profondeurs, parmi les rochers et les algues, parfois très-peu au-dessous de la limite inférieure de la zone du balancement des marées. Le mâle veille sur ses œufs et les défend au besoin. Il est probable que la femelle partage ce soin avec lui. On a trouvé, chez des femelles bien développées, un nombre d'œufs variant entre cent mille et plus de deux cent mille.

Normandie :

C.-G. Chesnon (op. cit., p. 40) indique, sans aucun détail de géonémie, cette espèce comme étant très-rare sur les côtes normandes.

L'éminent conservateur du Muséum d'Histoire naturelle du Havre, M. G. Lennier, m'a dit « que l'on trouve assez fréquemment des Cycloptères lompes adultes sur les côtes de la Normandie, mais que les pêcheurs ne les apportent pas au marché, ces poissons n'étant pas utilisés pour l'alimentation ».

Seine-Inférieure :

« Manche (mer), assez rare,... Le Havre,... ». [Émile Moreau. — Op. cit. : *Histoire*, t. III, p. 352; — *Manuel*, p. 473].

« Cette espèce se pêche accidentellement dans la baie. Les jeunes y sont plus fréquents; ils sont remarquables par la couleur vert-émeraude de leurs parties ventrales ». [G. Lennier. — *L'Estuaire de la Seine* (op. cit.), t. II, p. 157]. Cet auteur m'a dit, comme renseignement complémentaire, que, « dans la baie de Seine, les jeunes sont capturés fréquemment, pendant la saison chaude, sur les fonds sableux ».

« M. A. Poussier annonce qu'une femelle d'un poisson assez rare sur nos côtes, le Cycloptère lompe (*Cyclopterus lumpus* L.), appelé vulgairement Gros-mollet, Gras-mollet, Lièvre de mer, a été trouvée morte et flottante à Belleville-sur-Mer (Seine-Inférieure), le 30 mars 1888. D'après le Préparateur du Muséum d'Histoire naturelle du Havre, M. A. Harache, auquel M. Poussier a envoyé ce poisson pour les collections de ce Muséum, deux exemplaires de cette espèce ont été pêchés au Havre en 1887 ». [Notule in Bull. de la Soc. des Amis des Scienc. natur. de Rouen, 1er sem. 1888, p. 31].

Calvados :

Voir les lignes précédentes de G. Lennier.

« Le Cycloptère lompe est peu commun sur les côtes du Calvados ». [Renseignement communiqué par M. René Chevrel, chef des travaux de Zoologie à la Faculté des Sciences de Caen].

Manche :

« Depuis quinze ans (soit depuis 1859), je n'en ai vu que trois sur le marché de Cherbourg : un individu long de 0 m. 35, d'une teinte générale rouge brun, avec le ventre, les lèvres et une partie des nageoires couleur de carmin; deux autres, de la même taille, avaient le dos et les flancs noirs et gris foncé, le ventre blanchâtre. Nos marchands appellent ce poisson *gras seigneur*, et le considèrent comme très-rare ». [Henri Joüan. — *Additions aux Poissons de mer observés à Cherbourg* (op. cit.), p. 357; tiré à part, p. 5]. L'auteur ne dit malheureusement pas si les individus en question avaient été pris sur les côtes normandes.

Dans son *Catalogue des Poissons des côtes de la Manche dans les environs de Saint-Vaast* (op. cit., p. 96), A.-E. Malard dit que l'on « trouve les deux variétés de ce poisson : la grande, et la petite figurée par Günther ».

« Manche (mer), assez rare,... Cherbourg... ». [Émile Moreau. — *Manuel* (op. cit.), p. 473].

2e Genre. *CYCLOGASTER* — CYCLOGASTÈRE.

1. **Cyclogaster liparis** (L.) — Cyclogastère liparis.

Cyclogaster liparis Gron.
Cyclopterus lineatus Lepechin, *C. liparis* L.
Liparis barbatus Ekstr., *L. lineatus* Kroy., *L. vulgaris* Flem.

Cycloptère liparis.
Liparis commun, L. ordinaire, L. vulgaire.

Limace de mer, Marmotte, Petit gras mollet.

H. Gervais et R. Boulart. — Op. cit., t. II, p. 239 et pl. LXXXVIII.
Émile Moreau. — Op. cit. : *Histoire*, t. III, p. 353 ; — *Manuel*, p. 473.
Francis Day. — Op. cit., t. I, p. 184, et pl. LVI, fig. 1 et 1 a.
F.-A. Smitt. — Op. cit., 1re part., p. 284 et 287 ; atlas, pl. XV, fig. 7—10.

Le Cyclogastère liparis habite la mer, à des profondeurs variables : les unes assez grandes et les autres plus ou moins faibles. On le trouve jusque dans la zone du balancement des marées. Il vit aussi dans les eaux saumâtres des embouchures des fleuves et des rivières. Sa nourriture se compose de crustacés, de vers, de mollusques, d'œufs de poissons, etc.

Seine-Inférieure :

« Manche (mer), très-rare ;... Le Havre,... ». [Émile Moreau. — *Manuel* (op. cit.), p. 474].

« Assez commune; cette espèce se pêche sur les

sables, dans les chaluts à crevettes ». [G. LENNIER. — *L'Estuaire de la Seine* (op. cit.), t. II, p. 157].

« Au commencement du mois de mars de cette année (1885), j'ai ramené avec le chalut dans l'estuaire de la Seine, à l'extrémité ouest des bancs du Ratier et d'Amfard, un certain nombre d'individus de cette espèce regardée jusqu'alors comme très-rare dans la Manche (mer). Des pêcheurs m'ont dit que ce poisson, qu'ils appellent *Marmotte,* remontait en été jusqu'à Honfleur (Calvados) ». [Henri GADEAU DE KERVILLE. — *Aperçu de la faune actuelle de la Seine et de son embouchure, depuis Rouen jusqu'au Havre* (op. cit.), p. 194]. Parmi les Cyclogastères liparis que j'ai capturés, les uns étaient jeunes, les autres de taille moyenne et les autres adultes. J'ai pêché de nouveau ce poisson dans l'estuaire de la Seine, entre le banc du Ratier et Le Havre, en juin 1885.

Voir les dernières des lignes suivantes d'Émile Moreau.

Calvados :

Voir les lignes précédentes de G. Lennier et d'Henri Gadeau de Kerville.

« Manche (mer), très-rare;... Trouville ». [Émile MOREAU. — *Histoire* (op. cit.), t. III, p. 354]. « N'est pas absolument rare dans l'estuaire de la Seine, entre Honfleur et Trouville ». [Émile MOREAU. — *Supplément* à l'*Histoire* (op. cit.), p. 138]. — « Manche (mer), très-rare;... Trouville, Honfleur. — Parmi les poissons recueillis dans l'estuaire de la Seine par M. Henri Gadeau de Kerville, et qu'il me pria de lui déterminer, j'ai trouvé un certain nombre de spécimens de cette espèce ». [Émile MOREAU. — *Manuel* (op. cit.), p. 474].

« Limites de la grève (région de Luc-sur-Mer), dans les flaques d'eau; rare ». [R. Le Sénéchal. — Op. cit., p. 116].

« J'ai vu quantité de jeunes Cyclogastères provenant des côtes du Calvados, soit de dragages et de chalutages effectués à de petites distances du rivage, soit de recherches sous les pierres dans la zone du balancement des marées, mais pas d'adultes. Je ne puis indiquer exactement l'espèce à laquelle appartenaient les jeunes en question. Il est possible qu'il y avait à la fois des Cyclogastères liparis et des C. de Montagu ». [Renseignement communiqué par M. René Chevrel, chef des travaux de Zoologie à la Faculté des Sciences de Caen].

Manche :

M. A.-E. Malard, sous-directeur du Laboratoire maritime du Muséum d'Histoire naturelle de Paris, à Saint-Vaast-de-la-Hougue (Manche), m'a écrit que deux Cyclogastères liparis avaient été capturés dans la région de Saint-Vaast-de-la-Hougue.

OBSERVATION.

Cyclogaster Montagui (Donov.) — **Cyclogastère de Montagu.**

Voir les lignes précédentes de René Chevrel au sujet du Cyclogastère de Montagu, appelé aussi Liparis de Montagu.

3e Genre. *LEPADOGASTER* — LÉPADOGASTÈRE.

1. **Lepadogaster Gouani** Lacép. — **Lépadogastère de Goüan.**

Lepadogaster balbis Risso, *L. biciliatus* Risso, *L. cornubiensis* Flem., *L. rostratus* B. et S.

Lépadogastère balbis, L. bicilié.

Sucet.

H. Gervais et R. Boulart. — Op. cit., t. II, p. 242, et pl. LXXXIX, fig. 3 (et non 1, comme il est indiqué).

Émile Moreau. — Op. cit. : *Histoire,* t. III, p. 356 et fig. 191 ; — *Manuel,* p. 474 et 475.

Francis Day. — Op. cit., t. I, p. 189, et pl. LVII, fig. 1 et 1 a.

Le Lépadogastère de Goüan habite la mer, à de faibles profondeurs, y compris la zone du balancement des marées, où on le trouve, à mer basse, dans les flaques d'eau formées par le reflux. Ce poisson passe la plus grande partie de son existence solidement fixé, au moyen de son appareil acétabulaire, à des pierres ou à des valves de coquilles vides. Lorsqu'on le prend à la main, il s'y attache immédiatement. Le Lépadogastère de Goüan est résistant à la mort et très-vorace. Sa nourriture se compose de crustacés et autres animaux. Il pond dans la partie concave des valves de coquilles vides, où les œufs adhèrent. Les jeunes se fixent comme leurs parents.

Seine-Inférieure :

« Rare, Le Havre ». [Émile Moreau. — Op. cit. : *Histoire*, t. III, p. 359 ; — *Manuel*, p. 476].

« Rare sur les fonds de sable ». [G. Lennier. — *L'Estuaire de la Seine* (op. cit.), t. II, p. 157].

Calvados :

Voir les lignes précédentes de G. Lennier.

Manche :

Dans ses *Poissons de mer observés à Cherbourg en* 1858 *et* 1859 (op. cit., p. 135; tiré à part, p. 20), Henri Joüan dit :

« *Lepadogaster rostratus* Cuv. *Sucet.* (*Lepadogaster Gouan* Lacép.). Confondu le plus ordinairement avec les autres petits poissons des rochers, sous les noms de *Loches*, de *Cabots*, etc.

« *Nota.* — M. Sivard de Beaulieu cite le *Cyclopterus musculus* Lacép. (*Cycloptère souris* id.), petit poisson long de deux à trois centimètres, comme très-commun à Cherbourg. J'ai vu souvent, dans le Grand-Port, de petits poissons nageant avec rapidité le long des quais ; mais, n'ayant pu réussir à m'emparer d'un seul, je ne saurais dire s'ils appartiennent à l'espèce *C. musculus* ou au *Lepadogaster rostratus* Cuv. ».

Seize ans plus tard, dans ses *Mélanges zoologiques* (op. cit., p. 241), Henri Joüan dit : « *Lepadogaster cornubiensis* Flem. — Dans une excursion à l'île Pelée (Cherbourg), au mois de mai 1875, j'ai trouvé dans les mares, et blottis sous les pierres, un assez grand nombre de poissons appartenant au genre *Lepadogaster*, dont les espèces sont encore mal déterminées, mal décrites. L'île Pelée me semble être une station favorite pour ces petits poissons ; du moins ils paraissent y être beaucoup plus communs que sur d'autres points rocailleux de notre littoral. Je n'en avais jamais rencontré, et le seul individu que j'aie vu, conservé dans l'alcool, provenait de l'île Pelée. L'espèce me paraît être le *Lepadogaster cornubiensis* Flem. ».

Il est fort possible que les Lépadogastères en question soient des Lépadogastères de Goüan (*Lepadogaster Gouani* Lacép.), mais la prudence me commande de maintenir le doute jusqu'à ce que les Lépadogastères de la région de Cherbourg aient été soigneusement déterminés. D'ailleurs, Henri Joüan n'est pas affirmatif au sujet de l'espèce en question.

Relativement au Cycloptère souris (*Cyclopterus musculus* Lacép.), je ne puis dire exactement à quelle espèce il se rapporte. Peut-être au Cyclogastère liparis [*Cyclogaster liparis* (L.)]? Quant aux petits poissons qu'Henri Joüan a vus souvent « nageant avec rapidité le long des quais », dans le Grand-Port de Cherbourg, ce n'étaient vraisemblablement ni des Cycloptères, ni des Cyclogastères, ni des Lépadogastères.

« Assez commun, Cherbourg ». [Émile Moreau. — Op. cit. : *Histoire*, t. III, p. 359; — *Manuel*, p. 476].

Dans son *Catalogue des Poissons des côtes de la Manche dans les environs de Saint-Vaast* (op. cit., p. 97), A.-E. Malard indique le Lépadogastère de Goüan comme se trouvant « sous les bulbes de Laminaires ». Il est fort possible que cette espèce existe dans la région de Saint-Vaast-de-la-Hougue; toutefois, je dois dire que M. A.-E. Malard m'a envoyé, provenant de cette région, quatorze exemplaires que j'ai déterminés comme appartenant à l'espèce suivante : Lépadogastère de Candolle (*Lepadogaster Candollei* Risso), qu'il n'indique pas dans son Catalogue en question, mais pas un spécimen de Lépadogastère de Goüan.

2. **Lepadogaster Candollei** Risso — **Lépadogastère de Candolle.**

Lepadogaster adhaerens Bp., *L. Jussieui* Risso, *L. olivaceus* Risso, *L. Rafinesquei* O. Costa.

Mirbelia Candollei Can., *M. Jussieui* Can.

Lépadogastère de Jussieu, L. de Rafinesque, L. olivâtre.

Sucet.

H. GERVAIS et R. BOULART. — Op. cit., t. II, p. 245.

Émile MOREAU. — Op. cit. : *Histoire*, t. III, p. 356 et 360, et fig. 192 ; — *Manuel*, p. 475 et 476.

Francis DAY. — Op. cit., t. I, p. 189 et 191, et pl. LVII, fig. 2 et 2 a.

Le Lépadogastère de Candolle est un poisson marin dont les mœurs ressemblent à celles des autres espèces du genre.

Manche :

M. A.-E. Malard, sous-directeur du Laboratoire maritime du Muséum d'Histoire naturelle de Paris, à Saint-Vaast-de-la-Hougue (Manche), m'a obligeamment communiqué, conservés dans l'alcool, quatorze Lépadogastères qu'un examen attentif m'a fait considérer comme étant des Lépadogastères de Candolle : le plus gros est d'une longueur totale de huit centimètres et demi, et le plus petit de cinq centimètres. Ces spécimens avaient été recueillis dans la région de Saint-Vaast-de-la-Hougue, sur des fonds très-rocheux, près du rivage. Jusqu'alors, le Lépadogastère de Candolle n'avait pas encore été signalé, du moins à ma connaissance, dans la zone littorale normande.

3. **Lepadogaster bimaculatus** (Donov.) — **Lépadogastère à deux taches.**

Cyclopterus bimaculatus Donov.
Lepadogaster bimaculatus Flem., *L. Desfontainesi* Risso, *L. Mirbeli* Risso, *L. ocellatus* Risso, *L. reticulatus* Risso.
Mirbelia Desfontainesi Can.

Bouclier à deux taches.
Cycloptère bimaculé.
Lépadogastère à double tache, L. bimaculé, L. de Desfontaines, L. de Mirbel, L. ocellé, L. réticulé.

Sucet.

H. Gervais et R. Boulart. — Op. cit., t. II, p. 244, et pl. LXXXIX, fig. 1 et 2 (et non 2 et 3, comme il est indiqué).
Émile Moreau. — Op. cit. : *Histoire*, t. III, p. 356 et 361; — *Manuel*, p. 475 et 477.
Francis Day. — Op. cit., t. I, p. 189 et 192, et pl. LVII, fig. 3 et 3 a.
F.-A. Smitt. — Op. cit., 1re part., p. 302 et fig. 75.

Le Lépadogastère à deux taches habite la mer, à des profondeurs plus ou moins faibles, et principalement sur les fonds mous où se trouvent des valves de coquilles vides. Ce poisson passe la plus grande partie de son existence solidement fixé, au moyen de son appareil acétabulaire, en général sur des valves de coquilles vides. Si on le détache du point où il se tenait, il se fixe de nouveau, dès qu'il le peut, sur tel ou tel objet, y compris la main de celui qui le prend. Il est très-vorace. Sa nourriture se compose principalement de mollusques et de crustacés. Le Lépadogastère à deux taches fraie au printemps et en été. Les œufs sont déposés dans la partie concave des valves de coquilles vides, où ils adhèrent. Les jeunes se fixent comme leurs parents.

Manche :

« Manche (mer), très-rare, Cherbourg? ». [Émile MOREAU. — Op. cit. : *Histoire*, t. III, p. 363; — *Manuel*, p. 478].

Dans son *Catalogue des Poissons des côtes de la Manche dans les environs de Saint-Vaast* (op. cit., p. 97), A.-E. Malard dit que le Lépadogastère à deux taches est « très-fréquent dans les dragages au petit Nord, parmi les Antennulaires (Polypes hydroïdes) ». Grâce à M. A.-E. Malard, qui me les a obligeamment envoyés en communication, j'ai pu examiner deux spécimens de cette espèce provenant de la région de Saint-Vaast-de-la-Hougue, spécimens qui avaient été déterminés par M. Léon Vaillant, professeur d'Ichthyologie et d'Herpétologie au Muséum d'Histoire naturelle de Paris.

« J'ai capturé, dans la région de Granville, un exemplaire de ce curieux petit poisson ». [Henri GADEAU DE KERVILLE. — *Recherches sur les faunes marine et maritime de la Normandie*, 1er *voyage, région de Granville et îles Chausey* (*Manche*) (*juillet-août* 1893), etc. (op. cit.), p. 114].

21e Famille. *CYPRINIDAE* — CYPRINIDÉS.

1er Genre. *CYPRINUS* — CYPRIN.

1. **Cyprinus carpio** L. — Cyprin carpe.

Cyprinus acuminatus H. et K. (*sic*), *C. Anna-Carolina* Lacép., *C. coriaceus* Lacép., *C. elatus* Bp., *C. flavipinnis* K. et H. (*sic*), *C. hungaricus* Heck., *C. nigroauratus* Lacép., *C. Nordmanni* C. et V., *C. regina* Bp., *C. rubro-fuscus* Lacép., *C. specularis* Lacép., *C. viri-*

descens Lacép., *C. viridi-violaceus* Lacép., *C. vittatus* C. et V.

Carpe à bandes vertes, C. à cuir, C. à miroir, C. à nageoires jaunes, C. bossue, C. commune, C. de Hongrie, C. de Nordmann, C. mordorée, C. ordinaire, C. reine, C. rouge-brun, C. vulgaire.

Cyprin à cuir, C. Anne-Caroline, C. de Hongrie, C. spéculaire, C. verdâtre. C. vert-violet.

Cuvier et Valenciennes. — Op. cit., t. XVI, in-4°, p. 17, 45, 46, 47, 48, 52, 53, 54 et 55; in-8°, p. 23, 62, 63, 65, 66, 71, 72, 73, 74 et 75; et pl. CDLVI et CDLVII (les 2 édit.).

Émile Blanchard. — Op. cit., p. 322, fig. 1 (p. 65) et 65.

H. Gervais et R. Boulart. — Op. cit., t. I, p. 88 et 204, fig. 26 (p. 22) et 46, et pl. XIV.

Émile Moreau. — Op. cit. : *Histoire*, t. III, p. 368; — *Manuel*, p. 481.

Francis Day. — Op. cit., t. II, p. 158, fig. 4 (t. I, p. XVIII), et t. II, pl. CXXIX, fig. 2, 2 a et 2 b.

Amb. Gentil. — *Ichthyologie de la Sarthe* (op. cit.), p. 364; tiré à part, p. 9.

F.-A. Smitt. — Op. cit., 2e part., p. 723 et fig. 178; atlas, pl. XXXI, fig. 1.

Le Cyprin carpe ou Carpe vulgaire habite les rivières, les fleuves, les lacs, les étangs et les mares, aussi bien les eaux limpides que les eaux vaseuses; toutefois, il préfère aux eaux courantes les eaux stagnantes et troubles ayant un fond garni de végétation, et il ne se trouve pas dans les courants rapides. Il vit aussi dans des eaux saumâtres et dans des eaux salées. Les adultes sont d'un naturel calme hors la période de la reproduction. Quand arrivent les froids, les Cyprins carpes s'enfoncent dans la vase, ou se mettent dans des creux ou au pied des végétaux, et y restent pendant plusieurs mois, dans un demi-engourdissement et sans manger. Ce poisson est très-résistant à la mort et très-vorace. Sa nourriture se compose de substances végétales, de vers, de crustacés, de larves et d'insectes, d'œufs de poissons, etc.; il absorbe de la vase, qui renferme une plus ou moins grande quantité de débris organiques. Il paraît que le Cyprin carpe ne mange pas de mouches, ou, du moins, très-rarement. A l'époque de la reproduction, qui a lieu en mai et juin, et quelquefois en juillet et août, les mâles sont très-agités et sautent au-dessus de la surface de l'eau. Les œufs sont déposés sur des végétaux, où ils adhèrent. Une femelle bien développée pond annuellement plusieurs centaines de mille œufs, quantité qui, parfois, dépasse deux millions.

NOTE. — Le Cyprin carpe, qui, paraît-il, est d'origine asiatique, existait en France au XIIIe siècle. L'existence de Cyprins carpes séculaires est un fait qui doit être mis au rang des fables.

Toute la Normandie. — C.

2. **Cyprinus auratus** L. — **Cyprin doré.**

Carassius auratus Blkr.
Cyprinopsis auratus Fitz.
Cyprinus argenteus Lacép., *C. chinensis* Gron., *C. Langsdorfi* C. et V., *C. lineatus* C. et V., *C. macrophthalmus* Bl., *C. quadrilobatus* Lacép., *C. telescopus* Lacép., *C. thoracatus* C. et V.

Carassin doré.
Carpe cuirassée, C. de Langsdorf, C. dorée, C. rayée.
Cyprin de Chine, C. rouge.
Cyprinopsis doré.
Dorade de la Chine.

Poisson rouge.

Cuvier et Valenciennes. — Op. cit., t. XVI, in-4°, p. 70, 71, 73 et 75; in-8°, p. 96, 97, 99 et 101; et pl. CDLX (les 2 édit.).

Émile Blanchard. — Op. cit., p. 343 et fig. 71.

H. Gervais et R. Boulart. — Op. cit., t. I, p. 94 et pl. XVII.

Émile Moreau. — Op. cit. : *Histoire*, t. III, p. 377; — *Manuel*, p. 483 et 484.

Francis Day. — Op. cit., t. II, p. 166, et pl. CXXX, fig. 2, 2 a et 2 b.

F.-A. Smitt. — Op. cit., 2e part., p. 723 et 733, et fig. 180 et 181 ; atlas, pl. XXXI, fig. 2.

Le Cyprin doré, qui est originaire de la Chine, habite les eaux douces stagnantes et courantes qui ne sont pas trop froides, et vit à merveille dans les eaux un peu tièdes. Sa nourriture se compose de substances végétales et de vers, de larves et d'insectes, de crustacés, etc. Chacun sait qu'il se propage très-bien à l'état domestique, et que l'on est arrivé à produire, chez ce poisson ornemental, une grande diversité de configuration et de coloration. Il existe des formes tératologiques extrêmement curieuses, qui montrent, une fois de plus, la très-grande plasticité de certains types spécifiques lorsqu'ils ne sont plus dans leurs conditions biologiques normales. Le fait que, depuis un assez grand nombre d'années, le Cyprin doré se trouve à l'état sauvage en Normandie, me fait admettre ce poisson dans la faune de cette province.

Note. — Il paraît que les premiers Cyprins dorés importés en France arrivèrent à Lorient (Morbihan) et furent placés dans le jardin de la Compagnie des Indes orientales, dont les directeurs en firent hommage à Mme de Pompadour. Cette courtisane étant née en 1721 et morte en 1764, l'importation du Cyprin doré en France daterait du milieu environ du dix-huitième siècle. Il serait téméraire, selon moi, d'affirmer l'exactitude de ce fait d'ichthyologie historique.

Toute la Normandie. — T.-C. — Vit à l'état sauvage dans un grand nombre de localités.

2e Genre. *BARBUS* — BARBEAU.

1. **Barbus vulgaris** Flem. — Barbeau vulgaire.

Barbus cyclolepis Heck., *B. fluviatilis* Ag.
Cyprinus barbus L.

Barbeau commun, B. fluviatile, B. ordinaire.

Barbillon.

CUVIER et VALENCIENNES. — Op. cit., t. XVI, in-4°, p. 92; in-8°, p. 125.
Émile BLANCHARD. — Op. cit., p. 302, et fig. 60 et 61.
H. GERVAIS et R. BOULART. — Op. cit., t. I, p. 82 et pl. XI.
Émile MOREAU. — Op. cit. : *Histoire*, t. III, p. 379; — *Manuel*, p. 485.
Francis DAY. — Op. cit., t. II, p. 169, et pl. CXXXI, fig. 1, 1 a et 1 b.
Amb. GENTIL. — *Ichthyologie de la Sarthe* (op. cit.), p. 365; tiré à part, p. 10.

Le Barbeau vulgaire habite les eaux douces : rivières, fleuves, lacs, étangs, et préfère les endroits où l'eau coule sur un fond de gravier parsemé de pierres. A l'époque de la reproduction, ce poisson se réunit en bandes. Cette espèce est d'un naturel très-peureux. Sa nourriture se compose de vers, de larves et d'insectes, de mollusques, de crustacés, d'œufs et de jeunes poissons, de végétaux et de substances animales et végétales en décomposition. Le Barbeau vulgaire fraie au printemps et dans le premier tiers de l'été. Les œufs sont déposés sur les pierres ou sur le gravier, et y sont adhérents. Une femelle bien développée en pond annuellement de cinq à dix mille environ. Les jeunes éclosent au bout d'une à deux semaines, selon la température de l'eau.

Toute la Normandie. — A. C.

3e Genre. *TINCA* — TANCHE.

1. **Tinca vulgaris** Cuv. — Tanche vulgaire.

Cyprinus tinca L.
Leuciscus tinca Gthr.
Tinca chrysitis Ag., *T. communis* Sws., *T. italica* Bp., *T. Linnei* Malm.

Cyprin tanche.
Tanche commune, T. dorée, T. italienne, T. ordinaire.

Cuvier et Valenciennes. — Op. cit., t. XVI, in-4°, p. 246; in-8°, p. 322; et pl. CDLXXXIV (les 2 édit.).
Émile Blanchard. — Op. cit., p. 317 et fig. 64.
H. Gervais et R. Boulart. — Op. cit., t. I, p. 85 et 204, et pl. XIII.
Émile Moreau. — Op. cit. : *Histoire*, t. III, p. 383; — *Manuel*, p. 487.
Francis Day. — Op. cit., t. II, p. 188, et pl. CXXXIV, fig. 2, 2 a et 2 b.
Amb. Gentil. — *Ichthyologie de la Sarthe* (op. cit.), p. 365; tiré à part, p. 10.
F.-A. Smitt. — Op. cit., 2e part., p. 748 et fig. 187; atlas, pl. XLI, fig. 4.

La Tanche vulgaire habite les étangs, les mares, les fossés des marais, les lacs, les rivières et les fleuves, se plaisant surtout dans les eaux stagnantes et vaseuses; on la trouve aussi dans des eaux saumâtres. Elle peut vivre dans une eau très-faiblement aérée. Elle se tient généralement en petites bandes. Hors la période de la reproduction, la Tanche vulgaire reste à peu près constamment au fond de l'eau, couchée très-souvent dans la vase parmi les plantes; mais, au cours de la saison chaude, quand l'eau est calme, on peut la voir de temps en temps à la surface. Quand arrivent les froids, ce poisson s'enterre dans la vase et y passe la mauvaise saison dans un état léthargique. Son naturel est indolent. Cette espèce est très-résistante à la mort. Sa nourriture se compose de végétaux, de vers, de larves et d'insectes, de mollusques, etc.; elle absorbe aussi de la vase, qui contient, en quantité plus ou moins grande, des débris organiques. La Tanche vulgaire fraie entre le milieu d'avril et la fin de l'été. Les vieilles femelles pondent les premières. Les œufs sont déposés sur des végétaux, où ils adhèrent. Une femelle bien développée pond annuellement deux, trois et même plusieurs centaines de mille œufs. Les jeunes éclosent au bout d'une semaine environ, quand la température de l'eau est favorable.

Toute la Normandie. — C.

4e Genre. *GOBIO* — GOUJON.

1. **Gobio fluviatilis** Flem. — Goujon de rivière.

Cyprinus gobio L.
Gobio obtusirostris C. et V., *G. venatus* Bp., *G. vulgaris* H. et K.
Leuciscus gobio Gthr.
Tinca gobio Sws.

Goujon à tête obtuse, G. commun, G. fluviatile, G. ordinaire, G. veiné, G. vulgaire.

Goujin.

Cuvier et Valenciennes. — Op. cit., t. XVI, in-4°, p. 230 et 238; in-8°, p. 300 et 311; et pl. CDLXXXI (les 2 édit.).

Émile BLANCHARD. — Op. cit., p. 293 et fig. 57—59.

H. GERVAIS et R. BOULART. — Op. cit., t. I, p. 80 et 202, fig. 44 et pl. X.

Émile MOREAU. — Op. cit. : *Histoire*, t. III, p. 386; — *Manuel*, p. 488.

Francis DAY. — Op. cit., t. II, p. 172, et pl. CXXXI, fig. 2, 2 a et 2 b.

Amb. GENTIL. — *Ichthyologie de la Sarthe* (op. cit.), p. 366; tiré à part, p. 11.

F.-A. SMITT. — Op. cit., 2e part., p. 743 et fig. 186; atlas, pl. XXXI, fig. 3.

Le Goujon de rivière habite les eaux douces : rivières, fleuves, ruisseaux, lacs, étangs; il se trouve aussi dans des marais et même dans des eaux souterraines [grotte d'Adelsberg, en Carniole (Autriche)]. Ce poisson aime surtout les eaux courantes limpides et peu profondes, coulant sur du sable ou du gravier; aussi, se tient-il près des embouchures des cours d'eau dans les lacs et les étangs, qu'il abandonne presque toujours au printemps, avant la reproduction, pour remonter les cours d'eau. Il vit en bandes pendant toute l'année. Il est d'une grande activité et bien résistant à la mort. Sa nourriture se compose de larves et d'insectes, de crustacés, de vers, de mollusques, d'œufs et de jeunes poissons; il est avide de substances animales et végétales en décomposition. Le Goujon de rivière fraie au printemps et en été. Les œufs sont déposés dans les rivières et les ruisseaux, sur les pierres, où ils sont adhérents. Une femelle bien développée pond annuellement quelques milliers d'œufs. Les jeunes éclosent au bout de quatre semaines environ.

Toute la Normandie. — C.

5° Genre. *RHODEUS* — BOUVIÈRE.

1. **Rhodeus amarus** (Bl.) — Bouvière commune.

Cyprinus amarus Bl.
Rhodeus amarus Ag.

Bouvière amère, B. ordinaire, B. vulgaire.

Cuvier et Valenciennes. — Op. cit., t. XVII, in-4°, p. 60; in-8°, p. 81.
Émile Blanchard. — Op. cit., p. 346 et fig. 72.
H. Gervais et R. Boulart. — Op. cit., t. I, p. 96 et pl. XVIII.
Émile Moreau. — Op. cit. : *Histoire*, t. III, p. 389; — *Manuel*, p. 490.
Amb. Gentil. — *Ichthyologie de la Sarthe* (op. cit.), p. 366; tiré à part, p. 11.

La Bouvière commune habite les eaux douces stagnantes et courantes : lacs, étangs, mares, fossés, ruisseaux, rivières, fleuves, où se trouvent des mollusques bivalves appartenant aux genres Unio et Anodonte. Elle vit en bandes. Elle a une grande résistance vitale. Sa nourriture se compose de substances végétales, de vers, de crustacés, de larves et d'insectes, etc. Relativement à son mode de reproduction, la Bouvière commune présente la très-curieuse particularité suivante : A l'époque de la ponte, soit généralement en avril, mai et juin, la femelle possède, en arrière de l'anus, un appendice tubuleux qui joue le rôle d'oviducte externe et peut atteindre plusieurs centimètres de longueur. Après la ponte, cet appendice s'atrophie presque entièrement, ne persistant que sous la forme d'une petite papille. C'est au moyen de cet oviducte externe que la femelle dépose ses œufs entre les lamelles branchiales de certains mollusques lamellibranches (Unios et Anodontes), berceau véritablement bien spécial pour sa progéniture. Le très-intéressant fait éthologique en question a été l'objet de patientes recherches, entre autres celles de F.-C. Noll, qui a découvert cette particularité de mœurs de la Bouvière commune et l'a étudiée avec beaucoup de sagacité (1).

Suivant lui, dit Victor Fatio (op. cit., t. IV, p. 321), « les œufs, de couleur jaune, avec un grand axe de trois millimètres environ, sont déposés un à un par la femelle dans l'ouverture du bec de la Nayade, et entraînés par les courants aspirés du mollusque jusqu'entre les feuillets des branchies, où ils se fixent et se développent en nombres différents suivant les individus, rarement plus de quarante dans un seul mollusque. Les *Unios* ont paru plus volontiers affectés de parasitisme que les véritables *Anodontes.*

« C'était en général vers le milieu d'avril que notre observateur commençait à trouver des œufs dans les Moules des environs de Francfort-sur-le-Main (Prusse) ; des œufs trouvés le 14 avril se transformaient déjà, le 8 mai, en petits poissons. Ces germes, probablement parce qu'ils sont successivement pondus, à différents intervalles, dans un même mollusque, se montrent chez celui-ci dans des états de développement assez variés. Le 15 mai, beaucoup de petits alevins parfaits, avec une taille de onze millimètres, étaient prêts à quitter leur berceau. Il paraît qu'à force de s'agiter, ces jeunes êtres se dégagent des feuillets branchiaux, et que, refoulés et entraînés par les courants entrants, ils viennent ressortir du bivalve par les siphons de rejet. Le 20 mai, ces petits nouveau-nés se promenaient en rangs serrés dans les eaux des mares. Le Dr Noll paraît s'expliquer que l'oviducte, qui conduit les œufs un à un jusque dans le bec de la Nayade, n'est pas coupé par le pincement de ce dernier, par le fait que cette extrémité de la coquille

(1) Les mémoires du Dr F.-C. Noll sur cette question ont paru dans « Der Zoologische Garten », à Francfort-sur-le-Main (Prusse), ann. 1869, p. 257; ann. 1870, p. 131 et 237; et ann. 1877, p. 351.

du bivalve, généralement assez molle, ferme d'ordinaire incomplètement l'ouverture, et que l'oviducte, très-élastique, est doué d'une grande facilité de rétraction. Le moment même de la ponte et de la fécondation des œufs, qui, jusqu'alors, n'avait pu être surpris dans l'étude de ce poisson à l'état libre, méritait encore d'être suivi en aquarium.

« Enfin, en 1877, le même observateur, le Dr Noll, dans une troisième et intéressante notice sur la Bouvière, est venu encore donner de précieux éclaircissements sur ces derniers points obscurs. Il a vu, dans son aquarium, la femelle introduire, à plusieurs reprises, l'extrémité de son oviducte dans le bec d'un *Unio pictorum*, et le mâle venir, de suite, éjaculer sa laitance directement au-dessus de cette ouverture ; le même courant d'eau aspiré par le mollusque entraînait successivement l'œuf et la liqueur fécondante.

« M. E. Covelle, de Genève (Suisse), qui a suivi la ponte de la Bouvière dans un aquarium où il avait introduit de la vase et des Unios, m'a dit avoir remarqué que ce petit poisson, en passant et repassant souvent contre le bec ouvert du mollusque, avant de pondre, avait l'air de vouloir pour ainsi dire apprivoiser celui-ci et l'amener, par de fausses alertes répétées, à ne plus se fermer aussi vite au premier contact ; ceci fait, la femelle enfoncerait tout à coup son oviducte presque en entier dans l'ouverture de l'Unio, un œuf passerait très-rapidement dans les branchies du mollusque et, sitôt après, l'oviducte serait brusquement retiré ».

Normandie. — P.C.

6e Genre. *PHOXINUS* — VAIRON.

1. **Phoxinus aphya** (L.) — Vairon vulgaire.

Cyprinus aphya L., *C. phoxinus* L., *C. rivularis* Pall.

Leuciscus phoxinus Flem.
Phoxinus aphya Kroy., *P. laevis* Ag.

Able rivulaire.
Vairon commun, V. lisse, V. ordinaire.

Malin.

Cuvier et Valenciennes. — Op. cit., t. XVII, in-4°, p. 270; in-8°, p. 363.
Émile Blanchard. — Op. cit., p. 410 et fig. 100.
H. Gervais et R. Boulart. — Op. cit., t. I, p. 124 et pl. XXXII.
Émile Moreau. — Op. cit. : *Histoire*, t. III, p. 392; — *Manuel*, p. 491.
Francis Day. — Op. cit., t. II, p. 175 et 185, et pl. CXXXIV, fig. 1, 1 a et 1 b.
Amb. Gentil. — *Ichthyologie de la Sarthe* (op. cit.), p. 367; tiré à part, p. 12.
F.-A. Smitt. — Op. cit., 2e part., p. 754 et fig. 188; atlas, pl. XXXIII, fig. 3.

Le Vairon vulgaire habite les rivières, les ruisseaux, les fossés, les mares, les étangs et les lacs; on le trouve aussi dans les eaux saumâtres. Il se plaît dans les endroits où l'eau est limpide et coule sur un fond de sable ou de gravier et de pierres. Dans les eaux saumâtres, il se tient aux endroits rocheux ou pierreux, principalement où il y a du courant. Il vit en bandes. Il est errant. Son naturel est actif et ses mouvements sont vifs. Ce poisson est vorace. Sa nourriture, qu'il cherche surtout au fond de l'eau, se compose de vers, de larves et d'insectes, de crustacés, de mollusques, d'œufs et de jeunes poissons, de végétaux et de débris organiques très-variés. Le Vairon vulgaire fraie au printemps et en été. Les œufs sont glutineux et adhèrent les uns aux autres, remplissant des interstices entre les pierres et formant souvent une couche d'un à cinq centimètres d'épaisseur et de cinq à vingt centimètres de long, couche qui pourrait résister à un courant beaucoup plus fort que celui existant aux points où les œufs sont pondus. Une femelle bien développée produit annuellement, en moyenne, de huit cents à douze cents œufs. Les jeunes éclosent au bout d'une à deux semaines, selon que l'eau est plus ou moins froide.

Toute la Normandie. — T.-C.

7e Genre. *ABRAMIS* — BRÊME.

1. **Abramis brama** (L.) — Brême vulgaire.

Abramis argyreus Ag., *A. brama* Flem., *A. Gehini* Blanch., *A. microlepidotus* Ag., *A. vetula* Heck., *A. vulgaris* Mauduyt.
Cyprinus brama L.

Brême à petites écailles, B. argentée, B. commune, B. de Géhin, B. ordinaire, B. vieille.

Bremme, Brêne, Brune, Servante de prêtre.

Cuvier et Valenciennes. — Op. cit., t. XVII, in-4°, p. 7, 32, 33 et 45 ; in-8°, p. 9, 43, 45 et 60.
Émile Blanchard. — Op. cit., p. 351 et 355, et fig. 73 et 74.
H. Gervais et R. Boulart. — Op. cit., t. I, p. 99 et 100, et pl. XIX.
Émile Moreau. — Op. cit. : *Histoire*, t. III, p. 395; — *Manuel*, p. 492.
Francis Day. — Op. cit., t. II, p. 193 et pl. CXXXV.
Amb. Gentil. — *Ichthyologie de la Sarthe* (op. cit.), p. 367; tiré à part, p. 12.
F.-A. Smitt. — Op. cit., 2e part., p. 802, 812 et 820, et fig. 203; atlas, pl. XXXIV, fig. 2.

La Brême vulgaire habite les grandes rivières et les fleuves dont le courant n'est pas trop fort, ainsi que les lacs et les étangs; elle vit aussi dans les eaux saumâtres. Les eaux claires et modérément profondes, avec un fond garni de végétation, sont les endroits qu'elle préfère. Elle est sociable. Ce poisson a l'habitude de s'enterrer dans la vase et de se coucher sur le côté. Il est très-résistant à la mort. Sa nourriture se compose de larves et d'insectes, de mollusques, de vers, de végétaux, etc.; il absorbe de la vase, qui contient, en plus ou moins grande quantité, des débris organiques. La Brême vulgaire fraie habituellement en mai et juin. C'est pendant la nuit que s'accomplit cette opération, et au milieu du bruit, car mâles et femelles errent çà et là, en bandes, à la surface, frappant l'eau avec leur queue. Les vieilles femelles fraient les premières. Les œufs sont déposés sur des végétaux près des rives, et, pour pondre, la femelle frotte son ventre sur ces végétaux, où les œufs adhèrent. Une femelle bien développée pond annuellement de cent mille à trois cent mille œufs environ. Les jeunes éclosent au bout d'environ trois semaines.

Toute la Normandie. — C.

2. **Abramis blicca** (Bl.) — Brême bordelière.

Abramis bjoerkna Nilss., *A. blicca* Ekstr., *A. erythropterus* Ag., *A. micropteryx* Ag.

Blicca argyroleuca H. et K., *B. bjoerkna* Sieb.

Cyprinus blicca Bl.

Leuciscus blicca C. et V.

Cyprin large.

Brême à nageoires rouges, B. à petite dorsale.

Brêmotte, Brêne, Petite brême, Petite bremme, Petite brêne.

CUVIER et VALENCIENNES. — Op. cit., t. XVII, in-4°, p. 23, 32 et 43 ; in-8°, p. 31, 44 et 58.

Émile BLANCHARD. — Op. cit., p. 359 et fig. 76.

H. GERVAIS et R. BOULART. — Op. cit., t. I, p. 102 et pl. XXI.

Émile MOREAU. — Op. cit. : *Histoire*, t. III, p. 395 et 398; — *Manuel*, p. 492 et 493.

Francis DAY. — Op. cit., t. II, p. 196 et pl. CXXXVI.

Amb. GENTIL. — *Ichthyologie de la Sarthe* (op. cit.), p. 367; tiré à part, p. 12.

F.-A. SMITT. — Op. cit., 2e part., p. 802 et 803, et fig. 199; atlas, pl. XXXV, fig. 2.

La Brême bordelière habite les grandes rivières et les fleuves dont le courant n'est pas trop fort, ainsi que les lacs et les étangs; on la trouve aussi dans les eaux saumâtres. Elle préfère les endroits dont le fond est vaseux ou sablonneux, et garni de végétation. C'est une espèce sociable. Elle est résistante à la mort et très-vorace. Sa nourriture se compose de larves et d'insectes, de vers, de mollusques, de végétaux, etc. La Brême bordelière fraie habituellement en mai et juin. Pendant cette opération, mâles et femelles font des bonds à la surface, où ils sont rarement vus hors l'époque de la reproduction. Les vieilles femelles fraient les premières. Les œufs sont déposés près des rives, sur des végétaux, où ils adhèrent; la femelle frottant son ventre sur ces végétaux en évacuant ses œufs.

Toute la Normandie. — C.

8e Genre. *ALBURNUS* — ABLETTE.

1. **Alburnus lucidus** Heck. — **Ablette vulgaire.**

Abramis alburnus Ekstr.

Alburnus acutus Heck., *A. breviceps* H. et K., *A. Fabrei* Blanch., *A. Linnei* Malm, *A. mirandella* Blanch., *A. obtusus* Heck.

Aspius alburnoides Selys, *A. alburnus* Ag.

Cyprinus alburnus L.

Leuciscus alburnoides C. et V., *L. alburnus* Flem., *L. ochrodon* C. et V.

Able ablette, A. alburnoïde, A. ochrodonte.

Ablette alburnoïde, A. commune, A. de Fabre, A. mirandelle, A. ordinaire.

Aspe able, A. alburnoïde.

Ovelle.

Cuvier et Valenciennes. — Op. cit., t. XVII, in-4°, p. 185, 186 et 202; in-8°, p. 249, 250 et 272.

Émile Blanchard. — Op. cit., p. 364, 369 et 370, et fig. 77—81.

H. Gervais et R. Boulart. — Op. cit., t. I, p. 104 et 107, et pl. XXII.

Émile Moreau. — Op. cit. : *Histoire*, t. III, p. 403; — *Manuel*, p. 496.

Francis Day. — Op. cit., t. II, p. 198, et pl. CXXXVII, fig. 1, 1 a et 1 b.

Amb. Gentil. — *Ichthyologie de la Sarthe* (op. cit.), p. 368; tiré à part, p. 13.

F.-A. Smitt. — Op. cit., 2e part., p. 792 et fig. 196; atlas, pl. XXXVI, fig. 3.

L'Ablette vulgaire habite les rivières, les fleuves et les lacs ; on la trouve aussi dans des eaux saumâtres. Elle préfère les eaux courantes claires ayant un fond pierreux ou sablonneux ; toutefois, elle se trouve accidentellement dans des eaux dont le fond est vaseux ou garni de végétation. Elle vit en bandes. Son naturel est vif et très-actif. Pendant les jours chauds, ensoleillés et calmes, elle se tient près de la surface, happant rapidement les insectes qui tombent à l'eau, et, pendant les mauvais temps, elle reste dans des endroits abrités. Elle est très-vorace. Sa nourriture se compose de larves et d'insectes, de crustacés, de vers, de substances végétales, etc. L'Ablette vulgaire fraie habituellement en mai et juin, dans des eaux peu profondes. Pendant cette opération, mâles et femelles sautent au-dessus de l'eau, qu'ils frappent de coups rapides et fréquents avec leur queue. Les femelles de grande taille pondent les premières. Les œufs sont déposés sur des pierres ou des végétaux et y sont adhérents.

Toute la Normandie. — C.

2. **Alburnus bipunctatus** (Bl.) — **Ablette spirlin.**

Abramis bipunctatus Gthr.
Alburnus bipunctatus Bp.
Aspius bipunctatus Ag.
Cyprinus bipunctatus Bl.
Leuciscus Baldneri C. et V., *L. bipunctatus* C. et V.
Spirlinus bipunctatus Fatio.

Able de Baldner, A. éperlan, A. spirlin.
Aspe biponctué.

Éperlan de Seine, Rieland.

CUVIER et VALENCIENNES. — Op. cit., t. XVII, in-4°, p. 192 et 195; in-8°, p. 259 et 262; et pl. CDXCVII (les 2 édit.).

Émile BLANCHARD. — Op. cit., p. 371 et fig. 82.

H. GERVAIS et R. BOULART. — Op. cit., t. I, p. 106 et pl. XXIII.

Émile MOREAU. — Op. cit. : *Histoire*, t. III, p. 403 et 406; — *Manuel*, p. 496 et 497.

Amb. GENTIL. — *Ichthyologie de la Sarthe* (op. cit.), p. 368; tiré à part, p. 13.
F.-A. SMITT. — Op. cit., 2e part., p. 797 et fig. 197.

L'Ablette spirlin habite les eaux douces : rivières, ruisseaux, fleuves, lacs, étangs. Elle aime surtout les eaux courantes ayant un fond pierreux ou graveleux. Ce poisson est sociable et très-vorace. Sa nourriture se compose de larves et d'insectes, de vers, de mollusques, d'œufs d'animaux variés, de substances végétales, etc. L'Ablette spirlin fraie habituellement en mai et juin. « La plupart des auteurs, à l'imitation de Bloch, s'accordent, dit Victor Fatio (op. cit., t. IV, p. 410), pour attribuer à cette espèce des œufs excessivement petits et en nombre très-élevé. Toutefois, il me semble que ce premier observateur doit avoir commis une erreur et que celle-ci a été complaisamment répétée par les ichthyologistes subséquents. En effet, j'ai trouvé, bien au contraire, dans les ovaires bien développés de plusieurs femelles, des œufs relativement très-gros et proportionnellement beaucoup plus forts que ceux d'autres poissons plus grands qui ne passent pas pour avoir des œufs très-petits. Par exemple, j'ai compté, dans deux femelles adultes pêchées dans le Rhin, au milieu de mai, 1860 et 1915 œufs mesurant deux millimètres de diamètre et mêlés à un nombre passablement supérieur de germes beaucoup moins développés, mais déjà en majorité, d'un demi-millimètre environ. Il est probable que les dits gros œufs de deux millimètres, qui occupaient bien plus de la moitié de la capacité des ovaires, bien que distribués en arrière comme en avant, étaient destinés à sortir dans un premier acte de la ponte et à faire place à d'autres jusque là plus petits. La ponte doit donc se faire, comme je l'ai dit, en diverses reprises; le total des œufs est loin d'être exceptionnellement élevé; enfin, les germes prêts à être pondus sont relativement très-gros pour le poisson ».

Toute la Normandie. — P. C.

9e Genre. *SCARDINIUS* — ROTENGLE.

1. **Scardinius erythrophthalmus** (L.) — **Rotengle vulgaire.**

Cyprinus erythrophthalmus L., *C. erythrops* Pall.
Leuciscus erythrophthalmus Flem.
Scardinius dergle H. et K., *S. erythrophthalmus* Bp., *S. hesperidicus* Bp., *S. macrophthalmus* H. et K.

Cyprin rotengle.
Meunier rotengle.
Rotengle commun, R. ordinaire.

Gardon rouge, Rosse, Rousse.

Cuvier et Valenciennes. — Op. cit., t. XVII, in-4°, p. 80; in-8°, p. 107.
Émile Blanchard. — Op. cit., p. 377 et fig. 83—85.
H. Gervais et R. Boulart.— Op. cit., t. I, p. 109 et pl. XXIV.
Émile Moreau. — Op. cit. : *Histoire*, t. III, p. 410; — *Manuel*, p. 499.
Francis Day. — Op. cit., t. II, p. 175 et 183, et pl. CXXXIII, fig. 2, 2 a et 2 b.
Amb. Gentil. — *Ichthyologie de la Sarthe* (op. cit.), p. 369; tiré à part, p. 14.
F.-A. Smitt. — Op. cit., 2e part., p. 779 et fig. 193; atlas, pl. XXXIII, fig. 2.

Le Rotengle vulgaire se plaît également dans les eaux douces stagnantes et courantes : lacs, étangs, rivières, fleuves, et recherche les endroits pourvus de végétation. On le trouve aussi dans les eaux saumâtres. Il est très-sociable et se tient le plus souvent au fond de l'eau. Ses allures sont tantôt vives et tantôt lentes. Il est très-vorace. Sa nourriture se compose de substances végétales, de vers, de larves et d'insectes, de mollusques, etc.; il absorbe de la vase, qui contient, en plus ou moins grande quantité, des débris organiques. Le Rotengle vulgaire fraie au printemps et, par exception, jusqu'au mois d'août inclusivement. Les œufs sont pondus sur des végétaux, où ils adhèrent. Généralement, la femelle les dépose par groupes en plusieurs places. Une femelle bien développée pond annuellement de cinquante mille à cent mille œufs environ. Les jeunes éclosent au bout d'à peu près six à dix jours, selon la température de l'eau.

Toute la Normandie. — T.-C.

10e Genre. *LEUCISCUS* — GARDON.

1. **Leuciscus rutilus** (L.) — Gardon vulgaire.

Cyprinus rutilus L.
Gardonus rutilus Bp.
Leuciscus decipiens Ag., *L. pallens* Blanch., *L. Pausingeri* H. et K., *L. prasinus* Ag., *L. rutiloides* Selys, *L. rutilus* Flem., *L. Selysi* Heck.
Leucos prasinus Bp., *L. Selysi* Bp.
Tinca rutila Sws.

Able de Selys, A. rosse, A. rutiloïde.
Cyprin rougeâtre.
Gardon commun, G. de Selys, G. ordinaire, G. pâle, G. rutiloïde, G. vangeron.
Meunier de Selys, M. rosse, M. rutiloïde.

Cardon, C. de roche, Dard.

Cuvier et Valenciennes. — Op. cit., t. XVII, in-4°, p. 97, 111, 114 et 147; in-8°, p. 130, 149, 153 et 198; et pl. CDXCIII (les 2 édit.).

Émile Blanchard. — Op. cit., p. 382 et 386, et fig. 86—88.

H. Gervais et R. Boulart. — Op. cit., t. I, p. 111 et 113, et pl. XXV.

Émile Moreau. — Op. cit. : *Histoire*, t. III, p. 413; — *Manuel*, p. 500.

Francis Day. — Op. cit., t. II, p. 175, et pl. CXXXII, fig. 2, 2 a et 2 b.

Amb. Gentil. — *Ichthyologie de la Sarthe* (op. cit.), p. 370; tiré à part, p. 15.

F.-A. Smitt. — Op. cit., 2e part., p. 759 et 773, et fig. 192; atlas, pl. XXXIII, fig. 1.

Le Gardon vulgaire habite les rivières, les fleuves, les lacs et les étangs, se plaisant dans les eaux dont le courant n'est pas très-rapide; il se trouve aussi dans les eaux saumâtres et dans certaines mers. Ce poisson vit en bandes. Ses mouvements sont vifs. Il nage avec aisance. Pendant la saison chaude, il se tient à peu de distance de la surface et fréquemment au bord des rives, et, pendant la saison froide, il reste à une moins faible profondeur. Sa nourriture se compose de substances végétales, de larves et d'insectes, de mollusques, de vers, de débris animaux, etc. Le Gardon vulgaire fraie au printemps. Les œufs sont déposés à une petite profondeur, sur des végétaux ou des pierres, et y sont adhérents. Une femelle bien développée pond en moyenne de cinquante à cent mille œufs annuellement. Les jeunes éclosent au bout de dix à quinze jours environ, selon la température de l'eau.

Toute la Normandie. — T.-C.

11e Genre. *SQUALIUS* — CHEVAINE.

1. **Squalius cephalus** (L.) — Chevaine vulgaire.

Cyprinus cephalus L., *C. chub* Bonnat.
Gardonus cephalus Bp.

Leuciscus albiensis C. et V., *L. cabeda* Risso, *L. cavedanus* Bp., *L. cephalus* Flem., *L. dobula* Ag., *L. frigidus* C. et V., *L. latifrons* Nilss., *L. Pareti* Bp., *L. squalius* C. et V., *L. tiberinus* Bp.
Squalius albus H. et K., *S. cavedanus* Bp., *S. cephalus* Dyb., *S. clathratus* Blanch., *S. dobula* Heck., *S. meridionalis* Blanch., *S. svalliza* H. et K.
Tinca cephala Sws.

Able cabède, A. cavédano, A. de l'Elbe, A. froid, A. meunier, A. squalo.
Chevaine commune, C. méridionale, C. meunier, C. ordinaire, C. treillagée.
Meunier chevaine.

Cheval, Cheverne, Chiverne, Meunier, Monier.

Cuvier et Valenciennes. — Op. cit., t. XVII, in-4°, p. 129, 142, 145, 146 et 174; in-8°, p. 172, 191, 194, 196 et 234.
Émile Blanchard. — Op. cit., p. 392, 396 et 398, et fig. 91—94.
H. Gervais et R. Boulart. — Op. cit., t. I, p. 117, 119, 209, 211, fig. 52 et pl. XXVIII.
Émile Moreau. — Op. cit. : *Histoire*, t. III, p. 419 et 422; — *Manuel*, p. 503 et 504.
Francis Day. — Op. cit., t. II, p. 175 et 178, et pl. CXXXII, fig. 1, 1 a et 1 b.
Amb. Gentil. — *Ichthyologie de la Sarthe* (op. cit.), p. 370; tiré à part, p. 15.
F.-A. Smitt. — Op. cit., 2° part., p. 759, 769 et 775, et fig. 191; atlas, pl. XXXII, fig. 3.

La Chevaine vulgaire habite les rivières, les fleuves, les lacs et les étangs; elle se trouve aussi dans des eaux saumâtres. On voit assez souvent des jeunes de cette espèce dans les ruisseaux. Hors la période de la reproduction, les adultes vivent isolément ou en petites troupes, et les jeunes vont en bandes. Ce poisson est très-peureux. Il est d'une grande voracité. Sa nourriture se compose de vers, de larves et d'insectes, de mollusques, de crustacés, d'œufs et de jeunes poissons, de substances végétales, de débris animaux; il mange aussi des jeunes batraciens et des jeunes micromammifères. A l'époque de la reproduction, les Chevaines vulgaires se réunissent en bandes. Elles fraient au printemps et dans la première moitié de l'été. Les œufs sont déposés près des rives, sur les pierres et les graviers, où ils adhèrent. Une femelle bien développée pond annuellement de cinquante mille à cent cinquante mille œufs environ.

Toute la Normandie. — C.

2. **Squalius grislagine** (L.) — **Chevaine vandoise.**

Aturius Dufouri Dubalen.

Cyprinus dobula L., *C. grislagine* L., *C. leuciscus* L., *C. mugilis* Vallot.

Leuciscus argenteus Ag., *L. burdigalensis* C. et V., *L. dobula* Yarr., *L. grislagine* Ag., *L. majalis* Ag., *L. rodens* Ag., *L. rostratus* Ag., *L. saltator* Bp., *L. vulgaris* Flem.

Squalius bearnensis Blanch., *S. burdigalensis* Blanch., *S. chalybaeus* Heck., *S. dobula* Bp., *S. lepusculus* Heck., *S. leuciscus* Heck., *S. rodens* Heck., *S. rostratus* Heck.

Tinca dobula Sws., *T. leuciscus* Sws.

Able de la Gironde, A. poissonnet, A. ronzon, A. rostré, A. vandoise.

Cyprin mugile.

Meunier argenté.

Vandoise aubour, V. bordelaise, V. commune, V. de la Gironde, V. ordinaire, V. rostrée, V. vulgaire.

Darcelet, Dard, Vandaize.

Cuvier et Valenciennes. — Op. cit., t. XVII, in-4°, p. 150, 151, 158, 161 et 163; in-8°, p. 201, 202, 213, 216 et 218.

Émile Blanchard. — Op. cit., p. 400, 401 et 405, fig. 90 (p. 391) et 95—97.

H. Gervais et R. Boulart. — Op. cit., t. I, p. 120, 121 et 122, et pl. XXIX et XXX.

Émile Moreau. — Op. cit. : *Histoire*, t. III, p. 419 et 425; — *Manuel*, p. 503 et 505.

Francis Day. — Op. cit., t. II, p. 175 et 180, et pl. CXXXIII, fig. 1, 1 a et 1 b.

Amb. Gentil. — *Ichthyologie de la Sarthe* (op. cit.), p. 370 et 371; tiré à part, p. 15 et 16.

F.-A. Smitt. — Op. cit., 2e part., p. 759, 760 et 775, et fig. 189; atlas, pl. XXXII, fig. 2.

La Chevaine vandoise habite les rivières, les fleuves et les lacs dont l'eau est limpide; elle vit aussi dans des eaux saumâtres. On la trouve parfois dans les ruisseaux. Elle est sociable. Son naturel est peureux. Ce poisson nage avec beaucoup de vitesse. Il est résistant à la mort. Sa nourriture se compose de vers, de larves et d'insectes, de mollusques, de substances végétales, etc. Les Chevaines vandoises fraient au printemps et dans la première moitié de l'été; elles fraient aussi en novembre, décembre et janvier. Les œufs sont pondus dans une eau courante, sur les pierres et les graviers, moins souvent sur les végétaux, et ils adhèrent aux uns et aux autres.

Toute la Normandie. — C.

12ᵉ Genre. *CHONDROSTOMA* — CHONDROSTOME.

1. **Chondrostoma nasus** (L.) — Chondrostome nase.

Chondrostoma caerulescens Blanch., *C. Dremei* Blanch., *C. nasus* Ag., *C. rhodanensis* Blanch.
Cyprinus nasus L., *C. toxostoma* Vallot.

Chondrostome bleuâtre, C. de Drême, C. du Rhône.
Cyprin bouche-en-croissant.

Surmulet.

Cuvier et Valenciennes. — Op. cit., t. XVII, in-4°, p. 286; in-8°, p. 384.
Émile Blanchard. — Op. cit., p. 413, 416, 418 et 420, et fig. 101—108.
H. Gervais et R. Boulart. — Op. cit., t. I, p. 126 et pl. XXXIII.
Émile Moreau. — Op. cit. : *Histoire*, t. III, p. 429; — *Manuel*, p. 507.

Le Chondrostome nase habite les rivières, les fleuves et les lacs; on le trouve aussi dans des eaux saumâtres. Il est sociable. Sa nourriture se compose de végétaux, de vers, de larves et d'insectes, de mollusques, d'œufs de poissons, etc. Cette espèce fraie habituellement en mars, avril et mai. Lorsque les conditions sont favorables, les jeunes éclosent au bout de deux semaines environ.

Seine-Inférieure et Eure :

« Cette espèce est assez commune dans la Seine, mais elle ne descend pas jusqu'à l'embouchure..... Des pêcheurs de La Bouille (Seine-Inférieure), questionnés à ce sujet, m'ont dit qu'ils avaient capturé ce poisson pour la première fois, dans cette localité, il y a une quinzaine d'années environ (soit vers 1870). Ces pêcheurs le connaissent sous le nom de *Surmulet* ». [Henri GADEAU DE KERVILLE. — *Aperçu de la faune actuelle de la Seine et de son embouchure, depuis Rouen jusqu'au Havre* (op. cit.), p. 191].

NOTE. — « Il y a une vingtaine d'années, le Nase ne se trouvait pas dans les rivières qui se jettent, soit dans l'Atlantique, soit dans la Manche, entre l'embouchure de la Gironde et celle de la Somme. Au mois de juin 1860, on reconnut à Sens (Yonne) un poisson d'espèce nouvelle, pêché dans l'Yonne, auquel on donna le nom de *Mulet;* depuis cette époque, le Nase a pullulé d'une façon prodigieuse dans l'Yonne et dans la Seine ». [Émile MOREAU. — *Histoire* (op. cit.), t. III, p. 431].

22e Famille. *COBITIDAE* — COBITIDÉS.

1er Genre. *COBITIS* — LOCHE.

1. **Cobitis barbatula** L. — Loche franche.

Nemachilus barbatulus Gthr.

Cobite loche.
Loche commune, L. ordinaire, L. vulgaire.

Loque.

CUVIER et VALENCIENNES. — Op. cit., t. XVIII, in-4°, p. 10; in-8°, p. 14; et pl. DXX (les 2 édit.).
Émile BLANCHARD. — Op. cit., p. 280, et fig. 52 et 53.
H. GERVAIS et R. BOULART. — Op. cit., t. I, p. 75, et pl. VIII, la fig. en haut.
Émile MOREAU. — Op. cit. : *Histoire*, t. III, p. 432; — *Manuel*, p. 509.

Francis DAY. — Op. cit., t. II, p. 203, et pl. CXXXVII, fig. 2.

Amb. GENTIL. — *Ichthyologie de la Sarthe* (op. cit.), p. 371; tiré à part, p. 16.

F.-A. SMITT. — Op. cit., 2e part., p. 705 et 711; atlas, pl. XXXI, fig. 5.

La Loche franche habite les eaux douces : ruisseaux, rivières, étangs et lacs. Dans les ruisseaux et les petites rivières, elle se tient près du fond, et, dans les grandes rivières et les lacs, elle vit à une petite profondeur, près des rives. Elle se cache sous les pierres. Son naturel est très-peureux. Ses mouvements sont agiles. Elle est très-vorace. Sa nourriture se compose principalement de larves et d'insectes, de vers et de mollusques. Cette espèce fraie entre le commencement de février et le commencement de l'été.

Toute la Normandie. — C.

2. **Cobitis taenia** L. — Loche de rivière.

Acanthopsis taenia Ag.
Botia taenia Gray.
Cobitis elongata H. et K., *C. spilura* Malh.

Acanthopsis rubannée.
Cobite ténia.
Loche épineuse.

Loque.

CUVIER et VALENCIENNES. — Op. cit., t. XVIII, in-4°, p. 44; in-8°, p. 58.

Émile BLANCHARD. — Op. cit., p. 285 et fig. 54.

H. GERVAIS et R. BOULART. — Op. cit., t. I, p. 77, et pl. VIII, la fig. en bas.

Émile Moreau. — Op. cit. : *Histoire*, t. III, p. 432 et 434; — *Manuel*, p. 509 et 510.
Francis Day. — Op. cit., t. II, p. 201, et pl. CXXXVII, fig. 3 et 3 a.
Amb. Gentil. — *Ichthyologie de la Sarthe* (op. cit.), p. 371 et 372; tiré à part, p. 16 et 17.
F.-A. Smitt. — Op. cit., 2e part., p. 705, 706 et 714, fig. 176 et 177; atlas, pl. XXXI, fig. 4.

La Loche de rivière habite les ruisseaux, les rivières, les étangs et les lacs; on la trouve accidentellement dans des eaux saumâtres. Elle se plaît surtout dans les petits cours d'eau ayant un fond garni de pierres qui lui servent de cachette, ou un fond de gravier, de sable, voire même de vase, dans lequel ce poisson s'enterre, ne montrant que la tête, et même y disparaissant en entier. On trouve habituellement la Loche de rivière en compagnie de ses semblables, mais pas en bandes à proprement parler. Généralement elle se tient calme; au besoin, ses mouvements sont rapides, et elle peut s'enterrer avec une grande prestesse. Elle est vorace. Sa nourriture se compose de vers, de larves et d'insectes, de mollusques, de crustacés, d'œufs de poissons. Cette espèce fraie au printemps et dans la première moitié de l'été.

Toute la Normandie. — P. C.

OBSERVATION.

Cobitis fossilis L. — Loche d'étang.

C.-G. Chesnon (op. cit., p. 39) a inscrit la Loche d'étang au nombre des poissons de la Normandie, sans donner aucun détail la concernant. Je regarde cette indication comme erronée, pour la raison que je ne connais aucun renseignement signalant, en Normandie, la Loche d'étang, appelée aussi Misgurne fossile [*Misgurnus fossilis* (L.)].

23e Famille. *CLUPEIDAE* — CLUPÉIDÉS.

1er Genre. *CLUPEA* — CLUPÉE.

1. **Clupea harengus** L. — Clupée hareng.

Clupea alba Yarr. (*juvenis*), *C. elongata* Lesueur, *C. Leachi* Yarr., *C. mirabilis* Gir., *C. Pallasi* C. et V.
Rogenia alba C. et V. (*juvenis*).

Clupe hareng.

Hareng commun, H. de Leach, H. de New-York, H. de Pallas, H. ordinaire, H. vulgaire.

Rogénie blanche (jeune).

Gras d'eau (jeune), Héran, Œillet (jeune).

Cuvier et Valenciennes. — Op. cit., t. XX, in-4°, p. 22, 175, 178, 182 et 249 ; in-8°, p. 30, 243, 247, 253 et 341 ; et pl. DXCI—DXCIII et DXCVIII (les 2 édit.).

H. Gervais et R. Boulart. — Op. cit., t. III, p. 22 et pl. V.

Émile Moreau. — Op. cit. : *Histoire*, t. III, p. 443; — *Manuel*, p. 515.

Francis Day. — Op. cit., t. II, p. 208, et pl. CXXXVIII, fig. 2 et 2 a.

F.-A. Smitt. — Op. cit., 2e part., p. 952 et 954, et fig. 236 (p. 947), 237 (p. 949), 238 (p. 950), 239, 240 et 242; atlas, pl. XLIII, fig. 1, et pl. XLIV, fig. 1.

La Clupée hareng ou Hareng vulgaire est un poisson marin et migrateur qui passe une partie de son existence à des profondeurs plus ou moins grandes, et qui, à des époques variables, s'approche des côtes, pénétrant même dans les embouchures des fleuves et des grandes rivières. Ses migrations plus ou moins irrégulières ont pour causes la reproduction, la recherche de la nourriture et la nécessité de se dérober aux poursuites de ses ennemis ; de plus, certaines conditions atmosphériques ont aussi leur influence sur ses migrations. Ce poisson est très-sociable et se réunit en bandes — appelées bancs — dont le nombre d'individus qui les composent est souvent prodigieusement grand ; parfois, on voit des bandes s'avançant en rangs serrés sur une longueur de cinq à six kilomètres et une largeur de trois à quatre. La Clupée hareng est d'un naturel vif et nage avec rapidité. Elle n'est pas résistante à la mort. Elle est très-vorace. Sa nourriture se compose principalement de petits crustacés et de petits mollusques ; elle mange aussi d'autres petits animaux, des larves d'espèces très-variées et des poissons ; dans les premiers mois de leur existence, les jeunes se nourrissent d'animaux extrêmement petits. La reproduction s'opère à toutes les époques de l'année. En général, les vieux individus fraient les premiers. Les œufs sont déposés dans des eaux d'une plus ou moins faible profondeur, y compris les eaux saumâtres. Les gros individus se reproduisent dans des eaux moins faiblement profondes que celles où fraient les petits, ces derniers pondant parfois près du rivage et dans des eaux d'une profondeur de seulement un mètre. Les œufs adhèrent fortement aux pierres et aux algues. Une femelle bien développée pond, par année, de vingt mille à soixante mille œufs environ. L'éclosion a lieu généralement au bout d'une quinzaine de jours ou un peu plus ; mais ce temps peut se réduire à trois jours seulement dans une eau dont la température excède un peu 20° centigr. ; c'est dire combien est grande l'action de la température sur la durée du développement embryonnaire. La pêche de la Clupée hareng ou Hareng vulgaire est, on le sait, la plus importante de toutes. S'il est impossible d'évaluer, d'une manière précise, le nombre total des Clupées harengs qui sont pêchées annuellement dans les différentes mers, on peut dire que ce nombre est certes prodigieux et qu'il s'élève à des dizaines de milliards.

Littoral de la Normandie. — T.-C. pendant une partie de l'année. Il y a, en toute saison, des jeunes sur ce littoral.

Voici quelques passages extraits d'un important mémoire de H.-É. Sauvage et Eugène Canu sur *Le Hareng des côtes de Normandie, en* 1891 *et* 1892 (op. cit.) :

« Lorsque l'on jette un coup d'œil d'ensemble sur la distribution du Hareng dans la partie nord-ouest de l'Europe, on voit, disent ces savants zoologistes (p. 1), que ce poisson, bien qu'il descende jusque par le travers de l'île de Ré, ne se pêche guère au delà du cap de la Hague; on prend bien, il est vrai, du Hareng en petite quantité sur les côtes de Bretagne, mais la grande pêche se termine, en réalité, dans les parages de la partie sud des côtes de Normandie.

« Du milieu du mois d'octobre au commencement du mois de mars, les bancs de Hareng sont surtout abondants dans la partie sud de la mer du Nord et dans la partie de la Manche qui s'étend par le travers de Portland (Angleterre) et du cap de la Hague.....

« Négligeant la partie nord de la côte normande, Le Tréport, Saint-Valery-en-Caux, Dieppe, Fécamp, nous dirons que, depuis quelques années, le Hareng se pêche assez abondamment le long de la partie sud de cette côte.

« C'est en 1883 qu'ont eu lieu les premiers essais de pêche du Hareng dans les parages de Cherbourg; pendant cette année, le produit de la pêche était estimé à 9.000 francs, valeur de 15.000 kilogrammes de poisson ; pendant la campagne de 1884-1885, M. Joüan (voir à la page suivante) signalait la pêche miraculeuse — ce sont ses propres expressions — de Harengs faite à Cherbourg. Cette pêche n'a pas cessé d'être fructueuse...

« . . . .

« Dans les parages de la Hougue et de Cherbourg, la pêche commence à être active vers le milieu du mois de novembre, puis elle va en augmentant pendant le mois de décembre, pour diminuer d'une façon très-notable en janvier et cesser presque complètement en février et en mars...

« . . . .

« Pour les parages du Havre, c'est en janvier que la pêche du Hareng est le plus active; commencée en décembre, abondante en janvier, elle se termine en mars ».

« Il y a quelques années, dit Henri Joüan dans son mémoire ayant pour titre : *Époques et mode d'apparition des différentes espèces de Poissons sur les côtes des environs de Cherbourg* (op. cit., p. 128; tiré à part, p. 11), les Harengs (*Clupea harengus* L.) n'apparaissaient pas par *grands bancs* sur notre littoral; il arrivait bien quelquefois de prendre de ces poissons, au commencement de l'hiver, en quantité assez notable, mais cependant en bien trop petit nombre — des lots de 2 ou 300 individus au plus — et trop irrégulièrement pour donner lieu à une pêche, et, encore moins, à une industrie suivie. Il n'en fut pas de même à la fin d'octobre, pendant le mois de novembre et les premiers jours de décembre 1884. Les Harengs se montrèrent alors, à Cherbourg et aux environs, en telle abondance que leur pêche fit, pendant cette période de temps, à peu près abandonner la pêche des autres poissons, bien qu'il eût fallu, pour ainsi dire, improviser un matériel, un outillage qui manquaient. On en faisait des pêches miraculeuses; on venait des campagnes, à plusieurs lieues à la ronde, les enlever par charretées pour les saler, les fumer et en faire de l'engrais. Il fallait remonter à l'année 1832 pour retrouver quelque chose qui rappelât une telle abondance. Depuis 1884, cette pêche du Hareng continue, chez nous, avec le même succès, mais cela durera-t-il ? »

« Le Hareng adulte ne pénètre plus depuis longtemps dans l'estuaire de la Seine, en grande bande ; on n'en prend que quelques sujets isolés ». [G. Lennier. — *L'Estuaire de la Seine* (op. cit.), t. II, p. 157].

« Au mois de mars 1891, disent H.-É. Sauvage et Eugène Canu (op. cit., p. 8), une colonie de Harengs semble s'être établie plus particulièrement dans l'embouchure de la Seine et avoir pénétré jusqu'en des points abrités comme le bassin de l'Eure », au Havre.

« On pêche en toute saison, à l'embouchure de la Seine, de jeunes individus de cette espèce... Pendant l'été, ces jeunes Harengs remontent dans l'eau saumâtre jusqu'à Berville-sur-Mer (Eure) et même jusqu'à Quillebeuf (Eure) ». [Henri Gadeau de Kerville. — *Aperçu de la faune actuelle de la Seine et de son embouchure, depuis Rouen jusqu'au Havre* (op. cit.), p. 190].

Note. — D'après G. Lennier [*L'Estuaire de la Seine* (op. cit.), t. II, p. 127], dès le VIIIe siècle, « la pêche du Hareng devait se faire dans l'estuaire de la Seine ». A la page suivante, il dit qu'en 1170, « le Hareng se pêchait dans la baie du Mont-Saint-Michel, sur les côtes de Bayeux, sur celles de Caen, de Honfleur, jusqu'à la Seine, c'est-à-dire jusqu'à Quillebeuf, aussi librement que sur la côte de la Haute-Normandie ».

2e Genre. *MELETTA* — MELETTE.

1. **Meletta sprattus** (L.) — **Melette esprot.**

Clupea macrocephala Sws., *C. Schoneveldei* Kroy., *C. sprattus* L.

Harengula sprattus C. et V.

Meletta sprattus É. Moreau, *M. vulgaris* C. et V.

Spratella pumila C. et V.

30

Harengule esprot.
Melette commune, M. ordinaire, M. vulgaire.
Spratelle naine.

Bizon, Blanche, Épraut, Esprot, Harenguet, Harenguette, Œillet, Œillette.

NOTE. — « Dans le Calvados, à Arromanches, ce petit poisson est vendu comme étant de la Sardine ». [Émile MOREAU. — *Histoire* (op. cit.), t. III, p. 448].

CUVIER et VALENCIENNES. — Op. cit., t. XX, in-4°, p. 207, 261 et 269; in-8°, p. 285, 357 et 366; et pl. DC et DCIII (les 2 édit.).
H. GERVAIS et R. BOULART. — Op. cit., t. III, p. 27 et pl. VI.
Émile MOREAU. — Op. cit. : *Histoire*, t. III, p. 445 et 447; — *Manuel*, p. 517 et 518.
Francis DAY. — Op. cit., t. II, p. 231, pl. CXXXVIII, fig. 3, et CXXXIX, fig. 2 et 2a.
F.-A. SMITT. — Op. cit., 2e part., p. 952 et 974; atlas, pl. XLIV, fig. 2.

La Melette esprot habite la mer, à des profondeurs variables, et vient près des côtes à des époques très-irrégulières de l'année. Un assez grand nombre de ces poissons remontent les fleuves et les grandes rivières, dans la partie où la marée se fait sentir. Cette espèce est très-sociable et vit souvent en bandes énormes. Sa nourriture se compose de petits animaux très-variés.

Littoral de la Normandie. — T.-C. — La Melette esprot habite pendant une partie de l'année ce littoral, où son apparition annuelle se fait à une époque irrégulière. Toutefois, il est très-probable que l'on peut trouver pendant toute l'année, sur les côtes normandes, des jeunes, ainsi que des adultes isolés.

3e Genre. *HARENGULA* — HARENGULE.

1. **Harengula latula** C. et V. — **Harengule blanquette.**

Clupea latula Gthr.

Blanquette, Flessie, Menize, Menuize, Œillet.

Cuvier et Valenciennes. — Op. cit., t. XX, in-4°, p. 203; in-8°, p. 280; et pl. DXCV (les 2 édit.).

H. Gervais et R. Boulart. — Op. cit., t. III, p. 28.

Émile Moreau. — Op. cit. : *Histoire*, t. III, p. 449; — *Manuel*, p. 519.

La Harengule blanquette habite la mer et s'approche des côtes à l'époque de la reproduction. Cette espèce vit en bandes et fraie parmi les plantes.

Littoral de la Normandie. — T.-C. — La Harengule blanquette habite pendant une partie de l'année ce littoral, où son apparition annuelle se fait à une époque irrégulière. Néanmoins, il est fort probable qu'il y a pendant toute l'année, sur les côtes normandes, des jeunes, ainsi que des adultes isolés.

4e Genre. *ALOSA* — ALOSE.

1. **Alosa communis** Yarr. — **Alose commune.**

Alosa Cuvieri Malm, *A. vulgaris* Selys.
Clupanodon alosa Risso.
Clupea communis Sws.

Alose ordinaire, A. vulgaire.
Clupanodon alose.

Cuvier et Valenciennes. — Op. cit., t. XX, in-4°, p. 288; in-8°, p. 391; et pl. DCIV (les 2 édit.). [Réunie à l'espèce suivante : Alose finte (*Alosa finta* Cuv.)].

Émile Blanchard. — Op. cit., p. 480, et fig. 126 et 127.

H. Gervais et R. Boulart. — Op. cit., t. I, p. 157 et pl. L.

Émile Moreau. — Op. cit. : *Histoire*, t. III, p. 453 ; — *Manuel*, p. 521.

Francis Day. — Op. cit., t. II, p. 234 et pl. CXL.

Amb. Gentil. — *Ichthyologie de la Sarthe* (op. cit.), p. 373 ; tiré à part, p. 18. [Réunie à l'espèce suivante : Alose finte (*Alosa finta* Cuv.)].

F.-A. Smitt. — Op. cit., 2e part., p. 952 et 983, ? fig. 245 b (p. 978), et fig. 249 b; atlas, pl. XLIII, fig. 2.

L'Alose commune est un poisson marin qui, dans la seconde moitié de l'hiver et la première moitié du printemps, remonte en bandes les rivières et les fleuves pour y frayer; c'est donc une espèce anadrome. Elle remonte les eaux douces courantes à de très-grandes distances du littoral. Sa nourriture se compose de crustacés, de vers, de mollusques, de poissons, de larves et d'insectes, d'algues, de débris végétaux, etc. Elle fraie le plus habituellement dans le cours du printemps. Au moment de la ponte et de la fécondation des œufs, les individus des deux sexes sont agités et, à la surface, frappent l'eau avec leur queue. Les œufs tombent au fond de l'eau. Une femelle bien développée pond annuellement de cinquante mille à deux cent mille œufs environ.

Normandie et son littoral. — P.C.

L'Alose commune remonte la Seine entre le milieu de février et la fin d'avril, principalement en mars.

M. Auguste Sourdives, inspecteur-vendeur à la Poissonnerie de Rouen, m'a obligeamment écrit que, depuis plusieurs années, on ne prend presque plus d'Aloses communes dans ce fleuve. Ainsi, pendant toute la saison de 1897, il n'en a pas été pêché vingt individus, tandis qu'en 1880, les pêcheurs de la région en prenaient, dans une nuit, un total de mille à dix-huit cents.

Note. — Il convient de dire que les barrages établis dans la Seine, en amont et près d'Elbeuf-sur-Seine (Seine-Inférieure), s'opposent, d'une façon presqu'entière, à la montée des poissons au delà de cet endroit.

2. **Alosa finta** Cuv. — Alose finte.

Clupea fallax Lacép., *Clupea* (*Alosa*) *finta* Cuv.

Alose feinte.
Clupée feinte.

Caluyau (mâle), Finte (femelle).

Cuvier et Valenciennes. — Op. cit., t. XX, in-4°, p. 288; in-8°, p. 391. [Réunie à l'espèce précédente : Alose commune (*Alosa communis* Yarr.)].
Émile Blanchard. — Op. cit., p. 481.
H. Gervais et R. Boulart. — Op. cit., t. I, p. 158 et pl. LI.
Émile Moreau. — Op. cit. : *Histoire*, t. III, p. 453 et 456; — *Manuel*, p. 521 et 522.
Francis Day. — Op. cit., t. II, p. 236 et pl. CXLI.
Amb. Gentil. — *Ichthyologie de la Sarthe* (op. cit.), p. 373; tiré à part, p. 18. [Réunie à la précédente espèce : Alose commune (*Alosa communis* Yarr.)].
F.-A. Smitt. — Op. cit., 2e part., p. 984, ? fig. 245 b (p. 978), fig. 248 et 249 a.

L'Alose finte a des mœurs semblables à celles de la précédente espèce : Alose commune (*Alosa communis* Yarr.); toutefois, elle fait sa montée dans les eaux douces courantes et se reproduit un peu plus tard, environ six semaines après l'Alose commune. De plus, une petite partie des Aloses fintes passent toute leur vie dans des eaux douces (lacs et cours d'eau).

Normandie et son littoral. — C.

L'Alose finte remonte la Seine entre le commencement d'avril et la fin de mai.

M. Auguste Sourdives, inspecteur-vendeur à la Poissonnerie de Rouen, m'a obligeamment écrit que, contrairement à la diminution très-grande, depuis plusieurs années, du nombre des Aloses communes qui remontent la Seine, celui des Aloses fintes n'a pas diminué; toutefois, ces dernières ne montent qu'en petit nombre dans ce fleuve, en certaines années.

Au cours de mes recherches sur la faune de la Seine et de son embouchure, de Rouen au Havre, j'ai pêché dans l'estuaire de ce fleuve, entre le banc du Ratier et Villerville (Calvados), le 9 mars 1885, plusieurs jeunes Aloses fintes d'une longueur totale comprise entre 14 et 27 centimètres.

Note. — Il est utile de faire remarquer que les barrages établis dans la Seine, en amont et près d'Elbeuf-sur-Seine (Seine-Inférieure), s'opposent, d'une façon presqu'entière, à la montée des poissons au-dessus de cet endroit.

OBSERVATION.

Alosa pilchardus (Walb.) — Alose sardine
et
Stolephorus encrasicholus (L.) — Stoléphore anchois.

Alose sardine.

Il est très-probable que l'Alose sardine, appelée aussi Alose pilchard et Sardine vulgaire, se montre accidentellement dans la bande littorale qu'au point de vue faunique je crois devoir rattacher à la Normandie, bande ayant une largeur maximum de douze kilomètres, exception faite pour le petit archipel de Chausey, presque totalement situé, il est vrai, en dehors de cette bande, mais que la logique oblige à réunir en entier à la Normandie.

Toutefois, comme je ne possède aucun renseignement prouvant, d'une manière indiscutable, que l'Alose sardine vient parfois dans la bande littorale en question, la prudence scientifique, impérieusement nécessaire, m'ordonne de ne pas inscrire, quant à présent, cette espèce comme appartenant à la faune normande.

C.-G. Chesnon (op. cit., p. 39) mentionne l'Alose sardine au nombre des poissons de la Normandie, — il indique même séparément (loc. cit.) le « Hareng pilchard » et la « Sardine », noms qui désignent la même espèce — mais ce renseignement, qui n'est accompagné d'aucun détail, me paraît insuffisant.

Dans son *Catalogue des Poissons des côtes de la Manche dans les environs de Saint-Vaast* (op. cit., p. 99), A.-E. Malard a inscrit l'Alose sardine, sans donner aucun renseignement géonémique la concernant. Ce dernier auteur m'a écrit que certains pêcheurs expérimentés affirment qu'elle vient dans la zone littorale normande, mais qu'il doute de ce fait.

Dans la liste de renseignements ichthyologiques que M. Henri Joüan a eu la grande obligeance de m'écrire en vue de ma rédaction de ce volume, la présence de l'Alose sardine ou Sardine vulgaire dans la région de Cherbourg est indiquée avec la mention très-rare, suivie d'un point dubitatif. De plus, cet auteur dit, dans son mémoire ayant pour titre : *Époques et mode d'apparition des différentes espèces de Poissons sur les côtes des environs de Cherbourg* (op. cit., p. 129; tiré à part, p. 12; en note), que, sur ces côtes, l'espèce en question se montre très-rarement, et qu'il est même tout à fait extraordinaire d'en voir au marché de Cherbourg.

Stoléphore anchois.

Ce que, dans les lignes précédentes, je dis pour l'Alose sardine, s'applique exactement au *Stolephorus encrasicholus* (L.), appelé aussi *Engraulis encrasicholus* (L.). En effet, n'ayant pas jusqu'à présent une preuve certaine de la présence accidentelle du Stoléphore anchois ou Anchois vulgaire dans la bande littorale qu'au point de vue faunique je rattache à la Normandie, bande dans laquelle il est très-probable que cette espèce vient accidentellement, je ne dois pas l'inscrire, jusqu'à nouvel ordre, comme faisant partie de la faune normande.

Sans donner aucun détail le concernant, C.-G. Chesnon (op. cit., p. 39) mentionne le Stoléphore anchois au nombre des poissons de la Normandie; mais, selon moi, cette indication est insuffisante.

Il faut ajouter que, dans son *Histoire naturelle des Poissons de la France* (op. cit., t. III, p. 462), Émile Moreau dit ceci : « L'Anchois se trouve sur toutes nos côtes, mais il est en quantité bien plus considérable dans la Méditerranée que dans la Manche. Valenciennes fait cependant observer qu'il est en grande abondance à l'embouchure de la Seine, qu'il remonte jusqu'à Quillebeuf (Eure); aujourd'hui, je crois, l'Anchois est beaucoup plus rare dans ces parages de la Normandie ; il paraît aussi avoir extrêmement diminué sur la côte de Bretagne ». Je me demande si dans le renseignement donné par Valenciennes, il s'agit bien du Stoléphore anchois ou d'un autre poisson qui aurait été confondu avec lui? Il est certain que, si des exemplaires authentiquement pêchés dans l'embouchure de la Seine avaient été déterminés par Valenciennes, j'admettrais cette espèce dans la faune normande; mais une erreur a pu être commise dans laquelle ne fut pour rien cet illustre ichthyologiste. De plus, il convient de faire observer qu'Émile Moreau n'affirme pas la présence du Stoléphore anchois dans le voisinage immédiat des côtes normandes.

En définitive, je répète qu'à mon avis il est très-probable que l'Alose sardine et le Stoléphore anchois viennent accidentellement dans la zone littorale normande, mais que, jusqu'alors, je n'en connais pas une preuve indubitable.

24e Famille. *ESOCIDAE* — ÉSOCIDÉS.

1er Genre. *ESOX* — ÉSOCE.

1. **Esox lucius** L. — Ésoce brochet.

Brochet commun, B. ordinaire, B. vulgaire.

Virton (jeune).

CUVIER et VALENCIENNES. — Op. cit., t. XVIII, in-4°, p. 207; in-8°, p. 279.
Émile BLANCHARD. — Op. cit., p. 483, et fig. 2 (p. 89) et 128.
H. GERVAIS et R. BOULART. — Op. cit., t. I, p. 161, fig. 20 (p. 16) et 36 (p. 44), et pl. LII.
Émile MOREAU. — Op. cit. : *Histoire*, t. III, p. 466; — *Manuel*, p. 526.
Francis DAY. — Op. cit., t. II, p. 139 et pl. CXXVI.
Amb. GENTIL. — *Ichthyologie de la Sarthe* (op. cit.), p. 373; tiré à part, p. 18.
F.-A. SMITT. — Op. cit., 2e part., p. 998 et fig. 253—255; atlas, pl. XLIV, fig. 4.

L'Ésoce brochet ou Brochet vulgaire habite les eaux douces courantes et stagnantes : rivières, fleuves, lacs, étangs, aussi bien les eaux limpides que les eaux vaseuses; mais il préfère celles dont le courant est faible et qui sont pourvues de végétation. Il vit aussi dans des eaux saumâtres et des eaux salées. Hors la période de la reproduction, ce poisson mène une existence solitaire. Il est d'un naturel actif. Il peut nager avec beaucoup de rapidité. Sa résistance vitale est moyenne. L'Ésoce brochet est d'une très-grande voracité. Non-seulement il se nourrit de poissons et autres animaux très-variés, mais il mange aussi des charognes et ne dédaigne nullement les têtards, les grenouilles, les oiseaux, les micromammifères, etc., qu'il peut attraper; en résumé, il est omnivore. La reproduction a lieu dans la seconde moitié de l'hiver et au printemps. Ce poisson est apte à frayer lorsqu'il est âgé de deux à trois ans. Les jeunes fraient les premiers. Les œufs sont déposés dans des endroits où l'eau est calme et de faible profondeur. Pour vider ses ovaires, la femelle se frotte le ventre sur les végétaux ou sur le fond de l'eau. D'abord quelque peu adhérents, les œufs sont ensuite libres au fond de l'eau. Une femelle bien développée en pond annuellement d'environ cinquante mille à plusieurs centaines de mille. Les jeunes éclosent au bout d'une dizaine de jours à trois semaines, selon la température de l'eau.

Toute la Normandie. — C.

25e Famille. *EXOCOETIDAE* — ÉXOCÉTIDÉS.

1er Genre. *RAMPHISTOMA* — RAMPHISTOME.

1. **Ramphistoma belone** (L.) — **Ramphistome orphie.**

Belone acus Risso, *B. Linnei* Malm, *B. rostrata* Faber, *B. vulgaris* Flem.

Esox belone L.

Hemiramphus europaeus Yarr. (*juvenis*), *H. obtusus* Couch (*juvenis*).
Ramphistoma belone Smitt, *R. vulgaris* Sws.

Ésoce bélone.
Orphie aiguille, O. commune, O. ordinaire, O. vulgaire.

Orfi.

Cuvier et Valenciennes. — Op. cit., t. XVIII, in-4°, p. 296 et 307; in-8°, p. 399 et 414.
H. Gervais et R. Boulart. — Op. cit., t. III, p. 41 et 43, et pl. XI.
Émile Moreau. — Op. cit. : *Histoire*, t. III, p. 470 et 472; — *Manuel*, p. 528 et 529.
Francis Day. — Op. cit., t. II, p. 147, et pl. CXXVII, fig. 1, 1 a et 1 b.
F.-A. Smitt. — Op. cit., 1re part., p. 347, et fig. 91 (p. 343) et 92 $\alpha-\varepsilon$ (p. 346); atlas, pl. XXIII, fig. 3.

Le Ramphistome orphie ou Orphie vulgaire est une espèce marine et de surface. Il s'approche des côtes pour frayer et va, parfois, dans les embouchures des fleuves et des rivières, les remontant même, exceptionnellement, à quelque distance. Il est sociable, très-actif et très-vorace. Sa nourriture se compose de presque toutes sortes d'animaux. Quand les Ramphistomes orphies veulent s'emparer de poissons, qui entrent pour une grande part dans leur alimentation, il les percent avec une de leurs mâchoires, puis les secouent pour les en détacher, ou bien les saisissent entre leurs mâchoires et arrivent à les tuer au moyen de vigoureux mouvements de tête. Cette espèce vient frayer en bandes dans le voisinage du littoral, à de petites profondeurs. La reproduction a lieu au printemps et pendant la première moitié de l'été. Les vieux individus fraient les premiers. La surface des œufs possède de nombreux filaments capilliformes, grâce auxquels ils sont réunis en groupes ou fixés à des végétaux ou à d'autres objets, car ces filaments peuvent s'attacher à tout corps avec lequel ils entrent en contact. Une femelle bien développée pond annuellement de vingt mille à quarante mille œufs environ.

Littoral de la Normandie. — C. pendant la saison chaude.

26e Famille. *SALMONIDAE* — SALMONIDÉS.

1er Genre. *SALMO* — SAUMON.

1. **Salmo salar** L. — Saumon vulgaire.

Salmo hamatus Cuv. [1], *S. salmulus* Turt.
Trutta salar Sieb.

Salmone saumon.
Saumon bécard [1], S. commun, S. ordinaire.

Guimoisseron (très-jeune), Guimoisson (très-jeune), Orgeu (taille moyenne), Saumonette (jeune).

Cuvier et Valenciennes. — Op. cit., t. XXI, in-4°, p. 123 et 154 ; in-8°, p. 169 et 212; et pl. DCXIV et DCXV (les 2 édit.).

Émile Blanchard. — Op. cit., p. 448, et fig. 3—6 a (p. 117) et 116—119.

H. Gervais et R. Boulart. — Op. cit., t. I, p. 130 et 135, pl. XXXIV et XXXVI.

Émile Moreau. — Op. cit. : *Histoire*, t. III, p. 525 et fig. 206; *Supplément*, p. 124; — *Manuel*, p. 570.

(1) On désigne sous le nom de Saumons bécards (*Salmo hamatus* Cuv.) les individus dont la partie antérieure de la mâchoire inférieure est relevée en crochet. Cette déformation s'observe tout particulièrement chez les mâles.

Francis Day. — Op. cit., t. II, p. 63 et 66, fig. (p. 67), pl. CX, et pl. CXI, fig. 1.
Amb. Gentil. — *Ichthyologie de la Sarthe* (op. cit.), p. 374; tiré à part, p. 19.
F.-A. Smitt. — Op. cit., 2e part., p. 831, 833, 834 et 849, et fig. 209 (p. 837), 210, 212 a, 213, et 218 c (p. 865); atlas, pl. XXXVII, fig. 3 et 4, et pl. XXXVIII, fig. 1.

Le Saumon vulgaire est une espèce marine et anadrome; cependant, comme une faible partie se reproduit dans des lacs et des étangs n'ayant pas de communication avec la mer, il s'en suit que ce poisson n'est pas forcément anadrome. C'est habituellement dans le courant du printemps que le Saumon vulgaire quitte la mer, où il se tenait, pour aller frayer dans les rivières et les fleuves, qu'il remonte jusque dans leur cours supérieur. L'époque de la montée varie beaucoup. Ces poissons viennent en bandes, mais non à la même époque, dans les eaux douces, et, grâce à leur force et sous l'impulsion de leur instinct, ils surmontent de grands obstacles, car ils peuvent faire des bonds d'un mètre à un mètre et demi en hauteur et de deux à trois mètres en longueur. C'est ainsi qu'ils parviennent à franchir, en sautant d'un objet sur un autre, des chutes d'eau dont la hauteur semblerait être, pour ces poissons, un obstacle insurmontable. Il convient d'ajouter qu'en faisant de tels sauts, beaucoup se blessent et en meurent. Quand les individus en bandes sont obligés de s'arrêter devant un obstacle, ils se dispersent, mais les bandes se reforment quand il a été franchi. Le Saumon vulgaire peut nager d'une façon très-rapide. Il est d'une grande voracité. Sa nourriture se compose de poissons, de crustacés, de mollusques, de larves et d'insectes, d'échinodermes, etc. L'époque du frai varie beaucoup; cependant, elle a lieu d'habitude entre le commencement de septembre et le commencement d'avril. Les vieux fraient les premiers. Les œufs sont déposés dans une eau bien courante, sur un fond sablonneux ou graveleux, et dans une cavité pratiquée par le poisson. Lorsque les œufs ont été fécondés, le mâle et la femelle les recouvrent de sable ou de gravier. Les Saumons vulgaires fraient souvent en des points où l'eau est d'une si faible profondeur, qu'ils n'y sont que juste immergés. Quand ils ne peuvent faire autrement, ils fraient dans l'eau saumâtre et l'eau salée. Comme la femelle dépose ses œufs par portions, il lui faut de trois à dix jours environ pour vider ses ovaires. Avant d'arriver à l'état adulte, cette espèce passe par trois états possédant des particularités assez grandes pour n'avoir été reconnus définitivement qu'après des observations multiples, comme étant ceux de la même espèce. Il est vrai, mais seulement d'une manière générale, que les Saumons vulgaires reviennent frayer dans les cours d'eau où ils sont nés et ont passé le commencement de leur existence.

NOTE. — Mon savant ami, M. Théodore Lancelevée, à Elbeuf-sur-Seine (Seine-Inférieure), m'a obligeamment envoyé les intéressantes lignes inédites qui suivent :

« De 1862 à 1874, période durant laquelle j'ai habité la vallée de l'Andelle, j'ai pu faire quelques observations sur l'apparition du Saumon vulgaire dans la rivière d'Andelle :

« Ces poissons remontent généralement cette rivière en décembre et janvier ; cependant, en 1867, j'ai capturé, dès le mois de novembre, une femelle prête à frayer.

« Ils voyagent par couple, chaque femelle suivie de son mâle.

« Très-vigoureux, ces poissons franchissent avec facilité de grands obstacles ; c'est ainsi que j'ai vu, à différentes reprises, des couples remonter la nappe d'eau s'échappant, avec la plus grande violence, des vannes de décharge de l'Andelle, ouvertes en grand. Cet obstacle franchi, ce qui demandait généralement peu de temps, les Saumons venaient se reposer, immobiles, le long des berges du bief : c'était l'instant choisi pour les harponner.

« J'ai pu voir un assez grand nombre de Saumons pris dans l'Andelle, principalement sur le territoire de la commune de Romilly-sur-Andelle (Eure) ; quelques-uns avaient une assez forte taille, comprise entre 1 mètre et 1 mètre 15, et leur poids variait de 10 à 12 kilogrammes ». — Il convient de faire observer que les barrages établis dans la Seine, en amont et près d'Elbeuf-sur-Seine, empêchent maintenant, presqu'entièrement, les poissons de remonter au delà de cet endroit. (H. G. de K.).

Normandie et son littoral. — P.C.

Jadis, on pêchait en quantité le Saumon vulgaire dans la partie normande de la Seine et dans ses affluents normands; mais, depuis plusieurs années, on n'en prend plus qu'un bien petit nombre.

2° Genre. *TRUTTA* — TRUITE.

1. **Trutta marina** Duham. — **Truite de mer.**

Fario argenteus C. et V.
Salmo trutta L., *S. truttula* Nilss. (*juvenis*).
Trutta argentea Blanch.

Forelle argentée.
Truite saumonée.

Béguë, Teroite, Teruite, Téruite, Troite, Trouette, Truite béguë.

CUVIER et VALENCIENNES. — Op. cit., t. XXI, in-4°, p. 213; in-8°, p. 294; et pl. DCXVI (les 2 édit.).
Émile BLANCHARD. — Op. cit., p. 468, et fig. 121 et 122.
H. GERVAIS et R. BOULART. — Op. cit., t. I, p. 142 et pl. XLII.
Émile MOREAU. — Op. cit. : *Histoire*, t. III, p. 533 et 537; — *Manuel*, p. 579.
Francis DAY. — Op. cit., t. II, p. 63 et 84, pl. CXI, fig. 2, et pl. CXII.
F.-A. SMITT. — Op. cit., 2e part., p. 831, 833, 834 et 850. [Considérée comme synonyme de la Truite vulgaire [*Trutta fario* (L.)] et réunie, comme variété, au Saumon vulgaire (*Salmo salar* L.)].

La Truite de mer remonte, habituellement en mai, juin et juillet, les eaux douces courantes pour y frayer; elle est donc anadrome, mais, en cas de nécessité, elle pond dans les eaux salées. Son naturel est actif. Sa nourriture se compose de crustacés, d'œufs et de jeunes poissons, de vers, de mollusques, de larves et d'insectes, etc. Elle fraie généralement en novembre et décembre.

Normandie et son littoral. — A.R.

2. **Trutta fario** (L.) — **Truite vulgaire.**

Fario lemanus C. et V.
Salar Ausonii C. et V.
Salmo carpio L., *S. fario* L., *S. trutta* Bonnat.
Trutta fario Sieb., *T. fluviatilis* Duham., *T. lacustris* Blanch., *T. variabilis* Lunel.

Forelle du lac Léman.

Salmone truite.

Truite commune, T. de rivière, T. des lacs, T. ordinaire.

Béguë, Teroite, Teruite, Téruite, Troite, Trouette, Truite béguë.

NOTE. — On désigne sous le nom de Truites saumonées les individus dont la chair est rose.

CUVIER et VALENCIENNES. — Op. cit., t. XXI, in-4°, p. 218 et 232; in-8°, p. 300 et 319; pl. DCXVII et DCXVIII (les 2 édit.).

Émile BLANCHARD. — Op. cit., p. 465 et 472, et fig. 120 et 123—125.

H. GERVAIS et R. BOULART. — Op. cit., t. I, p. 137 et 140, et pl. XXXIX.

Émile MOREAU. — Op. cit. : *Histoire*, t. III, p. 533; — *Manuel*, p. 579 et 581.

Francis Day. — Op. cit., t. II, p. 63 et 95, pl. CIX, fig. 3, pl. CXIII—CXV, et pl. CXVI, fig. 1.

Amb. Gentil. — *Ichthyologie de la Sarthe* (op. cit.), p. 375; tiré à part, p. 20.

F.-A. Smitt. — Op. cit., 2e part., p. 831, 833, 834 et 850, ? fig. 211, ? fig. 212 b, et ? fig. 218 b (p. 865). [Considérée comme synonyme de la Truite de mer (*Trutta marina* Duham.) et réunie, comme variété, au Saumon vulgaire (*Salmo salar* L.)].

La Truite vulgaire habite les eaux douces bien courantes, pures, bien aérées et froides, et se trouve aussi dans les lacs et les étangs où existent des eaux courantes et claires. Son humeur est farouche. Elle a des mouvements très-vifs, et, pour saisir une proie ou se sauver, elle nage extrêmement vite. Sa grande puissance musculaire lui permet de remonter, avec une étonnante vitesse, des courants très-rapides. Elle est très-vorace. Sa nourriture se compose de mollusques, de crustacés, de larves et d'insectes, de vers, de poissons et de leurs œufs, etc.; elle mange aussi des araignées, des jeunes micromammifères, des jeunes oiseaux, des têtards, des jeunes reptiles. Au cours de la belle saison, elle saute à la surface pour happer les insectes. Pendant la période de la reproduction, la Truite vulgaire vit en bandes. Cette espèce fraie à différentes époques de l'année, selon les localités; les individus habitant les lacs et les étangs se rendent, à cet effet, dans les eaux courantes qui s'y déversent. La femelle vide ses ovaires en plusieurs fois, dans l'espace d'une semaine environ, et pendant la nuit, de préférence au clair de lune. Les œufs sont déposés au fond de l'eau, parmi les graviers, dans des cavités creusées par le poisson; d'abord libres, ils deviennent peu après adhérents. Les jeunes éclosent au bout de quarante à soixante jours environ, selon la température de l'eau.

Toute la Normandie. — T.-C.

OBSERVATION.

Oncorhynchus quinnat (Rich.) — Oncorhynque quinnat,

Trutta iridea (Gibb.) — Truite arc-en-ciel,

Umbla salvelinus (L.) — Omble chevalier,

Et cætera.

On a tenté, en Normandie, l'acclimatation de plusieurs espèces de Salmonidés, tels que l'Oncorhynque quinnat, appelé aussi Saumon de Californie, la Truite arc-en-ciel, l'Omble chevalier, etc. Il faut espérer que, grâce au zèle des pisciculteurs, ces tentatives seront fructueuses, et que, dans l'avenir, la faune normande sera enrichie de plusieurs espèces de Salmonidés, dont l'introduction en Normandie est selon moi trop récente pour les inscrire comme appartenant à la faune de cette province.

3e Genre. *OSMERUS* — OSMÈRE.

1. **Osmerus eperlanus** (L.) — Osmère éperlan.

Atherina mordax Mitch.

Eperlanus vulgaris Gaim.

Osmerus eperlanus Lacép., *O. mordax* Gill, *O. spirinchus* Pall., *O. viridescens* Lesueur.

Salmo eperlano-marinus Bl., *S. eperlanus* L., *S. spirinchus* Pall.

Éperlan commun, É. de la Seine, É. de New-York, É. des lacs, É. ordinaire, É. vulgaire.

Éplan.

Cuvier et Valenciennes. — Op. cit., t. XXI, in-4°, p. 270, 281 et 283; in-8°, p. 371, 387 et 388; et pl. DCXX (les 2 édit.).

Émile Blanchard. — Op. cit., p. 441 et fig. 114.

H. Gervais et R. Boulart. — Op. cit., t. I, p. 144 et pl. XLIII.

Émile Moreau. — Op. cit. : *Histoire*, t. III, p. 541; — *Manuel*, p. 586.

Francis Day. — Op. cit., t. II, p. 121, et pl. CXXI, fig. 1 et 1 a.

F.-A. Smitt. — Op. cit., 2e part., p. 868 et 869, et fig. 208 (p. 828) et 218 a (p. 865); atlas, pl. XLI, fig. 1.

L'Osmère éperlan ou Éperlan vulgaire habite la mer et remonte les rivières et les fleuves pour y frayer. C'est donc une espèce anadrome; mais ce fait éthologique est loin d'être absolu, car beaucoup de ces poissons vivent dans des lacs et des étangs ne communiquant pas avec la mer, et y restent, soit toute l'année, soit pendant la plus grande partie. Ce poisson recherche les fonds sablonneux. Il est sociable, surtout pendant la période de la reproduction; les jeunes vivent en bandes. L'Osmère éperlan mène une vie indolente. Sa résistance vitale est faible. Il est vorace. Sa nourriture se compose principalement de poissons; il mange aussi des crustacés, des vers, des larves et des insectes, des œufs de différents animaux, etc. Dans la seconde moitié de l'hiver et au printemps, les individus qui vivent dans la mer remontent les eaux douces courantes et y fraient, le plus généralement, aux mois de mars, d'avril et de mai, en des endroits où l'eau est d'une faible profondeur. Les individus qui habitent les lacs et les étangs n'ayant pas de communication avec la mer fraient en des points de petite profondeur, ou, dans ce but, remontent les rivières qui s'y déversent. Les œufs adhèrent aux objets avec lesquels ils entrent en contact. Une femelle bien développée pond annuellement d'une à plusieurs dizaines de mille œufs. Les jeunes éclosent au bout d'une à trois semaines, selon la température de l'eau. L'Osmère éperlan émet une odeur particulière, plus prononcée chez les jeunes, que l'on peut comparer à l'odeur du concombre augmentée d'un peu du parfum de la violette. Cette odeur ayant son siège dans le mucus que sécrète la peau, il est évident qu'elle se communique, par ce mucus, à tous les objets ayant eu contact avec le poisson.

Normandie et son littoral. — C.

L'Osmère éperlan ou Éperlan vulgaire se rencontre en toute saison, non-seulement à l'embouchure de la Seine, mais encore sur le parcours du fleuve où la marée se fait sentir. Aux mois de février et de mars, il remonte en grand nombre la Seine jusqu'à Rouen et même au delà, pour s'y reproduire. La pêche de ce poisson est alors très-fructueuse et se fait habituellement entre le milieu de février et la fin de mars. Il y a, en moyenne, une très-bonne année de pêche sur trois.

Note. — **Autrefois, l'Osmère éperlan remontait la Seine jusqu'à Pont-de-l'Arche (Eure), mais les barrages établis dans ce fleuve, en amont et près d'Elbeuf-sur-Seine (Seine-Inférieure), s'opposent, d'une façon presqu'entière, à la montée des poissons au delà de cet endroit.**

4e Ordre. *APODES* — APODES.

1re Famille. *ANGUILLIDAE* — ANGUILLIDÉS.

1er Genre. *ANGUILLA* — ANGUILLE.

1. **Anguilla vulgaris** Turt. — Anguille vulgaire.

Muraena anguilla L.

Anguille à bec large, A. à bec long, A. à bec moyen, A. à

bec oblong, A. à bec plat, A. à museau aigu, A. commune, A. ordinaire, A. pimperneaux, A. verniaux.

Murène anguille.

Angulle, Civelle (jeune), Montée (jeune), Pimperneau, Piperneau.

Note. — L'Anguille vulgaire est une espèce polymorphe qui a donné lieu à la création d'une série de noms pour désigner des formes qui, aux yeux de la plupart des ichthyologistes, ne sont que des variétés, tandis que certains les considèrent comme étant de véritables espèces. Afin de citer un exemple, disons que J.-J. Kaup a morcelé l'Anguille vulgaire en vingt-six espèces, et il n'est pas douteux qu'il l'eût divisée davantage encore s'il avait examiné un nombre plus grand d'exemplaires provenant de localités très-diverses. Une telle façon d'agir est déplorable. La science tire grand profit de la rigoureuse indication des limites dans lesquelles varient les espèces ; la connaissance des causes qui produisent ces variations est d'une importance capitale, mais la création abusive de noms d'espèces et de variétés est, certes, chose néfaste.

Je crois inutile de mentionner, dans la synonymie latine, la longue série des noms spécifiques créés aux dépens de l'Anguille vulgaire.

Émile Blanchard. — Op. cit., p. 491, 495, 496 et 497, et fig. 129—132.

H. Gervais et R. Boulart. — Op. cit., t. I, p. 175, fig. 35 (p. 43), et pl. LV et LVI.

Émile Moreau. — Op. cit. : *Histoire*, t. III, p. 560 ; — *Manuel*, p. 596.

Francis Day. — Op. cit., t. II, p. 241, et pl. CXLII, fig. 1 et 1 a.

Amb. Gentil. — *Ichthyologie de la Sarthe* (op. cit.), p. 376 ; tiré à part, p. 21.

F.-A. Smitt. — Op. cit., 2e part., p. 1023, et fig. 275 et 276 ; atlas, pl. XLV, fig. 1.

L'Anguille vulgaire habite les eaux salées, saumâtres et douces. C'est une espèce marine, et catadrome puisqu'elle vient de la mer et qu'elle y retourne pour s'y reproduire. Ce poisson vit aussi bien dans les eaux courantes que dans les eaux stagnantes, dans les eaux troubles que dans les eaux pures. Il passe une grande partie de son existence dissimulé parmi les pierres, dans une cavité ou dans quelqu'autre cachette, ou dans les trous qu'il s'est creusés dans la vase et le sable. Ses mouvements sont rapides et serpentiformes. Sa queue est préhensile. Sous l'action du froid, il reste engourdi dans quelque trou. L'Anguille vulgaire se rend exceptionnellement sur terre et y parcourt même d'assez grandes distances. Elle est très-résistante à la mort et très-vorace. Sa nourriture se compose d'animaux des plus variés (y compris des petits vertébrés supérieurs), soit vivants, soit morts, ainsi que de leurs œufs et de substances végétales; en résumé, elle est omnivore. Depuis Aristote, le mode de reproduction de l'Anguille vulgaire a préoccupé les biologistes. On a émis l'opinion erronée que cette espèce était hermaphrodite, on a dit faussement qu'elle était vivipare, on a prétendu à tort que c'était la larve d'un autre poisson. En définitive, chez cette espèce, les sexes sont séparés et la reproduction a lieu dans la mer, à des profondeurs plus ou moins grandes. Deux zoologistes, Grassi et Calandruccio, ont beaucoup éclairci, il y a peu de temps, la question du mode de développement de l'Anguille vulgaire, en prouvant qu'elle passe, comme il est indiqué pour l'espèce suivante [Congre vulgaire (*Conger niger* Risso)], par une forme larvaire connue sous le nom de Leptocéphale brévirostre, animal qui avait été regardé comme une espèce particulière appartenant à un groupe spécial. Ces deux savants ont résolu complètement ce point en obtenant, en captivité, la transformation du Leptocéphale brévirostre (*Leptocephalus brevirostris* Kaup) en jeune Anguille vulgaire, et la réalité de cette transformation a été confirmée par le professeur Ficalbi. Leur phase leptocéphalienne terminée, les jeunes, alors transformés en petites Anguilles, quittent les eaux profondes, s'approchent des rivages, et, en bandes compactes formées d'un nombre prodigieux d'individus ayant quelques centimètres de long, remontent les rivières et les fleuves, d'où ils se répandent dans toutes les eaux douces courantes et stagnantes. Cette *montée* — nom qui désigne à la fois le fait de la migration des jeunes dans l'eau douce et les jeunes eux-mêmes — a lieu en hiver et au printemps. Toutes les jeunes Anguilles ne montent pas de suite dans l'eau douce, beaucoup séjournant un temps plus ou moins long dans les eaux salées. De même, toutes les grosses Anguilles ne se rendent pas à la mer, beaucoup restant dans les eaux douces ; mais, fait très-important à dire, ne s'y reproduisent jamais. On a prétendu, il est vrai, que des Anguilles vulgaires avaient frayé dans des eaux closes. On peut affirmer que les jeunes n'y étaient pas nés, mais y étaient venus, soit d'une façon naturelle, par quelque filet d'eau, par une nappe d'eau souterraine, etc., — les jeunes Anguilles pouvant se faufiler dans des passages très-étroits — soit d'une manière artificielle quelconque.

Toute la Normandie. — T.-C. en toute saison.

La montée des jeunes Anguilles vulgaires dans les eaux normandes a lieu en hiver ou au printemps, selon la température de l'eau.

2e Genre. *CONGER* — CONGRE.

1. **Conger niger** Risso — Congre vulgaire.

Anguilla conger Mitch.
Conger communis O. Costa, *C. Linnei* Malm, *C. occidentalis* Dek., *C. verus* Risso, *C. vulgaris* Cuv.
Echelus gruncus Raf., *E. macropterus* Raf.
Muraena conger L., *M. nigra* Risso.

Congre commun, C. noir, C. ordinaire.
Murène congre, M. noire.

Anguille de mer, Angulle de mer, Bigret (jeune), Vigret (jeune).

H. Gervais et R. Boulart. — Op. cit., t. III, p. 126 et pl. LI.
Émile Moreau. — Op. cit. : *Histoire*, t. III, p. 565; — *Manuel*, p. 597.
Francis Day. — Op. cit., t. II, p. 250, et pl. CXLII, fig. 2 et 2 a.
F.-A. Smitt. — Op. cit., 2e part., p. 1037; atlas, pl. XLV, fig. 2.

Le Congre vulgaire habite la mer, à des profondeurs plus ou moins faibles et jusque dans la zone du balancement des marées. Il vit surtout dans les endroits situés à quelque profondeur et dont le fond est rocheux et garni d'algues, ou composé de places sablonneuses entourées de rochers pourvus de ces plantes ; mais il se trouve aussi sur les fonds vaseux. Il se cache parmi les végétaux ou les pierres, ou dans les crevasses et les cavités des rochers, ainsi que dans les trous qu'il se creuse dans le sable et la vase. La force de ses mâchoires est si grande, qu'il brise avec facilité les coquilles de mollusques. Sa queue est préhensile. Le froid détermine l'engourdissement de ce poisson. Sa résistance vitale et sa voracité sont très-grandes. Sa nourriture se compose d'animaux très-variés, principalement de crustacés et de poissons ; il ne dédaigne pas les substances animales en décomposition. Le Congre vulgaire fraie pendant la saison froide. Le nombre d'œufs que contient une femelle bien développée est d'un à plusieurs millions. Avant d'arriver à l'état de Congre, ce poisson passe par une forme larvaire connue sous le nom de Leptocéphale (*Leptocephalus*), larves qui, autrefois, étaient considérées comme des poissons appartenant à un groupe spécial.

NOTE. — Relativement à la voracité et à la force du Congre vulgaire, voici des lignes très-intéressantes, publiées par M. G. Lennier, l'éminent conservateur du Muséum d'Histoire naturelle du Havre :

« En 1869, dit G. Lennier [*Guide du visiteur à l'Aquarium du Havre* (op. cit.), p. 84], j'avais, dans l'Aquarium du Havre, un certain nombre de Congres, dont un de très-grande taille (environ 1 m. 50 de longueur), et je leur ai donné plusieurs fois des Poulpes (*Octopus*) vivants à dévorer. Ordinairement, je faisais jeûner les Congres pendant deux jours, afin de les rendre plus ardents à l'attaque ; puis je faisais jeter un Poulpe dans le bassin où ils se trouvaient. Aussitôt qu'il touchait le fond, ses yeux sondaient tous les coins du bac, et à peine avait-il aperçu un Congre que, sentant instinctivement le danger qui le menaçait, le Poulpe cherchait à dissimuler sa présence, en se tapissant le long d'un rocher dont il prenait la couleur. Mais, semblables aux bêtes féroces en captivité, les Congres, quand ils ont faim, vont et viennent constamment dans l'espace qui leur est donné ; bientôt, ils avaient découvert le Poulpe et s'étaient arrêtés près de lui : l'attaque allait commencer. Le Congre, sans presser ses mouvements, s'avançait prudemment jusqu'à toucher le Poulpe qui, se sentant découvert, changeait de tactique ; il s'élançait en arrière pour fuir, laissant derrière lui une longue traînée noire formée par l'encre qui sortait, mélangée à l'eau, par l'orifice du tube locomoteur ; puis, il allait se poser sur un rocher adossé au mur ou à la glace, de façon à n'être pas attaqué en arrière ; tous ses bras se redressaient et entouraient le corps, de manière à présenter de tous côtés une surface garnie de suçoirs. Dans cette position, il attendait, haletant, ses ennemis qui ne tardaient point à l'atteindre de nouveau. Le plus gourmand, le plus affamé ou peut-être le plus brave des Congres s'avançait alors et commençait l'attaque en tournant et en flairant toutes les parties du corps du Poulpe. Quand il avait trouvé un point vulnérable, sa gueule s'ouvrait, ses dents aiguës entraient profondément dans les chairs vivantes du Poulpe, et au même moment tout le corps du Congre, en se vissant en quelque sorte dans l'eau, tournait avec une vitesse vertigineuse jusqu'à ce que toutes les parties de chair vivante, saisies par la gueule, se fussent déchirées par torsion et séparées du corps du Poulpe. Chaque coup de gueule du Congre coûtait un bras au Poulpe, et bientôt le corps de la malheureuse bête n'était plus qu'un hideux tronçon, sans membres, mais respirant encore et cherchant à se défendre contre la morsure des Chiens de mer et des Roussettes, ces lâches rôdeurs, qui viennent, après le combat, se repaître des débris encore vivants du vaincu ».

Littoral de la Normandie. — T.-C. en toute saison.

4e Sect. *MARSIPOBRANCHIA* — MARSIPOBRANCHES.

1er Ordre. *CYCLOSTOMA* — CYCLOSTOMES.

1re Famille. *PETROMYZONIDAE* — PÉTROMYZONIDÉS.

1er Genre. *PETROMYZON* — LAMPROIE.

1. **Petromyzon marinus** L. — Lamproie marine.

Lampetra marina Malm.

Petromyzon americanus Lesueur, *P. appendix* Dek., *P. lampetra* Pall., *P. maculosus* Gron., *P. nigricans* Lesueur.

Grande lamproie.

Pétromyzon lamproie.

Anguille-musique, Lampreie, Sept-œil.

H.-M. Ducrotay de Blainville. — Op. cit. (*Faune franç.*), p. 5, et pl. I, fig. 1 et 2.

Émile Blanchard. — Op. cit., p. 512, et fig. 136 et 137.

H. Gervais et R. Boulart. — Op. cit., t. I, p. 187, et pl. LIX, la fig. en haut.

Émile Moreau. — Op. cit. : *Histoire*, t. III, p. 601 et 602, et fig. 217; — *Manuel*, p. 609.

Francis Day. — Op. cit., t. II, p. 356 et pl. CLXXVIII.

Amb. Gentil. — *Ichthyologie de la Sarthe* (op. cit.), p. 377 et 378; tiré à part, p. 22 et 23.

F.-A. Smitt. — Op. cit., 2e part., p. 1182 et 1183, et fig. 352; atlas, pl. LIII, fig. 1.

La Lamproie marine habite la mer, et, pour frayer, remonte les fleuves, les rivières et les canaux, parfois jusqu'à de considérables distances du littoral. C'est donc une espèce anadrome; toutefois, elle ne l'est pas d'une façon absolue, puisqu'elle se reproduit dans des lacs d'eau douce ne communiquant pas avec la mer. Ce poisson passe la plus grande partie de son existence fixé, par la bouche, aux pierres ou à d'autres objets, ou aux animaux dont il fait sa proie. La bouche fait l'office de ventouse, de telle sorte que l'animal est solidement fixé sans qu'il ait besoin de mettre en jeu une action musculaire. Ce poisson nage à la façon d'une Anguille. Il est résistant à la mort et se nourrit d'animaux très-variés. La Lamproie marine se rend dans les eaux douces entre le commencement de l'année et le commencement de juillet. Elle fraie au printemps et pendant l'été. Les œufs sont déposés dans une cavité au fond de l'eau, pratiquée par le poisson qui, en outre, les protège par des pierres qu'il déplace avec sa bouche. La Lamproie marine passe par une forme larvaire à laquelle on a donné le nom d'Ammocète (*Ammocoetes* et *Ammocoetus*), larves décrites sous des noms spécifiques différents et qui étaient considérées comme des poissons appartenant à un genre spécial.

Normandie et son littoral. — A.R.

Relativement à la Lamproie marine, G. Lennier dit dans son ouvrage sur *L'Estuaire de la Seine* (op. cit., t. II, p. 158) : « Les jeunes se pêchent en grande quantité dans la Basse-Seine; ils sont vendus, à Rouen, sous le nom de *Sept-œil* ». [La plupart de ces jeunes ne sont pas des

Lamproies marines, mais des adultes et des jeunes de l'espèce suivante : Lamproie fluviatile (*Petromyzon fluviatilis* L.)]. (H. G. de K.).

2. **Petromyzon fluviatilis** L. — Lamproie fluviatile.

Ammocoetes branchialis Cuv. (*larva*).

Lampetra fluviatilis Gray, *L. Planeri* Gray.

Petromyzon argenteus Bl., *P. bicolor* Shaw, *P. branchialis* L. (*larva*), *P. lumbricalis* Pall. (*larva*), *P. niger* Lacép., *P. Planeri* Bl., *P. plumbeus* Shaw, *P. ruber* Lacép. (*larva*), *P. sanguisuga* Lacép.

Ammocète branchiale (larve), A. commune (larve). A. lamproyon (larve), A. ordinaire (larve), A. vulgaire (larve).

Lamproie de Planer, L. de rivière, L. sucet.

Petite lamproie, P. lamproie de rivière.

Pétromyzon noir, P. pricka, P. sept-œil, P. sucet.

Chatouille, Cousue, Estouille, Étreteur, Grosse sept-œil, Lamprillon, Lamproyon, Petite sept-œil, Satrouille, Sept-œil, Sept-treus, Sept-trous, Suce-pied, Sucet, Suçon.

H.-M. Ducrotay de Blainville. — Op. cit. (*Faune franç.*), p. 3, 6 et 8, pl. I, fig. 3, et pl. II, fig. 1, 3 et 4.

Émile Blanchard. — Op. cit., p. 515 et 517, et fig. 138—149.

H. Gervais et R. Boulart. — Op. cit., t. I, p. 188 et 189, pl. LIX, la fig. en bas, et pl. LX.

Émile Moreau. — Op. cit. : *Histoire*, t. III, p. 601, 604 et 606; — *Manuel*, p. 609, 610 et 611.

Francis Day.— Op. cit., t. II, p. 359 et 362, et pl. CLXXIX, fig. 1—3.

Amb. Gentil. — *Ichthyologie de la Sarthe* (op. cit.), p. 377 et 378; tiré à part, p. 22 et 23.

F.-A. Smitt. — Op. cit., 2e part., p. 1182 et 1188, fig. 349 (p. 1179) et 353; atlas, pl. LIII, fig. 2—4.

La Lamproie fluviatile habite constamment ou temporairement les eaux douces : rivières, fleuves, ruisseaux, lacs; elle vit aussi dans les eaux saumâtres et les eaux salées, d'où elle se rend dans les eaux douces pour y frayer; en conséquence, ce n'est qu'une partie des Lamproies fluviatiles, et vraisemblablement la moindre, qui est anadrome. Ce poisson passe son existence partiellement dans le sable ou la vase, et partiellement fixé, par la bouche, à des pierres ou à d'autres objets, ou aux animaux qui doivent lui servir de proie. Sa bouche joue le rôle de ventouse, de telle sorte qu'il est solidement fixé, sans le besoin d'aucune action musculaire. Il nage à la façon d'une Anguille. Il est résistant à la mort. Sa nourriture se compose d'animaux très-variés et de débris organiques. Les Lamproies fluviatilès des eaux salées et des eaux saumâtres montent dans les eaux douces pendant la seconde moitié de l'année et y fraient au printemps et dans la première moitié de l'été. Les œufs sont déposés sur un fond de préférence caillouteux, dans une cavité que creuse le poisson, ou abrités par lui au moyen de petites pierres qu'il déplace à cet effet avec sa bouche. Les jeunes éclosent au bout de trois semaines environ. La larve, connue sous le nom d'Ammocète (*Ammocoetes* et *Ammocoetus*), vit à peu près trois ou quatre ans avant de se transformer en Lamproie. Ces larves furent décrites sous des noms spécifiques distincts et regardées comme étant des poissons faisant partie d'un genre spécial.

Normandie et son littoral. — A.C. en toute saison.

5e Section.

PHARYNGOBRANCHIA — PHARYNGOBRANCHES.

1er Ordre.

BRANCHIOSTOMIA — BRANCHIOSTOMIENS.

1re Fam. *BRANCHIOSTOMIDAE*—BRANCHIOSTOMIDÉS.

1er Genre. *BRANCHIOSTOMA* — BRANCHIOSTOME.

1. **Branchiostoma lanceolatum** (Pall.) — Branchiostome lancéolé.

Amphioxus lanceolatus Yarr.
Branchiostoma lanceolatum Gray, *B. lubricum* O. Costa.
Limax(1) *lanceolaris* Pall., *L. lanceolatus* Pall.

Amphioxus lancéolé.

H. Gervais et R. Boulart. — Op. cit., t. III, p. 264 et fig. 48.
Émile Moreau. — Op. cit. : *Histoire*, t. III, p. 618 et fig. 220; — *Manuel*, p. 613.
Francis Day. — Op. cit., t. II, p. 366, et pl. CLXXIX, fig. 5 et 5 a.
F.-A. Smitt. — Op. cit., 2e part., p. 1220, et pl. LIII, fig. 6.

Le Branchiostome lancéolé habite la mer, sur les fonds de sable, de gravier et de vase, particulièrement sur les fonds de sable coquillier, et à de plus ou moins faibles profondeurs, jusque dans la zone du balancement des marées.

(1) L'illustre naturaliste Peter-Simon Pallas, qui a décrit le premier, en 1774, le Branchiostome lancéolé, le considéra comme étant un mollusque et le plaça dans le genre Limace (*Limax*).

Son existence est en grande partie indolente, mais il a des mouvements vifs, et, pour échapper au danger, il s'enterre avec beaucoup de rapidité. Le Branchiostome lancéolé a une natation serpentiforme. Il possède une très-grande résistance vitale. Sa nourriture se compose d'animaux et de végétaux extrêmement petits. Ce minuscule poisson se reproduit dans la seconde moitié de l'hiver, au printemps et en été. Les œufs sont pondus libres dans l'eau.

Note. — Les Branchiostomes, dont on connaît plusieurs espèces, sont les plus imparfaits des vertébrés, et, de plus, ils sont très-loin au-dessous des autres poissons les plus inférieurs (Cyclostomes). Leur organisation toute spéciale et leur développement ont une extrême importance au point de vue de la zoologie philosophique.

Manche :

Relativement au Branchiostome lancéolé, A.-E. Malard dit ce qui suit dans son *Catalogue des Poissons des côtes de la Manche dans les environs de Saint-Vaast* (op. cit., p. 62) :

« Ce poisson a été trouvé dans un fond de maërl blanc, c'est-à-dire de coquilles brisées mêlées à des algues calcaires également fragmentées. Ce fond est situé en vue des côtes, au large des îles de Saint-Marcouf ».

Au sujet de cette espèce, M. A.-E. Malard, sous-directeur du Laboratoire maritime du Muséum d'Histoire naturelle de Paris, à Saint-Vaast-de-la-Hougue (Manche), a eu l'obligeance de m'envoyer les intéressants renseignements qui suivent :

Dans la région de Saint-Vaast-de-la-Hougue, le Branchiostome lancéolé se trouve presque en tous les points où les sables sont formés de coquilles broyées dont les fragments n'excèdent pas une longueur de quelques millimètres. Ces sables sont caractérisés par la présence d'un Oursin, l'*Echinocyamus pusillus*. On y trouve souvent aussi des algues calcaires (*Lithothamnion*) broyées en fragments de quelques millimètres. Dans ces sables, le Branchiostome lancéolé est plus ou moins nombreux, mais existe presque partout, soit aux Escraoulettes, soit sous Réville, soit près des îles Saint-Marcouf. Il ne faut pas compter, en moyenne, sur plus de deux ou trois exemplaires par coup de drague. Pendant l'hiver très-froid de 1894-95, un grand nombre d'individus de cette espèce furent jetés à la côte, ce qui prouve que ce petit poisson n'est pas aussi rare qu'on pourrait le supposer.

NOTE.— Au Laboratoire maritime de Saint-Vaast-de-la-Hougue, installé à Tatihou (île et presqu'île alternativement), laboratoire que dirige le très-éminent zoologiste M. Edmond Perrier, membre de l'Académie des Sciences de Paris et professeur au Muséum d'Histoire naturelle de cette ville, j'ai eu le vif plaisir, en 1894, de voir à l'état vivant, dans un bac de l'Aquarium, le Branchiostome lancéolé. Ce minuscule poisson est inutile au point de vue économique, mais son importance — il est bon de le répéter — est des plus grandes, relativement au problème capital de la zoologie philosophique : celui de l'origine et de l'évolution des animaux, y compris l'Homme cela va sans dire, problème qui est un des plus élevés que puisse se poser notre intelligence.

ADDENDA ET ERRATA

AUX REPTILES, AUX BATRACIENS ET AUX POISSONS

DE LA NORMANDIE.

Reptiles.

Chelone imbricata (L.) (Chélonée caret).

Page 154, ligne 8, ajouter :

« Il y a huit ans (soit, presque certainement, vers 1828), des pêcheurs d'Arromanches (Calvados) prirent une tortue de mer de l'espèce Caret, probablement égarée, et que j'ai dans ma collection ». [C.-G. Chesnon. — Op. cit., p. 34]. Il est regrettable que ce naturaliste n'ait pas indiqué l'endroit où cette tortue a été prise.

Lacerta viridis (Laur.) (Lézard vert).

Page 161, ligne 14, ajouter :

« M. Paul Noel expose sur le bureau un exemplaire de *Lacerta viridis* trouvé par lui récemment à Boisguillaume (près de Rouen) ». [Renseignement in Bull. de la Soc. des Amis des Scienc. natur. de Rouen, 2e sem. 1894, p. 220]. M. Paul Noel m'ayant dit qu'il n'avait pas examiné ce Lézard, qui était jeune, et ne l'ayant pas vu moi-même, je ne puis, en aucune manière, donner ce renseignement comme étant exact.

Page 161, ligne 6 en remontant, ajouter : , et qu'il l'avait vu dans la forêt de Lyons, aux environs de Vascœuil (Eure).

32

Tropidonotus viperinus (Latr.) (Tropidonote vipérin).

Page 179, ligne 9, ajouter :

C.-G. Chesnon (op. cit., p. 35) indique, sans aucun détail, cette espèce comme se trouvant en Normandie. A mon avis, ce renseignement est beaucoup trop vague pour qu'il en soit tenu compte, étant donné qu'il s'agit d'une espèce litigieuse au point de vue de son existence dans cette province.

Vipera aspis (L.) (Vipère aspic).

Page 185, ligne 6 en remontant, ajouter : Aspi.

Page 187, ligne 7 en remontant, ajouter :

C.-G. Chesnon (op. cit., p. 35) mentionne, sans aucun détail, cette espèce comme se trouvant en Normandie. Je n'aurais certes pas, d'après un renseignement aussi vague, inscrit la Vipère aspic dans la faune normande; mais la présence de cet ophidien a été constatée indubitablement dans la partie méridionale du département de l'Orne, la seule région de la Normandie où jusqu'à ce jour, du moins à ma connaissance, on ait indiqué la Vipère aspic d'une façon qui ne laisse aucun doute. (Voir, à cet égard, la page 190 et les lignes suivantes).

Page 191, ligne 4, ajouter :

« Comme la Vipère aspic se trouve à Nogent-le-Rotrou (Eure-et-Loir) et à Mamers (Sarthe), il était logique de supposer qu'elle existait aussi dans la partie sud de l'arrondissement de Mortagne, qui forme, entre la Sarthe et l'Eure-et-Loir, un espace triangulaire de près de 800 kilomètres carrés, remontant jusqu'à la latitude de La Ferté-Bernard, Bonnétable et Ballon (Sarthe), à 20 kilomètres du Mans. Aussi, ayant demandé à mon excellent ami M. Bizet, conducteur des Ponts et Chaussées à Bellême, bien connu des naturalistes normands par ses travaux de géologie, de m'adresser quelques échantillons de la Vipère appelée vulgairement *Aspic* dans sa région, je recevais, le 1er juillet 1897, deux superbes exemplaires qui venaient d'être capturés par un paysan dans les bois de Mâle, près Le Theil : l'un rougeâtre, ayant 0 m. 55 de long, l'autre gris et un peu plus petit, et j'avais le plaisir de constater qu'ils appartenaient au *Vipera aspis* L. C'est donc aujourd'hui une espèce bien acquise à la faune normande ». [A.-L. Letacq. — *Note sur la présence de la Vipère aspic* (*Vipera aspis* L.) *dans le département de l'Orne* (op. cit.)].

Batraciens.

Pelodytes punctatus (Daud.) (Pélodyte ponctué).

Page 208, ligne 16 en remontant, ajouter :

Normandie :

C.-G. Chesnon (op. cit., p. 36) indique, sans aucun détail, cette espèce comme se trouvant en Normandie. Ce n'est certes pas un renseignement aussi vague qui m'eût suffi pour inscrire le Pélodyte ponctué dans la faune normande ; mais, comme il est dit précédemment (p. 208 et 210), ce batracien anoure a été trouvé, d'une façon authentique, dans les départements de la Seine-Inférieure et de l'Eure. Je blâme, une fois de plus, la publication de travaux où le vague remplace la précision et les détails, absolument indispensables en matière scientifique.

Triton marmoratus (Latr.) (Triton marbré).

Page 223, ligne 15, ajouter :

Normandie :

C.-G. Chesnon (op. cit., p. 36) mentionne, sans aucun détail, cette espèce comme se trouvant en Normandie. Je n'aurais certainement pas, d'après un renseignement aussi vague, inscrit le Triton marbré dans la faune normande; toutefois, cette espèce a le droit d'y figurer, car, authentiquement, elle a été capturée près de Granville (Manche). (Voir, à cet égard, la page 223).

Poissons.

Carcharias glaucus (L.) (Requin bleu).

Page 245, ligne 8 en remontant, mettre : Cet exemplaire adulte, naturalisé, se voit au Muséum d'Histoire naturelle du Havre, au lieu de : Un exemplaire naturalisé, qui est très-vraisemblablement celui en question, se voit...

Page 245, ligne 6 en remontant, ajouter :

« Les journaux de Rouen du 1er novembre 1887 ont annoncé qu'un Requin bleu [*Carcharias glaucus* (L.)] avait été pris sur la plage de Saint-Jouin (Seine-Inférieure), par M. Regnier, instituteur de cette commune, et offert par lui au Muséum d'Histoire naturelle du Havre ». [Renseignement in Bull. de la Soc. des Amis des Scienc. natur. de Rouen, 2e sem. 1887, p. 103]. L'éminent conservateur de ce Muséum, M. G. Lennier, m'a confirmé, sur ma demande, l'exactitude de ce renseignement que j'avais communiqué à la Société. Ce poisson, pris en octobre, 1887, fait partie des collections du Muséum d'Histoire naturelle du Havre.

« Un Requin bleu mâle, d'une longueur de 1 m. 50, a été pêché en rade du Havre, dans la nuit du 22 au 23 septembre 1897, et vendu au marché de cette ville ». [Renseignement communiqué par M. G. Lennier].

Squalus acanthias L. (Squale aiguillat).

Page 249, ligne 6, ajouter :

« La ponte de l'Aiguillat, dit H.-É. Sauvage dans son savant mémoire ayant pour titre : *Examen de l'état de maturité sexuelle de quelques Poissons de mer* (op. cit., p. 86), a lieu deux fois par an, en juin, juillet, et fin octobre ou commencement de novembre. Dès les premiers jours du mois de mai, nous trouvons des œufs dans chaque oviducte, tandis que, vers le milieu du mois de juin, le fœtus est développé; la ponte peut être retardée, aussi trouvons-nous, dans les premiers jours du mois de juillet, des embryons encore dans l'œuf. Dans les premiers jours du mois d'octobre, une seconde ponte est sur le point de s'effectuer; nous trouvons, en effet, à cette époque, des fœtus complètement développés dans chaque oviducte, des œufs et des ovules à tous les degrés de développement.

« D'après É. Moreau [*Histoire* (op. cit.), t. 1, p. 272], le nombre des petits, chez l'Aiguillat, « est de quatre, deux dans chaque utérus ». Ce fait nous paraît être l'exception.

« C'est ainsi qu'au mois de novembre 1887, nous avons trouvé trois fœtus dans l'utérus droit et un dans l'utérus gauche; du côté droit, l'ovaire ne présentait qu'un faible développement et ne contenait que peu d'ovules; il n'en était pas de même du côté gauche : outre le fœtus, on constatait la présence de deux œufs volumineux ayant, comme diamètre, 43 et 34 mill., et d'ovules à tous les degrés de développement. L'espace occupé par le fœtus, dans l'utérus, était de 0 m. 180 ; la partie postérieure du fœtus est repliée sur elle-même. La longueur des fœtus variait de 0 m. 180 à 0 m. 230, le poids de 45 à 65 grammes.

« En juin, on constate que les fœtus sont généralement bien développés ; le nombre en est variable. Sur 20 Aiguillats, nous notons : trois fois 2 fœtus à droite, 2 à gauche ; trois fois 3 fœtus à droite, 2 à gauche ; deux fois 4 fœtus de chaque côté ; une fois 4 fœtus à droite, 3 à gauche ; deux fois 3 fœtus de chaque côté ; deux fois 2 fœtus à droite, 4 à gauche ; une fois 1 fœtus à droite, 5 à gauche ; une fois l'ovaire ne contenait à gauche que des œufs non complètement développés, tandis qu'il existait 1 fœtus à droite. Nous avons trouvé une fois 4 œufs et 3 fœtus à droite, 4 œufs et 4 fœtus à gauche ; deux fois 4 œufs et 3 fœtus à droite, 4 œufs et 2 fœtus à gauche.

« Nous n'avons trouvé, en mai, que des œufs dans l'oviducte ; ayant examiné trois Aiguillats en juillet, nous avons trouvé une fois 3 embryons de chaque côté, deux fois 4 embryons de chaque côté.

« Au point de vue de la répartition des sexes, nous avons trouvé au mois de juin, sur 110 fœtus examinés, 56 mâles et 54 femelles. Nous notons sur dix Aiguillats : 2 mâles, 2 femelles, à droite ; 2 mâles, 1 femelle, à gauche ; du côté droit 2 femelles, du côté gauche 1 mâle ; 1 mâle, 1 femelle, de chaque côté ; 1 mâle à droite, 1 femelle et 4 mâles à gauche.

« Le fœtus de l'Aiguillat commun ressemble absolument à l'animal adulte, et les proportions des diverses parties du corps sont les mêmes... ».

Page 273, ligne 10 en remontant, lire : *Acipenser Valenciennesi* A. Dum. au lieu de : (A. Dum.).

Entelurus aequoreus (L.) (Entelure de mer).

Page 282, ligne 13 en remontant, ajouter :

Calvados :

Voir les dernières lignes qui précèdent.

Lampris pelagicus (Gunn.) (Lampris lune).

Page 349, ligne 8 en remontant, ajouter :

« Un exemplaire de cette espèce, trouvé sur la plage de Port-en-Bessin (Calvados), fait partie des collections du Musée d'Histoire naturelle de Caen ». [Renseignement communiqué par M. René Chevrel, chef des travaux de Zoologie à la Faculté des Sciences de cette ville].

I. — LISTE MÉTHODIQUE DES POISSONS

PLUS OU MOINS COMMUNS OU PLUS OU MOINS RARES DANS LA ZONE LITTORALE ET LES EAUX DOUCES DE LA NORMANDIE, MAIS DONT LA PRÉSENCE Y EST NORMALE (1).

Sélaciens.

1. — *Scylliorhinus canicula* (L.) (Roussette à petites taches).
2. — *Scylliorhinus stellaris* (L.) (Roussette à grandes taches).
3. — *Mustelus vulgaris* M. et H. (Émissole vulgaire).
4. — *Galeorhinus galeus* (L.) (Milandre vulgaire).
5. — *Squalus acanthias* L. (Squale aiguillat).
6. — *Rhina squatina* (L.) (Rhine ange).
7. — *Torpedo marmorata* Risso (Torpille marbrée).
8. — *Raia clavata* L. (Raie bouclée).
9. — *Raia radiata* Donov. (Raie radiée).
10. — *Raia falsavela* Bp. (Raie fausse-voile).

(1) Il convient de rappeler ici que j'ai cru devoir fixer à la zone littorale dépendant de la Normandie, au point de vue faunique, une largeur maximum de douze kilomètres, exception faite pour le petit archipel de Chausey (Manche), presque totalement situé, il est vrai, en dehors de cette bande littorale, mais que la logique oblige à rattacher en entier à la Normandie. Je dois ajouter que les noms indiqués dans cette liste sont ceux des Poissons dont la présence a été constatée avec certitude en Normandie, et que je n'y mentionne pas les espèces dont la tentative d'accli-

11. — *Raia macrorhynchus* Raf. (Raie à bec long).
12. — *Raia batis* L. (Raie batis).
13. — *Raia alba* Lacép. (Raie blanche).
14. — *Raia punctata* Risso (Raie ponctuée).
15. — *Raia maculata* Mont. (Raie estellée).
16. — *Raia mosaica* Lacép. (Raie ondulée).
17. — *Myliobatis aquila* (L.) (Myliobate aigle).
18. — *Trygon pastinaca* (L.) (Trygon pastenague).

Sturioniens.

19. — *Acipenser sturio* L. (Esturgeon vulgaire).

Lophobranches.

20. — *Hippocampus antiquorum* Leach (Hippocampe brévirostre).
21. — *Syngnathus acus* L. (Syngnathe aiguille).
22. — *Syngnathus rostellatus* Nilss. (Syngnathe de Duméril).

matation est trop récente pour qu'elles aient, selon moi, le droit de figurer dans cet ouvrage faunique.

Afin d'éviter une longue répétition, je ne donne pas ici la liste méthodique générale des Reptiles, des Batraciens et des Poissons normands, liste qui se trouve plus loin, dans la liste méthodique des Vertébrés sauvages observés en Normandie. Cette dernière est suivie de la liste des Vertébrés sauvages dont il est fait une mention spéciale dans cet ouvrage faunique, mais qui ne doivent pas figurer dans la liste générale en question, soit parce que leur présence en Normandie est encore plus ou moins douteuse, soit parce qu'ils furent indiqués à tort dans la faune de cette province, et que je devais signaler ces erreurs, soit parce que leur tentative d'acclimatation y est encore, à mon avis, trop récente; etc.

23. — *Siphonostoma typhle* (L.) (Siphonostome typhle).
24. — *Entelurus aequoreus* (L.) (Entelure de mer).
25. — *Nerophis lumbriciformis* (Yarr.) (Nérophis lombricoïde).
26. — *Nerophis ophidion* (L.) (Nérophis ophidion).

Chorignathes.

27. — *Trachinus vipera* C. et V. (Vive petite).
28. — *Trachinus draco* L. (Vive vulgaire).
29. — *Blennius palmicornis* C. et V. (Blennie palmicorne).
30. — *Blennius gattorugine* Brünn. (Blennie gattorugine).
31. — *Blennius ocellaris* L. (Blennie papillon).
32. — *Blennius pholis* L. (Blennie pholis).
33. — *Pholis gunnellus* (L.) (Pholis gonnelle).
34. — *Callionymus lyra* L. (Callionyme lyre).
35. — *Lophius piscatorius* L. (Baudroie vulgaire).
36. — *Gobius laticeps* É. Moreau (Gobie à tête large).
37. — *Gobius minutus* Pall. (Gobie buhotte).
38. — *Gobius niger* L. (Gobie noir).
39. — *Gobius paganellus* L. (Gobie paganel).
40. — *Gobius bicolor* Brünn. (Gobie à deux teintes).
41. — *Gobius flavescens* F. (Gobie de Ruuthensparre).
42. — *Aphya minuta* (Risso) (Aphye pellucide).
43. — *Mullus barbatus* L. *var. surmuletus* L. (Mulle rouget var. surmulet).
44. — *Trigla pini* Bl. (Grondin pin).
45. — *Trigla lineata* Gm. (Grondin imbriago).

46. — *Trigla gurnardus* L. (Grondin gornaud).

46 bis. — *Trigla gurnardus* L. *var. cuculus* Bl. (Grondin gornaud var. milan).

47. — *Trigla lyra* L. (Grondin lyre).

48. — *Trigla lucerna* L. (Grondin corbeau).

49. — *Cottus gobio* L. (Cotte chabot).

50. — *Cottus scorpius* L. (Cotte scorpion).

51. — *Cottus bubalis* Euphr. (Cotte à épines longues).

52. — *Agonus cataphractus* (L.) (Agone armé).

53. — *Perca fluviatilis* L. (Perche de rivière).

54. — *Acerina cernua* (L.) (Gremille vulgaire).

55. — *Morone labrax* (L.) (Bar vulgaire).

56. — *Sciaena aquila* (Lacép.) (Maigre vulgaire).

57. — *Scomber scombrus* L. (Scombre maquereau).

58. — *Caranx trachurus* (L.) (Caranx saurel).

59. — *Zeus faber* L. (Zée forgeron).

60. — *Zeus pungio* C. et V. (Zée à épaule armée).

61. — *Sparus centrodontus* Delar. (Spare rousseau).

62. — *Cantharus lineatus* (Mont.) (Canthère gris).

63. — *Labrus berggylta* Asc. (Labre vieille).

64. — *Labrus mixtus* L. (Labre varié).

65. — *Crenilabrus melops* (L.) (Crénilabre mélope).

66. — *Crenilabrus Bailloni* C. et V. (Crénilabre de Baillon).

67. — *Ctenolabrus rupestris* (L.) (Cténolabre de roche).

68. — *Gasterosteus aculeatus* L. (Épinoche aiguillonnée).

69. — *Gasterosteus pungitius* L. (Épinoche épinochette).

70. — *Spinachia vulgaris* Flem. (Gastrée vulgaire).

71. — *Mugil auratus* Risso (Muge doré).

72. — *Mugil capito* Cuv. (Muge capiton).

73. — *Mugil chelo* Cuv. (Muge à grosses lèvres).

74. — *Atherina presbyter* Jen. (Athérine prêtre).

75. — *Ammodytes lanceolatus* Lesauv. (Ammodyte lançon).

76. — *Ammodytes tobianus* Lesauv. (Ammodyte équille).

77. — *Gadus luscus* L. (Gade tacaud).

78. — *Gadus callarias* L. (Gade morue).

79. — *Gadus aeglefinus* L. (Gade églefin).

80. — *Merlangus vulgaris* Flem. (Merlan vulgaire).

81. — *Merlangus pollachius* (L.) (Merlan jaune).

82. — *Merlucius vulgaris* Flem. (Merlus vulgaire).

83. — *Lota vulgaris* Cuv. (Lote vulgaire).

84. — *Lota molva* (L.) (Lote molve).

85. — *Onos tricirratus* (Bl.) (Motelle à trois barbillons).

86. — *Onos mustela* (L.) (Motelle à cinq barbillons).

87. — *Hippoglossoides platessoides* (O. Fabr.) (Hippoglossoïde platessoïde).

88. — *Limanda platessoides* (Faber) (Limande vulgaire).

89. — *Platessa vulgaris* Flem. (Plie carrelet).

90. — *Platessa microcephala* (Donov.) (Plie microcéphale).

91. — *Flesus vulgaris* É. Moreau (Flet vulgaire).

92. — *Solea vulgaris* Quensel (Sole vulgaire).

93. — *Solea lascaris* Risso (Sole lascaris).

94. — *Microchirus luteus* (Risso) (Microchire jaune).

95. — *Microchirus variegatus* (Donov.) (Microchire panaché).

96. — *Zeugopterus punctatus* (Bl.) (Zeugoptère targeur).

97. — *Zeugopterus unimaculatus* (Risso) (Zeugoptère unimaculé).

98. — *Platophrys laterna* (Walb.) (Platophrys arnoglosse).

99. — *Lepidorhombus whiff* (Walb.) (Lépidorhombe mégastome).

100. — *Bothus maximus* (L.) (Bothe turbot).

101. — *Bothus rhombus* (L.) (Bothe barbue).

102. — *Cyclopterus lumpus* L. (Cycloptère lompe).

103. — *Cyclogaster liparis* (L.) (Cyclogastère liparis).

104. — *Lepadogaster Gouani* Lacép. (Lépadogastère de Goüan).

105. — *Lepadogaster Candollei* Risso (Lépadogastère de Candolle).

106. — *Lepadogaster bimaculatus* (Donov.) (Lépadogastère à deux taches).

107. — *Cyprinus carpio* L. (Cyprin carpe).

108. — *Cyprinus auratus* L. (Cyprin doré).

109. — *Barbus vulgaris* Flem. (Barbeau vulgaire).

110. — *Tinca vulgaris* Cuv. (Tanche vulgaire).

111. — *Gobio fluviatilis* Flem. (Goujon de rivière).

112. — *Rhodeus amarus* (Bl.) (Bouvière commune).

113. — *Phoxinus aphya* (L.) (Vairon vulgaire).

114. — *Abramis brama* (L.) (Brême vulgaire).

115. — *Abramis blicca* (Bl.) (Brême bordelière).

116. — *Alburnus lucidus* Heck. (Ablette vulgaire).

117. — *Alburnus bipunctatus* (Bl.) (Ablette spirlin).

118. — *Scardinius erythrophthalmus* (L.) (Rotengle vulgaire).

119. — *Leuciscus rutilus* (L.) (Gardon vulgaire).

120. — *Squalius cephalus* (L.) (Chevaine vulgaire).

121. — *Squalius grislagine* (L.) (Chevaine vandoise).

122. — *Chondrostoma nasus* (L.) (Chondrostome nase).

123. — *Cobitis barbatula* L. (Loche franche).

124. — *Cobitis taenia* L. (Loche de rivière).

125. — *Clupea harengus* L. (Clupée hareng).

126. — *Meletta sprattus* (L.) (Melette esprot).

127. — *Harengula latula* C. et V. (Harengule blanquette).

128. — *Alosa communis* Yarr. (Alose commune).

129. — *Alosa finta* Cuv. (Alose finte).

130. — *Esox lucius* L. (Ésoce brochet).

131. — *Ramphistoma belone* (L.) (Ramphistome orphie).

132. — *Salmo salar* L. (Saumon vulgaire).

133. — *Trutta marina* Duham. (Truite de mer).

134. — *Trutta fario* (L.) (Truite vulgaire).

135. — *Osmerus eperlanus* (L.) (Osmère éperlan).

Apodes.

136. — *Anguilla vulgaris* Turt. (Anguille vulgaire).

137. — *Conger niger* Risso (Congre vulgaire).

Cyclostomes.

138. — *Petromyzon marinus* L. (Lamproie marine).

139. — *Petromyzon fluviatilis* L. (Lamproie fluviatile).

Branchiostomiens.

140. — *Branchiostoma lanceolatum* (Pall.) (Branchiostome lancéolé).

Total des espèces et des variétés de Poissons plus ou moins communes ou plus ou moins rares dans la zone littorale et les eaux douces de la Normandie, mais dont la présence y est normale : 140 espèces (dont 139 types et 1 variété) et 1 variété dont le type est au nombre des précédents.

II. — LISTE MÉTHODIQUE DES POISSONS

DONT LA PRÉSENCE EST PLUS OU MOINS EXCEPTIONNELLE DANS LA ZONE LITTORALE DE LA NORMANDIE (1).

Sélaciens.

1. — *Alopias vulpes* (Gm.) (Alopias renard).
2. — *Isurus cornubicus* (Gm.) (Lamie à nez long).
3. — *Cetorhinus maximus* (Gunn.) (Pèlerin très-grand).
4. — *Carcharias glaucus* (L.) (Requin bleu).
5. — *Acanthorhinus carcharias* (Gunn.) (Acanthorhine à courtes nageoires).

Plectognathes.

6. — *Orthagoriscus mola* (L.) (Orthagorisque môle).

Chorignathes.

7. — *Anarrhichas lupus* L. (Anarrhique loup).
8. — *Scorpaena porcus* L. (Scorpène rascasse).
9. — *Morone punctata* (Bl.) (Bar tacheté).
10. — *Serranus cabrilla* (L.) (Serran cabrille).

(1) Je dois rappeler ici que j'ai cru devoir fixer à la bande littorale qui, au point de vue faunique, dépend de la Normandie, une largeur maximum de douze kilomètres, exception faite pour le petit archipel de Chausey (Manche), presque totalement situé, il est vrai, en dehors de cette bande littorale, mais que la logique oblige à réunir en entier à la Normandie. Il faut ajouter que les Poissons indiqués dans cette liste ont été observés avec certitude dans la zone littorale en question. De plus, la partie terminale de

11. — *Orcynus thynnus* (L.) (Orcyne thon).
12. — *Naucrates ductor* (L.) (Naucrate pilote).
13. — *Capros aper* (L.) (Capros sanglier).
14. — *Lampris pelagicus* (Gunn.) (Lampris lune).
15. — *Brama Raii* (Bl.) (Castagnole de Ray).
16. — *Centrolophus pompilus* (L.) (Centrolophe pompile).
17. — *Xiphias gladius* L. (Espadon épée).
18. — *Echeneis* (*species?*) [Échénéis (espèce ?)].
19. — *Lepidopus argenteus* Bonnat. (Lépidope argenté).
20. — *Sparus acarne* (Risso) (Spare acarne).
21. — *Phycis blennoides* (Brünn.) (Phycis blennoïde).
22. — *Raniceps raninus* (L.) (Raniceps trifurqué).
23. — *Hippoglossus vulgaris* Flem. (Hippoglosse flétan).

Total des espèces de Poissons dont la présence est plus ou moins exceptionnelle dans la zone littorale de la Normandie : 23 espèces (formes typiques).

ce volume contient la liste des Vertébrés sauvages dont il est fait une mention spéciale dans cet ouvrage faunique, mais qui ne doivent pas y figurer à titre affirmatif, soit parce que leur présence en Normandie est encore plus ou moins douteuse, soit parce qu'ils furent indiqués erronément dans la faune de cette province, et que je devais relever ces erreurs, soit parce que leur tentative d'acclimatation y est encore, à mon avis, trop récente; etc.

BIBLIOGRAPHIE

DES REPTILES DE LA NORMANDIE (1).

Dr Blanche. — *Note sur le Pelias Berus*, in Bull. de la Soc. des Amis des Scienc. natur. de Rouen, ann. 1865, p. 108, et pl. II, fig. 1 et 2.

Charles Bouchard. — Faune du canton de Gisors (Eure), in Charpillon. — *Gisors et son canton (Eure), Statistique, Histoire*, Les Andelys, Delcroix, 1867, p. 17, (*Reptiles*, p. 23). — [Le nom de Charles Bouchard n'est pas indiqué dans cet ouvrage].

G.-A. Boulenger. — *Note sur des Vipera berus capturés en Normandie*, in Bull. de la Soc. des Amis des Scienc. natur. de Rouen, 2e sem. 1895, p. 149. — Tiré à part; Rouen, Julien Lecerf, 1896, (même pagination).

C.-G. Chesnon. — *Zoologie normande; Reptiles et Poissons*, in Annuaire des cinq départements de l'ancienne Normandie (Annuaire normand), Caen, ann. 1837, p. 31, (*Reptiles*, p. 34).

Descroizilles (et non Descroisilles, comme on l'a orthographié). — *Description de la Tortue le Luth*, in Précis analytique des travaux de l'Académie royale des Sciences, des Belles-Lettres et des Arts de Rouen, ann. 1751 à 1760, p. 118, Rouen, 1816. [Cette note est un extrait, publié par Gosseaume, d'un mémoire inédit de Descroizilles, accompagné de quatre figures (une aquarelle et trois lavis) également inédites, qui représentent la Tortue en question, capturée vivante aux environs de Dieppe (Seine-

(1) Dans cette liste alphabétique et chronologique, je ne mentionne que les travaux ayant un titre et concernant particulièrement la faune des Reptiles de la Normandie.

Inférieure), le 25 octobre 1752. Le manuscrit et les figures dont il s'agit font partie des archives de cette Académie].

EUDES-DESLONGCHAMPS. — *Note concernant des Tortues marines trouvées vivantes sur les côtes du département du Calvados*, in Mémoires de la Soc. linnéenne de Normandie, Caen, ann. 1834-38, p. 279.

GOSSEAUME. — Voir DESCROIZILLES.

P. JOSEPH-LAFOSSE. — *Le Lézard vivipare et le Lézard des murailles en Normandie*, in Bull. de la Soc. linnéenne de Normandie, Caen, ann. 1891, p. 169.

Abbé A.-L. LETACQ. — *Note sur la découverte du Lézard des souches* (*Lacerta stirpium* Daud.) *à Bagnoles, et sur les espèces du genre Lacerta observées dans le département de l'Orne*, in Bull. de la Soc. linnéenne de Normandie, Caen, ann. 1895, p. 117.

Abbé A.-L. LETACQ. — *Matériaux pour servir à la faune des Vertébrés du département de l'Orne*, in Annuaire des cinq départements de la Normandie (Annuaire normand), ann. 1896, p. 67, (*Reptiles*, p. 118 et 130). — Tiré à part, Caen, Henri Delesques, 1896, (*Reptiles*, p. 54 et 66).

Abbé A.-L. LETACQ. — *Nouvelles observations sur la faune des Vertébrés du département de l'Orne*, in Bull. de la Soc. linnéenne de Normandie, Caen, ann. 1896, p. 79, (*Reptiles*, p. 85). — Tiré à part, Caen, E. Lanier, 1897, (même pagination).

Abbé A.-L. LETACQ. — *La Couleuvre d'Esculape et ses stations dans le département de l'Orne*, in Bull. de la Soc. des Amis des Scienc. natur. de Rouen, 2e sem. 1896, p. 132.

Abbé A.-L. LETACQ. — *Note sur la présence de la Vipère aspic (Vipera aspis L.) dans le département de l'Orne*, in Bull. de la Soc. des Amis des Scienc. natur. de Rouen, 2e sem. 1897, procès-verbal de la séance du 5 août 1897.

Abbé A.-L. LETACQ. — *Observations sur les Vertébrés faites aux environs de Rémalard (Orne)*, in Bull. de la Soc. des Amis des Scienc. natur. de Rouen, 2e sem. 1897, procès-verbal de la séance du 5 août 1897. (Dans cette note, il n'est parlé que d'un seul reptile : *Lacerta agilis* L. = L. *stirpium* Daud.).

LIEURY. — *Synopsis des Reptiles du département de la Seine-Inférieure et des départements limitrophes*, in Bull. de la Soc. des Amis des Scienc. natur. de Rouen, ann. 1865, p. 114, (*Reptiles* et *Batraciens*) (*Reptiles*, p. 114).

Louis MÜLLER. — *Note sur la Coronella laevis* Lacép. (*Coronella austriaca* Laur.), avec une planche en noir, in Bull. de la Soc. d'Enseignement mutuel des Scienc. natur. d'Elbeuf (actuellement : Soc. d'Étude des Scienc. natur. d'Elbeuf), 2e sem. 1881-1882, p. 172. — Cette note et cette planche ont été publiées aussi in Bull. de la Soc. des Amis des Scienc. natur. de Rouen, 2e sem. 1882, p. 395. (Le texte est à peu près le même et la planche identique).

Louis MÜLLER. — *Liste des Reptiles et des Batraciens capturés dans les environs d'Elbeuf en* 1882-83, in Bull. de la Soc. d'Enseignement mutuel des Scienc. natur. d'Elbeuf (actuellement : Soc. d'Étude des Scienc. natur. d'Elbeuf), 2e sem. 1883, p. 105.

BIBLIOGRAPHIE

DES BATRACIENS DE LA NORMANDIE[1].

Charles BOUCHARD. — Faune du canton de Gisors (Eure), in CHARPILLON. — *Gisors et son canton (Eure), Statistique, Histoire,* Les Andelys, Delcroix, 1867, p. 17, (*Batraciens*, p. 23). — [Le nom de Charles Bouchard n'est pas indiqué dans cet ouvrage].

Louis-Henri BOURGEOIS. — *Note sur une nouvelle station du Pélodyte ponctué dans la Seine-Inférieure,* in Bull. de la Soc. des Amis des Scienc. natur. de Rouen, 2e sem. 1890, p. 149.

C.-G. CHESNON. — *Zoologie normande; Reptiles et Poissons,* in Annuaire des cinq départements de l'ancienne Normandie (Annuaire normand), Caen, ann. 1837, p. 31, (*Batraciens*, p. 36).

Henri GADEAU DE KERVILLE. — *Note sur la découverte du Pélodyte ponctué dans le département de la Seine-Inférieure,* in Bull. de la Soc. des Amis des Scienc. natur. de Rouen, 2e sem. 1888, p. 175. — Tiré à part, Rouen, Julien Lecerf, 1888, (sans pagination; cette notule n'a qu'une page et cinq lignes).

Abbé A.-L. LETACQ. — *Matériaux pour servir à la faune des Vertébrés du département de l'Orne,* in Annuaire des cinq départements de la Normandie (Annuaire normand), ann. 1896, p. 67, (*Batraciens*, p. 119). — Tiré à part, Caen, Henri Delesques, 1896, (*Batraciens*, p. 55).

(1) Dans cette liste alphabétique et chronologique, je ne mentionne que les travaux ayant un titre et concernant particulièrement la faune des Batraciens de la Normandie.

LIEURY. — *Synopsis des Reptiles du département de la Seine-Inférieure et des départements limitrophes*, in Bull. de la Soc. des Amis des Scienc. natur. de Rouen, ann. 1865, p. 114, (*Batraciens*, p. 122).

Louis MÜLLER. — *Liste des Reptiles et des Batraciens capturés dans les environs d'Elbeuf en* 1882-83, in Bull. de la Soc. d'Enseignement mutuel des Scienc. natur. d'Elbeuf (actuellement : Soc. d'Étude des Scienc. natur. d'Elbeuf), 2e sem. 1883, p. 105.

BIBLIOGRAPHIE

DES POISSONS DE LA NORMANDIE (1).

Charles BOUCHARD. — Faune du canton de Gisors (Eure), in CHARPILLON. — *Gisors et son canton (Eure), Statistique, Histoire*, Les Andelys, Delcroix, 1867, p. 17, (*Poissons*, p. 23). — [Le nom de Charles Bouchard n'est pas indiqué dans cet ouvrage].

Eugène CANU. — Voir Dr H.-É. SAUVAGE.

C.-G. CHESNON. — *Zoologie normande; Reptiles et Poissons*, in Annuaire des cinq départements de l'ancienne Normandie (Annuaire normand), Caen, ann. 1837, p. 31, (*Poissons*, p. 36).

René CHEVREL. — *Poissons* (de la côte du Calvados), in H. MAGRON. — *Guide illustré du Tramway de Caen à la mer*, 2e édit., Caen, Ch. Valin, 1896, p. 71.

Henri GADEAU DE KERVILLE. — *Aperçu de la faune actuelle de la Seine et de son embouchure, depuis Rouen jusqu'au Havre*, in 2e vol. (p. 168) de *L'Estuaire de la Seine*, par G. Lennier, (ouvrage indiqué à la 2e page suivante) (*Poissons*, p. 189). — Tiré à part, Le Havre, imprimerie du journal Le Havre, 1885, (même pagination).

Henri GADEAU DE KERVILLE. — *Recherches sur les faunes marine et maritime de la Normandie, 1er voyage, région de Granville et îles Chausey (Manche), juillet-août* 1893, *suivies de deux travaux d'Eugène Canu et*

(1) Dans cette liste alphabétique et chronologique, je ne mentionne que les travaux ayant un titre et concernant particulièrement la faune ichthyologique de la Normandie.

du Dr E. Trouessart sur les Copépodes et les Ostracodes marins et sur les Acariens marins récoltés pendant ce voyage, avec 11 planches et 7 figures dans le texte, in Bull. de la Soc. des Amis des Scienc. natur. de Rouen, 1er sem. 1894, p. 53, (*Poissons*, p. 113 et pl. IV et V). — Tiré à part, Paris, J.-B. Baillière et fils, 1894, (même pagination du texte et des planches).

Henri Joüan. — *Poissons de mer observés à Cherbourg en* 1858 *et* 1859, in Mémoir. de la Soc. impériale des Scienc. natur. de Cherbourg, 1859, t. VII, p. 116. — Tiré à part, Cherbourg, Bedelfontaine et Syffert, 1860, (pagination spéciale).

Henri Joüan. — *Note sur une petite Lamproie provenant de Sauxmesnil* (*Manche*), in Mémoir. de la Soc. impériale des Scienc. natur. de Cherbourg, 1859, t. VII, p. 367.

Henri Joüan. — *Sur quelques espèces rares de Poissons de mer de Cherbourg*, in Bull. de la Soc. linnéenne de Normandie, Caen, ann. 1873-74, p. 412.

Henri Joüan. — *Additions aux Poissons de mer observés à Cherbourg*, in Mémoir. de la Soc. nationale des Scienc. natur. de Cherbourg, 1874, t. XVIII, p. 353. — Tiré à part, Cherbourg, Bedelfontaine et Syffert, 1874, (pagination spéciale).

Henri Joüan. — *Mélanges zoologiques*, in Mémoir. de la Soc. nationale des Scienc. natur. de Cherbourg, 1875, t. XIX, p. 233, (*Poissons*, p. 237). — Tiré à part, Cherbourg, Bedelfontaine et Syffert, 1875, (même pagination).

Henri Joüan. — *Notes ichthyologiques; nouvelles espèces de Poissons de mer observés à Cherbourg*, in Mémoir. de la Soc. nationale des Scienc. natur. et mathémat. de

Cherbourg, 1884 (1882 sur le grand titre), t. XXIV, p. 313. — Tiré à part, Cherbourg, Ch. Syffert, (même pag.).

Henri Joüan. — *Époques et mode d'apparition des différentes espèces de Poissons sur les côtes des environs de Cherbourg*, in Bull. de la Soc. linnéenne de Normandie, Caen, ann. 1890, p. 118. — Tiré à part, Caen, H. Delesques, 1890, (pagination spéciale).

G. Lennier. — *L'Estuaire de la Seine ; mémoires, notes et documents pour servir à l'étude de l'estuaire de la Seine*, 2 vol. et 1 atlas, Havre, imprimerie du journal Le Havre (E. Hustin), 1885, (*Poissons*, t. II, p. 151).

G. Lennier. — *Sur le Zée à épaule armée* (*Zeus pungio* C. et V.), in Bull. de la Soc. linnéenne de Normandie, Caen, ann. 1895, p. 51.

R. Le Sénéchal. — *Catalogue des animaux recueillis au Laboratoire maritime de Luc, pendant les années* 1884 *et* 1885, [Luc-sur-Mer (Calvados)], in Bull. de la Soc. linnéenne de Normandie, Caen, ann. 1884-85, p. 91, (*Poissons*, p. 113).

Abbé A.-L. Letacq. — *Matériaux pour servir à la faune des Vertébrés du département de l'Orne*, in Annuaire des cinq départements de la Normandie (Annuaire normand), ann. 1896, p. 67, (*Poissons*, p. 122). — Tiré à part, Caen, Henri Delesques, 1896, (*Poissons*, p. 58).

A.-E. Malard. — *Catalogue des Poissons des côtes de la Manche dans les environs de Saint-Vaast*, [Saint-Vaast-de-la-Hougue (Manche)], in Bull. de la Soc. philomathique de Paris, 1890-1891, p. 60. — Tiré à part, Paris, Siège de la Soc., 1890, (même pagination et paginat. spéciale ; cette deuxième paginat. est inutile, et, de plus, peut engendrer la confusion).

Mesaize. — *Notice sur un Squale pêché à Yport (Seine-Inférieure)*, in Précis analytique des travaux de l'Académie des Sciences, des Belles-Lettres et des Arts de Rouen, pendant l'année 1807, p. 57. (Le titre ci-dessus se trouve dans la table des matières, mais non à la p. 57).

S.-B.-J. Noel (de la Morinière). — *Histoire naturelle de l'Éperlan de la Seine-Inférieure*, Rouen, imprim. de l'auteur, fructidor, an VI (1798).

Dr H.-É. Sauvage et Eugène Canu. — *Le Hareng des côtes de Normandie, en* 1891 *et* 1892, in Annales de la Station aquicole de Boulogne-sur-Mer, 1892, t. I, part. I, p. 1 et pl. I (pl. double).

SUPPLÉMENT

AUX

MAMMIFÈRES ET AUX OISEAUX.

Évidemment, c'est mon devoir de publier en addendas les documents nouveaux dont j'ai eu connaissance, et de mentionner dans des erratas les erreurs commises, addendas et erratas que je publie dès que je le crois utile; quatre ont paru : le premier, concernant les Mammifères, dans le fasc. I (p. 231), le second et le troisième, relatifs aux Oiseaux, dans les fasc. II (p. 347) et III (p. 503), et le quatrième, concernant les Reptiles, les Batraciens et les Poissons, dans ce fascicule IV (p. 497).

Tenant à suivre scrupuleusement les règles de la nomenclature des êtres organisés (op. cit.), adoptées dans des congrès internationaux de Zoologie et publiées par la Société zoologique de France, à laquelle revient le grand honneur d'avoir provoqué leur discussion et leur adoption, j'ai dû faire des changements dans les noms spécifiques latins que j'avais employés pour désigner les Mammifères et les Oiseaux, dans les trois premiers fascicules de cet ouvrage, et mettre entre parenthèses quantité de noms d'auteurs. C'eût été trop long d'indiquer, dans ce supplément, toutes ces modifications, qui sont faites dans la liste des Vertébrés sauvages observés en Normandie, liste publiée dans la partie terminale de ce volume. Je me suis efforcé de la rendre entièrement conforme aux règles actuelles de la nomenclature, et, au point de vue de la correcte désignation latine et française des Vertébrés de la Normandie, je prie le lecteur de s'y reporter.

MAMMIFÈRES.

Fascicule I.

Rhinolophus ferrum-equinum (Schreb.) (Rhinolophe grand fer-à-cheval).

Fasc. I, page 137, ligne 11, ajouter : Vampire.

Rhinolophus hipposideros (Bchst.) (Rhinolophe petit fer-à-cheval).

Fasc. I, page 141, ligne 6, ajouter : Vampire.

Vespertilio emarginatus Geoffr. (Vespertilion échancré).

Fasc. I, page 150, ligne 8 en remontant, ajouter :

« M. Henri Gadeau de Kerville expose sur le bureau un individu mâle du Vespertilion échancré (*Vespertilio emarginatus* Geoffr.), que M. A. Duquesne et lui ont trouvé, le 12 mars 1891, en explorant une carrière souterraine calcaire, située à Saint-Samson-de-la-Rocque (Eure). Cet exemplaire est le second qui, à la connaissance de notre collègue, ait été capturé en Normandie ». [Renseignement in Bull. de la Soc. des Amis des Scienc. natur. de Rouen, 1er sem. 1891, p. 24].

Crocidura russula (Herm.) (Crocidure musette).

Fasc. I, page 156, ligne 12, ajouter : Miseraigne.

Sorex araneus L. (Musaraigne vulgaire).

Fasc. I, page 158, ligne 15, ajouter : Mesiragne, Mesiraigne, Mesirette, Miseraigne, Miseraine, Misérenne, Miserette, Musette, Musirette.

Crossopus fodiens (Pall.) (Crossope aquatique).

Fasc. I, page 160, ligne 11 en remontant, ajouter : Taupillon.

Sciurus vulgaris L. (Écureuil vulgaire).

Fasc. I, page 164, ligne 9, ajouter : Chat-écureu, Écureu.

Myoxus glis (L.) (Loir vulgaire).

Fasc. I, page 167, ligne 13 en remontant, ajouter :

Dans ses *Matériaux pour servir à la faune des Vertébrés du département de l'Orne* (op. cit., p. 128; tiré à part, p. 64), A.-L. Letacq dit, en parlant du Loir vulgaire : « Il m'a été indiqué dans la forêt de Réno et aux environs du Merlerault, mais je n'en ai pas vu d'exemplaires ». Ultérieurement, il a écrit que cette espèce était « encore inconnue chez nous ». [*Les Mammifères du département de l'Orne*, etc. (op. cit.), p. 73].

Lepus europaeus Pall. (Lièvre vulgaire).

Fasc. I, page 182, ligne 3, ajouter : Hieuvre.

Meles taxus Bodd. (Blaireau vulgaire).

Fasc. I, page 185, ligne 12 en remontant, ajouter : Bleureau, Bleuriau.

Martes abietum (L.) (Marte des pins).

Fasc. I, p. 187, ligne 6 en remontant, ajouter : Marte à gorge dorée, M. à gorge jaune.

Page 189, ligne 2, ajouter :

« M. Henri Gadeau de Kerville expose sur le bureau une Marte des pins au sujet de laquelle il donne les renseignements qui suivent :

« Quand j'ai publié le fascicule I de ma *Faune de la Normandie*, consacré aux Mammifères, je ne possédais qu'un très-petit nombre de documents sur la présence de ce Carnivore dans cette province. Je puis indiquer aujourd'hui, grâce à notre obligeant collègue, M. Louis-Henri Bourgeois, des faits nouveaux et précis sur l'existence de la Marte des pins dans la Seine-Inférieure.

« L'exemplaire exposé, que m'a fait parvenir M. Bourgeois, fut tué à Sainte-Catherine, commune de Grandcourt, au mois de novembre 1891. « Ce Carnivore, m'a dit notre collègue, est assez « répandu dans la forêt d'Eu (Seine-Inférieure), de- « puis le Bois-l'Abbé, distant d'Eu de quatre kilomè- « tres seulement, jusqu'à Aumale (Seine-Inférieure) « où l'on en tue assez fréquemment. L'individu que « je vous ai envoyé est le deuxième pris en 1891 ». [Renseignement in Bull. de la Soc. des Amis des Scienc. natur. de Rouen, 1er sem. 1892, p. 11].

« J'ai vu récemment, à Alençon, les peaux de deux exemplaires (mâle et femelle) de cette belle et rare espèce, tués dans la forêt d'Écouves (Orne), près des Gastées, au mois de juin 1893. Un paysan de Fontenay-les-Louvets, qui distinguait fort bien la Marte des pins en l'appelant *Marte à gorge dorée*, m'a dit en avoir pris plusieurs au piège, également dans la forêt d'Écouves, entre le carrefour à Madame et le Chêne-au-Verdier ». [A.-L. LETACQ. — *Matériaux pour servir à la faune des Vertébrés du département de l'Orne* (op. cit.), p. 75 ; tiré à part, p. 11].

« La Marte des pins se trouve dans nos forêts d'Andaine, d'Écouves, de Bellême, du Perche et de Saint-Évroult, mais elle est rare partout ». [A.-L. LETACQ. — *Les Mammifères du département de l'Orne*, etc. (op. cit.), p. 83].

En définitive, il résulte de mes recherches que la Marte des pins est assez rare en Normandie, et non très-rare, comme je l'ai indiqué dans ma *Faune de la Normandie* (fasc. I, p. 188).

Mustela vulgaris Briss. (Belette vulgaire).

Fasc. I, page 189, ligne 12, ajouter : Blette.

Mustela erminea L. (Belette hermine).

Fasc. I, page 190, ligne 15, ajouter : Blette blanche (en pelage d'hiver) ; et ligne 16 : Rousselet (en pelage d'été).

Mustela lutreola L. (Belette vison).

Fasc. I, page 192, ligne 7 en remontant, ajouter : Fouine noire, Pitois d'eau, Pitouais d'eau, Putois d'eau.

Page 193, ligne 13, ajouter :

Seine-Inférieure :

« Le 31 mars 1896, un Vison mâle a été pris au piège à Saint-Paër (Seine-Inférieure), dans les bois de mon père, en un point qui est peu éloigné d'une rivière, la Sainte-Austreberte, dont ce Vison aura probablement quitté le voisinage immédiat pour aller chercher sa nourriture ou échapper à un danger. L'exemplaire en question, que je suis heureux de montrer à mes collègues, a été soigneusement naturalisé par M. L. Petit, taxidermiste à Rouen, et fait partie de mes collections. Il ne peut y avoir aucun doute sur l'exactitude de sa détermination ». [Henri Gadeau de Kerville. — *Sur la découverte de la Belette vison* (*Mustela lutreola* L.) *dans le département de la Seine-Inférieure* (op. cit.), p. 40 ; tiré à part, p. 4].

Eure :

« Dans le premier fascicule de ma *Faune de la Normandie*, consacré aux Mammifères et paru en 1888, je donne seulement, à l'égard de la Belette vison dans cette province (p. 193), — avec un renseignement assez vague publié en 1861 par Pucheran, sur l'existence de cette intéressante espèce dans le département de l'Orne — l'indication de deux exemplaires provenant de Corneville-sur-Risle (Eure) : une femelle, tuée le 1er septembre 1879, que M. A. Duquesne conserve empaillée, et que montre la planche I du fascicule en question, et un individu tué au mois d'octobre 1887.

« . . . .

« M. Duquesne m'a informé qu'il avait capturé à Saint-Philbert-sur-Risle (Eure), sur un îlot de la Risle, dans un piège à loutres, le 30 janvier 1896, un Vison mâle, et que les deux individus provenant de Corneville-sur-Risle, dont il est question dans les lignes précédentes, ne sont pas des Belettes visons, ainsi que je l'ai indiqué, mais des Belettes putois ou Putois communs. En outre, M. Duquesne m'a fait savoir qu'il avait examiné l'individu décrit par M. Émile Anfrie (voir la page suivante), et que cet individu est semblable à celui qu'il a capturé.

« J'ai pu étudier le Vison pris à Saint-Philbert-sur-Risle, grâce à l'obligeance de M. Duquesne, qui a tout à fait raison. Effectivement, j'ai publié une erreur, et, cela va sans dire, je m'empresse de la rectifier. Les deux individus tués à Corneville-sur-Risle, et dont l'un est représenté dans le fascicule en question, sont des Putois et non des Visons. Toutefois, au nom de la vérité, il convient de dire que cette erreur n'est pas de mon fait, mais de celui de M. Fernand Lataste.

« A l'époque où je rédigeais le premier fascicule de ma *Faune de la Normandie*, ne connaissant pas le Vison en nature, et craignant de commettre une erreur si je les déterminais moi-même, j'avais communiqué les deux exemplaires tués à Corneville-sur-Risle, l'un monté et l'autre en peau, à un zoologiste très-compétent, M. Fernand Lataste, qui, après les avoir examinés, me les détermina comme étant des Visons, tandis qu'ils appartiennent à une variété de Putois à pelage foncé. Les naturalistes, même les plus attentifs, qui s'occupent de la détermination des espèces et des variétés, peuvent commettre de telles erreurs, et les en blâmer doit être fait avec une grande modération, car, hélas! errare humanum est. J'ajouterai que, dans sa configuration, le Vison ressemble beaucoup au Putois, avec lequel on le confond très-généralement ; mais lorsqu'on voit ces deux espèces l'une à côté de l'autre, la confusion n'est guère possible.

« . . . .

« Le Vison mâle capturé à Saint-Philbert-sur-Risle par M. Duquesne, qui l'a fait empailler et le garde précieusement, est d'une longueur totale de

0 m. 57, la queue comprise, cette dernière ayant 0 m. 19 de long. Je dois dire qu'une photographie est insuffisante pour distinguer le Vison du Putois. Il faut avoir recours aux descriptions ; mais, avec d'autres caractères, le pelage du Vison, serré et très-analogue à celui de la Loutre, permet de distinguer facilement ces deux espèces ». [Henri Gadeau de Kerville. — *Observations sur l'existence, en Normandie, de la Belette vison* (*Mustela lutreola* L.) *ou Vison d'Europe* (op. cit.), p. 28 ; tiré à part, p. 1]. La planche ci-jointe représente ce Vison mâle de Saint-Philbert-sur-Risle.

Calvados :

« Un Vison de France (*Mustela lutreola* L.), appelé aussi Putois vison ou Petite loutre, a été capturé, le 7 novembre 1895, dans un piège tendu pour les loutres, sur la petite rivière la Pasquine, à Hermival-les-Vaulx (Calvados), commune située à 5 kilomètres Est de Lisieux ; son possesseur, M. Alfred Fleuriot, ayant de suite remarqué cet animal, nouveau pour le pays, a bien voulu, avec son obligeance habituelle, en enrichir notre collection de Mustéliens de France, aujourd'hui complète.

« . . . .

« Notre exemplaire, mâle paraissant adulte, mesure 0 m. 36 du nez à la naissance de la queue, cette dernière 0 m. 175, taille un peu inférieure à celle du Putois..... ». [Émile Anfrie. — *Nouvelle rencontre du Vison en Normandie* (op. cit.), p. 88]. — Depuis, plusieurs autres exemplaires ont été capturés dans la localité en question. (Émile Anfrie).

Orne :

A.-L. Letacq [*Les Mammifères du département de l'Orne,* etc. (op. cit.), p. 86] signale la présence

NÉGATIF D'HENRI GADEAU DE KERVILLE. PHOTOCOLLOGRAPHIE J. LECERF.

BELETTE VISON MALE

capturée à Saint-Philbert-sur-Risle (Eure), le 30 janvier 1896.

(3/7 *de la grandeur naturelle*).

de la Belette vison ou Vison d'Europe « à Saint-Germain-du-Corbéis au bord de la Sarthe, aux étangs de Fontenay-les-Louvets, sur les bords de la Touque à Orville et Ticheville, de la Vie à Guerquesalles, de la Viette à Camembert, et de la Dives à Chambois ».

En résumé, la Belette vison existe en un certain nombre de localités normandes.

Fasc. I, page 195, ligne 6 en remontant, ajouter :

2° Famille. *VIVERRIDAE* — VIVERRIDÉS.

1er Genre. *GENETTA* — GENETTE.

1. **Genetta afra** F. Cuv. — Genette vulgaire.

Genetta Bonapartei Loche, *G. vulgaris* Less.
Viverra genetta L.

Genette commune, G. ordinaire.

Z. Gerbe. — *Les Mammifères* (op. cit.), t. I, p. 556 et fig. 273.
E.-L. Trouessart. — Op. cit., p. 221 et fig. 93.
A. Bouvier. — Op. cit., p. 68 et fig. 68.
René Martin et Raymond Rollinat. — Op. cit., p. 56.

La Genette vulgaire habite les forêts et les bois, dans les montagnes et dans les régions basses, ainsi que les endroits arides. Elle se plaît dans les lieux humides et buissonneux, dans le voisinage des ruisseaux, sur les flancs des montagnes. Elle est très-souple, grimpe à merveille et nage fort bien. En cas de danger, elle cherche un refuge sur les branches ou dans la cavité d'un arbre. Ses mœurs sont surtout nocturnes. Sa nourriture se compose d'oiseaux et de leurs œufs, de micromammifères, d'insectes, etc. Il est presque certain que la femelle ne fait qu'une portée annuellement. Le nombre des petits est d'un ou deux, et accidentellement de trois par portée.

Seine-Inférieure :

Une Genette vulgaire mâle a été tuée à Saint-Martin-de-Boscherville (Seine-Inférieure), le 13 juin 1897, dans une propriété particulière. On l'avait déjà remarquée à plusieurs reprises, quand, une dernière fois, le garde la vit grimper dans un arbre et la tua d'un coup de fusil.

Cette Genette a été naturalisée par M. L. Petit, taxidermiste à Rouen, qui m'a obligeamment procuré le renseignement ci-dessus, et grâce auquel j'ai pu l'examiner et la photographier.

La planche en photocollographie ci-jointe représente cet animal, qui est en pelage d'été et dont l'examen a montré qu'il s'agissait d'un animal ayant vécu à l'état sauvage.

Eure :

« Un individu mâle de cette espèce a été pris au piège à Épaignes (Eure), le 9 mars 1890, dans une prairie, non loin d'un bâtiment rempli de foin. Je possède la peau de ce carnivore, que je me suis procurée par l'entremise des plus obligeantes de notre collègue M. A. Duquesne, à Pont-Audemer (Eure). Si, comme je suis très-porté à le croire, l'individu en question se trouvait à Épaignes d'une façon naturelle, cette localité est, que je sache, le point français le plus septentrional où la présence de la Genette vulgaire ait été indiquée jusqu'à ce jour. C'est une très-intéressante observation pour la faune de la Normandie, qui n'a plus à s'enrichir, en fait de mammifères terrestres, que d'espèces dont la taille est très-inférieure à celle de la Genette vul-

NÉGATIF D'HENRI GADEAU DE KERVILLE. PHOTOCOLLOGRAPHIE J. LECERF.

GENETTE VULGAIRE MALE

tuée à Saint-Martin de Boscherville (Seine-Inférieure), le 13 juin 1897.

(2/7 de la grandeur naturelle).

gaire ». [Henri GADEAU DE KERVILLE. — *Note sur la présence de la Genette vulgaire dans le département de l'Eure* (op. cit.), p. 79].

Fasc. I, page 200, ligne 14, ajouter :

1er Genre. *HALICHOERUS* — HALICHÈRE.

1. **Halichoerus grypus** (O. Fabr.) — **Halichère gris.**

Callocephalus scopulicolus Less.

Halichoerus griseus Nilss., *H. gryphus* R. Ball, *H. grypus* Nilss.

Phoca gryphus Lcht., *P. grypus* O. Fabr., *P. halichoerus* Thienem., *P. scopulicola* Thienem., *P. Thienemanni* Less.

Z. GERBE. — *Les Mammifères* (op. cit.), t. II, p. 795.

J. JOYEUX-LAFFUIE. — Op. cit., p. 144.

L'Halichère gris habite la mer. Il se tient le plus généralement au large, où il se repose sur les rochers, et ne vient que rarement dans le voisinage immédiat des côtes. Sa nourriture se compose principalement de poissons. Pendant l'hiver, la femelle met au monde un ou deux petits.

Calvados :

« Les collections zoologiques de la Faculté des Sciences de Caen viennent de s'enrichir d'un superbe *Halichoerus* mâle, de forte taille, qui est une des pièces remarquables du musée.

« Cet animal a été tué le 30 juillet 1893, à l'embouchure de l'Orne, sur le banc de sable connu sous le nom de « Banc des Oiseaux », par un habile tireur, M. Valentin, lieutenant au 36e de ligne, qui s'est empressé d'offrir son intéressante capture au musée zoologique...

« . . . .

« L'*Halichoerus* mis à ma disposition a été disséqué avec soin par les élèves du laboratoire. Il mesurait 2 m. 25 de longueur, de l'extrémité de la tête à celle de la queue, sur 1 m. 25 de circonférence dans sa partie la plus renflée. L'usure des dents, la proéminence des saillies osseuses de la tête nous indiquèrent que nous avions affaire à un animal déjà âgé, que nous avons reconnu comme appartenant à l'espèce *H. griseus* (Nilss.)..... ». [J. JOYEUX-LAFFUIE. — Op. cit., p. 144]. Ce très-intéressant mémoire a été reproduit en entier dans le journal La Nature, Paris, n° du 9 mai 1896, p. 357, avec une figure (même page). C'est par erreur qu'il est indiqué, dans ce numéro, 30 juillet 1895 au lieu de 30 juillet 1893.

Phoca vitulina L. (Phoque veau-marin).

Fasc. I, page 202, ligne 12, ajouter :

« Au mois de septembre 1896, mon honorable ami M. Pichon, d'Argentan (Orne), me faisait voir, dans sa collection d'animaux empaillés, un Phoque qu'il avait tué à Cabourg (Calvados), en juillet 1893. La forme de sa tête, sa dentition, son pelage d'un blanc sale, parsemé de taches brunes sur le dos, me permirent de reconnaître un jeune exemplaire de *Phoca vitulina;* il mesure 0 m. 75 de la tête à l'extrémité de la queue, la moitié à peine de sa longueur ordinaire, et son poids n'atteignait pas 15 kilogrammes..... ». [A.-L. LETACQ. — *Note sur un Phoque veau-marin* (*Phoca vitulina* L.) *tué à Cabourg* (*Calvados*) (op. cit.), p. 123].

Un Phoque veau-marin a été tué d'un coup de fusil, dans la Seine, à Orival (Seine-Inférieure), le 12 novembre 1893.

Un jeune de cette espèce a été tué par un chasseur, dans la fosse de Colleville (Calvados), près de l'embouchure de l'Orne, entre le milieu de juillet et la fin de septembre 1895. [Renseignement communiqué par M. René Chevrel, chef des travaux de Zoologie à la Faculté des Sciences de Caen].

Orca Duhameli (Lacép.) (Orque épaulard).

Fasc. I, p. 209, ligne 1 en remontant, ajouter :

« Dans la nuit du 10 au 11 janvier 1830, la mer a jeté, sur la côte de Beuzeval (Calvados), un cétacé du genre *Dauphin*, dont la longueur était de onze pieds dix pouces, la circonférence de huit pieds dans la partie la plus renflée du corps, et le poids d'environ deux mille livres.

« Aux mâchoires courtes et fortes de l'animal, à ses dents coniques et un peu crochues, au nombre de vingt-deux à chaque mâchoire, à sa tête arrondie en dessus, et à la position de sa nageoire dorsale, M. Eudes-Deslongchamps reconnut le Dauphin épaulard (*Delphinus orca* Lacép.).

« . . . .

« En examinant les dents extraites de leurs alvéoles, M. Eudes-Deslongchamps a pu constater que le Dauphin échoué à Beuzeval n'avait point acquis tout son accroissement, car la cavité de la dent était très-grande encore ; et l'on sait que, par les progrès de l'âge, cette cavité finit par s'oblitérer entièrement ». [Renseignement in Mémoires de la Soc. linnéenne de Normandie, Caen, ann. 1829-33, p. 4]. — Je ne saurais dire si cet exemplaire était un *Orca*

Duhameli (Lacép.) ou un *Orca gladiator* (Lacép.); le premier n'étant très-probablement qu'une variété du second. (H. G. de K.).

Grampus griseus (Cuv.) (Grampus gris).

Fasc. I, page 214, ligne 4, ajouter :

« 19 mars 1888. — *Grampus griseus*, long de 2 m. 50, échoué à Saint-Vaast-de-la-Hougue (Manche). Le squelette et l'encéphale sont conservés (Laboratoire d'Anatomie du Muséum d'Histoire naturelle de Paris, n° 1888—291) ». [G. Pouchet et H. Beauregard. — Op. cit., p. 811].

Hyperoodon rostratus (Chemn.) (Hyperoodon butzkopf).

Fasc. I, page 219, ligne 1, en remontant, ajouter :

Une femelle adulte a été capturée à Saint-Vaast-de-la-Hougue (Manche) (1), le 28 août 1891. [Voir, au sujet de cette femelle : E.-L. Bouvier. — Op. cit., p. 24 et fig. (p. 25); et Henri Joüan. — *Les Hyperoodons de Goury* (op. cit.), p. 286]. Le squelette de cette femelle fait partie des collections du Laboratoire maritime du Muséum d'Histoire naturelle de Paris, à Saint-Vaast-de-la-Hougue.

« Un autre Hyperoodon se serait également échoué à quelques kilomètres dans le sud de Saint-Vaast-de-la-Hougue, à Quinéville (Manche) (1); mais je n'ai

(1) « Il n'y aurait rien de surprenant, dit Henri Joüan [*Les Hyperoodons de Goury* (op. cit.), p. 287], quand les trois Hyperoodons de Goury, celui de Saint-Vaast-de-la-Hougue et celui de Quinéville, auraient constitué une même bande, ces Ziphioïdes voyageant ordinairement en petites *games* (bandes) ».

aucun détail sur ce dernier échouement ». In [*Les Hyperoodons de Goury* (op. cit.), p. 287].

Trois femelles adultes ont été capturées à Goury [commune d'Auderville (Manche)] (1), le 29 août 1891. [In *Les Hyperoodons de Goury* (op. cit.), p. 281].

Deux mâles adultes, poursuivis par des pêcheurs, se sont échoués sur un banc de sable, à Houlgate [commune de Beuzeval (Calvados)], le 28 juillet 1894 (2). Le troisième Hyperoodon butzkopf réussit à s'échapper. [Extrait d'un article d'Alfred Angot. — Op. cit., p. 255 et fig. (p. 256)]. — Les squelettes, incomplets, de ces deux individus font partie des collections de la Faculté des Sciences de Caen. [Renseignement communiqué par M. René Chevrel, chef des travaux de Zoologie à cette Faculté].

Un Hyperoodon butzkopf s'est échoué sur la plage de l'Eure, au Havre (Seine-Inférieure), en 1895. Son squelette, monté, fait partie des collections du Muséum d'Histoire naturelle de cette ville.

Un adulte de cette espèce s'est échoué vivant à l'embouchure de l'Orne (Calvados), vers le milieu de février 1897. [Renseignement communiqué par M. René Chevrel, chef des travaux de Zoologie à la Faculté des Sciences de Caen].

Mesoplodon sowerbyensis (Blainv.) (Mésoplodon de Sowerby).

Fasc. I, p. 221, ligne 7, ajouter :

Une jeune femelle fut prise au Havre (Seine-Infér.),

(1) Voir la note de la page qui précède.

(2) Dans la légende de la figure de la p. 256, il y a, par erreur : 24 juillet 1894.

le 22 août 1828. Elle avait 11 pieds de longueur environ, et vécut deux jours hors de l'eau. Cet animal émettait un son caverneux, semblable au beuglement d'une vache. [Extrait et traduit de l'ouvrage de John-Edward GRAY. — *Catalogue of Seals and Whales in the British Museum* (op. cit.), p. 352].

Fasc. I, page 222, ligne 6 en remontant, ajouter :

2. (?) **Balaenoptera borealis** Cuv. — Rorqual du Nord.

Balaenoptera rostrata Rud.
Rudolphius laticeps Gray.
Sibbaldius laticeps Gray.

Balénoptère du Nord.

VAN BENEDEN et Paul GERVAIS. — Op. cit., p. 198, et pl. X et XI (pl. double), fig. 11—35.
P. FISCHER. — Op. cit., p. 81, fig. 3 et 4; pl. I, fig. 4 et 4 a, pl. II, fig. 6, et pl. III, fig. 7.
E.-L. TROUESSART. — Op. cit., p. 321 et 323, et fig. 133.
A. BOUVIER. — Op. cit., p. 451 et fig. 237.

Les mœurs du Rorqual du Nord sont problablement semblables à celles du Rorqual à museau pointu [*Balaenoptera rostrata* (Müll.)], dont il est parlé dans cet ouvrage faunique (fasc. I, p. 221).

Manche :

Un Rorqual mâle s'est échoué vivant sur la grève, à Morsalines (Manche), le 27 mars 1893. Il a été, sur place, examiné par M. Henri Joüan, qui l'a considéré comme étant très-probablement un Rorqual du Nord adulte. Cet exemplaire, qui avait une longueur totale de 14 mètres environ [1], a été vendu 200 francs à un équarrisseur. A tous égards, ce Rorqual offrait un très-grand intérêt scientifique, et il est désolant, comme M. Joüan le dit avec tant de justesse, qu'il ait été perdu pour la science. [Renseignement extrait du mémoire d'Henri Joüan intitulé : *La Baleine de Morsalines* (*Balaenoptera borealis* Fischer?) (op. cit.).

Balaenoptera musculus (L.) (Rorqual de la Méditerranée).

Fasc. I, p. 224, ligne 5 en remontant, ajouter :

Un jeune mâle de cette espèce s'est échoué vivant dans l'embouchure de la Seine, en face de la poterie de Cricquebœuf (Calvados), le 21 octobre 1893. Il avait une longueur de 10 m. 50, et sa hauteur, au milieu du corps, était de 1 m. 60. [Renseignement extrait d'un article de H. Renoult (op. cit., p. 397 et fig. 1 et 2)]. — Une figure représentant ce Rorqual, jointe à plusieurs lignes de texte non signées, a paru dans le journal L'Illustration, n° du 4 novembre 1893, fig. (p. 393) et texte (p. 396). [Anonyme. — Op. cit.].

(1) « L'animal gisait sur le dos, un peu incliné sur le côté droit. La longueur totale, du museau au milieu du bord postérieur de la caudale, était de 14 m. 45, mais comme elle avait été prise le long du flanc gauche, elle est évidemment plus grande que celle qu'on aurait prise sur l'axe longitudinal du corps, si la chose eût été possible. En la réduisant à 14 mètres, on sera plus près de la vérité ». (Op. cit., p. 40).

OISEAUX.

Fascicule II.

Asio scops (L.) (Hibou petit-duc).

Fasc. II, page 78, ligne 10, ajouter :

Orne :

« Un exemplaire a été capturé en 1892 à Courteilles, près d'Alençon ». [A.-L. LETACQ. — *Observations ornithologiques faites dans les cantons de Fresnay et de Saint-Paterne (Sarthe)* (op. cit.), p. 121].

Aquila gallica (Gm.) (Aigle Jean-le-Blanc).

Fasc. II, page 94, ligne 6, ajouter :

Orne :

« De passage accidentel; se voit surtout dans les champs et les plaines, à la lisière des forêts. — R. — Argentan (1886) [1], forêt d'Écouves (1888) ; le *Jean-le-Blanc* a niché dans la forêt d'Andaine en 1892; plus commun sans doute dans la forêt de Saint-Évroult, car on l'aperçoit assez fréquemment, aux mois de juillet et d'août, dans les plaines entre Saint-Nicolas-des-Lettiers, Villers-en-Ouche et Boc-

(1) Au cours de sa *Note sur la présence de l'Aigle Jean-le-Blanc dans la forêt d'Andaine (Orne)* (op. cit.), A.-L. Letacq dit (p. 182) : « Dans ces derniers temps, deux individus ont été tués, l'un en 1884 *(sic)* aux environs d'Argentan, et l'autre en 1888 dans la forêt d'Écouves ».

quencé ». [A.-L. Letacq. — *Matériaux pour servir à la faune des Vertébrés du département de l'Orne* (op. cit.), p. 85; tiré à part, p. 21].

Aquila haliaetus (L.) (Aigle balbusard).

Fasc. II, page 96, ligne 10, ajouter :

Orne :

« De passage périodique. — On l'observe à l'automne sur les bords des étangs de Vrigny, de la Trappe et des Rablais (1) ». [A.-L. Letacq. — *Matériaux pour servir à la faune des Vertébrés du département de l'Orne* (op. cit.), p. 85; tiré à part, p. 21].

« Le Balbusard est commun, en automne, à l'étang des Personnes (commune du Mage) ». [A.-L. Letacq. — *Observations sur les Vertébrés faites aux environs de Rémalard (Orne)* (op. cit.)].

Buteo vulgaris Salerne (Buse vulgaire).

Fasc. II, page 119, ligne 8, ajouter : Galouze, Giô, Mange-poule.

Milvus regalis Briss. (Milan royal).

Fasc. II, page 124, ligne 4 en remontant, ajouter :

« Un Milan royal a été tué, il y a une dizaine de jours, dans un bois situé à Lison (Calvados). Je l'ai vu en chair chez un de mes cousins, qui a l'intention de le faire monter ». [Renseignement envoyé par

(1) L'étang des Rablais dépend de la commune de Gesne-le-Gandelin (Sarthe). [H. G. de K].

M. Éd. Costrel de Corainville, le 24 janvier 1893, et publié in Henri Gadeau de Kerville. — *Matériaux pour la faune normande* (op. cit.), p. 16].

Corvus cornix L. (Corbeau mantelé).

Fasc. II, page 134, ligne 12 en remontant, ajouter : Corneille emmantelée, Couas grise.

Corvus monedula L. (Corbeau choucas).

Fasc. II, page 137, ligne 4, ajouter : Petite corneille.

Nucifraga caryocatactes (L.) (Casse-noix vulgaire).

Fasc. II, page 143, ligne 15 en remontant, ajouter :

M. Henri Gadeau de Kerville expose sur le bureau, au nom de M. L. Petit, taxidermiste à Rouen, un Casse-noix vulgaire mâle, « tué dans la Seine-Inférieure, entre Le Houlme et Malaunay, près de Rouen, le 29 octobre 1893 », et que ce dernier a reçu pour le naturaliser. [Renseignement in Bull. de la Soc. des Amis des Scienc. natur. de Rouen, 2e sem. 1893, p. 110].

Pica rusticorum Klein (Pie vulgaire).

Fasc. II, page 144, ligne 15 en remontant, ajouter : Aragasse.

Garrulus glandarius (L.) (Geai vulgaire).

Fasc. II, p. 147, ligne 8, ajouter :

« Nos paysans distinguent le *Geai de chêne* ou *Geai de rousse*, et le *Geai de poirier* ou *Geai de haies*. Ce dernier, dit-on, bien plus facile à instruire, parle beaucoup mieux en cage ». [A.-L. LETACQ. — *Matériaux pour servir à la faune des Vertébrés du département de l'Orne* (op. cit.), p. 90, en note ; tiré à part, p. 26]. — Le mot *rousse* est un mot de patois normand qui désigne un arbre coupé en têtard. (H. G. de K.).

Coracias garrula L. (Rollier vulgaire).

Fasc. II, page 159, ligne 13 en remontant, ajouter :

« Je m'empresse de signaler une rare capture ornithologique dans notre région : celle d'un Rollier d'Europe, tué à Percy (Calvados), près Mézidon. M. Besneux, chassant le 2 septembre 1894 dans la plaine de cette commune, aperçut cet oiseau, remarqué déjà depuis quelque temps, et qui se posait sur les pommiers sans se laisser approcher à bonne distance. M. Besneux le tira cependant et le manqua une première fois ; mais en rentrant de chasse, dans le même parage, l'occasion se présenta à nouveau : l'oiseau, levé dans un champ d'orge, fut poursuivi et abattu, finalement, du sommet d'un chêne. Il m'a été remis le lendemain, déjà putréfié, pour en déterminer l'espèce, aucun ne la connaissant. C'est un jeune de première année, mâle, je crois, par la taille ; tête, cou, poitrine, d'un gris-verdâtre sombre ; dos gris-roux terne, ailes et queue se rapprochant des couleurs de l'adulte ». [Émile Anfrie, à Lisieux (Calvados), renseignement in Bull. de la Soc. des Amis des Scienc. natur. de Rouen, 2e sem. 1894, p. 218].

« Un Rollier vulgaire a été tué aux environs de Potigny (Calvados), près de Falaise. Je l'ai vu dans la collection d'un de mes amis ». [Renseignement communiqué par M. R. Le Dart, à Caen].

Parus cristatus L. (Mésange huppée).

Fasc. II, page 163, ligne 5 en remontant, ajouter : Mésigue houppée.

Parus caudatus L. *var. longicauda* Briss. (Mésange à longue queue var. rosâtre).

Fasc. II, page 168, ligne 11 en remontant, ajouter : Bouligneux, Bouligot, Petit bouligot, Petit poué, Queue de poêle, Queue de poêlette.

Sitta europaea L. *var. caesia* M. et W. (Sittelle vulgaire var. torche-pot).

Fasc. II, page 176, ajouter, ligne 14 : Casse-pot, Pèquebôis, et ligne 15 : Pique-bois.

Certhia familiaris L. (Grimpereau familier).

Fasc. II, page 180, ligne 12, ajouter : Gripplot, Queuret.

Picus viridis L. (Pic vert).

Fasc. II, page 181, ligne 7 en remontant, ajouter : Épivert.

Cuculus canorus L. (Coucou vulgaire).

Fasc. II, page 191, ligne 6 en remontant, ajouter : Cocou.

Merops apiaster L. (Guêpier vulgaire).

Fasc. II, page 198, ligne 2, ajouter :

Manche :

Un mâle et une femelle adultes, tués à Saint-Pierre-Église, le 1er mai 1869, font partie des collections du Musée d'Histoire naturelle de Caen. [Renseignement communiqué par M. René Chevrel, chef des travaux de Zoologie à la Faculté des Sciences de cette ville].

Caprimulgus europaeus L. (Engoulevent vulgaire).

Fasc. II, page 206, ligne 2, ajouter : Fresaie, Fresas, Frésas.

Muscicapa grisola L. (Gobe-mouches gris).

Fasc. II, page 207, ligne 6, ajouter : Fraigne.

Anorthura troglodytes (L.) (Anorthure troglodyte).

Fasc. II, page 222, ajouter, ligne 15 : Berrichon, et ligne 18 : Rébet.

Bombycilla bohemica Briss. (Jaseur de Bohême).

Fasc. II, page 241, ligne 7, ajouter :

« Un mâle adulte a été tué à Sainte-Adresse (Seine-Inférieure), près du Havre, le 10 janvier 1893 ». [Renseignement communiqué par M. Auguste Harache, préparateur du Muséum d'Histoire naturelle du Havre].

« Une femelle de cette espèce a été tuée le 13 janvier 1893, dans un arbre, à Sotteville-lès-Rouen (Seine-Inférieure), par M. Lucien Long ». [Renseignement qui me fut communiqué par M. L. Petit, taxidermiste à Rouen, et que j'ai publié dans mes *Matériaux pour la faune normande* (op. cit.), p. 16. — J'ai examiné l'oiseau en question].

Page 241, ligne 13, ajouter :

Un Jaseur de Bohême, tué à Dives (Calvados), le 12 janvier 1895, fait partie des collections du Musée d'Histoire naturelle de Caen. [Renseignement communiqué par M. René Chevrel, chef des travaux de Zoologie à la Faculté des Sciences de cette ville].

Oriolus galbula L. (Loriot jaune).

Fasc. II, page 241, ligne 9 en remontant, ajouter : Lorieux.

Turdus musicus L. (Grive musicienne).

Fasc. II, p. 243, ligne 4, ajouter : Petite grive.

Turdus merula L. (Grive merle).

Fasc. II, page 250, ligne 9, ajouter : Mêle à bec jaune, Mêle à bé jaune, et :

NOTE. — « Les paysans distinguent à tort le *Mêle terrier* et le *Mêle bissonnier*, selon que cette espèce fait son nid dans une haie ou sur le revers d'un fossé ». [A.-L. LETACQ. — *Matériaux pour servir à la faune des Vertébrés du département de l'Orne* (op. cit.), p. 98; tiré à part, p. 34].

Saxicola oenanthe (L.) (Traquet motteux).

Fasc. II, page 253, ligne 1, ajouter : Émotteux.

Alcedo ispida L. (Martin-pêcheur vulgaire).

Fasc. II, page 259, ajouter, ligne 1 : Martin-pêcheux, et ligne 2 : Pêcheux.

Accentor modularis (L.) (Accenteur mouchet).

Fasc. II, page 262, ligne 6 en remontant, ajouter : Rousselette.

Erithacus luscinia (L.) (Rubiette rossignol).

Fasc. II, page 266, ligne 12, ajouter : Rossignol de haie.

Erithacus phoenicurus (L.) (Rubiette de muraille).

Fasc. II, page 268, ligne 8 en remontant, ajouter : Rossignol de creux.

Erithacus titis (L.) (Rubiette titis).

Fasc. II, page 272, ligne 8 en remontant, ajouter :

Orne :

« Un exemplaire tué dans les environs d'Alençon, au mois de février 1895 ». [A.-L. Letacq. — *Matériaux pour servir à la faune des Vertébrés du département de l'Orne* (op. cit.), p. 129 : tiré à part, p. 65].

Motacilla alba L. (Bergeronnette grise).

Fasc. II, page 277, ligne 10 en remontant, ajouter : Queue de poêle grise.

Motacilla flava L. (Bergeronnette printanière).

Fasc. II, page 281, ligne 14, ajouter : Queue de poêle jaune.

Anthus pratensis (Briss.) (Pipit farlouse).

Fasc. II, page 287, ligne 6, ajouter : Bec-figue.

Alauda alpestris L. (Alouette alpestre).

Fasc. II, page 297, ligne 8, ajouter :

« M. Henri Gadeau de Kerville signale, au nom de M. Albert Fauvel, à Caen, la capture d'une Alouette alpestre (*Alauda alpestris* L.) prise au filet parmi des Alouettes communes, en février 1895, dans le canton de Douvres (Calvados) ». [Renseignement in Bull. de la Soc. des Amis des Scienc. natur. de Rouen, 1er sem. 1895, p. 35].

Alauda cristata L. (Alouette cochevis).

Fasc. II, page 297, ligne 12 en remontant, ajouter : Grosse alouette (nom vulgaire).

Emberiza lapponica (L.) (Bruant montain).

Fasc. II, page 304, ligne 9, ajouter :

« J'en ai tué deux à Géfosse-Fontenay (Calvados) : un le 23 décembre 1893, et un second le 1er février 1894 ; ce dernier jour, j'en ai manqué un autre. De plus, j'en ai vu un exemplaire, qui fut trouvé avec une aile cassée, et mis en cage. J'ai empaillé, pour ma collection, les deux Bruants montains que j'ai tués ». [Éd. Costrel de Corainville, renseignement in Bull. de la Soc. des Amis des Scienc. natur. de Rouen, 1er sem. 1894, p. 26].

Emberiza nivalis L. (Bruant de neige).

Fasc. II, page 306, ligne 6 en remontant, ajouter :

« J'ai vu une bande de huit Bruants de neige (*Emberiza nivalis* L.) à Géfosse-Fontenay (Calvados), le 23 décembre 1893. Une autre bande, assez nombreuse, se trouvait un peu plus loin et séjournait sur nos côtes, d'après des douaniers, depuis plus de trois semaines. Je suis retourné à la mer les 1er, 6 et 20 février 1894, et, chaque fois, j'y ai revu des Bruants de neige. Ces oiseaux sont cantonnés et reviennent *toujours* à leur point de départ lorsqu'on les fait lever plusieurs fois. La bande de huit a été détruite ; la seconde, d'au moins trente individus, a disparu, car je ne crois pas que celle qui reste, et qui est composée d'une vingtaine de ces oiseaux, soit la même que la précédente, parce que j'avais remarqué, dans cette seconde bande, plusieurs beaux sujets adultes que je n'ai point revus dans la dernière. Ces oiseaux, qui, d'abord, se laissaient assez facilement approcher, sont devenus très-farouches. Un de mes cousins et moi avons pu en abattre quatorze, en quatre fois. Ils vivent réunis en troupes, et je ne les ai vus que sur le bord de la mer ». [Éd. Costrel de Corainville, renseignement envoyé le 24 février 1894, et publié in Bull. de la Soc. des Amis des Scienc. natur. de Rouen, 1er sem. 1894, p. 25].

Emberiza citrinella L. (Bruant jaune).

Fasc. II, page 308, ligne 5 en remontant, ajouter : Verdelot, Verdreau, Vergué.

Carduelis Jovis (Klein) (Chardonneret élégant).

Fasc. II, page 320, ligne 9 en remontant, ajouter : Cherdonneret, Cherdonnerette dorée ; et ligne 8 en remontant : Petite cherdonnerette.

Fringilla montifringilla L. (Pinson d'Ardennes).

Fasc. II, page 327, ligne 14, ajouter : Pinseron d'Allemagne, Pinseron des Ardennes.

Coccothraustes vulgaris Klein (Gros-bec vulgaire).

Fasc. II, page 329, ligne 12, ajouter : Pinseron à gros bec.

Loxia curvirostra L. (Bec-croisé vulgaire).

Fasc. II, page 333, ligne 1 en remontant, ajouter :

Orne :

« De passage irrégulier et rare. Les Becs-croisés ont été constatés, à ma connaissance, dans les localités suivantes : Vingt-Hanaps, Forges, Heugon, Le Sap-André... Des vieillards m'ont affirmé que, pendant l'hiver de 1829-30, ces oiseaux étaient venus en quantité prodigieuse aux environs de Gacé ». [A.-L. Letacq. — *Matériaux pour servir à la faune des Vertébrés du département de l'Orne* (op. cit.), p. 103; tiré à part, p. 39].

« Se voit presque chaque année aux environs de Vimoutiers; les exemplaires de la collection Moulin, à Vimoutiers, ont été tués dans des sapins près du château de Champosoult ». [A.-L. Letacq. — *Nouvelles observations sur la faune des Vertébrés du département de l'Orne* (op. cit.), p. 84].

Pyrrhula Aldrovandii Salerne (Bouvreuil vulgaire).

Fasc. II, page 337, ligne 9, ajouter : Bouvreu.

Passer domesticus (L.) (Moineau domestique).

Fasc. II, page 340, ligne 13 en remontant, ajouter : Moisseret.

Passer montanus (L.) (Moineau friquet).

Fasc. II, page 342, ligne 16 en remontant, ajouter : Passe-bissonnière.

Fascicule III.

Columba turtur L. (Pigeon tourterelle).

Fasc. III, page 215, ligne 12, ajouter : Teurte.

Syrrhaptes paradoxus (Pall.) (Syrrhapte paradoxal).

Fasc. III, page 220, ligne 9 en remontant, ajouter :

« Une bande de ces oiseaux a été observée aux environs d'Alençon et de Sées en 1888, et on en abattit trois ou quatre ». [A.-L. Letacq. — *Matériaux pour servir à la faune des Vertébrés du département de l'Orne* (op. cit.), p. 106 ; tiré à part, p. 42].

Fasc. III, page 222, ligne 5 en remontant, ajouter :

OBSERVATION.

Lagopus vulgaris Vieill. — Lagopède des Alpes.

M. Éd. Costrel de Corainville, à Mestry (Calvados), m'a écrit avoir vu, chez un de ses cousins, un mâle de cette espèce, appelée aussi Lagopède alpin et L. muet. Ce mâle, qui est adulte et en plumage d'hiver, fut tué — lui a-t-on affirmé — par un de ses oncles, au Manoir (Calvados), près de Bayeux, il y a de cela fort longtemps.

Bien qu'il soit possible qu'un Lagopède des Alpes vienne d'une façon naturelle en Normandie, ce renseignement — le seul que je connaisse à cet égard — n'a pas, selon moi, un degré de certitude assez grand pour que j'inscrive cette espèce comme appartenant à la faune normande.

Perdix rubra Briss. (Perdrix rouge).

Fasc. III, page 223, ligne 3, ajouter : Sorcière.

Page 224, ligne 14, ajouter :

Relativement à l'existence de la Perdrix rouge dans le département de l'Orne, M. l'abbé A.-L. Letacq a publié trois fort intéressantes notes. Je reproduis presque en entier la première, partiellement la seconde et in-extenso la troisième dans les lignes suivantes :

« Au commencement du siècle, la Perdrix rouge se voyait sur toute la surface du département de l'Orne, moins fréquente que la grise toutefois, notamment dans la partie septentrionale à la limite de l'Eure et du Calvados. La faune nous offre ici les mêmes phénomènes que la flore et nous montre l'influence des collines de Normandie sur la distribution géographique des animaux ; les espèces de l'Europe moyenne et australe, beaucoup moins répandues chez nous que celles des régions tempérées, sont toujours sensiblement plus communes au Midi de la chaîne, dans la contrée de l'Orne voisine de la Sarthe et de la Mayenne.

« C'est à partir de 1820 que la Perdrix rouge commence à diminuer progressivement du Nord au Sud dans notre pays, et dès 1830, après l'hiver légendaire dont les conséquences sont encore présentes à la mémoire des vieillards, on n'en vit plus que rarement et d'une façon irrégulière près de Laigle, la Ferté-Fresnel, Vimoutiers et Trun. Parmi les localités de cette région, où elle a reparu depuis lors, je citerai Bocquencé, Anceins, la Ferté-Fresnel, Ticheville, Roiville, Coudehard et Montormel.

« Elle s'est maintenue plus longtemps dans le centre du département, à Mortagne, Sées et Argentan ; au nord de Mortagne, les dernières furent tuées entre Autheuil et Tourouvre, non loin du vieux château de Bellegarde, où le terrain boisé et très-accidenté leur offrait une station des plus favorables.

« Il faut attribuer aux mêmes causes la quantité relativement grande et la persistance, jusque vers 1860, de la Perdrix rouge dans la portion de la Basse-Normandie appelée le Bocage, formée, au point de vue géologique, par les terrains primitifs et de transition, et qui comprend dans l'Orne l'arrondissement de Domfront tout entier avec la partie ouest de ceux d'Argentan et d'Alençon. C'est au sud de la forêt d'Andaine que cette espèce habitait de préférence; elle se plaisait sur le flanc des collines à l'exposition méridionale, dans les friches, près des accidents rocheux, sous le couvert des bruyères et des ajoncs, au pied des haies si nombreuses par suite du morcellement des propriétés qu'elles donnent à tout ce pays l'aspect d'une forêt. Le Mont-Margantin entre Ceaucé, Avrilly et Torchamp, où on la désignait vulgairement sous le nom de *sorcière*, était sa station favorite, et jusqu'à nos jours il en a gardé une petite colonie (1). Partout ailleurs dans la région domfrontaise, elle ne fait

« (1) Cette indication m'a été donnée par mon excellent ami M. Chevalier, de Domfront, aujourd'hui préparateur à la Faculté des Sciences de Lille; mais je dois ajouter que, d'après plusieurs chasseurs de la contrée, la Perdrix rouge ne se voit plus au Mont-Margantin, depuis longtemps, que d'une façon très-irrégulière ».

plus que des apparitions accidentelles, comme cette année encore (1897) à Couterne et Tessé-Froulay, et il faut descendre près de Mayenne, à plus de 25 kilomètres au sud, pour la retrouver à l'état sédentaire.

« Aux environs d'Alençon, les chasseurs rencontraient encore la Perdrix rouge, en 1865, dans les bois de Saint-Germain-du-Corbéis, d'Hesloup, les bruyères de Gesnes-le-Gandelain, les taillis de Saint-Évroult entre Bérus et Beton; elle en a disparu depuis longtemps, et même presque entièrement des deux cantons du département de la Sarthe qui nous avoisinent, La Fresnaye et Saint-Paterne. On ne la voit plus près d'Alençon, d'une façon constante, que dans la région si pittoresque de Saint-Céneri-le-Géret (Orne) et de Saint-Léonard-des-Bois (Sarthe); elle se tient surtout dans cette dernière localité, où le terrain rebelle à la culture, couvert de broussailles et de genêts, les rochers abrupts, les gorges profondes, les collines boisées lui offrent des retraites à peu près inaccessibles.

« C'est de là sans doute que nous sont venues celles qu'on a observées ces temps derniers à la Ferrière-Bochard, Hesloup, Condé-sur-Sarthe et les bois de Bérus.

« Mais la contrée du département de l'Orne, où par suite d'une température plus élevée les Perdrix rouges sont encore assez nombreuses, bien qu'elles aient beaucoup diminué depuis quelques années, c'est la portion sud de l'arrondissement de Mortagne comprise entre la Sarthe et l'Eure-et-Loir, et qui s'avance par Céton jusqu'à dix kilomètres du Loir-et-Cher. Elles nichent à Céton, Màle, La Rouge, Le Theil, Saint-Germain-de-la-Coudre, Bellou-le-Trichard, Gémages, La Chapelle-Souëf, Origni-le-Roux, Chemilly, Le Gué-de-la-Chaîne, Igé et Appenay; on en a même trouvé récemment quelques-unes un peu plus au nord à Condé-sur-Huisne, Condeau, Saint-Pierre-la-Bruyère, Saint-Germain-des-Grois, mais en général elles ne dépassent guère une ligne partant de Nogent-le-Rotrou (Eure-et-Loir) et se continuant, par Nocé et Bellême, jusqu'à Mamers, dans la Sarthe.

« L'extinction presque complète de la Perdrix rouge dans l'Orne est due tout d'abord aux modifications apportées dans les cultures; le déboisement, le défrichement des landes incultes, qui produisaient le genêt, la bruyère et l'ajonc, l'ont privée de ses remises favorites, et d'autre part les prairies artificielles, qui ont remplacé les champs de céréales, ne lui ont plus donné une nourriture suffisante. Mais la cause principale, et unique même pour un certain nombre de localités, c'est la guerre incessante qui lui est faite par les chasseurs, dont le nombre s'est beaucoup accru depuis soixante-dix ans. Ils se sont acharnés à poursuivre un gibier qui a la réputation d'être excellent, assez rare et par là même avidement recherché, et d'une chasse plus sûre, plus agréable et moins pénible que celle de la Perdrix grise, par cette habitude qu'ont les Perdrix rouges de ne pas se rassembler en troupes, de partir en détail, et de tenir davantage (1). Elles n'ont pu sortir victorieuses de cette véritable lutte pour la vie que dans les localités qui leur offraient des conditions de séjour particulièrement favorables, soit à cause du climat plus chaud, soit par la nature du sol et sa végétation; mais il est à craindre que dans un avenir prochain les naturalistes n'aient plus, là aussi, qu'à constater leur disparition ». [A.-L. LETACQ. — *La Perdrix rouge* (*Perdix rubra* Briss.), *son histoire, ses stations dans le département de l'Orne* (op. cit.), p. 29].

« Dureau de la Malle, membre de l'Académie des Inscriptions et Belles-Lettres, mort à Paris en 1857, possédait, sur la commune de Mauves, à neuf kilomètres au sud de Mortagne, la terre et le château de Landres, et y venait passer, chaque année, une partie de la belle saison. Bien qu'adonné, avant tout, à des travaux d'érudition, il étudiait aussi l'histoire naturelle, qui lui doit, entre autres, un

« (1) Magné de Marolles. — *Essai sur la chasse au fusil*, édit. de 1836, p. 261 ».

Mémoire sur l'origine et la patrie des céréales, et plusieurs communications faites à l'Académie des Sciences. L'une d'elles, que je connais depuis deux ou trois jours seulement, donne quelques détails sur le sujet dont j'avais l'honneur d'entretenir la Société à sa dernière séance : *Les stations de la Perdrix rouge dans l'Orne* (1). L'auteur cite des dates et des faits qui complètent les indications que j'ai données; je crois donc devoir les soumettre à la bienveillante attention de mes collègues, comme une addition à mon premier article, tout en faisant mes réserves sur la manière dont le savant académicien a interprété ses observations.

« La note de Dureau de la Malle, intitulée : *Métis de Bartavelle grecque avec un mâle de Roquette*, est extraite d'un *Mémoire sur les moyens de remonter au type sauvage de nos espèces domestiques;* présentée à l'Académie des Sciences, le 27 octobre 1856, elle a été publiée dans les *Comptes rendus* (juillet-décembre 1856, t. XLIII, p. 783); le Dr Chenu l'a reproduite à peu près *in-extenso*, et sans la discuter, dans l'*Ornithologie du Chasseur*, 1870, (p. 41). Elle débute ainsi :

« En 1810, dans la partie du Perche où se trouve mon « domaine, la Perdrix rouge, surtout la grosse Bartavelle « ou Perdrix grecque, formait le tiers de ce genre remar- « quable de Gallinacés ».

« La Bartavelle ou Perdrix grecque (*Perdix græca* Briss.), répandue dans l'Europe méridionale, sur les montagnes du Jura et des Alpes, inconnue dans le reste de la France, ne pourrait être qu'accidentelle aux environs de Mortagne; ce que notre auteur appelle Perdrix grecque, par suite d'une erreur de détermination, n'est autre que la Perdrix rouge ordinaire (*Perdix rubra* Briss.), sans doute

(1) Le titre exact est donné à la page précédente. (H. G. de K.).

la variété caractérisée par sa taille plus forte, nommée vulgairement, aujourd'hui encore, *Bartavelle* dans le département de la Sarthe, et qui, d'après Degland, serait surtout commune dans le Midi de la France. (Cfr. : *Ornithologie européenne*, t. II, p. 70 ; Henri Gadeau de Kerville, *Faune de la Normandie*, fasc. III, p. 224 ; Gentil, *Ornithologie de la Sarthe*, p. 40, 1878).

« Dureau de la Malle n'indique pas la date précise où cette variété disparut des environs de Landres ; mais il paraît, d'après son texte, qu'on ne la vit plus guère après 1840.

« La Perdrix rouge type persista plus longtemps, et même, en restant assez abondante.....

« En 1855, la Perdrix rouge était devenue fort rare à Landres et aux alentours ; suivant Dureau de la Malle, elle n'y trouvait plus, comme en 1810, ni les nombreux taillis situés en plaine, ni les champs bordés de contre-haies remplies de buissons de ronces et d'épines noires appelées *chaintres* dans le Perche et *doubles-plantes* dans le Pays d'Auge, qui avaient parfois une largeur de cinq à six mètres, et lui offraient pour elle et son nid un refuge assuré contre ses nombreux ennemis ; la charrue du laboureur atteignait partout le bord de la haie réduite à sa plus simple expression. Aussi le braconnage au fusil et aux lacets, l'avide curiosité des bergers et des enfants, qui emportaient le nid qu'elle indiquait elle-même par son chant, l'avaient fait presqu'entièrement disparaître. Les causes de l'extinction de la Perdrix rouge, ici comme ailleurs dans notre département, sont donc celles que j'avais précédemment indiquées : la poursuite incessante des chasseurs et le déboisement.

« . . . .

« La Perdrix rouge, ne trouvant plus à Landres ses conditions d'existence, est descendue plus au sud dans les bois de Colonard. Elle ne les a quittés pour ainsi dire qu'à regret, car on l'y rencontrait encore il y a une quinzaine d'années; mais, là aussi, elle a dû céder devant le fusil des chasseurs et le collet des braconniers, qui, aujourd'hui, sont obligés d'aller jusqu'au delà de Nocé, à près de dix kilomètres au sud, pour avoir quelque chance de la retrouver ». [A.-L. Letacq. — *Observations de Dureau de la Malle sur la Perdrix rouge aux environs de Mortagne* (*Orne*) (op. cit.), p. 37].

« Les recherches que j'ai faites sur l'histoire de la Perdrix rouge, ses stations dans le département de l'Orne, les causes de sa diminution ou plutôt de sa disparition presque complète, et dont les principaux résultats ont été présentés à la Société (voir les pages qui précèdent), me permettent de fixer aujourd'hui les limites de la dispersion de cette espèce depuis Nogent-le-Rotrou (Eure-et-Loir) jusqu'à Fougères (Ille-et-Vilaine), sur une longueur de plus de 160 kilomètres.

« Partant de Nogent-le-Rotrou, la ligne qui circonscrit l'aire d'extension de la Perdrix rouge passe à Nocé dans l'Orne, longe au sud la forêt de Bellême, entre dans la Sarthe un peu au-dessous de Mamers, descend vers Beaumont, remonte par Fresnay jusqu'à Saint-Léonard-des-Bois (Sarthe) et Saint-Céneri-le-Géret (Orne) à 15 kilomètres d'Alençon, pénètre dans la Mayenne, contourne au midi la forêt de Pail et se continue par Averton, la Chapelle-au-Riboul, Mayenne et Ernée jusqu'à Fougères.

« Il y a 80 ans, la Perdrix rouge se voyait encore sur toute la surface du département de l'Orne; aujourd'hui elle n'existe plus que sur un espace très-limité, et il est facile de prévoir qu'à bref délai on devra la considérer comme une espèce éteinte. Elle a même disparu presque entièrement de la partie septentrionale du Maine, et chaque année on constate avec regret sa diminution dans les autres parties de cette province; mais, comme ici elle est plus favorisée par le climat et par là même plus abondante, il est certain qu'elle résistera plus longtemps; on peut même espérer que, sur un grand nombre de points, elle pourra sortir victorieuse de la lutte ». [A.-L. LETACQ. — *Limites septentrionales de la Perdrix rouge dans l'Orne, la Sarthe et la Mayenne* (op. cit.)].

Perdix cinerea Briss. *var. damascena* Briss. (Perdrix grise var. roquette).

Fasc. III, page 229, ligne 5, ajouter :

« Depuis plusieurs années, il se fait, dans la presqu'île formée par la Seine près Elbeuf (Seine-Inférieure), vers la fin de septembre, le plus souvent dans la première quinzaine d'octobre, un passage de petites Perdrix grises (*Perdix cinerea var. damascena*) connues sous le nom de *Roquettes* ou *Rochettes*, qu'il est impossible de confondre avec la Perdrix grise de nos pays, tant par la taille, qui est plus petite, que par la longueur des pattes et la couleur du plumage. Ces mignonnes Perdrix sont signalées dans plusieurs ouvrages comme n'étant de passage chez nous qu'en novembre. Je n'ai pas entendu parler qu'aucune de ces Perdrix ait été vue en novembre à Cléon (Seine-Inférieure) ; et, pour mon compte, je n'en ai pas vu après le 15 octobre ». [R. DOCQUOY. — *Observation sur la Perdrix rochette* (op. cit.), p. 96].

Page 229, ligne 9 en remontant, ajouter :

« Commune aux environs d'Alençon, surtout dans les localités voisines de la forêt d'Écouves, à Radon, Colombiers, Saint-Nicolas-des-Bois, Cuissai, Saint-Denis-sur-Sarthon ». [A.-L. LETACQ. — *Matériaux pour servir à la faune des Vertébrés du département de l'Orne* (op. cit.), p. 106 ; tiré à part, p. 42].

« Coudehard, Fresnay-le-Samson ». [A.-L. LETACQ. — *Nouvelles observations sur la faune des Vertébrés du département de l'Orne* (op. cit.), p. 84].

« Cette petite variété est sédentaire aux environs d'Alençon, et de passage, vers le mois de novembre, dans le Pays d'Auge ». [A.-L. LETACQ. — *Observations de Dureau de la Malle sur la Perdrix rouge aux environs de Mortagne* (*Orne*) (op. cit.), p. 41].

Otis tarda L. (Outarde barbue).

Fasc. III, ajouter à la page 236, ligne 1 (pour le Calvados), et à la page 237, ligne 1 (pour la Manche) :

« En 1830, la rigueur de l'hiver a déterminé la migration d'un grand nombre d'oiseaux des contrées septentrionales, ce qui a donné lieu à des observations intéressantes sur presque tous les points de la Normandie. Dans quelques localités, on a vu la grande outarde, et plusieurs individus de cette belle espèce ont été tués aux environs de Caen (Calvados) et de Granville (Manche) ». [Renseignement in Mémoires de la Soc. linnéenne de Normandie, Caen, ann. 1829-33, p. 5].

Otis tetrax L. (Outarde canepetière).

Fasc. III, page 238, ligne 14 en remontant, ajouter :

« J'ai reçu une Outarde canepetière qui avait été tuée le 8 ou le 9 décembre 1896, à Veulettes (Seine-Inférieure) ». [Renseignement communiqué par M. Émile Oustalet, assistant au Muséum d'Histoire naturelle de Paris].

Page 238, ligne 1 en remontant, ajouter :

« Une Outarde canepetière a été tuée en novembre 1897, par un de mes amis, dans la plaine de Soliers (Calvados), près de Caen ». [Renseignement communiqué par M. R. Le Dart, à Caen].

Orne :

« Se voit presque chaque année dans les marais de Briouze ». [A.-L. Letacq. — *Matériaux pour servir à la faune des Vertébrés du département de l'Orne* (op. cit.), p. 108; tiré à part, p. 44].

Vanellus vulgaris (Klein) (Vanneau huppé).

Fasc. III, page 252, ligne 1 en remontant, ajouter : Vanniau.

Falcinellus castaneus (Briss.) (Falcinelle éclatant).

Fasc. III, page 304, ligne 12 en remontant, ajouter :

Eure :

« M. Leclerc présente un Ibis noir, tué à Crestot (Eure), le 15 octobre 1895. C'est un oiseau excessivement rare dans nos contrées ». [Renseignement in Bull. de la Soc. d'Étude des Scienc. natur. d'Elbeuf, 1er et 2e sem. 1895, p. 38]. J'ai vu ce Falcinelle, qui fait partie des collections du Muséum d'Histoire naturelle d'Elbeuf (Seine-Inférieure). [H. G. de K.].

Grus communis Bchst. (Grue cendrée).

Fasc. III, page 307, ligne 11 en remontant, ajouter :

« Un volier de ces oiseaux s'étant abattu aux environs de Varaville (Calvados), deux individus furent tués : l'un fut perdu, l'autre a été acquis par M. le docteur Delangle ». [Renseignement in Mémoires de la Soc. linnéenne de Normandie, Caen, ann. 1849-53, p. XII].

Page 308, ligne 6, ajouter :

Orne :

« J'ai vu, au mois de décembre 1892, une Grue cendrée qui avait été tuée à Courteilles, près d'Alençon ». [A.-L. LETACQ. — *Matériaux pour servir à la faune des Vertébrés du département de l'Orne* (op. cit.), p. 112; tiré à part, p. 48].

« Ticheville ». [A.-L. LETACQ. — *Nouvelles observations sur la faune des Vertébrés du département de l'Orne* (op. cit.), p. 85].

Ciconia nigra (L.) (Cigogne noire).

Fasc. III, page 311, ligne 11 en remontant, ajouter :

« M. Henri Gadeau de Kerville annonce qu'une Cigogne noire [*Ciconia nigra* (L.)] mâle, complètement adulte, a été tuée au vol, près du château du Héron (Seine-Inférieure), par un garde, qui a vu qu'elles étaient deux ou trois ensemble à traverser l'espace. Cet oiseau fut reçu à l'état frais, le 28 mars 1894, pour le monter, par M. L. Petit, naturaliste-préparateur à Rouen ». [Renseignement in Bull. de la Soc. des Amis des Scienc. natur. de Rouen, 1er sem. 1894, p. 31].

Eure :

« Au nom de M. F. Bertheuil, pharmacien à Lyons-la-Forêt (Eure), M. Henri Gadeau de Kerville expose sur le bureau une Cigogne noire [*Ciconia nigra* (L.)]

pas encore adulte, qui a été tuée à Beauficel (Eure), près de Lyons-la-Forêt, le 5 septembre 1896, par un garde particulier, M. Vincent Lamothe. Cet exemplaire, que M. L. Petit, taxidermiste à Rouen, a soigneusement empaillé, ornera la pharmacie de M. F. Bertheuil ». [Renseignement in Bull. de la Soc. des Amis des Scienc. natur. de Rouen, 2e sem. 1896, p. 122].

Page 311, ligne 5 en remontant, ajouter :

Orne :

NOTE. — Dans ses *Matériaux pour servir à la faune des Vertébrés du département de l'Orne* (op. cit., p. 112; tiré à part, p. 48), A.-L. Letacq dit, au sujet de la Cigogne noire : « Étangs de la Trappe (1758) ; signalée par Magné de Marolles ». Voir plus loin (p. 570) la rectification de cet auteur, au sujet de l'espèce ornithologique.

Ardea cinerea L. (Héron cendré).

Fasc. III, page 313, ligne 3 en remontant, ajouter :

Égron.

Ardea purpurascens Briss. (Héron pourpré).

Fasc. III, page 317, ligne 5 en remontant, ajouter :

Orne :

« Le Héron pourpré a été tué deux fois, depuis quatre à cinq ans, à l'étang des Personnes (commune du Mage). J'ai vu un exemplaire chez M. Besnard, de Rémalard ». [A.-L. LETACQ. — *Observations sur les Vertébrés faites aux environs de Rémalard (Orne)* (op. cit.)].

Fulica atra L. (Foulque macroule).

Fasc. III, page 339, ajouter, ligne 7 en remontant :

Jodelle, et ligne 6 en remontant : Petite jodelle.

Phalaropus cinereus Briss. (Phalarope hyperboré) (1).

Fasc. III, page 342, ligne 1 en remontant, ajouter :

« Je suis heureux de pouvoir fournir quelques renseignements sur un oiseau très-rare dans notre région, qui a été tué à Mestry (Calvados), le 20 novembre 1893. Il s'agit d'un Phalarope hyperboré (*Phalaropus cinereus* Briss.). Cet oiseau a passé la journée du 19 novembre sur une petite mare située au bord d'une route, et en face d'une ferme où il y a un va-et-vient continuel. On pouvait le regarder sans que cela le dérangeât le moins du monde. Il était toujours sur l'eau, nageant comme les Grèbes ; ce charmant oiseau donnait constamment des coups de bec dans l'eau, sans jamais y plonger la tête (du moins on ne l'a pas vu ainsi). Lorsqu'on cherchait à lui faire peur, il s'envolait pour aller se remettre sur une mare qui se trouve dans la cour même de la ferme ; si on l'y pourchassait, il gagnait une autre mare, d'où il revenait à la première, sans jamais s'effrayer ni s'écarter davantage. Dans la journée, un charpentier l'a tiré sans l'atteindre ; le Phalarope s'est alors posé sur l'une des mares en question, où

(1) L'oiseau dont il s'agit dans ces lignes avait d'abord été indiqué, par M. Éd. Costrel de Corainville, sous le nom de Phalarope platyrhynque [*Phalaropus fulicarius* (L.)], mais ce naturaliste a reconnu que c'était un Phalarope hyperboré, correction qu'il a publiée dans le Bull. de la Soc. des Amis des Scienc. natur. de Rouen (1er sem. 1895, p. 27).

on le laissa tranquille. Le lendemain, notre Phalarope était encore sur la mare auprès de la route, et le fermier l'y a tué à bout portant. Ce n'est que quatre jours après qu'il me l'a donné dans un assez piteux état; mais, enfin, j'ai pu le monter d'une façon passable. Il fait partie de ma collection, où il comble un vide important ». [Éd. Costrel de Corainville, renseignement in Bull. de la Soc. des Amis des Scienc. natur. de Rouen, 2e sem. 1893, p. 121].

Phalaropus fulicarius (L.) (Phalarope platyrhynque).

Fasc. III, page 345, ligne 4, ajouter :

J'ai reçu un individu de cette espèce, entraîné par un coup de vent, et qui fut tué à Elbeuf (Seine-Inférieure), le 29 septembre 1896. [Louis Petit. — Op. cit., p. 182].

Stercorarius fuscus (Briss.) (Stercoraire cataracte).

Fasc. III, page 383, ligne 6 en remontant, ajouter :

« M. Henri Gadeau de Kerville fait savoir qu'un Stercoraire cataracte [*Stercorarius fuscus* (Briss.)] mâle pas encore adulte a été pris vivant en plaine, à Saint-André-sur-Cailly (Seine-Inférieure), dans la seconde huitaine d'octobre 1896. Il a pu l'examiner, grâce à l'obligeance de M. L. Petit, taxidermiste à Rouen, qui était chargé de le naturaliser. Ce Stercoraire est la plus grande des quatre espèces de *Stercorarius* dont la présence a été constatée en Normandie, et qui n'y viennent que d'une façon irrégulière ». [Renseignement in Bull. de la Soc. des Amis des Scienc. natur. de Rouen, 2e sem. 1896, p. 133].

Page 383, ligne 1 en remontant, ajouter :

« Je me suis procuré un Stercoraire cataracte [*Stercorarius fuscus* (Briss.)] femelle presque adulte, de seconde année je crois, qui a été tué en mer, au fusil, par un chasseur de Trouville-sur-Mer (Calvados), le 13 février 1896. On capture très-accidentellement cette espèce sur le littoral de la Normandie ». [Émile Anfrie, à Lisieux (Calvados), renseignement in Bull. de la Soc. des Amis des Scienc. natur. de Rouen, 1er sem. 1896, p. 31].

Puffinus Anglorum (Kuhl) (Puffin des Anglais).

Fasc. III, page 389, ligne 15, ajouter :

« Je suis en possession d'un Puffin des Anglais mâle (*Puffinus Anglorum* Kuhl) que j'ai obtenu très-frais à Trouville-sur-Mer (Calvados), le 21 septembre 1893. Cet oiseau se trouvait parmi quelques Pingouins tordas provenant d'une chasse en mer du yacht de plaisance *Mathilde*, de Trouville-sur-Mer, et, par conséquent, il appartient authentiquement à la faune normande..... Il serait permis de croire que mon individu serait en livrée d'adulte en hiver, quoique certains points auraient des rapports avec le jeune, selon Degland ? » [Renseignement communiqué par M. Émile Anfrie, à Lisieux (Calvados), et publié in Bull. de la Soc. des Amis des Scienc. natur. de Rouen, 2e sem. 1893, p. 110].

Thalassidroma leucorrhoa (Vieill.) (Thalassidrome de Leach).

Fasc. III, page 395, ligne 15 en remontant, ajouter :

J'ai examiné chez M. L. Petit, taxidermiste à

Rouen, un exemplaire de cette espèce qu'il avait reçu de M. Vasse. Ce dernier m'a obligeamment écrit que l'exemplaire dont il s'agit provenait de la région de Tancarville (Seine-Inférieure), où il avait été trouvé mort et desséché, à la suite des tempêtes qui eurent lieu en novembre 1894.

Diomedea exulans L. (Albatros hurleur).

Fasc. III, page 397, ligne 15, ajouter :

Orne :

Je reproduis in-extenso, dans les lignes qui suivent, une très-intéressante note de M. l'abbé A.-L. Letacq sur la présence, possible, mais certes douteuse, d'Albatros hurleurs dans le département de l'Orne, note ayant pour titre : *Sur les Oiseaux tués à l'étang de Chaumont, à la Trappe (Orne), en novembre* 1758 (op. cit.) :

« Magné de Marolles, originaire de Tourouvre, avait consigné dans son *Essai sur la chasse au fusil*, 1788, in-8°[1], un certain nombre de faits intéressants pour l'histoire naturelle de notre pays ; il signale entre autres trois oiseaux d'une grandeur extraordinaire, qui s'abattirent sur l'étang de Chaumont à la Trappe, en novembre 1758. N'ayant pu reconnaître l'espèce, il transcrivit cependant fidèlement, dans l'espoir que son indication serait plus tard utile à la science, la description de ces oiseaux, rédigée à sa demande, longtemps après la capture, par Boulay, garde-chasse à la Trappe, celui-là même qui les avait tués[2].

« Quand je publiai ma *Notice sur les observations zoologiques de Magné de Marolles aux environs d'Alençon et*

« (1) Une seconde édition fut publiée par les éditeurs en 1836. — L'auteur était mort en 1792 ».

« (2) Lorsque Boulay écrivit à Magné de Marolles, il habitait le Val, canton de Mamers (Sarthe), à seize kilomètres d'Alençon ».

de Mortagne (*Orne*), (Bulletin de la Société Linnéenne de Normandie, 4me série, 6me volume, 1892, p. 46), je crus, sur l'autorité de quelques spécialistes à qui j'avais communiqué le texte de Boulay, devoir rapporter ces oiseaux à la Cigogne noire. Depuis lors, ayant eu l'occasion de consulter Degland, je vis que, d'après le célèbre ornithologiste, les oiseaux de la Trappe seraient au contraire des Albatros hurleurs (*Diomedea exulans* L.), géants de l'ordre des Palmipèdes, communs au Cap Horn et au Cap de Bonne-Espérance, mais accidentels et très-rares dans l'hémisphère boréal. Lemetteil mentionne la capture faite à Chaumont (*Catal. des Oiseaux de la Seine-Inférieure*, t. II, p. 373); notre savant confrère, M. Henri Gadeau de Kerville, reproduit la note de Degland (*Faune de la Normandie*, fasc. III, p. 398); mais aucun de ces trois auteurs ne donne à entendre qu'il s'agit ici d'une localité normande[1].

« Aussi, en présence de l'assertion de Degland, et le fait étant d'ailleurs des plus curieux pour l'ornithologie régionale, je n'hésite pas à tenter une nouvelle étude de la question, afin de savoir quel est le sentiment le plus vraisemblable.

« Il me paraît utile, tout d'abord, de citer ici intégralement la relation du garde-chasse, dont je conserve le style

(1) Étant donné que, dans les ouvrages par moi consultés, l'indication du Chaumont en question n'est suivie d'aucun renseignement géographique, et que, d'autre part, il existe en France une cinquantaine de localités (communes et hameaux) portant le nom de Chaumont, il aurait fallu que j'eusse une indication quelconque pour supposer que le Chaumont dont il s'agit était le nom donné à l'étang en question. Ce Chaumont est d'ailleurs si peu connu, que je ne l'ai trouvé ni dans la carte de l'État-major, ni dans la carte dressée par ordre du Ministre de l'Intérieur, ni dans le Dictionnaire des Postes et des Télégraphes. C'est une preuve nouvelle de l'absolue nécessité d'être précis dans les renseignements que l'on donne. (H. G. de K.).

avec Magné de Marolles; on verra que Boulay savait mieux manier le fusil que la plume :

« En 1758, entre le 20 et le 25 novembre, écrit-il, « étant jeune garde à la Trappe, me promenant sur l'étang « de *Chaumont*, le plus proche de la maison, j'aperçus trois « oiseaux d'une grandeur prodigieuse, qui étaient à 30 pas « du bord; je m'approchai en me baissant de peur qu'ils « ne s'en aillent. Ils étaient tous trois en pied de marmite, « et il n'y avait qu'un demi-pied entre ces trois oiseaux. Je « les tirai avec du gros plomb; je ne leur fis rien du tout « et ils ne s'envolèrent point; ils s'avancèrent dans l'étang « bien trente pas de plus sans ouvrir les ailes. Je chargeai « à chevrotines, et je les tirai pour la seconde fois; il y en « eut une qui cassa l'aile d'un de ces oiseaux, où il quitta « les autres, s'en fut dans le milieu de l'étang, et les deux « autres suivirent le rivage. Je fus après chargé à balle; « j'en tirai un, je lui coupai le cou d'une balle qui le tua, « et ça après soleil couché. Le lendemain de grand matin « j'y retournai ; j'aperçus mes deux oiseaux point loin du « rivage. Celui qui avait l'aile cassée retourna au milieu de « l'étang; je tirai l'autre, que je tuai d'une balle, et mon « autre oiseau se cacha dans les joncs avec son aile cassée. « Le lendemain de grand matin, j'y retournai, et l'aperçus « au milieu de l'étang où il y avait au moins 150 pas. Je « me mis à le canonner à balle; le quinzième coup je lui « mis une balle sur le croupion qui l'obligea à se retirer de « l'eau. Je fus aussitôt que lui à bord. Je lui campai une « balle qui le tua; et je ne les ai point vus voler ».

« Observons tout d'abord que des oiseaux qui parcourent l'étang de Chaumont, dont la longueur est d'un kilomètre, la largeur de 2 à 300 mètres, et la profondeur de 4 à 5 mètres, ne peuvent être que des palmipèdes; l'idée des Cigognes doit donc être écartée.

« Étudions maintenant les caractères spécifiques indiqués par Boulay : « Le mâle, dit-il, avait cinq pieds de hauteur « du bout du bec aux pieds, pesant vingt-deux livres; le

« bec rouge et les jambes; les pattes toilées comme celles « d'une oie, et grandes comme une main ouverte, et des « écailles aux jambes, comme celles de poisson; la tête « huppée de plumes d'un brun noir, de la hauteur d'un « pouce, le plumage du dos comme celui d'un canard sau- « vage, le cou en devant et tout le dessous du ventre « argenté, la queue comme celle d'une oie, proportion « gardée, les ailes de sept pieds de long, y compris le « corps; les maîtresses plumes des ailes grosses comme une « chandelle moulée de douze à la livre; le bec de quatre « pouces de grosseur et de cinq pouces et demi de longueur, « et coupant comme des ciseaux.

« Les femelles ne pesaient que dix-huit livres, moins « hautes d'un demi-pied ; point de huppe sur la tête, et plus « brunes que le mâle et point argentées; les plumes très- « lissées dessous le ventre et *charrées* comme le canard « sauvage. Personne n'a connu ces oiseaux. Il fallait qu'ils « fussent bien fatigués pour ne pouvoir s'envoler ».

« Magné de Marolles, qui avait longtemps regardé ces oiseaux comme des Pélicans, craignant que la mémoire de Boulay ne lui eût pas rappelé très-exactement tous les détails de leur organisation, lui écrivit de nouveau pour savoir s'ils n'avaient point sous la gorge cette grande poche qui caractérise le genre. Voici ce qui lui fut répondu le 25 janvier 1787 :

« Les oiseaux, Monsieur, dont j'ai eu l'honneur de vous « faire la description, n'ont point de poche, comme vous le « mandez, et même ils ne paraissent pas voraces. C'est tout « au plus si l'on aurait pu passer un œuf de poule dans leur « gorge; et on n'a point trouvé de poisson dans leur jabot, « soit qu'ils l'eussent digéré par le long vol qu'ils avaient « fait, car il n'y avait pas longtemps qu'ils étaient descendus « dans l'étang. Il en fut mangé un, qui se trouva bon, et « cependant sans délicatesse, mais tout le monde pouvait « en manger ».

« On doit admettre que sur plusieurs points la mémoire de

Boulay s'est trouvée en défaut, car il n'y a pas dans la création d'oiseaux répondant très-exactement à tous les points de cette description ; mais, d'autre part, il faut bien reconnaître avec Degland que l'Albatros hurleur possède la plupart des caractères que nous venons de transcrire. La hauteur de 5 pieds, le poids de 22 livres, la couleur rougeâtre des pieds et du bec, tous les doigts palmés, la largeur des palmures, des écailles aux jambes analogues à celles de poisson, ou autrement dit les tarses réticulés, sont bien les notes distinctives de l'Albatros ; de même la couleur argentée des parties inférieures et de la queue, le plumage du dos, dont les raies noirâtres en zigzag rappellent assez bien le Canard sauvage (*Anas boschas* L.), le bec long, fort et tranchant, et aussi la longueur extraordinaire des ailes, qui a fait ranger l'espèce parmi les Palmipèdes longipennes ou Grands voiliers.

« L'oiseau que Boulay appelle le mâle n'est autre que l'adulte, et le plumage attribué aux femelles est celui du jeune âge. Or, ici encore, nous retrouvons la couleur *brune* de la tête et du dos qui caractérise les jeunes Albatros.

« Le fait de n'avoir pas trouvé de poisson dans leur jabot vient aussi à l'appui de l'assertion de Degland ; la nourriture des Albatros, en effet, consiste principalement en Céphalopodes, et le voyageur-naturaliste Gaimard a remarqué que dans les parages où le bâtiment qu'il montait était entouré de Poissons, de Poissons-volants et de Mollusques, on n'en avait jamais trouvé dans le corps des Albatros, mais toujours des Seiches et des Calmars.

« On peut sans doute objecter que le bec des Albatros n'est rouge qu'à l'onglet, qu'ils n'ont point de huppe sur la tête, que l'envergure (7 pieds) serait exagérée, puisqu'elle ne dépasse pas $1^{m}60$ (à peine 5 pieds), mais n'oublions pas que la description ayant été rédigée de mémoire trente ans après la capture des oiseaux, quelques caractères auront été laissés de côté et d'autres faussement indiqués.

« Aussi je crois pouvoir admettre, au moins comme très-probable, l'hypothèse de Degland et inscrire, avec cette réserve, l'Albatros hurleur sur la faune du département de l'Orne ».

Sula bassana (L.) (Fou de Bassan).

Fasc. III, page 401, ligne 6, ajouter :

« Le 8 décembre 1895, un Fou de Bassan [*Sula bassana* (L.)] est venu sur notre petite rivière la Touques. Cette excursion, si en dehors de ses habitudes pélagiennes, lui a coûté cher, car, aperçu par un chasseur qui a pu s'en approcher très-facilement, il a été fusillé comme un simple canard. Cette rencontre dans la vallée de la Touques, à six kilomètres environ en aval de Lisieux, est chose rare, quoique le fait ne soit pas unique, paraît-il. C'est toujours à la suite de violentes tempêtes, quand la mer n'est plus tenable, que ces oiseaux, pourtant essentiellement marins, sont chassés parfois très-loin dans les terres, et tombent la plupart épuisés et mourants ». [Émile Anfrie, à Lisieux (Calvados), renseignement in Bull. de la Soc. des Amis des Scienc. natur. de Rouen, 1er sem. 1896, p. 13].

Orne :

« Marais de Briouze ». [A.-L. Letacq. — *Matériaux pour servir à la faune des Vertébrés du département de l'Orne* (op. cit.), p. 114; tiré à part, p. 50].

Anser brachyrhynchus Baill. (Oie à bec court).

Fasc. III, page 410, ligne 10 en remontant, ajouter :

« M. Jacques Capon expose sur le bureau une Oie

que M. Henri Gadeau de Kerville a déterminée avec certitude sous le nom d'Oie à bec court (*Anser brachyrhynchus* Baill.), espèce dont la venue est exceptionnelle en Normandie. Le sujet exposé, qui a été fort bien empaillé par M. L. Petit, taxidermiste à Rouen, est une femelle presque adulte. Elle a été capturée dans la nuit du 6 au 7 janvier 1897, au moyen d'un filet appelé *vol*, qui était placé sur un banc de sable, entre le chenal de la Seine et le canal de Tancarville, dans la commune de Sandouville (Seine-Inférieure) ». [Renseignement in Bull. de la Soc. des Amis des Scienc. natur. de Rouen, 1er sem. 1897, p. 12]. Cet exemplaire fait partie des collections du Muséum d'Histoire naturelle d'Elbeuf (Seine-Inférieure). [H. G. de K.].

Cygnus ferus Briss. (Cygne sauvage).

Fasc. III, page 421, ligne 7 en remontant, ajouter :

« Le 18 février 1895, un passage d'Oies et de Cygnes fut signalé dans notre vallée, et nous vîmes nous-même, vers trois heures de l'après-midi, d'abord, en sortant de la ville [Lisieux (Calvados)], les traces, dans la neige épaisse, de la station d'une bande d'Oies sauvages dont le nombre paraissait considérable; puis, plus loin, trois Cygnes remontant sur Lisieux, et hors de notre portée; cette petite bande se composait primitivement de quatre individus, dont trois adultes, et un jeune abattu déjà par M. Guillemin, restaurateur.

« Peu de temps après, une autre bande de huit Cygnes, parmi lesquels se reconnaissaient quelques jeunes à leur couleur rousse, passant directement, à 40 mètres environ au-dessous de la passerelle de

M. Defrance, maire d'Ouilly-le-Vicomte (Calvados), où trois chasseurs étaient embusqués, reçut cinq coups de fusil sans broncher, quand, de sa dernière cartouche, M. Rauline, coiffeur, eut l'heureuse chance de faire descendre un beau mâle adulte.

« Trois autres Cygnes furent encore abattus sous nos yeux par d'autres chasseurs, sans compter les blessés tombés en route, si bien que de cette bande de huit individus, facile à reconnaître par plusieurs jeunes, il n'en restait plus, à la fin de la journée, que deux exemplaires, dont je prévoyais malheureusement la destruction prochaine, tant nombreux étaient les chasseurs embusqués et mis en éveil par ce gibier inespéré.

« En effet, j'appris le lendemain, de source certaine, que non-seulement les deux derniers, mais les trois restés de la première bande, avaient également succombé.

« Dans la même semaine, le journal *Le Léxovien* annonçait cinq nouvelles captures dans la même région, avec les noms des possesseurs, ce qui porte à dix-sept le nombre des Cygnes tués, parvenu à notre connaissance. C'est un fait vraiment extraordinaire dont la contrée gardera longtemps le souvenir.

« Ces malheureux palmipèdes dont, quoique chasseur, je déplore la fin (sans profit, la chair n'étant pas mangeable), paraissaient exténués et comme égarés dans notre étroite vallée; ils s'annonçaient eux-mêmes de loin par leur cri plaintif et flûté, sans avoir prévu, évidemment, un accueil aussi bruyant que meurtrier.

« Les exemplaires que nous avons examinés appartenaient à la grande espèce (*Cygnus ferus* ou *musicus*), atteignant 1 m. 50 de taille, 2 m. 35 d'envergure, et un poids de 8 kilog. environ; cependant, nous avons vu chez un marchand de gibier de notre ville, à la même époque, un sujet de taille inférieure, le Cygne de Bewick (*Cygnus minor*), lequel, avec d'autres caractères, ne possède que 1 m. 20 à 1 m. 25 de longueur, 2 mètres d'envergure, et ne pèse environ que 5 kilog. ». [Émile ANFRIE. — *Note sur un passage de Cygnes dans la vallée de la Toucques* (op. cit.), p. 28, note reproduite in-extenso dans les lignes qui précèdent].

Orne :

« Le froid rigoureux qui a sévi en Suède et en Russie, vers le commencement du mois dernier (décembre), a eu pour effet d'amener sur nos côtes une quantité considérable de palmipèdes; d'où l'arrivée de jeunes Cygnes. Leur présence insolite dans notre vallée ne pourrait-elle pas s'expliquer aussi par l'effet du brouillard intense qui, le 9 décembre 1888, remplissait l'atmosphère et qui aurait suffi pour les égarer? En voici la description: longueur totale du Cygne 1 m. 35, envergure 2 m., longueur de l'aile 0 m. 92, du cou 0 m. 60; le dos et la tête sont gris, la poitrine est blanche; le duvet a 4 centimètres d'épaisseur sous la poitrine, les pattes sont noirâtres; les palmes sont larges de 0 m. 16; le bec, d'un gris noir, a 9 centimètres de long ». [A.-L. LETACQ. — *Le Cygne sauvage commun; notes sur trois jeunes individus de cette espèce tués à Ticheville (Orne), le 9 décembre* 1888 (op. cit.), p. 27].

« Le Cygne sauvage ne paraît chez nous qu'accidentellement, surtout durant les hivers rigoureux. Ainsi, on en vit beaucoup en 1830, et, depuis lors, on ne les a jamais signalés en aussi grande quantité. Il en vient parfois sur les marais de Briouze, les étangs de la Trappe, des Rablais [1] et du Mortier [1] près d'Alençon. Le 9 décembre 1888, trois furent tués à Ticheville, sur la Touque ». [A.-L. Letacq. — *Matériaux pour servir à la faune des Vertébrés du département de l'Orne* (op. cit.), p. 115; tiré à part, p. 51]. (Voir la page précédente, relativement aux trois jeunes Cygnes tués à Ticheville).

« Une bande de plus de quarante Cygnes sauvages s'est abattue, pendant l'hiver 1879-1880, sur l'étang des Personnes (commune du Mage) ». [A.-L. Letacq. — *Observations sur les Vertébrés faites aux environs de Rémalard (Orne)* (op. cit.)].

Cygnus minor Pall. (Cygne de Bewick).

Fasc. III, page 423, ligne 14 en remontant, ajouter la partie terminale de la note précédente d'Émile Anfrie, concernant un passage de Cygnes dans la vallée de la Toucques. Je dois ajouter qu'il est probable, mais non certain, que l'exemplaire en question de Cygne de Bewick fut tué dans le département du Calvados.

Anas strepera L. (Canard chipeau).

Fasc. III, page 433, ligne 10 en remontant, ajouter :

« Un mâle a été tué par mon gabionneur dans le marais de Varaville (Calvados). J'ai tué une femelle à l'embouchure de l'Orne (Calvados), en décembre

(1) Les étangs des Rablais et du Mortier se trouvent, comme il est dit, aux environs d'Alençon, mais ils ne sont pas en Normandie, puisqu'ils dépendent de la commune de Gesne-le-Gandelin (Sarthe). [H. G. de K.].

1896 ». [Renseignement communiqué par M. R. Le Dart, à Caen].

Orne :

« Marais de Briouze ». [A.-L. Letacq. — *Matériaux pour servir à la faune des Vertébrés du département de l'Orne* (op. cit.), p. 116; tiré à part, p. 52].

Fuligula hyemalis (L.) (Fuligule de Miquelon).

Fasc. III, page 446, ligne 3, ajouter :

« Le 7 décembre 1895, j'ai trouvé sur le marché de Lisieux, parmi des Macreuses prises en vue de Bénerville (Calvados), localité située à mi-chemin de Trouville à Villers-sur-Mer, une Fuligule de Miquelon [*Fuligula hyemalis* (L.)] mâle jeune de première année..... Noyée dans l'eau de mer, comme le sont tous les oiseaux pris au filet, j'ai eu de la peine à reconnaître l'espèce ; mais, par le bec, j'ai de suite été fixé. La Fuligule miquelonnaise est rare en Normandie, et sa capture mérite d'être citée ». [Émile Anfrie, à Lisieux (Calvados), renseignement in Bull. de la Soc. des Amis des Scienc. natur. de Rouen, 1er sem. 1896, p. 12].

Fuligula nyroca (Güldst.) (Fuligule nyroca).

Fasc. III, page 452, ligne 13, ajouter :

« J'ai tué à mon gabion de Varaville (Calvados), en octobre 1897, un sujet que je crois être une femelle ». [Renseignement communiqué par M. R. Le Dart, à Caen].

Fuligula mollissima (L.) (Fuligule eider).

Fasc. III, page 456, ligne 14 en remontant, ajouter :

« Le 25 décembre 1892, un gardien d'herbages a tué sur sa garde, à Ouilly-le-Vicomte (Calvados), près de Lisieux, une Fuligule eider jeune mâle que j'ai sous les yeux. La mue du cou est commencée ; cette partie est blanche ; le reste est comme chez la femelle. Une telle capture d'un sujet isolé, faite sur une petite rivière, me semble rare, la Fuligule eider n'allant que fort peu dans l'intérieur des terres ». [Renseignement communiqué par M. Émile Anfrie, à Lisieux (Calvados), et que j'ai publié dans mes *Matériaux pour la faune normande* (op. cit.), p. 16].

« Deux jeunes, un mâle et une femelle, ont été tués par moi à l'embouchure de l'Orne (Calvados), après une tempête de nord-ouest, en novembre 1893 ». [Renseignement communiqué par M. R. Le Dart, à Caen].

« Une Fuligule eider ou Eider vulgaire [*Fuligula mollissima* (L.)] en robe de jeune, tuée dans les parages de Bénerville et de Villers-sur-Mer (Calvados), en 1897 (février?), a été examinée par M. Émile Anfrie ». [Renseignement publié par lui in Bull. de la Soc. des Amis des Scienc. natur. de Rouen, 1er sem. 1897, p. 42].

Fuligula perspicillata (L.) (Fuligule à lunettes).

Fasc. III, page 462, ligne 6, ajouter :

« Je possède dans ma collection un mâle adulte de cette espèce, tué à Dieppe (Seine-Inférieure), en février 1861 ». [Renseignement communiqué par M. Charles van Kempen, à Saint-Omer (Pas-de-Calais)].

Page 462, ligne 6 en remontant, ajouter :

« Une Fuligule à lunettes [*Fuligula perspicillata* (L.)], sujet mâle entièrement adulte, a été distinguée au marché de Trouville (Calvados), parmi des Fuligules noires [*Fuligula nigra* (L.)] prises aux environs de cette ville. Elle m'a été apportée le 10 janvier 1896, par un poissonnier qui l'avait remarquée sur mes indications. La Fuligule à lunettes ou Macreuse à lunettes est remarquable, non-seulement par sa grande rareté sur le littoral normand, mais aussi par son costume noir profond, orné de deux taches d'un blanc pur : l'une au front, et l'autre occupant presque toute la nuque chez le mâle adulte. De plus, son bec rouge-orangé, très-large et très-élevé, se complique de deux bosses latérales ayant une grande tache noire au centre et offrant l'aspect de verres de lunette. Cet organe est extraordinaire et unique comme forme et coloris. Le sujet en question est le premier exemplaire que je rencontre de cette belle espèce ». [Émile Anfrie, à Lisieux (Calvados), renseignement in Bull. de la Soc. des Amis des Scienc. natur. de Rouen, 1er sem. 1896, p. 31].

Mergus serrator L. (Harle huppé).

Fasc. III, p. 469, ligne 9, ajouter :

Orne :

« Un beau mâle de Harle huppé a été tué sur l'Huisne, à Bellou, en 1891. (Collection Albert Touchet, de Rémalard) ». [A.-L. Letacq. — *Observations sur les Vertébrés faites aux environs de Rémalard (Orne)* (op. cit.)].

Colymbus maximus (Klein) (Plongeon imbrim).

Fasc. III, page 474, ligne 6, ajouter :

Orne :

A.-L. Letacq a écrit, dans sa *Notice sur les observations zoologiques de Magné de Marolles aux environs d'Alençon et de Mortagne (Orne)* (op. cit., p. 59) : « J'ai connaissance, dit Magné de « Marolles, d'un plongeon pesant sept livres, tué, en « 1758, sur des étangs de l'abbaye de La Trappe, « en Perche, qui très-probablement était de cette « espèce (1)..... ».

Colymbus arcticus L. (Plongeon lumme).

Fasc. III, page 477, ligne 11, ajouter :

« Un Plongeon lumme ou P. à gorge noire (*Colymbus arcticus* L.), femelle paraissant jeune, a été capturé avec des Macreuses fréquentant les parages de Bénerville et de Villers-sur-Mer (Calvados), dans la dernière huitaine de janvier 1897. Cet exemplaire appartient à la collection de M. Émile Anfrie, à Lisieux (Calvados) ». [Renseignement publié par lui in Bull. de la Soc. des Amis des Scienc. natur. de Rouen, 1er sem. 1897, p. 42].

« (1) *La Chasse au fusil, nouvelle édition renfermant toutes les additions et améliorations préparées par l'auteur*, Paris, Ch. Barrois et B. Duprat, 1836, in-8°, xvi—494 p. et 8 pl., p. 433 ».

Podicipes griseigena (Bodd.) (Grèbe jougris).

Fasc. III, page 481, ligne 3 en remontant, ajouter :

« J'ai tué un sujet de cette espèce, sur l'Orne, à Ranville (Calvados), en novembre 1895. Cet individu était isolé ». [Renseignement communiqué par M. R. Le Dart, à Caen].

Alca impennis L. (Pingouin brachyptère).

Fasc. III, page 502, ligne 7, ajouter :

Dans le fascicule III de ma *Faune de la Normandie*, j'ai donné en note (p. 499) — car il est évident que l'espèce ne pourrait être inscrite dans une faune actuelle de cette province — quelques renseignements concernant l'apparition, à des époques lointaines, du Pingouin brachyptère ou Grand pingouin sur la côte de Dieppe (Seine-Inférieure) et de Cherbourg (Manche). En outre j'ai publié, dans ce fascicule III (pl. I), la reproduction d'une photographie prise par moi et représentant un Pingouin brachyptère soi-disant tué près de Cherbourg vers le commencement de ce siècle, et qui fait partie des collections du Musée d'Histoire naturelle d'Abbeville (Somme).

Je me suis borné à reproduire des renseignements qui me paraissaient dignes de confiance, et ne pouvais avoir, à cet égard, d'opinion personnelle.

Or, dans son mémoire, important et riche en documentation, publié sous ce trop modeste titre : *Le Grand Pingouin du Musée d'Histoire naturelle d'Amiens* (op. cit.), H. Duchaussoy, qui a fait une étude sérieuse de la question, dit que les récits de l'apparition du Pingouin brachyptère sur les côtes normandes ne sont que des légendes.

Voici, d'ailleurs, la conclusion donnée par H. Duchaussoy (op. cit., p. 118; tiré à part, p. 33), relativement à l'exemplaire d'*Alca impennis* L. du Musée d'Histoire naturelle d'Abbeville :

« Que doit-il rester de ces légendes? C'est que, à Cherbourg, à Dieppe et au Hâble d'Ault, on n'a jamais tiré de Pingouins brachyptères. C'est l'opinion de Dresser, et c'est aussi celle de A. Newton : « *Je crois sans peine,* écrit celui-ci, *que c'est par* « *erreur qu'on a dit avoir vu cette espèce sur les* « *côtes de France* (1) ».

« Pour nous, *l'exemplaire du Musée d'Abbeville n'a pas été tué sur nos côtes,* contrairement à l'opinion propagée par Degland et acceptée par Henri Gadeau de Kerville.

« L'origine de cet oiseau est d'ailleurs indiquée dans la lettre que A. Newton écrivait, le 17 novembre 1883, au Dr Blasius : « L'individu du Musée d'Ab- « beville ne fut certainement pas tué à Cherbourg; « l'acquisition en fut faite en Islande, et *c'est le* « *Musée royal de Copenhague qui l'expédia à* « *M. de Lamotte,* comme je l'ai appris par feu mon « excellent et vieil ami Reinhardt (2) ».

De même que j'avais accepté, en raison du nom de leurs publicateurs, les assertions ayant un sens affirmatif, relativement à l'apparition du Pingouin brachyptère ou Grand pingouin sur les côtes de la Nor-

« (1) Dresser. *Birds of Europe*, vol. VIII, p. 565. — Lettre de A. Newton, professeur à « Magdalene College », de l'Université de Cambridge (25 février 1897) ».

« (2) Lettre publiée par le Dr Wilh. Blasius dans son mémoire intitulé : *Zur Geschichte der Ueberreste von Alca impennis* L. (Tirage à part du Cabanis' Journal für Ornithologie, liv. de janvier 1884, p. 57 à 176; lettre en question, p. 71 ».

mandie, de même je m'incline devant ces assertions contraires. Mais je tiens à dire que volontiers je me rallie à l'opinion négative d'H. Duchaussoy, établie, sans conteste, d'une façon très-sérieuse.

SUPPLÉMENT

A LA BIBLIOGRAPHIE DES MAMMIFÈRES ET DES OISEAUX DE LA NORMANDIE.

Mammifères.

Fasc. I, pages 237—242, ajouter à leur place alphabétique et chronologique :

Émile ANFRIE. — *Nouvelle rencontre du Vison en Normandie*, in Bull. de la Soc. des Amis des Scienc. natur. de Rouen, 2e sem. 1895, p. 88.

Alfred ANGOT. — *Capture de deux grands Cétacés à Houlgate* [commune de Beuzeval (Calvados)], in le journal La Nature, Paris, n° du 15 septembre 1894, p. 255 et fig. (p. 256).

ANONYME. — *Baleine échouée à Villerville (Calvados)*, in L'Illustration, journal universel, Paris, n° du 4 novembre 1893, p. 396 et fig. (p. 393). [Ce Rorqual s'est échoué, non à Villerville, mais à Cricquebœuf (Calvados), commune contiguë à Villerville].

E.-L. BOUVIER. — *L'Hyperoodon*, in le journal Le Naturaliste, Paris, n° du 15 janvier 1892, p. 24 et fig. (p. 25), et n° du 1er février 1892, p. 37 et fig. 2—4.

Henri GADEAU DE KERVILLE. — *Note sur la présence de la Genette vulgaire dans le département de l'Eure*, in Bull. de la Soc. des Amis des Scienc. natur. de Rouen, 1er sem. 1890, p. 79. — Tiré à part, Rouen, Julien Lecerf, 1890, (même pagination).

Henri Gadeau de Kerville. — *Observations sur l'existence, en Normandie, de la Belette vison* (*Mustela lutreola* L.) *ou Vison d'Europe*, in Bull. de la Soc. des Amis des Scienc. natur. de Rouen, 1er sem. 1896, p. 28. — Tiré à part : I. (même titre). — II. *Sur la découverte de cette espèce dans le département de la Seine-Inférieure*, Rouen, Julien Lecerf, 1896, (pagination spéciale).

Henri Gadeau de Kerville. — *Sur la découverte de la Belette vison* (*Mustela lutreola* L.) *dans le département de la Seine-Inférieure*, in Bull. de la Soc. des Amis des Scienc. natur. de Rouen, 1er sem. 1896, p. 40. — Tiré à part (voir les lignes précédentes).

Henri Joüan. — *Apparition des Cétacés sur les côtes de France*, in Bull. de la Soc. linnéenne de Normandie, Caen, ann. 1891, p. 137.

Henri Joüan. — *Les Hyperoodons de Goury* [commune d'Auderville (Manche)], in Mémoir. de la Soc. nationale des Scienc. natur. et mathématiq. de Cherbourg, 1891, t. XXVII, p. 281. — Tiré à part, Cherbourg, Émile Le Maout, 1891, (double pagination : celle des Mémoires et paginat. spéciale).

Henri Joüan. — *La Baleine de Morsalines* (*Balaenoptera borealis* Fischer?) [Morsalines (Manche)], in Mémoir. de la Soc. nationale des Scienc. natur. et mathématiq. de Cherbourg, 1892—1895, t. XXIX, p. 37. — Tiré à part, Cherbourg, Émile Le Maout, 1893, (double pagination : celle des Mémoires et paginat. spéciale).

Dr J. Joyeux-Laffuie. — *Sur un Halichoerus tué sur les côtes de Normandie*, in Bull. de la Soc. linnéenne de Normandie, Caen, ann. 1894, p. 144. — Tiré à part, Caen, E. Lanier, 1894, (même pagination).

Abbé A.-L. Letacq. — *Note sur la Belette vison* (*Mustela lutreola* L.) *et sur ses stations dans le département de l'Orne*, in Bull. de la Soc. linnéenne de Normandie, Caen, ann. 1895, p. 31.

Abbé A.-L. Letacq.—*Les Animaux nuisibles. Le Vison aux environs de Vimoutiers* (*Orne*), in Journal d'Alençon et du département de l'Orne, Alençon, n° du 25 janvier 1896, p. 2.

Abbé A.-L. Letacq. — *Matériaux pour servir à la faune des Vertébrés du département de l'Orne*, in Annuaire des cinq départements de la Normandie (Annuaire normand), ann. 1896, p. 67, (*Mammifères*, p. 72 et 128). — Tiré à part, Caen, Henri Delesques, 1896, (*Mammifères*, 8 et 64).

Abbé A.-L. Letacq. — *Nouvelles observations sur la faune des Vertébrés du département de l'Orne*, in Bull. de la Soc. linnéenne de Normandie, Caen, ann. 1896, p. 79, (*Mammifères*, p. 81). — Tiré à part, Caen, E. Lanier, 1897, (même pagination).

Abbé A.-L. Letacq. — *Note sur un Phoque veau-marin* (*Phoca vitulina* L.) *tué à Cabourg* (*Calvados*), in Bull. de la Soc. des Amis des Scienc. natur. de Rouen, 2e sem. 1896, p. 123.

Abbé A.-L. Letacq. — *Les Mammifères du département de l'Orne. Catalogue analytique et descriptif, suivi d'indications détaillées sur les espèces utiles et nuisibles dans les champs, les jardins et les bois*, in Bull. de la Soc. d'Horticulture de l'Orne, Alençon, 1er sem. de 1897, p. 44. — Tiré à part, Alençon, E. Renaut-De Broise, 1897, (même pagination).

Abbé A.-L. Letacq. —*Observations sur les Vertébrés faites aux environs de Rémalard* (*Orne*), in Bull. de la Soc.

des Amis des Scienc. natur. de Rouen, 2e sem. 1897, procès-verbal de la séance du 5 août 1897, (*Mammifères*, etc.).

H. RENOULT. — *Baleine échouée vivante dans la baie de la Seine*, in le journal La Nature, Paris, n° du 18 novembre 1893, p. 397 et fig. 1 et 2.

Oiseaux.

Fasc. III, pages 569—575, ajouter dans la bibliographie des Oiseaux de la Normandie, à leur place alphabétique et chronologique :

Émile ANFRIE. — *Note sur un passage de Cygnes dans la vallée de la Toucques*, in Bull. de la Soc. des Amis des Scienc. natur. de Rouen, 1er sem. 1895, p. 28.

René CHEVREL. — *Oiseaux* (de la côte du Calvados), in H. MAGRON. — *Guide illustré du Tramway de Caen à la mer*, 2e édit., Caen, Ch. Valin, 1896, p. 61.

Auguste COURTOIS. — *Oiseaux de la Manche*, Saint-Vaast-la-Hougue, L. Jasset, 1888.

R. DOCQUOY. — *Observation sur la Perdrix rochette*, in Bull. de la Soc. d'Étude des Scienc. natur. d'Elbeuf, 1er et 2e sem. 1895, p. 96.

Henri GADEAU DE KERVILLE. — *Matériaux pour la faune normande*, 1re *note*, *Oiseaux*, in Bull. de la Soc. des Amis des Scienc. natur. de Rouen, 1er sem. 1893, p. 15.

Abbé A.-L. LETACQ. — *Le Cygne sauvage commun ; notes sur trois jeunes individus de cette espèce tués à Tiche-*

ville (*Orne*), *le* 9 *décembre* 1888, in Bull. mensuel de la Soc. scientifique Flammarion, Argentan, 2e bull. de 1889, p. 27.

Abbé A.-L. Letacq. — *Note sur la présence de l'Aigle Jean-le-Blanc dans la forêt d'Andaine* (*Orne*), in Bull. de la Soc. linnéenne de Normandie, Caen, ann. 1892, p. 180.

Abbé A.-L. Letacq. — *Matériaux pour servir à la faune des Vertébrés du département de l'Orne*, in Annuaire des cinq départements de la Normandie (Annuaire normand), ann. 1896, p. 67, (*Oiseaux*, p. 83 et 129). — Tiré à part, Caen, Henri Delesques, 1896, (*Oiseaux*, p. 19 et 65).

Abbé A.-L. Letacq. — *Nouvelles observations sur la faune des Vertébrés du département de l'Orne*, in Bull. de la Soc. linnéenne de Normandie, Caen, ann. 1896, p. 79, (*Oiseaux*, p. 82). — Tiré à part, Caen, E. Lanier, 1897, (même pagination).

Abbé A.-L. Letacq. — *Note sur la variété noire du Busard cendré* (*Circus cineraceus* Naum.) *observée aux environs d'Alençon, et sur les caractères distinctifs de cette espèce et du Busard Saint-Martin* [*Circus cyaneus* (L.)], in Bull. de la Soc. des Amis des Scienc. natur. de Rouen, 1er sem. 1897, p. 12.

Abbé A.-L. Letacq. — *Sur les Oiseaux tués à l'étang de Chaumont, à la Trappe* (*Orne*), *en novembre* 1758, in Bull. de la Soc. des Amis des Scienc. natur. de Rouen, 1er sem. 1897, p. 19.

Abbé A.-L. Letacq. — *La Perdrix rouge* (*Perdix rubra* Briss.), *son histoire, ses stations dans le département de l'Orne*, in Bull. de la Soc. des Amis des Scienc. natur. de Rouen, 1er sem. 1897, p. 28.

Abbé A.-L. Letacq. — *Observations de Dureau de la Malle sur la Perdrix rouge aux environs de Mortagne* (*Orne*), in Bull. de la Soc. des Amis des Scienc. natur. de Rouen, 1er sem. 1897, p. 37.

Abbé A.-L. Letacq. — *Observations sur les Vertébrés faites aux environs de Rémalard* (*Orne*), in Bull. de la Soc. des Amis des Scienc. natur. de Rouen, 2e sem. 1897, procès-verbal de la séance du 5 août 1897, (*Oiseaux*, etc.).

Abbé A.-L. Letacq. — *Limites septentrionales de la Perdrix rouge dans l'Orne, la Sarthe et la Mayenne*, in Bull. de la Soc. des Amis des Scienc. natur. de Rouen, 2e sem. 1897, procès-verbal de la séance du 7 octobre 1897.

LISTE DES TRAVAUX

indiqués dans ce fascicule sous la rubrique de : op. cit.

Émile ANFRIE. — *Note sur un passage de Cygnes dans la vallée de la Toucques*, in Bull. de la Soc. des Amis des Scienc. natur. de Rouen, 1er sem. 1895, p. 28.

Émile ANFRIE. — *Nouvelle rencontre du Vison en Normandie*, in Bull. de la Soc. des Amis des Scienc. natur. de Rouen, 2e sem. 1895, p. 88.

Alfred ANGOT. — *Capture de deux grands Célacés à Houlgate* [commune de Beuzeval (Calvados)], in le journal La Nature, Paris, n° du 15 septembre 1894, p. 255 et fig. (p. 256).

ANONYME. — *Baleine échouée à Villerville (Calvados)*, in L'Illustration, journal universel, Paris, n° du 4 novembre 1893, p. 396 et fig. (p. 393). [Ce Rorqual s'est échoué, non à Villerville, mais à Cricquebœuf (Calvados), commune contiguë à Villerville].

Van BENEDEN et Paul GERVAIS. — *Ostéographie des Cétacés vivants et fossiles, comprenant la description et l'iconographie du squelette et du système dentaire de ces animaux, ainsi que des documents relatifs à leur histoire naturelle*, Paris, Arthus Bertrand, texte, 1880, atlas, 1868-1879.

Émile BLANCHARD. — *Les Poissons des eaux douces de la France ; anatomie, physiologie, description des espèces, mœurs, instincts, industrie, commerce, ressources alimentaires, pisciculture, législation concer-*

nant la pêche, 2e tirage, avec 32 planches hors texte et 115 figures dessinées d'après nature, Paris, J.-B. Baillière et fils, 1880.

Dr Blanche. — *Note sur le Pelias Berus*, in Bull. de la Soc. des Amis des Scienc. natur. de Rouen, ann. 1865, p. 108, et pl. II, fig. 1 et 2.

D. Bois. — *Triton marmoratus*, in Feuille des Jeunes Naturalistes, Paris, n° du 1er janvier 1878, p. 36.

Charles Bouchard. — Faune du canton de Gisors (Eure), in Charpillon. — *Gisors et son canton (Eure), Statistique, Histoire*, Les Andelys, Delcroix, 1867, p. 17. — [Le nom de Charles Bouchard n'est pas indiqué dans cet ouvrage].

G.-A. Boulenger. — *Note sur des Vipera berus capturés en Normandie*, in Bull. de la Soc. des Amis des Scienc. natur. de Rouen, 2e sem. 1895, p. 149. — Tiré à part, Rouen, Julien Lecerf, 1896, (même pagination).

G.-A. Boulenger. — *Sur le Bombinator pachypus* Bp. *et sa var. brevipes* Blas., in Bollettino dei Musei di Zoologia ed Anatomia comparata della R. Università di Torino, t. XI, n° 261, publié le 6 novembre 1896, p. 1.

Louis-Henri Bourgeois. — *Note sur une nouvelle station du Pélodyte ponctué dans la Seine-Inférieure*, in Bull. de la Soc. des Amis des Scienc. natur. de Rouen, 2e sem. 1890, p. 149.

A. Bouvier. — *Les Mammifères de la France; étude générale de toutes nos espèces considérées au point de vue utilitaire*, illustré de 266 figures dans le texte, Paris, Georges Carré, 1891.

E.-L. BOUVIER. — *L'Hyperoodon*, in le journal Le Naturaliste, Paris, n° du 15 janvier 1892, p. 24 et fig. (p. 25), et n° du 1er février 1892, p. 37 et fig. 2—4.

Charles BRONGNIART. — *Rapport sur l'excursion de la Société d'Études scientifiques de Paris, faite à Gisors (Eure) et aux environs, les* 16 *et* 17 *mai* 1880, in Bull. de la Soc. d'Études scientifiques de Paris, 1er sem. 1880, p. 6.

C.-G. CHESNON. — *Zoologie normande ; Reptiles et Poissons* (Reptiles, Batraciens et Poissons), in Annuaire des cinq départements de l'ancienne Normandie (Annuaire normand), Caen, ann. 1837, p. 31.

René CHEVREL. — *Poissons* (de la côte du Calvados), in H. MAGRON. — *Guide illustré du Tramway de Caen à la mer*, 2e édit., Caen, Ch. Valin, 1896, p. 71.

CUVIER et VALENCIENNES. — *Histoire naturelle des Poissons*, 22 vol. avec un très-grand nombre de planches, Paris, Strasbourg, etc., 1828—1849, édit. in-4° et édit. in-8° (la pagination du texte est différente, mais les nos des planches sont les mêmes) (ouvrage inachevé).

Francis DAY.— *The Fishes of Great Britain and Ireland*, 2 vol. avec un grand nombre de planches, Londres et Édimbourg, Williams et Norgate, 1880—1884.

DESCROIZILLES (et non Descroisilles, comme on l'a orthographié). — *Description de la Tortue le Luth*, in Précis analytique des travaux de l'Académie royale des Sciences, des Belles-Lettres et des Arts de Rouen, ann. 1751 à 1760, p. 118, Rouen, 1816. [Cette note est un extrait, publié par Gosseaume, d'un mémoire inédit de Descroizilles, accompagné de quatre figures (une aquarelle et trois lavis) également inédites, qui représentent la Tortue en question, capturée vivante aux environs de Dieppe (Seine-

Inférieure), le 25 octobre 1752. Le manuscrit et les figures dont il s'agit font partie des archives de cette Académie].

R. Docquoy. — *Observation sur la Perdrix rochette*, in Bull. de la Soc. d'Étude des Scienc. natur. d'Elbeuf, 1er et 2e sem. 1895, p. 96.

H. Duchaussoy. — *Le Grand Pingouin du Musée d'Histoire naturelle d'Amiens*, in Mémoires de la Soc. linnéenne du Nord de la France, Amiens, 1892—1895, t. IX, p. 88 et pl. I. — Tiré à part, Amiens, Piteux frères, 1897, (pagination spéciale).

Henry de Blainville. — *Mémoire sur le Squale pèlerin*, in Annales du Muséum d'Histoire naturelle, Paris, 1811, t. XVIII, p. 88 et pl. VI. (Henry de Blainville = H.-M. Ducrotay de Blainville).

H.-M. Ducrotay de Blainville. — *Faune française ou Histoire naturelle, générale et particulière, des animaux qui se trouvent en France, constamment ou passagèrement, à la surface du sol, dans les eaux qui le baignent et dans le littoral des mers qui le bornent*, par L.-P. Vieillot, A.-G. Desmarest, H.-M. Ducrotay de Blainville, A. Prévot, S. Audinet-Serville, Lepeletier de Saint-Fargeau, C.-A. Walckenaer; Paris, Strasbourg et Bruxelles, 1820—1830; (ouvrage inachevé contenant un grand nombre de planches).

Duhamel du Monceau. — *Traité général des Pesches et histoire des poissons qu'elles fournissent, tant pour la subsistance des hommes, que pour plusieurs autres usages qui ont rapport aux arts et au commerce*, 4 vol. avec un grand nombre de planches, Paris, 1769, 1772, 1777 et 1782. (Le premier volume est par

Duhamel du Monceau et de la Marre, et les trois autres par Duhamel du Monceau).

A.-M.-C. Duméril et G. Bibron. — *Erpétologie générale ou Histoire naturelle complète des Reptiles* (Reptiles et Batraciens), avec un atlas; t. II, Paris, Roret, 1835; A.-M.-C. Duméril, feu G. Bibron et A. Duméril, même titre, t. VII, 2e part., d°, 1854; atlas renfermant 120 planches gravées sur acier, d°, 1854.

Aug. Duméril. — *Histoire naturelle des Poissons ou Ichthyologie générale*, Paris, Roret, t. I, *Élasmobranches* (*Plagiostomes et Holocéphales ou Chimères*), 1865; t. II, *Ganoïdes, Dipnés, Lophobranches*, 1870; et atlas, 1865; (ouvrage inachevé).

Eudes-Deslongchamps. — *Note concernant des Tortues marines trouvées vivantes sur les côtes du département du Calvados*, in Mémoires de la Soc. linnéenne de Normandie, Caen, ann. 1834-38, p. 279.

Dr Victor Fatio. — *Faune des Vertébrés de la Suisse;* vol. I, *Histoire naturelle des Mammifères*, avec 8 planches dont 5 coloriées; vol. III, *Histoire naturelle des Reptiles et des Batraciens*, avec 5 planches dont 3 coloriées, et un appendice au vol. I; vol. IV, *Histoire naturelle des Poissons*, 1re *partie, Anarthroptérygiens, Physostomes* (Cyprinidés seulement), avec 5 planches, dont 2 en couleur, comprenant 178 figures originales, et des suppléments aux vol. I et III; Genève et Bâle, H. Georg, 1869, 1872, 1882.

P. Fischer.— *Cétacés du Sud-Ouest de la France*, in Actes de la Soc. linnéenne de Bordeaux, 1881, t. XXXV, p. 5 et pl. I—VIII. — Tiré à part, Paris, F. Savy, 1881, (même pagination).

Henri GADEAU DE KERVILLE. — *Aperçu de la faune actuelle de la Seine et de son embouchure, depuis Rouen jusqu'au Havre*, in 2e vol. (p. 168) de *L'Estuaire de la Seine*, par G. Lennier, (ouvrage indiqué à la 5e page suivante). — Tiré à part, Le Havre, imprimerie du journal Le Havre, 1885, (même pagination).

Henri GADEAU DE KERVILLE. — *Faune de la Normandie, fascicule I, Mammifères*, avec une planche en noir; *fascicule II, Oiseaux* (*Carnivores, Omnivores, Insectivores et Granivores*); et *fascicule III, Oiseaux* (*Pigeons, Gallinacés, Échassiers et Palmipèdes*) (*fin des Oiseaux*), avec une planche en noir; in Bull. de la Soc. des Amis des Scienc. natur. de Rouen, 2e sem. 1887, p. 117 et pl. I; 1er sem. 1889, p. 65; et 2e sem. 1891, p. 201 et pl. I. — Tirés à part, Paris, J.-B. Baillière et fils, 1888, 1890 et 1892, (même pagination).

Henri GADEAU DE KERVILLE. — *Note sur la découverte du Pélodyte ponctué dans le département de la Seine-Inférieure*, in Bull. de la Soc. des Amis des Scienc. natur. de Rouen, 2e sem. 1888, p. 175. — Tiré à part, Rouen, Julien Lecerf, 1888, (sans pagination; cette notule n'a qu'une page et cinq lignes).

Henri GADEAU DE KERVILLE. — *Note sur la présence de la Genette vulgaire dans le département de l'Eure*, in Bull. de la Soc. des Amis des Scienc. natur. de Rouen, 1er sem. 1890, p. 79. — Tiré à part, Rouen, Julien Lecerf, 1890, (même pagination).

Henri GADEAU DE KERVILLE. — *Matériaux pour la faune normande, 1re note, Oiseaux*, in Bull. de la Soc. des Amis des Scienc. natur. de Rouen, 1er sem. 1893, p. 15.

Henri GADEAU DE KERVILLE. — *Recherches sur les faunes marine et maritime de la Normandie, 1er voyage*, *région de Granville et îles Chausey (Manche), juillet-août* 1893, *suivies de deux travaux d'Eugène Canu et du Dr E. Trouessart sur les Copépodes et les Ostracodes marins et sur les Acariens marins récoltés pendant ce voyage*, avec 11 planches et 7 figures dans le texte, in Bull. de la Soc. des Amis des Scienc. natur. de Rouen, 1er sem. 1894, p. 53 et pl. I—XI. — Tiré à part, Paris, J.-B. Baillière et fils, 1894, (même pagin.).

Henri Gadeau de Kerville. — *Jeunes Poissons se protégeant par des Méduses*, avec une figure, in Le Naturaliste, n° du 1er décembre 1894, p. 267 et fig. (même page). — Tiré à part, Paris, Bureaux du Journal, 1895, (même pagination).

Henri Gadeau de Kerville. — *Observations sur l'existence, en Normandie, de la Belette vison (Mustela lutreola* L.) *ou Vison d'Europe*, in Bull. de la Soc. des Amis des Scienc. natur. de Rouen, 1er sem. 1896, p. 28. — Tiré à part : I. (même titre). — II. *Sur la découverte de cette espèce dans le département de la Seine-Inférieure*, Rouen, Julien Lecerf, 1896, (pagin. spéciale).

Henri Gadeau de Kerville. — *Sur la découverte de la Belette vison (Mustela lutreola* L.) *dans le département de la Seine-Inférieure*, in Bull. de la Soc. des Amis des Scienc. natur. de Rouen, 1er sem. 1896, p. 40. — Tiré à part (voir les lignes précédentes).

Amb. Gentil. — *Ichthyologie de la Sarthe*, in Bull. de la Soc. d'Agriculture, Sciences et Arts de la Sarthe, Le Mans, 2e fasc. de 1883-1884, p. 356. — Tiré à part, Le Mans, Edmond Monnoyer, 1883, (pagination spéciale).

Amb. Gentil. — *Erpétologie de la Sarthe*, in Bull. de la Soc. d'Agriculture, Sciences et Arts de la Sarthe, Le

Mans, 4e fasc. de 1883-1884, p. 573. — Tiré à part, Le Mans, Edmond Monnoyer, 1884, (pagination spéciale).

Z. Gerbe. — *L'Homme et les Animaux; les Mammifères*, édition française de l'ouvrage faisant partie des *Merveilles de la Nature*, d'A.-E. Brehm, 2 vol. contenant ensemble 39 planches et un très-grand nombre de figures, Paris, J.-B. Baillière et fils, 1878.

H. Gervais et R. Boulart. — *Les Poissons ; synonymie, description, mœurs, frai, pêche, iconographie, des espèces composant plus particulièrement la faune française*, 3 vol., Paris, J. Rothschild, t. I. 1877 (1876 sur le grand titre), *Les Poissons d'eau douce*, avec 60 chromotypographies et 56 vignettes ; t. II, 1877, *Les Poissons de mer*, première partie, avec 100 chromotypographies et 27 vignettes ; et t. III, 1877, d°, deuxième partie, avec 100 chromotypographies et 48 vignettes.

Gosseaume. — Voir Descroizilles.

Albert Granger. — *Histoire naturelle de la France ; 4e partie, Reptiles, Batraciens*, avec 55 figures dans le texte, Paris, Les fils d'Émile Deyrolle, (sans date).

John-Edward Gray. — *Catalogue of Seals and Whales in the British Museum*, seconde édition, Londres, 1866.

Frédéric Guitel. — *Observations sur les mœurs du Gobius minutus*, in Archives de Zoologie expérimentale et générale, Paris, C. Reinwald et Cie, 1892, 2e sér., t. X, p. 499 et pl. XXII. — Tiré à part (même pagination).

Frédéric Guitel. — *Observations sur les mœurs du Gobius Ruthensparri*, in Archives de Zoologie expérimentale et générale, Paris, C. Reinwald et Cie, 1895, 3e sér., t. III, p. 263. — Tiré à part (même pagination).

HÉRON-ROYER. — *Notices sur les mœurs des Batraciens (suite), VI, famille des Bufonidés*, in Bull. de la Soc. d'Études scientifiques d'Angers, ann. 1886, p. 185.

Arthur DE L'ISLE. — *Note sur l'accouplement de l'Alytes obstetricans*, in Fernand LATASTE. — *Essai d'une faune herpétologique de la Gironde* (voir la 2e page suivante), p. 450; tiré à part, p. 258.

Arthur DE L'ISLE. — *Mémoire sur les mœurs et l'accouchement de l'Alytes obstetricans*, in Annales des Scienc. natur., Zoologie et Paléontologie, Paris, 1876, 6e sér., t. III, article n° VII, p. 1.

P. JOSEPH-LAFOSSE. — *Le Lézard vivipare et le Lézard des murailles en Normandie*, in Bull. de la Soc. linnéenne de Normandie, Caen, ann. 1891, p. 169.

Henri JOÜAN. — *Poissons de mer observés à Cherbourg en* 1858 *et* 1859, in Mémoir. de la Soc. impériale des Scienc. natur. de Cherbourg, 1859, t. VII, p. 116. — Tiré à part, Cherbourg, Bedelfontaine et Syffert, 1860, (pagination spéciale).

Henri JOÜAN. — *Sur quelques espèces rares de Poissons de mer de Cherbourg*, in Bull. de la Soc. linnéenne de Normandie, Caen, ann. 1873-74, p. 412.

Henri JOÜAN. — *Additions aux Poissons de mer observés à Cherbourg*, in Mémoir. de la Soc. nationale des Scienc. natur. de Cherbourg, 1874, t. XVIII, p. 353. — Tiré à part, Cherbourg, Bedelfontaine et Syffert, 1874, (pagination spéciale).

Henri JOÜAN. — *Mélanges zoologiques*, in Mémoir. de la Soc. nationale des Scienc. natur. de Cherbourg, 1875, t. XIX, p. 233. — Tiré à part, Cherbourg, Bedelfontaine et Syffert, 1875, (même pagination).

Henri Joüan. — *Notes ichthyologiques ; nouvelles espèces de Poissons de mer observés à Cherbourg*, in Mémoir. de la Soc. nationale des Scienc. natur. et mathématiq. de Cherbourg, 1884 (1882 sur le grand titre), t. XXIV, p. 313. — Tiré à part, Cherbourg, Ch. Syffert, (même pagination).

Henri Joüan. — *Époques et mode d'apparition des différentes espèces de Poissons sur les côtes des environs de Cherbourg*, in Bull. de la Soc. linnéenne de Normandie, Caen, ann. 1890, p. 118. — Tiré à part, Caen, H. Delesques, 1890, (pagination spéciale).

Henri Joüan. — *Les Hyperoodons de Goury* [commune d'Auderville (Manche)], in Mémoir. de la Soc. nationale des Scienc. natur. et mathématiq. de Cherbourg, 1891, t. XXVII, p. 281. — Tiré à part, Cherbourg, Émile Le Maout, 1891, (double pagination : celle des Mémoires et paginat. spéciale).

Henri Joüan. — *La Baleine de Morsalines* (*Balaenoptera borealis* Fischer?), [Morsalines (Manche)], in Mémoir. de la Soc. nationale des Scienc. natur. et mathématiq. de Cherbourg, 1892—1895, t. XXIX, p. 37. — Tiré à part, Cherbourg, Émile Le Maout, 1893, (double pagination : celle des Mémoires et paginat. spéciale).

Dr J. Joyeux-Laffuie. — *Sur un Halichoerus tué sur les côtes de Normandie*, in Bull. de la Soc. linnéenne de Normandie, Caen, ann. 1894, p. 144. — Tiré à part, Caen, E. Lanier, 1894, (même pagination).

A. Lafont. — *Note pour servir à la faune de la Gironde, contenant la liste des animaux marins dont la présence a été constatée à Arcachon pendant les années 1869-1870, Poissons*, in Actes de la Soc. linnéenne de

Bordeaux, 1871, t. XXVIII, p. 237. — Tiré à part (pagination spéciale).

T. LANCELEVÉE. — *Rapport sur l'excursion extraordinaire du* 21 *septembre* 1884, *à Caudebec-en-Caux* (*Seine-Inférieure*), in Bull. de la Soc. d'Étude des Scienc. natur. d'Elbeuf, 2e sem. 1884, p. 47.

Fernand LATASTE. — *Essai d'une faune herpétologique de la Gironde*, in Actes de la Soc. linnéenne de Bordeaux, 1875, t. XXX, p. 193 et pl. VII—XII. — Tiré à part : *Essai d'une faune herpétologique de la Gironde, avec une note inédite de M. A. de l'Isle du Dréneuf sur l'accouplement de l'Alyte accoucheur*, Bordeaux, veuve Cadoret, 1876, (pagination spéciale ; toutefois, les nos des planches sont les mêmes).

G. LENNIER. — *Guide du visiteur à l'Aquarium du Havre*, Havre, Roquencourt, 1871. [Ce Guide, qui ne porte pas de nom d'auteur, est de G. Lennier].

G. LENNIER. — *Cours publics de l'Hôtel-de-Ville du Havre, Zoologie*, 1879-1880, Havre, imprimerie du journal Le Havre, (sans date).

G. LENNIER. — *L'Estuaire de la Seine; mémoires, notes et documents pour servir à l'étude de l'estuaire de la Seine*, 2 vol. et 1 atlas, Havre, imprimerie du journal Le Havre (E. Hustin), 1885.

G. LENNIER. — *Sur le Zée à épaule armée* (*Zeus pungio* C. et V.), in Bull. de la Soc. linnéenne de Normandie, Caen, ann. 1895, p. 51.

R. LE SÉNÉCHAL. — *Catalogue des animaux recueillis au Laboratoire maritime de Luc, pendant les années* 1884 *et* 1885, [Luc-sur-Mer (Calvados)], in Bull. de la Soc. linnéenne de Normandie, Caen, ann. 1884-85, p. 91.

Abbé A.-L. Letacq. — *Le Cygne sauvage commun; notes sur trois jeunes individus de cette espèce tués à Ticheville (Orne), le 9 décembre* 1888, in Bull. mensuel de la Soc. scientifique Flammarion, Argentan, 2e bull. de 1889, p. 27.

Abbé A.-L. Letacq. — *Notice sur les observations zoologiques de Magné de Marolles aux environs d'Alençon et de Mortagne (Orne)*, in Bull. de la Soc. linnéenne de Normandie, Caen, ann. 1892, p. 46. — Tiré à part, Caen, E. Lanier, 1892, (même pagination).

Abbé A.-L. Letacq. — *Note sur la présence de l'Aigle Jean-le-Blanc dans la forêt d'Andaine (Orne)*, in Bull. de la Soc. linnéenne de Normandie, Caen, ann. 1892, p. 180.

Abbé A.-L. Letacq. — *Note sur la découverte du Lézard des souches (Lacerta stirpium* Daud.) *à Bagnoles, et sur les espèces du genre Lacerta observées dans le département de l'Orne*, in Bull. de la Soc. linnéenne de Normandie, Caen, ann. 1895, p. 117.

Abbé A.-L. Letacq. — *Matériaux pour servir à la faune des Vertébrés du département de l'Orne*, in Annuaire des cinq départements de la Normandie (Annuaire normand), ann. 1896, p. 67. — Tiré à part, Caen, Henri Delesques, 1896, (pagination spéciale).

Abbé A.-L. Letacq. — *Nouvelles observations sur la faune des Vertébrés du département de l'Orne*, in Bull. de la Soc. linnéenne de Normandie, Caen, ann. 1896, p. 79. — Tiré à part, Caen, E. Lanier, 1897, (même pagination).

Abbé A.-L. Letacq. — *Note sur un Phoque veau-marin (Phoca vitulina* L.) *tué à Cabourg (Calvados)*, in

Bull. de la Soc. des Amis des Scienc. natur. de Rouen, 2e sem. 1896, p. 123.

Abbé A.-L. Letacq. — *La Couleuvre d'Esculape et ses stations dans le département de l'Orne*, in Bull. de la Soc. des Amis des Scienc. natur. de Rouen, 2e sem. 1896, p. 132.

Abbé A.-L. Letacq. — *Sur les Oiseaux tués à l'étang de Chaumont, à la Trappe (Orne), en novembre* 1758, in Bull. de la Soc. des Amis des Scienc. natur. de Rouen, 1er sem. 1897, p. 19.

Abbé A.-L. Letacq. — *La Perdrix rouge (Perdix rubra* Briss.), *son histoire, ses stations dans le département de l'Orne*, in Bull. de la Soc. des Amis des Scienc. natur. de Rouen, 1er sem. 1897, p. 28.

Abbé A.-L. Letacq. — *Observations de Dureau de la Malle sur la Perdrix rouge aux environs de Mortagne (Orne)*, in Bull. de la Soc. des Amis des Scienc. natur. de Rouen, 1er sem. 1897, p. 37.

Abbé A.-L. Letacq. — *Les Mammifères du département de l'Orne. Catalogue analytique et descriptif, suivi d'indications détaillées sur les espèces utiles et nuisibles dans les champs, les jardins et les bois*, in Bull. de la Soc. d'Horticulture de l'Orne, Alençon, 1er sem. de 1897, p. 44. — Tiré à part, Alençon, E. Renaut-De Broise, 1897, (même pagination).

Abbé A.-L. Letacq. — *Observations ornithologiques faites dans les cantons de Fresnay et de Saint-Paterne (Sarthe)*, in Bull. de la Soc. d'Agriculture, Sciences et Arts de la Sarthe, Le Mans, 2e trim. 1897, p. 120. — Tiré à part, Le Mans, Edmond Monnoyer, 1897, (même pagination).

Abbé A.-L. Letacq. — *Note sur la présence de la Vipère aspic* (*Vipera aspis* L.) *dans le département de l'Orne*, in Bull. de la Soc. des Amis des Scienc. natur. de Rouen, 2e sem. 1897, procès-verbal de la séance du 5 août 1897.

Abbé A.-L. Letacq. — *Observations sur les Vertébrés faites aux environs de Rémalard* (*Orne*), in Bull. de la Soc. des Amis des Scienc. natur. de Rouen, 2e sem. 1897, procès-verbal de la séance du 5 août 1897.

Abbé A.-L. Letacq. — *Limites septentrionales de la Perdrix rouge dans l'Orne, la Sarthe et la Mayenne*, in Bull. de la Soc. des Amis des Scienc. natur. de Rouen, 2e sem. 1897, procès-verbal de la séance du 7 octobre 1897.

Lieury. — *Synopsis des Reptiles du département de la Seine-Inférieure et des départements limitrophes* (Reptiles et Batraciens), in Bull. de la Soc. des Amis des Scienc. natur. de Rouen, ann. 1865, p. 114.

Liste des abréviations conventionnelles des noms d'auteurs, adoptée par le Congrès international de Zoologie (tenu à Paris en 1889), in Bull. de la Soc. zoologique de France, Paris, ann. 1890, p. 42.

A.-E. Malard. — *Catalogue des Poissons des côtes de la Manche dans les environs de Saint-Vaast* [Saint-Vaast-de-la-Hougue (Manche)], in Bull. de la Soc. philomathique de Paris, 1890-1891, p. 60. — Tiré à part, Paris, Siège de la Soc., 1890, (même pagination et paginat. spéciale).

René Martin et Raymond Rollinat. — *Vertébrés sauvages du département de l'Indre*, Paris, Société d'éditions scientifiques, 1894.

MESAIZE. — *Notice sur un Squale pêché à Yport* (*Seine-Inférieure*), in Précis analytique des travaux de l'Académie des Sciences, des Belles-Lettres et des Arts de Rouen, pendant l'année 1807, p. 57. (Le titre ci-dessus se trouve dans la table des matières, mais non à la p. 57).

Dr Émile MOREAU. — *Histoire naturelle des Poissons de la France*, avec 220 figures dessinées d'après nature, Paris, G. Masson, 3 vol., 1881, et *Supplément*, avec 7 figures dans le texte, 1891.

Dr Émile MOREAU. — *Manuel d'Ichthyologie française*, avec 3 planches, Paris, G. Masson, 1892.

Louis MÜLLER. — *Note sur la Coronella laevis* Lacép. (*Coronella austriaca* Laur.), avec une planche en noir, in Bull. de la Soc. d'Enseignement mutuel des Scienc. natur. d'Elbeuf (actuellement : Soc. d'Étude des Scienc. natur. d'Elbeuf), 2e sem. 1881-1882, p. 172. — Cette note et cette planche ont été publiées aussi in Bull. de la Soc. des Amis des Scienc. natur. de Rouen, 2e sem. 1882, p. 395. (Le texte est à peu près le même et la pl. identique).

Louis MÜLLER. — *Liste des Reptiles et des Batraciens capturés dans les environs d'Elbeuf en* 1882-83, in Bull. de la Soc. d'Enseignement mutuel des Scienc. natur. d'Elbeuf (actuellement : Soc. d'Étude des Scienc. natur. d'Elbeuf), 2e sem. 1883, p. 105.

Louis MÜLLER. — *Observations sur l'écaillure de la tête de la Vipera berus* L. (*Pelias berus* Merr.), in Bull. de la Soc. des Amis des Scienc. natur. de Rouen, 2e sem. 1884, p. 429.

Edmond PERRIER. — *Traité de Zoologie*, t. I, avec 979 figures dans le texte, Paris, F. Savy, (sans date).

Louis Petit. — *Capture d'Oiseaux de mer loin du littoral*, in Bull. de la Soc. zoologique de France, Paris, ann. 1896, p. 182.

G. Pouchet et H. Beauregard. — *Nouvelle liste d'échouements de grands Cétacés sur la côte française*, in Compt. rend. hebdomadaires des séances de l'Académie des Sciences, Paris, séance du 7 décembre 1891, p. 810.

Règles de la nomenclature des Êtres organisés, adoptées par les Congrès internationaux de Zoologie (*Paris*, 1889; *Moscou*, 1892), in Mémoires de la Soc. zoologique de France, ann. 1893, p. 192. — Réimpression augmentée, Paris, Siège de la Société, 1895, (pagination spéciale).

H. Renoult. — *Baleine échouée vivante dans la baie de la Seine*, in le journal La Nature, Paris, n° du 18 novembre 1893, p. 397 et fig. 1 et 2.

É. Sauvage. — *Les Reptiles et les Batraciens*, édition française de l'ouvrage faisant partie des *Merveilles de la Nature*, d'A.-É. Brehm, avec 20 planches et un grand nombre de figures, Paris, J.-B. Baillière et fils, 1885. [É. Sauvage = Dr H.-É. Sauvage].

H.-É. Sauvage et J. Künckel d'Herculais. — *Les Poissons et les Crustacés*, édition française de l'ouvrage faisant partie des *Merveilles de la Nature*, d'A.-E. Brehm, avec 20 planches et un très-grand nombre de figures, Paris, J.-B. Baillière et fils, (sans date). [Les Poissons par H.-É. Sauvage, et les Crustacés par J. Künckel d'Herculais].

Dr H.-É. Sauvage et Eugène Canu. — *Le Hareng des côtes de Normandie, en* 1891 *et* 1892, in Annales de la Station aquicole de Boulogne-sur-Mer, 1892, t. I, part. 1, p. 1 et pl. I (pl. double).

Dr H.-É. SAUVAGE. — *Examen de l'état de maturité sexuelle de quelques Poissons de mer*, in Annales de la Station aquicole de Boulogne-sur-Mer, 1893, t. I, part. 2, p. 86.

G. DE LA SERRE. — *Statistique et historique des forêts de l'arrondissement de Rouen*, in Assises scientifiques, littéraires et artistiques fondées par A. de Caumont; compte-rendu de la 2e session tenue à Rouen les 15—18 juin 1896, Rouen, Paul Leprêtre, 1897, p. 164. — Tiré à part (pagination spéciale).

F.-A. SMITT. — *A History of Scandinavian Fishes*, par B. Fries, C.-U. Ekstrom et C. Sundevall, avec planches coloriées par W. von Wright et illustrations dans le texte, seconde édition, revue et complétée par F.-A. Smitt, 2 vol. et 1 atlas, Stockholm, P.-A. Norstedt et fils; Paris, C. Reinwald et Cie; etc.; t. I, 1892; t. II et atlas, 1895.

J.-L. SOUBEIRAN. — *De la Vipère, de son venin et de sa morsure*, Paris, Victor Masson, 1855.

Dr E.-L. TROUESSART. — *Histoire naturelle de la France; 2e partie, Mammifères*, Paris, Émile Deyrolle, 1884.

Léon VAILLANT. — *Sur quelques individus, types d'espèces critiques du genre Triton, appartenant aux collections du Muséum d'Histoire naturelle de Paris*, in Bull. de la Soc. zoologique de France, Paris, ann. 1895, p. 145.

A. VALENCIENNES. — *Description d'une grande espèce de Squale voisin des Leiches*, in Nouvelles Annales du Muséum d'Histoire naturelle, Paris, 1832, t. I, p. 454 et pl. XX.

LISTE MÉTHODIQUE

DES

VERTÉBRÉS SAUVAGES OBSERVÉS EN NORMANDIE.

Cette liste méthodique a un double but : celui de montrer, sous forme de résumé, quelle est la richesse de la faune normande dans l'embranchement des Vertébrés, et celui de restreindre au minimum les recherches, en indiquant, pour chaque espèce et chaque variété, le numéro des fascicules et des pages où il en est question dans les quatre premiers fascicules de cet ouvrage. Cette liste, que j'ai rendue strictement conforme aux règles actuelles de la nomenclature des êtres organisés (op. cit.), renferme le nom de tous les Vertébrés sauvages dont la présence en Normandie a été constatée avec certitude, et qui sont venus dans cette province sans le concours de l'homme.

Si l'on compare avec cette liste les trois premiers fascicules de ma *Faune de la Normandie*, on y trouve des divergences, trop nombreuses pour que je les aie mentionnées dans le long supplément donné ci-devant. Ces divergences portent principalement sur la mise entre parenthèses de beaucoup de noms d'auteurs, et sur le changement d'un petit nombre de noms génériques et spécifiques, modifications nécessitées par les règles actuelles de la nomenclature.

Je dois ajouter que les degrés de fréquence et de rareté indiqués dans cette liste s'appliquent à l'ensemble de la Normandie ; ce ne sont que des indications générales, et, pour tous les détails, il faut se reporter à ceux que j'ai donnés dans cet ouvrage.

MAMMIFÈRES

(62 espèces et 1 variété de l'une d'elles).

Chiroptères (13 espèces).

1. *Rhinolophus ferrum-equinum* (Schreb.) (Rhinolophe grand fer-à-cheval). — T.-C. — Fasc. I, p. 137; et fasc. IV, p. 526.
2. *Rhinolophus hipposideros* (Bchst.) (Rhinolophe petit fer-à-cheval). — T.-C. — I, p. 141; et IV, p. 526.
3. *Plecotus auritus* (L.) (Oreillard vulgaire). — P.C. — I, p. 142 et 231.
4. *Synotus barbastellus* (Schreb.) (Synote barbastelle). — R. — I, p. 144 et 231.
5. *Vesperugo serotinus* (Schreb.) (Vespérien sérotine). — A.R. — I, p. 145.
6. *Vesperugo noctula* (Schreb.) (Vespérien noctule). — R. — I, p. 146.
7. *Vesperugo pipistrellus* (Schreb.) (Vespérien pipistrelle). — T.-C. — I, p. 147.
8. *Vespertilio Daubentoni* Leisl. (Vespertilion de Daubenton). — A.C. — I, p. 149.
9. *Vespertilio emarginatus* Geoffr. (Vespertilion échancré). — A.R. — I, p. 150; et IV, p. 526.
10. *Vespertilio Nattereri* Kuhl (Vespertilion de Natterer). — A.R. — I, p. 150.
11. *Vespertilio Bechsteini* Leisl. (Vespertilion de Bechstein). — R. — I, p. 151.
12. *Vespertilio murinus* Schreb. (Vespertilion murin). — C. — I, p. 152.

13. *Vespertilio mystacinus* Leisl. (Vespertilion à moustaches). — A.C. — I, p. 153.

Insectivores

(6 espèces et 1 variété de l'une d'elles).

14. *Erinaceus europaeus* L. (Hérisson vulgaire). — P.C. — I, p. 154.

15. *Crocidura russula* (Herm.) (Crocidure musette). — C. — I, p. 156 ; et IV, p. 526.

15 bis. — *Crocidura russula* (Herm.) *var. leucodon* (Herm.) (Crocidure musette var. leucode). — R. — I, p. 157 et 232.

16. *Sorex araneus* L. (Musaraigne vulgaire). — C. — I, p. 158 ; et IV, p. 527.

17. *Sorex minutus* L. (Musaraigne pygmée). — R. — I, p. 159.

18. *Crossopus fodiens* (Pall.) (Crossope aquatique). — P.C. — I, p. 160 ; et IV, p. 527.

19. *Talpa europaea* L. (Taupe vulgaire). — T.-C. — I, p. 162.

Rongeurs (15 espèces).

20. *Sciurus vulgaris* L. (Écureuil vulgaire). — A.C. — I, p. 164 et 234 ; et IV, p. 527.

21. *Myoxus quercinus* (L.) (Loir lérot). — A.C. — I, p. 167.

22. *Myoxus avellanarius* (L.) (Loir muscardin). — P.C. — I, p. 169.

23. *Mus decumanus* Pall. (Rat surmulot). — T.-C. — I, p. 170.

24. *Mus rattus* L. (Rat noir). — T.-C. — I, p. 172.

25. *Mus musculus* L. (Rat souris). — T.-C. — I, p. 173.

26. *Mus sylvaticus* L. (Rat mulot). — T.-C. — I, p. 174.

27. *Mus minutus* Pall. (Rat nain). — A. C. — I, p. 175 et 234.

28. *Microtus glareolus* (Schreb.) (Campagnol roussâtre). — P.C. — I, p. 176.

29. *Microtus terrestris* (L.) (Campagnol amphibie). — C. — I, p. 178.

30. *Microtus agrestis* (L.) (Campagnol agreste). — P.C. (?) — I, p. 234.

31. *Microtus arvalis* (Pall.) (Campagnol des champs). — T.-C. — I, p. 179.

32. *Microtus subterraneus* (Selys) (Campagnol souterrain). — A.R. — I, p. 180.

33. *Lepus europaeus* Pall. (Lièvre vulgaire). — T.-C. — I, p. 181 ; et IV, p. 527.

34. *Lepus cuniculus* L. (Lièvre lapin). — T.-C. — I, p. 183 et 236.

Carnivores (12 espèces).

35. *Meles taxus* Bodd. (Blaireau vulgaire). — P.C. — I, p. 185 ; et IV, p. 527.

36. *Martes foina* (Briss.) (Marte fouine). — A.C. — I, p. 186.

37. *Martes abietum* (L.) (Marte des pins). — A.R. — I, p. 187 ; et IV, p. 528.

38. *Mustela vulgaris* Briss. (Belette vulgaire). — C. — I, p. 189; et IV, p. 529.

39. *Mustela erminea* L. (Belette hermine). — P.C. — I, p. 190; et IV, p. 529.

40. *Mustela putorius* L. (Belette putois). — A.C. — I, p. 191, et pl. I (non Belette vison).

41. *Mustela lutreola* L. (Belette vison). — A.R. — I, p. 192; et IV, p. 529 et une planche.

42. *Lutra vulgaris* Erxl. (Loutre vulgaire). — P.C. — I, p. 194.

43. *Genetta afra* F. Cuv. (Genette vulgaire). — T.-R. — IV, p. 533 et une planche.

44. *Felis catus* L. (Chat sauvage). — T.-R. et peut-être n'existant plus en Normandie. — I, p. 195.

45. *Canis lupus* L. (Chien loup). — R. — I, p. 197 et 229.

46. *Vulpes alopex* (L.) (Renard vulgaire). — A.C. — I, p. 199.

Pinnipèdes (2 espèces).

47. *Halichoerus grypus* (O. Fabr.) (Halichère gris). — T.-R. — IV, p. 535.

48. *Phoca vitulina* L. (Phoque veau-marin). — R. — I, p. 200; et IV, p. 536.

Porcins (1 espèce).

49. *Sus scrofa* L. (Sanglier vulgaire). — A.C. — I, p. 202 et 229.

Ruminants (2 espèces).

50. *Cervus elaphus* L. (Cerf vulgaire). — A.C. — I, p. 204.

51. *Cervus capreolus* L. (Cerf chevreuil). — A.C. — I, p. 205.

Cétacés (11 espèces).

52. *Phocaena communis* Less. (Marsouin commun). — A.C. — I, p. 206.

53. *Orca Duhameli* (Lacép.) (Orque épaulard). — T.-R. — I, p. 209; et IV, p. 537.

54. *Globicephalus melas* (Traill) (Globicéphale conducteur). — T.-R. — I, p. 210.

55. *Grampus griseus* (Cuv.) (Grampus gris). — T.-R. — I, p. 213; et IV, p. 538.

56. *Delphinus tursio* O. Fabr. (Dauphin souffleur). — T.-R. — I, p. 214.

57. *Delphinus marginatus* Duvern. (Dauphin à bandes). — T.-R. — I, p. 215.

58. *Delphinus delphis* L. (Dauphin vulgaire). — A.R. — I, p. 216.

59. *Hyperoodon rostratus* (Chemn.) (Hyperoodon butzkopf). — R. — I, p. 217; et IV, p. 538.

60. *Mesoplodon sowerbyensis* (Blainv.) (Mésoplodon de Sowerby). — T.-R. — I, p. 220; et IV, p. 539.

61. *Balaenoptera rostrata* (Müll.) (Rorqual à museau pointu). — T.-R. — I, p. 221.

62. *Balaenoptera musculus* (L.) (Rorqual de la Méditerranée). — T.-R. — I, p. 222; et IV, p. 541.

OISEAUX.

[322 espèces (dont 318 formes typiques et 4 variétés), plus 10 variétés dont les formes typiques sont au nombre des précédentes, sauf l'*Uria lomvia* (L.) *var. ringvia* Brünn. (Guillemot lumme var. bridée) dont la forme typique n'a pas, à ma connaissance, été observée en Normandie, mais dont je compte ici, comme espèce, la *var. Troile* (L.) (var. de Troïl)].

Carnivores (35 espèces).

1. *Asio bubo* (L.) (Hibou grand-duc). — T.-R. — II, p. 73.
2. *Asio scops* (L.) (Hibou petit-duc). — T.-R. — II, p. 75 ; et IV, p. 542.
3. *Asio otus* (L.) (Hibou moyen-duc). — P.C. — II, p. 78.
4. *Asio ulula* (L.) (Hibou brachyote). — C. — II, p. 79.
5. *Strix aluco* L. (Chouette hulotte). — C. — II, p. 81.
6. *Strix flammea* L. (Chouette effraye). — C. — II, p. 82.
7. *Strix Tengmalmi* Gm. (Chouette de Tengmalm). — T.-R. — II, p. 83.
8. *Strix minor* (Briss.) (Chouette chevêche). — P.C. — II, p. 84.
9. *Strix nyctea* L. (Chouette harfang).— T.-R.— II, p. 86.
10. *Circus aeruginosus* (L.) (Busard des marais). — P.C. — II, p. 87.
11. *Circus cyaneus* (L.) (Busard de Saint-Martin).— A.R. — II, p. 88.
12. *Circus cineraceus* (Mont.) (Busard de Montagu). — A.R. — II, p. 90.

13. *Aquila gallica* (Gm.) (Aigle Jean-le-Blanc). — R. — II, p. 92; III, p. 503; et IV, p. 542.

14. *Aquila haliaetus* (L.) (Aigle balbusard). — A.R. — II, p. 94 et 347; et IV, p. 543.

15. *Aquila albicilla* (L.) (Aigle à queue blanche). — A.R. — II, p. 96 et 347; et III, p. 504.

16. *Aquila pennata* (Gm.) (Aigle botté). — T.-R. — II, p. 100.

17. *Aquila naevia* Briss. (Aigle criard). — R. — II, p. 101 et 347.

18. *Aquila chrysaëtos* (L.) (Aigle doré). — T.-R. — II, p. 104; et III, p. 504.

19. *Hierofalco* (*sp.?*) [Gerfaut (esp.?)].— T.R.—II, p. 106.

20. *Falco communis* Gm. (Faucon commun). — P.C. — II, p. 106.

21. *Falco subbuteo* L. (Faucon hobereau). — P.C. — II, p. 108.

22. *Falco aesalon* Tunst. (Faucon émérillon). — R. — II, p. 109.

23. *Falco tinnunculus* L. (Faucon crécerelle). — C. — II, p. 110.

24. *Falco cenchris* J.-A. Naum. (Faucon crécerine). — T.-R. — II, p. 112.

25. *Accipiter nisus* (L.) (Épervier vulgaire). — C. — II, p. 114.

26. *Accipiter palumbarius* (L.) (Épervier autour). — R. — II, p. 117.

27. *Buteo vulgaris* Salerne (Buse vulgaire). — C. — II, p. 119; et IV, p. 543.

28. *Buteo lagopus* (Brünn.) (Buse pattue). — R. — II, p. 120.

29. *Buteo apivorus* (L.) (Buse bondrée). — A.R. — II, p. 121.

30. *Elanus caeruleus* (Desf.) (Élanion blac). — T.-R. — II, p. 347.

31. *Milvus regalis* Briss. (Milan royal). — R. — II, p. 122; et IV, p. 543.

32. *Milvus niger* Briss. (Milan noir). — T.-R. — II, p. 125.

33. *Vultur monachus* L. (Vautour moine). — T.-R. — II, p. 127.

34. *Vultur fulvus* Briss. (Vautour fauve). — T.-R. — II, p. 128.

35. *Neophron percnopterus* (L.) (Néophron percnoptère). — T.-R. — II, p. 130.

Omnivores (11 espèces).

36. *Corvus corax* L. (Corbeau vulgaire). — R. — II, p. 132.

37. *Corvus corone* L. (Corbeau corneille). — T.-C. — II, p. 133.

38. *Corvus cornix* L. (Corbeau mantelé). — A.C. — II, p. 134; et IV, p. 544.

39. *Corvus frugilegus* L. (Corbeau freux). — T.-C. — II, p. 135.

40. *Corvus monedula* L. (Corbeau choucas). — T.-C. — II, p. 136 et 349; et IV, p. 544.

41. *Graculus eremita* (L.) (Crave vulgaire). — R. — II, p. 138.

42. *Nucifraga caryocatactes* (L.) (Casse-noix vulgaire). — R. — II, p. 140; III, p. 504; et IV, p. 544.

43. *Pica rusticorum* Klein (Pie vulgaire). — T.-C. — II, p. 144; et IV, p. 544.

44. *Garrulus glandarius* (L.) (Geai vulgaire). — T.-C.— II, p. 146; et IV, p. 544.

45. *Sturnus vulgaris* L. (Étourneau vulgaire). — T.-C.— II, p. 148.

46. *Pastor roseus* (L.) (Martin roselin). — T.-R. — II, p. 150.

Insectivores

[91 espèces (dont 89 formes typiques et 2 variétés), plus cinq variétés appartenant à quatre de ces formes typiques].

47. *Lanius excubitor* L. (Pie-grièche grise). — P.C. — II, p. 152.

47bis. *Lanius excubitor* L. *var. major* Pall. (Pie-grièche grise var. majeure). — P.C. — II, p. 154; et III, p. 505.

48. *Lanius rufus* Briss. (Pie-grièche rousse). — A.R. — II, p. 155.

49. *Lanius collurio* L. (Pie-grièche écorcheur). — C. — II, p. 156.

50. *Coracias garrula* L. (Rollier vulgaire). — T.-R. — II, p. 157; et IV, p. 545.

51. *Parus major* L. (Mésange charbonnière). — T.-C. — II, p. 159.

52. *Parus caeruleus* L. (Mésange bleue). — T.-C. — II, p. 160.

53. *Parus palustris* Bchst. (Mésange des marais). — T.-C. — II, p. 162.

54. *Parus cristatus* L. (Mésange huppée). — P.C. — II, p. 163; et IV, p. 546.

55. *Parus ater* L. (Mésange noire). — P.C. — II, p. 165.

56. *Parus caudatus* L. (Mésange à longue queue). — R. (?) — II, p. 166.

56bis. *Parus caudatus* L. *var. longicauda* Briss. (Mésange à longue queue var. rosâtre). — T.-C. — II, p. 168; et IV, p. 546.

57. *Parus biarmicus* L. (Mésange à moustaches). — R. — II, p. 169.

58. *Parus pendulinus* L. (Mésange rémiz). — T.-R. — II, p. 170.

59. *Regulus cristatus* (Klein) (Roitelet huppé). — T.-C. — II, p. 173.

60. *Regulus ignicapillus* (Brehm) (Roitelet à triple bandeau). — P.C. — II, p. 174.

61. *Sitta europaea* L. *var. caesia* M. et W. (Sittelle vulgaire var. torche-pot). — C. — II, p. 176; et IV, p. 546.

62. *Tichodroma muraria* (L.) (Tichodrome échelette). — T.-R. — II, p. 178 et 349; et III, p. 505.

63. *Certhia familiaris* L. (Grimpereau familier). — T.-C. — II, p. 180; et IV, p. 546.

64. *Picus viridis* L. (Pic vert). — C. — II, p. 181: et IV, p. 546.

65. *Picus canus* Gm. (Pic cendré). — T.-R. — II, p. 183 et 349; et III, p. 506.

66. *Picus major* L. (Pic épeiche). — A.C. — II, p. 184.

67. *Picus medius* L. (Pic mar). — R. — II, p. 186.

68. *Picus minor* L. (Pic épeichette). — P.C. — II, p. 187.

69. *Yunx torquilla* L. (Torcol vulgaire). — P.C. — II, p. 189.

70. *Cuculus canorus* L. (Coucou vulgaire). — C. — II, p. 191 et 349; et IV, p. 546.

71. *Merops apiaster* L. (Guêpier vulgaire). — T.-R. — II, p. 195 et 349; et IV, p. 546.

72. *Hirundo rustica* L. (Hirondelle de cheminée). — T.-C. — II, p. 198.

73. *Hirundo urbica* L. (Hirondelle de fenêtre). — T.-C.— II, p. 200.

74. *Hirundo riparia* L. (Hirondelle de rivage). — C. — II, p. 201.

75. *Cypselus apus* (L.) (Martinet noir). — T.-C. — II, p. 203.

76. *Cypselus melba* (L.) (Martinet alpin). — T.-R. — II, p. 204.

77. *Caprimulgus europaeus* L. (Engoulevent vulgaire).— A.C. — II, p. 205; et IV, p. 547.

78. *Muscicapa grisola* (Klein) (Gobe-mouches gris). — T.-C. — II, p. 207 et 349; et IV, p. 547.

79. *Muscicapa nigra* Briss. (Gobe-mouches noir). — P.C. — II, p. 208.

80. *Muscicapa collaris* Bchst. (Gobe-mouches à collier). — R. — II, p. 210.

81. *Acrocephalus arundinaceus* (L.) (Rousserolle turdoïde). — P.C. — II, p. 211.

82. *Acrocephalus streperus* (Vieill.) (Rousserolle effarvatte). — T.-C. — II, p. 212 et 349; et III, p. 506.

83. *Acrocephalus palustris* (Bchst.) (Rousserolle verderolle). — R. — II, p. 214; et III, p. 506.

84. *Calamodyta schoenobaenus* (L.) (Phragmite des joncs). — T.-C. — II, p. 217.

85. *Calamodyta aquatica* (Gm.) (Phragmite aquatique). — P.C. — II, p. 219.

86. *Locustella naevia* (Bodd.) (Locustelle tachetée). — P.C. — II, p. 220.

87. *Anorthura troglodytes* (L.) (Anorthure troglodyte). — T.-C. — II, p. 222 et 350; et IV, p. 547.

88. *Hypolais polyglotta* (Vieill.) (Hypolaïs polyglotte). — A.C. — II, p. 223.

89. *Hypolais icterina* (Vieill.) (Hypolaïs contrefaisant). — A.R. — II, p. 225.

90. *Phylloscopus sibilatrix* (Bchst.) (Pouillot siffleur). — C. — II, p. 226.

91. *Phylloscopus trochilus* (L.) (Pouillot fitis). — T.-C. — II, p. 227.

92. *Phylloscopus rufus* (Bchst.) (Pouillot véloce). — T.-C. — II, p. 230.

93. *Phylloscopus Bonellii* (Vïeill.) (Pouillot de Bonelli). — R. — II, p. 231; et III, p. 507.

94. *Sylvia atricapilla* (L.) (Fauvette à tête noire). — T.-C. — II, p. 232.

95. *Sylvia minor* (Briss.) (Fauvette des jardins). — C. — II, p. 233.

96. *Sylvia garrula* (Briss.) (Fauvette babillarde). — P. C. — II, p. 234.

97. *Sylvia orphea* Temm. (Fauvette orphée). — T.-R. — II, p. 235.

98. *Sylvia cinerea* (Briss.) (Fauvette grisette). — T.-C. — II, p. 236.

99. *Sylvia undata* (Bodd.) (Fauvette provençale). — T.-R. — II, p. 237 et 350.

100. *Bombycilla bohemica* Briss. (Jaseur de Bohême). — T.-R. — II, p. 239; III, p. 508; et IV, p. 547.

101. *Oriolus galbula* L. (Loriot jaune). — P. C. — II, p. 241 et 351; et IV, p. 548.

102. *Turdus musicus* L. (Grive musicienne). — T.-C. — II, p. 242; et IV, p. 548.

103. *Turdus viscivorus* L. (Grive draine). — C. — II, p. 244.

104. *Turdus aureus* Holl. (Grive dorée). — T.-R. — II, p. 245.

105. *Turdus iliacus* L. (Grive mauvis). — C. — II, p. 246.

106. *Turdus pilaris* L. (Grive litorne). — A. C. — II, p. 247.

107. *Turdus torquatus* L. (Grive à plastron). — A.R. — II, p. 248.

108. *Turdus merula* L. (Grive merle). — T.-C. — II, p. 250; et IV, p. 548.

109. *Monticola saxatilis* (Briss.) (Pétrocincle de roche). — T.-R. — II, p. 251.

110. *Saxicola oenanthe* (L.) (Traquet motteux). — P. C. — II, p. 252; et IV, p. 548.

111. *Saxicola rubetra* (L.) (Traquet tarier). — C. — II, p .254.

112. *Saxicola rubicola* (L.) (Traquet rubicole). — T.-C. — II, p. 255.

113. *Cinclus aquaticus* Bchst. (Cincle d'eau). — T.-R. — II, p. 256.

114. *Alcedo ispida* L. (Martin-pêcheur vulgaire). — C. — II, p. 258; et IV, p. 548.

115. *Upupa epops* L. (Huppe vulgaire). — P. C. — II, p. 261.

116. *Accentor modularis* (L.) (Accenteur mouchet). — T.-C. — II, p. 262; et IV, p. 549.

117. *Accentor collaris* (Scop.) (Accenteur des Alpes). — T.-R. — II, p. 263.

118. *Erithacus luscinia* (L.) (Rubiette rossignol). — T.-C. — II, p. 266; et IV, p. 549.

119. *Erithacus philomela* (L.) (Rubiette progné). — R. — II, p. 267.

120. *Erithacus phoenicurus* (L.) (Rubiette de muraille). — T.-C. — II, p. 268; III, p. 508; et IV, p. 549.

121. *Erithacus titis* (L.) (Rubiette titis). — R. — II, p. 269; III, p. 509; et IV, p. 549.

122. *Erithacus rubecula* (L.) (Rubiette rouge-gorge). — T.-C. — II, p. 273.

123. *Erithacus caerulecula* (Pall.) *var. gibraltariensis* (Briss.) (Rubiette suédoise var. gorge-bleue). — P. C. — II, p. 275.

124. *Motacilla alba* L. (Bergeronnette grise). — C. — II, p. 277; et IV, p. 549.

124 bis. *Motacilla alba* L. *var. lugubris* Temm. (Bergeronnette grise var. de Yarrell). — P.C. — II, p. 279.

125. *Motacilla boarula* Penn. (Bergeronnette boarule). — P. C. — II, p. 279.

126. *Motacilla flava* L. (Bergeronnette printanière). — A.C. — II, p. 281; et IV, p. 549.

126 bis. *Motacilla flava* L. *var. Rayi* (Bp.) (Bergeronnette printanière var. de Ray). — C. — II, p. 282.

126 ter. *Motacilla flava* L. *var. cinereocapilla* Savi (Bergeronnette printanière var. à tête cendrée). — T.-R. — II, p. 283.

127. *Anthus spinoletta* (L.) (Pipit spioncelle). — P. C. — II, p. 284.

128. *Anthus obscurus* (Penn.) (Pipit obscur). — C. — II, p. 286.

129. *Anthus pratensis* (Briss.) (Pipit farlouse). — T.-C. — II, p. 286; et IV, p. 550.

130. *Anthus arboreus* (Briss.) (Pipit des arbres). — C. — II, p. 288.

131. *Anthus campestris* (L.) (Pipit rousseline). — R. — II, p. 289.

132. *Anthus Richardi* Vieill. (Pipit de Richard). — R. — II, p. 292.

133. *Alauda arvensis* L. (Alouette des champs). — T.-C. — II, p. 294.

134. *Alauda alpestris* L. (Alouette alpestre). — A. R. — II, p. 295; III, p. 509; et IV, p. 550.

135. *Alauda cristata* L. (Alouette cochevis). — A. C. — II, p. 297; et IV, p. 550.

136. *Alauda arborea* L. (Alouette lulu). — A. C. — II, p. 299.

137. *Alauda brachydactyla* Leisl. (Alouette calandrelle). — T.-R. — II, p. 300.

Granivores

[25 espèces (dont 24 formes typiques et 1 variété), plus 1 variété de l'une de ces formes typiques].

138. *Emberiza lapponica* (L.) (Bruant montain). — T.-R. — II, p. 302; et IV, p. 550.

139. *Emberiza nivalis* L. (Bruant de neige). — A. R. — II, p. 304; et IV, p. 551.

140. *Emberiza miliaria* L. (Bruant proyer). — P. C. — II, p. 307.

141. *Emberiza citrinella* L. (Bruant jaune). — T.-C. — II, p. 308; et IV, p. 551.

142. *Emberiza cirlus* L. (Bruant zizi). — A. C. — II, p. 309.

143. *Emberiza cia* L. (Bruant fou). — R. — II, p. 310.

144. *Emberiza hortulana* L. (Bruant ortolan). — R. — II, p. 312.

145. *Emberiza schoeniclus* L. (Bruant des roseaux). — A. C. — II, p. 314.

146. *Emberiza passerina* Pall. (Bruant passerine). — T.-R. (?) — II, p. 315.

147. *Aegiothus linaria* (L.) (Sizerin boréal). — A. R. — II, p. 316.

147 bis. *Aegiothus linaria* (L.) *var. minima* (Briss.) (Sizerin boréal var. cabaret). — A.C. — II, p. 318.

148. *Carduelis spinus* (L.) (Chardonneret tarin). — A. C. — II, p. 319.

149. *Carduelis Jovis* (Klein) (Chardonneret élégant). — C. — II, p. 320; et IV, p. 552.

150. *Linaria cannabina* (L.) (Linotte vulgaire). — T.-C. — II, p. 321.

151. *Linaria montana* Briss. (Linotte de montagne). — R. — II, p. 323.

152. *Fringilla coelebs* L. (Pinson vulgaire). — T.-C. — II, p. 325.

153. *Fringilla montifringilla* L. (Pinson d'Ardennes). — C. — II, p. 327; et IV, p. 552.

154. *Coccothraustes vulgaris* Klein (Gros-bec vulgaire). — P. C. — II, p. 329; et IV, p. 552.

155. *Loxia curvirostra* L. (Bec-croisé vulgaire). — A. R. — II, p. 330; III, p. 510; et IV, p. 552.

156. *Loxia pityopsittacus* Bchst. (Bec-croisé perroquet). — R. — II, p. 334.

157. *Loxia leucoptera* Gm. *var. bifasciata* (Brehm) (Bec-croisé leucoptère var. à double bande). — T.-R. — II, p. 336.

158. *Pyrrhula Aldrovandii* Salerne (Bouvreuil vulgaire). — A. C. — II, p. 337; et IV, p. 553.

159. *Ligurinus chloris* (L.) (Verdier vulgaire). — A. C. — II, p. 338.

160. *Passer domesticus* (L.) (Moineau domestique). — T.-C. — II, p. 340; et IV, p. 553.

161. *Passer montanus* (L.) (Moineau friquet). — T.-C. — II, p. 342 ; et IV, p. 553.

162. *Passer stultus* Briss. (Moineau soulcie). — T.-R. — II, p. 344.

Pigeons (5 espèces).

163. *Columba palumbus* L. (Pigeon ramier). — A.C. — III, p. 209.

164. *Columba oenas* L. (Pigeon colombin). — A.R. — III, p. 210.

165. *Columba livia* Briss. (Pigeon biset). — T.-R. (à l'état sauvage). — III, p. 212.

166. *Columba turtur* L. (Pigeon tourterelle). — C. — III, p. 215; et IV, p. 553.

167. *Columba migratoria* L. (Pigeon voyageur). — T.-R. — III, p. 216.

Gallinacés

(6 espèces et 1 variété de l'une d'elles).

168. *Syrrhaptes paradoxus* (Pall.) (Syrrhapte paradoxal). — T.-R. — III, p. 218; et IV, p. 553.

169. *Lagopus scoticus* (Briss.) (Lagopède d'Écosse). — T.-R. — III, p. 221.

170. *Perdix rubra* Briss. (Perdrix rouge). — R. — III, p. 222; et IV, p. 554.

171. *Perdix cinerea* Briss. (Perdrix grise). — C. — III, p. 225.

171 bis. *Perdix cinerea* Briss. *var. damascena* Briss. (Perdrix grise var. roquette). — P.C. — III, p. 226; et IV, p. 561.

172. *Coturnix communis* Bonnat. (Caille commune). — C. — III, p. 230.

173. *Phasianus colchicus* L. (Faisan vulgaire). — A.R. (à l'état complètement sauvage).— III, 232 et 510.

Échassiers (64 espèces).

174. *Otis tarda* L. (Outarde barbue). — R. — III, p. 234 et 510; et IV, p. 562.

175. *Otis tetrax* L. (Outarde canepetière). — A.R. — III, p. 237; et IV, p. 562.

176. *Glareola torquata* Briss. (Glaréole à collier). — R. — III, p. 239.

177. *Cursorius gallicus* (Gm.) (Court-vite isabelle). — T.-R. — III, p. 241.

178. *Oedicnemus scolopax* (S. Gm.) (Oedicnème criard). — A.R. — III, p. 243.

179. *Charadrius apricarius* L. (Pluvier doré). — C. — III, p. 244.

180. *Charadrius morinellus* L. (Pluvier guignard). — A.R. — III, p. 245.

181. *Charadrius hiaticula* L. (Pluvier hiaticule). — C. — III, p. 246.

182. *Charadrius dubius* Scop. (Pluvier des Philippines). — A.R. — III, p. 248.

183. *Charadrius cantianus* Lath. (Pluvier de Kent). — A.C. — III, p. 250.

184. *Vanellus squatarola* (L.) (Vanneau varié). — A.C. — III, p. 251.

185. *Vanellus vulgaris* (Klein) (Vanneau huppé). — T.-C. — III, p. 252; et IV, p. 563.

186. *Haematopus ostralegus* L. (Huîtrier pie). — C. — III, p. 254.

187. *Strepsilas interpres* (L.) (Tourne-pierres à collier). — A.C. — III, p. 256.

188. *Calidris arenaria* (L.) (Sanderling des sables). — A.C. — III, p. 257.

189. *Himantopus Plinii* Salerne (Échasse blanche). — R. — III, p. 258.

190. *Recurvirostra avocetta* L. (Récurvirostre avocette). — P.C. — III, p. 261.

191. *Limosa belgica* (Gm.) (Barge à queue noire). — A.C. — III, p. 263.

192. *Limosa lapponica* (L.) (Barge rousse). — P.C. — III, p. 264.

193. *Totanus glottis* (L.) (Chevalier aboyeur). — A.R. — III, p. 266.

194. *Totanus fuscus* (L.) (Chevalier brun). — A.C. — III, p. 268.

195. *Totanus stagnatilis* Bchst. (Chevalier stagnatile). — T.-R. — III, p. 269.

196. *Totanus gambetta* (L.) (Chevalier gambette). — C. — III, p. 270.

197. *Totanus glareola* (L.) (Chevalier sylvain). — R. — III, p. 272 et 511.

198. *Totanus ochropus* (L.) (Chevalier cul-blanc). — P.C. — III, p. 273.

199. *Totanus hypoleucos* (L.) (Chevalier guignette). — C. — III, p. 274.

200. *Machetes pugnax* (L.) (Combattant vulgaire). — A.C. — III, p. 278.

201. *Tringa pygmaea* (Bchst.) (Bécasseau platyrhynque). — A.R. — III, p. 281.

202. *Tringa subarquata* (Güldst.) (Bécasseau cocorli). — A.C. — III, p. 282.

203. *Tringa alpina* L. (Bécasseau variable). — C. — III, p. 283.

204. *Tringa maritima* Brünn. (Bécasseau violet). — A.R. — III, p. 285.

205. *Tringa minuta* Leisl. (Bécasseau minule). — P.C. — III, p. 287.

206. *Tringa Temmincki* Leisl. (Bécasseau de Temminck). — R. — III, p. 288.

207. *Tringa canutus* L. (Bécasseau canut). — A.C. — III, p. 289.

208. *Macroramphus griseus* (Gm.) (Macroramphe gris). — T.-R. — III, p. 290.

209. *Scolopax minima* Klein (Bécasse sourde). — A.C. — III, p. 291.

210. *Scolopax gallinago* L. (Bécasse bécassine). — T.-C. — III, p. 293.

211. *Scolopax media* J.-L. Frisch (Bécasse double-bécassine). — A.R. — III, p. 294.

212. *Scolopax rusticula* L. (Bécasse vulgaire). — C. — III, p. 297.

213. *Numenius arquata* (L.) (Courlis cendré). — C. — III, p. 298.

214. *Numenius tenuirostris* Vieill. (Courlis à bec grêle). — T.-R. — III, p. 300 et 511.

215. *Numenius phaeopus* (L.) (Courlis corlieu). — P.C. — III, p. 301.

216. *Falcinellus castaneus* (Briss.) (Falcinelle éclatant). — T.-R. — III, p. 302; et IV, p. 563.

217. *Grus communis* Bchst. (Grue cendrée). — T.-R. — III, p. 305 et 511; et IV, p. 563.

218. *Ciconia alba* Klein (Cigogne blanche). — A.R. — III, p. 308.

219. *Ciconia nigra* (L.) (Cigogne noire). — T.-R. — III, p. 309 et 511; et IV, p. 564.

220. *Platalea leucorodia* L. (Spatule blanche). — P.C. — III, p. 312.

221. *Ardea cinerea* L. (Héron cendré). — P.C. — III, p. 313; et IV, p. 565.

222. *Ardea purpurascens* Briss. (Héron pourpré). — R. — III, p. 315; et IV, p. 565.

223. *Ardea alba* L. (Héron aigrette). — T.-R. — III, p. 318.

224. *Ardea garzetta* L. (Héron garzette). — T.-R. — III, p. 319.

225. *Ardea ralloides* Scop. (Héron crabier). — R. — III, p. 321.

226. *Ardea nycticorax* L. (Héron bihoreau). — R. — III, p. 324 et 512.

227. *Ardea stellaris* L. (Héron butor). — P.C. — III, p. 327.

228. *Ardea ardeola* Briss. (Héron blongios). — P.C. — III, p. 328.

229. *Rallus aquaticus* L. (Râle d'eau). — C. — III, p. 330.

230. *Rallus crex* L. (Râle des genêts). — A.C. — III, p. 331.

231. *Rallus porzana* L. (Râle marouette). — A.C. — III, p. 333.

232. *Rallus pusillus* Pall. (Râle de Baillon). — P.C. — III, p. 334.

233. *Rallus parvus* Scop. (Râle poussin). — R. — III, p. 336.

234. *Gallinula chloropus* (L.) (Poule d'eau vulgaire). — C. — III, p. 337.

235. *Fulica atra* L. (Foulque macroule). — A.C. — III, p. 339; et IV, p. 566.

236. *Phalaropus cinereus* Briss. (Phalarope hyperboré). — R. — III, p. 341; et IV, p. 566.

237. *Phalaropus fulicarius* (L.) (Phalarope platyrhynque). — R. — III, p. 343; et IV, p. 567.

Palmipèdes

[85 espèces dont 84 formes typiques et 1 variété (*Troile*), et 3 variétés dont les formes typiques sont au nombre des précédentes, sauf l'*Uria lomvia* (L.) *var. ringvia* Brünn. (Guillemot lumme var. bridée), dont la forme typique n'a pas, à ma connaissance, été observée en

Normandie, et dont je compte comme espèce la *var. Troile* (L.) (var. de Troïl)].

238. *Sterna nigra* Briss. (Sterne épouvantail). — P.C. — III, p. 345.

239. *Sterna leucoptera* M. et S. (Sterne leucoptère). — R. — III, p. 346.

240. *Sterna hybrida* Pall. (Sterne moustac). — T.-R. — III, p. 348.

241. *Sterna minor* Briss. (Sterne naine). — P.C. — III, p. 349.

242. *Sterna major* Briss. (Sterne pierre-garin). — C. — III, p. 350.

243. *Sterna paradisea* Brünn. (Sterne paradis). — R. — III, p. 351.

244. *Sterna Dougalli* Mont. (Sterne de Dougall). — T.-R. — III, p. 352.

245. *Sterna cantiaca* Gm. (Sterne caugek). — C. — III, p. 353.

246. *Sterna anglica* Mont. (Sterne hansel). — R. — III, p. 354.

247. *Sterna caspia* Pall. (Sterne tschégrava). — R. — III, p. 356.

248. *Larus Sabinei* Sab. (Goëland de Sabine). — T.-R. — III, p. 358.

249. *Larus minutus* Pall. (Goëland pygmée). — R. — III, p. 359.

250. *Larus ridibundus* (Briss.) (Goëland rieur). — C. — III, p. 361.

251. *Larus tridactylus* L. (Goëland tridactyle). — A.C. — III, p. 362.

252. *Larus eburneus* Phipps (Goëland sénateur). — T.-R. — III, p. 364.

253. *Larus canus* L. (Goëland cendré). — C. — III, p. 365.

254. *Larus leucopterus* Faber (Goëland leucoptère). — T.-R. — III, p. 366.

255. *Larus glaucus* Brünn. (Goëland bourgmestre). — T.-R. — III, p. 367.

256. *Larus cinereus* Briss. (Goëland argenté). — C. — III, p. 369.

256 bis. *Larus cinereus* Briss. *var. cachinnans* Pall. (Goëland argenté var. de Michahelles). — T.-R. — III, p. 371.

257. *Larus fuscus* L. (Goëland brun). — A.C. — III, p. 371.

258. *Larus marinus* L. (Goëland marin). — A.C. — III, p. 373.

259. *Stercorarius longicaudus* Briss. (Stercoraire longicaude). — R. — III, p. 376.

260. *Stercorarius crepidatus* (Banks) (Stercoraire de Richardson). — R. — III, p. 378.

261. *Stercorarius striatus* Briss. (Stercoraire pomarin). — R. — III, p. 379.

262. *Stercorarius fuscus* (Briss.) (Stercoraire cataracte). — R. — III, p. 382 et 512; et IV, p. 567.

263. *Procellaria cinerea* Briss. (Pétrel glacial). — T.-R. — III, p. 384.

264. *Puffinus gravis* (O'Reilly) (Puffin majeur). — T.-R. — III, p. 386.

265. *Puffinus Anglorum* (Kuhl) (Puffin des Anglais). — R. — III, p. 387; et IV, p. 568.

266. *Puffinus griseus* (Gm.) (Puffin fuligineux). — T.-R. — III, p. 389.

267. *Thalassidroma pelagica* (L.) (Thalassidrome des tempêtes). — A.R. — III, p. 391.

268. *Thalassidroma leucorrhoa* (Vieill.) (Thalassidrome de Leach). — A.R. — III, p. 393 et 513; et IV, p. 568.

269. *Diomedea exulans* L. (Albatros hurleur). — T.-R. — III, p. 396; et IV, p. 569.

270. *Sula bassana* (L.) (Fou de Bassan). — A.R. — III, p. 399; et IV, p. 574.

271. *Phalacrocorax carbo* Dumont (Cormoran vulgaire). — A.C. — III, p. 401.

271 bis. *Phalacrocorax carbo* Dumont *var. cormoranus* (M. et W.) (Cormoran vulgaire var. moyenne). — A.R. — III, p. 402.

272. *Phalacrocorax minor* Briss. (Cormoran huppé). — A.R. — III, p. 403.

273. *Phalacrocorax pygmaeus* (Pall.) (Cormoran pygmée). — T.-R. — III, p. 405.

274. *Anser ferus* Salerne (Oie cendrée). — A.C. — III, p. 406.

275. *Anser sylvestris* Briss. (Oie des moissons). — C. — III, p. 408.

276. *Anser brachyrhynchus* Baill. (Oie à bec court). — R. — III, p. 409 et 513; et IV, p. 574.

277. *Anser albifrons* (Scop.) (Oie rieuse). — C. — III, p. 411.

278. *Anser erythropus* (Gm.) (Oie bernache). — A.R. — III, p. 412.

279. *Anser bernicla* (L.) (Oie cravant). — A.C. — III, p. 414.

280. *Anser ruficollis* Pall. (Oie à cou roux). — T.-R. — III, p. 415.

281. *Anser aegyptiacus* Briss. (Oie d'Égypte). — T.-R. — III, p. 417.

282. *Cygnus ferus* Briss. (Cygne sauvage). — A.R. — III, p. 419; et IV, p. 575.

283. *Cygnus minor* Pall. (Cygne de Bewick). — R. — III, p. 422 et 513; et IV, p. 578.

284. *Cygnus mansuetus* Salerne (Cygne tuberculé). — T.-R. (à l'état complètement sauvage). — III, p. 423.

285. *Anas tadorna* L. (Canard tadorne). — P.C. — III, p. 425.

286. *Anas clypeata* L. (Canard souchet). — P.C. — III, p. 427.

287. *Anas boscas* L. (Canard sauvage). — C.— III, p. 429.

288. *Anas acuta* L. (Canard pilet). — C. — III, p. 430.

289. *Anas strepera* L. (Canard chipeau). — A.R. — III, p. 431 et 514; et IV, p. 578.

290. *Anas Penelope* L. (Canard siffleur). — C. — III, p. 434.

291. *Anas querquedula* L. (Canard sarcelle). — A.C. — III, p. 435.

292. *Anas crecca* L. (Canard sarcelline). — C. — III, p. 436.

293. *Anas formosa* Georgi (Canard formose). — T.-R. — III, p. 438.

294. *Fuligula clangula* (L.) (Fuligule garrot). — P.C. — III, p. 443.

295. *Fuligula hyemalis* (L.) (Fuligule de Miquelon). — R. — III, p. 444 et 514; et IV, p. 579.

296. *Fuligula marila* (L.) (Fuligule milouinan). — P.C. — III, p. 446.

297. *Fuligula ferina* (L.) (Fuligule milouin). — A.C.— III, p. 447.

298. *Fuligula latirostra* (Brünn.) (Fuligule morillon). —. C. — III, p. 449.

299. *Fuligula nyroca* (Güldst.) (Fuligule nyroca). — R. — III, p. 450; et IV, p. 579.

300. *Fuligula rufina* (Pall.) (Fuligule roussâtre). — T.-R. — III, p. 452.

301. *Fuligula mollissima* (L.) (Fuligule eider). — A.R. — III, p. 454 et 514; et IV, p. 580.

302. *Fuligula spectabilis* (L.) (Fuligule à tête grise). — T.-R. — III, p. 457.

303. *Fuligula nigra* (L.) (Fuligule macreuse). — C. — III, p. 458.

304. *Fuligula fusca* (L.) (Fuligule brune). — P.C. — III, p. 459.

305. *Fuligula perspicillata* (L.) (Fuligule à lunettes). — T.-R. — III, p. 461; et IV, p. 580.

306. *Fuligula leucocephala* (Scop.) (Fuligule couronnée). — T.-R. — III, p. 462.

307. *Mergus merganser* L. (Harle bièvre). — A.R. — III, p. 464.

308. *Mergus serrator* L. (Harle huppé). — A.R. — III, p. 467 ; et IV, p. 581.

309. *Mergus albellus* L. (Harle piette). — A.R. — III, p. 469.

310. *Colymbus maximus* (Klein) (Plongeon imbrim). — R. — III, p. 472; et IV, p. 582.

311. *Colymbus arcticus* L. (Plongeon lumme). — R. — III, p. 474 ; et IV, p. 582.

312. *Colymbus minor* (Briss.) (Plongeon cat-marin). — A.C. — III, p. 477.

313. *Podicipes cristatus* (L.) (Grèbe huppé). — A.C. — III, p. 479.

314. *Podicipes griseigena* (Bodd.) (Grèbe jougris).— R. — III, p. 480 ; et IV, p. 583.

315. *Podicipes minor* (Briss.) (Grèbe esclavon).— R. — III, p. 482.

316. *Podicipes auritus* (Briss.) (Grèbe à cou noir).— R. — III, p. 484.

317. *Podicipes fluviatilis* (Briss.) (Grèbe castagneux).— C. — III, p. 486.

318. *Uria lomvia* (L.) *var. Troile* (L.) (Guillemot lumme var. de Troïl). — A.R. — III, p. 487.

318 bis. *Uria lomvia* (L.) *var. ringvia* Brünn. (Guillemot lumme var. bridée). — R. — III, p. 489.

319. *Uria grylle* (L.) (Guillemot grylle). — R. — III, p. 491.

320. *Mergulus alle* (L.) (Mergule nain). — R. — III, p. 493.

321. *Fratercula arctica* (L.) (Macareux moine). — A. R. — III, p. 495.

322. *Alca torda* L. (Pingouin macroptère). — C. — III, p. 497.

REPTILES

(12 espèces).

Chéloniens (2 espèces).

1. *Chelone imbricata* (L.) (Chélonée caret). — T.-R. — IV, p. 153 et 497.

2. *Dermochelys coriacea* (L.) (Dermochélyde luth). — T.-R. — IV, p. 156.

Sauriens (5 espèces).

3. *Lacerta viridis* (Laur.) (Lézard vert). — P. C. — IV, p. 159 et 497.

4. *Lacerta agilis* L. (Lézard des souches). — P.C. (Normandie orientale). — IV, p. 164.

5. *Lacerta vivipara* Jacquin (Lézard vivipare). — A.C. — IV, p. 165.

6. *Lacerta muralis* (Laur.) (Lézard des murailles). — A.C. — IV, p. 167.

7. *Anguis fragilis* L. (Orvet fragile). — C. — IV, p. 169.

Ophidiens (5 espèces).

8. *Coluber longissimus* (Laur.) (Couleuvre d'Esculape). — P.C. (Normandie méridionale). — IV, p. 171.
9. *Tropidonotus natrix* (L.) (Tropidonote à collier). — A.C. — IV, p. 174.
10. *Coronella austriaca* Laur. (Coronelle lisse). — A.C. — IV, p. 183.
11. *Vipera aspis* (L.) (Vipère aspic).— A.R. (Normandie méridionale). — IV, p. 185 et 498.
12. *Vipera berus* (L.) (Vipère bérus). — A.C. — IV, p. 191.

BATRACIENS

[16 espèces (15 formes typiques et 1 variété)].

Anoures [10 espèces (9 formes typiques et 1 variété)].

1. *Hyla arborea* (L.) (Rainette verte). — A.C. — IV, p. 194.
2. *Rana esculenta* L. (Grenouille verte). — T.-C. — IV, p. 196.
3. *Rana temporaria* L. (Grenouille rousse). — T.-C. — IV, p. 198.
4. *Rana agilis* Thomas (Grenouille agile).— A.C. — IV, p. 199.
5. *Bufo vulgaris* Laur. (Crapaud vulgaire). — C. — IV, p. 201.
6. *Bufo calamita* Laur. (Crapaud calamite). — A.C. — IV, p. 203.

7. *Pelobates fuscus* (Laur.) (Pélobate brun). — P.C. — IV, p. 205.

8. *Pelodytes punctatus* (Daud.) (Pélodyte ponctué). — A.R. — IV, p. 207 et 499.

9. *Bombinator pachypus* Fitz. *var. brevipes* Blas. (Sonneur à pieds épais var. brévipède). — P.C. — IV, p. 211.

10. *Alytes obstetricans* (Laur.) (Alyte accoucheur). — C. — IV, p. 215.

Urodèles (6 espèces).

11. *Salamandra maculosa* Laur. (Salamandre tachetée). — A.C. — IV, p. 217.

12. *Triton cristatus* Laur. (Triton à crête). — C. — IV, p. 219.

13. *Triton marmoratus* (Latr.) (Triton marbré). — R. (Normandie occidentale). — IV, p. 221 et 500.

14. *Triton alpestris* Laur. (Triton alpestre). — C. — IV, p. 225.

15. *Triton vulgaris* (L.) (Triton ponctué). — C. — IV, 226.

16. *Triton palmatus* (Schneid.) (Triton palmé). — T.-C. — IV, p. 228.

POISSONS

[163 espèces (162 formes typiques et 1 variété), plus une variété appartenant à l'une de ces formes typiques].

Sélaciens (23 espèces).

1. *Scylliorhinus canicula* (L.) (Roussette à petites taches). — C. — IV, p. 230.

2. *Scylliorhinus stellaris* (L.) (Roussette à grandes taches). — A.C. — IV, p. 231.

3. *Alopias vulpes* (Gm.) (Alopias renard). — A.R. — IV, p. 232.

4. *Isurus cornubicus* (Gm.) (Lamie à nez long). — R. — IV, p. 235.

5. *Cetorhinus maximus* (Gunn.) (Pèlerin très-grand). — T.-R. — IV, p. 238.

6. *Mustelus vulgaris* M. et H. (Émissole vulgaire). — C. — IV, p. 242.

7. *Galeorhinus galeus* (L.) (Milandre vulgaire). — C. — IV, p. 243.

8. *Carcharias glaucus* (L.) (Requin bleu). — R. — IV, p. 244 et 500.

9. *Squalus acanthias* L. (Squale aiguillat). — C. — IV, p. 247 et 501.

10. *Acanthorhinus carcharias* (Gunn.) (Acanthorhine à courtes nageoires). — T.-R. — IV, p. 249.

11. *Rhina squatina* (L.) (Rhine ange). — A.C. — IV, p. 250.

12. *Torpedo marmorata* Risso (Torpille marbrée). — R. — IV, p. 252.

13. *Raia clavata* L. (Raie bouclée). — T.-C. — IV, p. 257.

14. *Raia radiata* Donov. (Raie radiée). — R. — IV, p. 258.

15. *Raia falsavela* Bp. (Raie fausse-voile). — R. — IV, p. 260.

16. *Raia macrorhynchus* Raf. (Raie à bec long). — P.C. — IV, p. 261.

17. *Raia batis* L. (Raie batis). — P.C. — IV, p. 262.

18. *Raia alba* Lacép. (Raie blanche). — P.C. — IV, p. 263.

19. *Raia punctata* Risso (Raie ponctuée). — P.C. — IV, p. 264.

20. *Raia maculata* Mont. (Raie estellée). — A.C. — IV, p. 265.

21. *Raia mosaica* Lacép. (Raie ondulée). — A.C. — IV, p. 266.

22. *Myliobatis aquila* (L.) (Myliobate aigle). — R. — IV, p. 267.

23. *Trygon pastinaca* (L.) (Trygon pastenague). — A.R. — IV, p. 269.

Sturioniens (1 espèce).

24. *Acipenser sturio* L. (Esturgeon vulgaire). — P.C. — IV, p. 271.

Lophobranches (7 espèces).

25. *Hippocampus antiquorum* Leach (Hippocampe brévirostre). — R. — IV, p. 274.

26. *Syngnathus acus* L. (Syngnathe aiguille). — T.-C. — IV, p. 276.

27. *Syngnathus rostellatus* Nilss. (Syngnathe de Duméril). — T.-R. — IV, p. 278.

28. *Siphonostoma typhle* (L.) (Siphonostome typhle). — A.C. — IV, p. 280.

29. *Entelurus aequoreus* (L.) (Entelure de mer). — A.C. — IV, p. 281 et 503.

30. *Nerophis lumbriciformis* (Yarr.) (Nérophis lombricoïde). — A.C. — IV, p. 283.

31. *Nerophis ophidion* (L.) (Nérophis ophidion). — A.C. — IV, p. 284.

Plectognathes (1 espèce).

32. *Orthagoriscus mola* (L.) (Orthagorisque môle). — A.R. — IV, p. 286 et une planche.

Chorignathes

[126 espèces (125 formes typiques et 1 variété), plus une variété appartenant à l'une de ces formes typiques].

33. *Trachinus vipera* C. et V. (Vive petite). — C. — IV, p. 287.

34. *Trachinus draco* L. (Vive vulgaire). — C. — IV, p. 289.

35. *Blennius palmicornis* C. et V. (Blennie palmicorne). — P.C. — IV, p. 290.

36. *Blennius gattorugine* Brünn. (Blennie gattorugine). — A.R. — IV, p. 291.

37. *Blennius ocellaris* L. (Blennie papillon). — R. — IV, p. 292.

38. *Blennius pholis* L. (Blennie pholis). — C. — IV, p. 293.

39. *Pholis gunnellus* (L.) (Pholis gonnelle). — T.-C. — IV, p. 294.

40. *Anarrhichas lupus* L. (Anarrhique loup). — T.-R. — IV, p. 295.

41. *Callionymus lyra* L. (Callionyme lyre). — T.-C. — IV, p. 297.

42. *Lophius piscatorius* L. (Baudroie vulgaire). — P.C. — IV, p. 298.

43. *Gobius laticeps* É. Moreau (Gobie à tête large). — R. — IV, p. 299.

44. *Gobius minutus* Pall. (Gobie buhotte). — T.-C. — IV, p. 300.

45. *Gobius niger* L. (Gobie noir). — C. — IV, p. 305.

46. *Gobius paganellus* L. (Gobie paganel). — A.R. — IV, p. 306.

47. *Gobius bicolor* Brünn. (Gobie à deux teintes). — P.C. — IV, p. 307.

48. *Gobius flavescens* F. (Gobie de Ruuthensparre). — A.C. — IV, p. 308.

49. *Aphya minuta* (Risso) (Aphye pellucide). — R. — IV, p. 310.

50. *Mullus barbatus* L. *var. surmuletus* L. (Mulle rouget var. surmulet). — P.C. — IV, p. 311.

51. *Trigla pini* Bl. (Grondin pin). — T.-C. — IV, p. 312.

52. *Trigla lineata* Gm. (Grondin imbriago). — C. — IV, p. 313.

53. *Trigla gurnardus* L. (Grondin gornaud). — T.-C. — IV, p. 314.

53 bis. *Trigla gurnardus* L. *var. cuculus* Bl. (Grondin gornaud var. milan). — P.C. — IV, p. 315.

54. *Trigla lyra* L. (Grondin lyre). — R. — IV, p. 316.

55. *Trigla lucerna* L. (Grondin corbeau). — A.C. — IV, p. 316.

56. *Cottus gobio* L. (Cotte chabot). — C. — IV, p. 318.

57. *Cottus scorpius* L. (Cotte scorpion). — P.C. — IV, p. 319.

58. *Cottus bubalis* Euphr. (Cotte à épines longues). — T.-C. — IV, p. 320.

59. *Agonus cataphractus* (L.) (Agone armé). — P.C. — IV, p. 321.

60. *Scorpaena porcus* L. (Scorpène rascasse). — T.-R. — IV, p. 324.

61. *Perca fluviatilis* L. (Perche de rivière). — C. — IV, p. 325.

62. *Acerina cernua* (L.) (Gremille vulgaire). — A.R. — IV, p. 327.

63. *Morone labrax* (L.) (Bar vulgaire). — C. — IV, p. 329.

64. *Morone punctata* (Bl.) (Bar tacheté). — T.-R. — IV, p. 330.

65. *Serranus cabrilla* (L.) (Serran cabrille). — T.-R. — IV, p. 331.

66. *Sciaena aquila* (Lacép.) (Maigre vulgaire). — A.R. — IV, p. 333.

67. *Scomber scombrus* L. (Scombre maquereau). — T.-C. — IV, p. 335.

68. *Orcynus thynnus* (L.) (Orcyne thon). — R. — IV, p. 337.

69. *Caranx trachurus* (L.) (Caranx saurel). — T.-C. — IV, p. 338 et une planche.

70. *Naucrates ductor* (L.) (Naucrate pilote). — T.-R. — IV, p. 341.

71. *Zeus faber* L. (Zée forgeron). — A.C. — IV, p. 342.

72. *Zeus pungio* C. et V. (Zée à épaule armée). — P.C. — IV, p. 343.

73. *Capros aper* (L.) (Capros sanglier). — A.R. — IV, p. 345.

74. *Lampris pelagicus* (Gunn.) (Lampris lune). — T.-R. — IV, p. 348 et 503.

75. *Brama Raii* (Bl.) (Castagnole de Ray). — T.-R. — IV, p. 349.

76. *Centrolophus pompilus* (L.) (Centrolophe pompile).— T.-R. — IV, p. 350.

77. *Xiphias gladius* L. (Espadon épée). — T.-R. — IV, p. 351.

78. *Echeneis* (*species?*) [Échénéis (espèce?)]. — T.-R. — IV, p. 356.

79. *Lepidopus argenteus* Bonnat. (Lépidope argenté). — T.-R. — IV, p. 357.

80. *Sparus centrodontus* Delar. (Spare rousseau). — C. — IV, p. 358.

81. *Sparus acarne* (Risso) (Spare acarne). — T.-R. — IV, p. 359.

82. *Cantharus lineatus* (Mont.) (Canthère gris). — A.C. — IV, p. 360.

83. *Labrus berggylta* Asc. (Labre vieille). — C. — IV, p. 361.

84. *Labrus mixtus* L. (Labre varié). — R. — IV, p. 362.

85. *Crenilabrus melops* (L.) (Crénilabre mélope). — A.C. — IV, p. 363.

86. *Crenilabrus Bailloni* C. et V. (Crénilabre de Baillon). — T.-R. — IV, p. 364.

87. *Ctenolabrus rupestris* (L.) (Cténolabre de roche). — A.R. — IV, p. 365.

88. *Gasterosteus aculeatus* L. (Épinoche aiguillonnée). — T.-C. — IV, p. 366.

89. *Gasterosteus pungitius* L. (Épinoche épinochette). — T.-C. — IV, p. 372.

90. *Spinachia vulgaris* Flem. (Gastrée vulgaire). — A.C. — IV, p. 375.

91. *Mugil auratus* Risso (Muge doré). — Probablement plus ou moins commun. — IV, p. 377.

92. *Mugil capito* Cuv. (Muge capiton). — C. — IV, p. 378.

93. *Mugil chelo* Cuv. (Muge à grosses lèvres). — C. — IV, p. 379.

94. *Atherina presbyter* Jen. (Athérine prêtre). — C. — IV, p. 380.

95. *Ammodytes lanceolatus* Lesauv. (Ammodyte lançon). — A.C. — IV, p. 381.

96. *Ammodytes tobianus* Lesauv. (Ammodyte équille). — T.-C. — IV, p. 382.

97. *Gadus luscus* L. (Gade tacaud). — T.-C. — IV, p. 383.

98. *Gadus callarias* L. (Gade morue). — C. — IV, p. 384.

99. *Gadus aeglefinus* L. (Gade églefin). — P.C. — IV, p. 385.

100. *Merlangus vulgaris* Flem. (Merlan vulgaire). — T.-C. — IV, p. 387.

101. *Merlangus pollachius* (L.) (Merlan jaune). — T.-C. — IV, p. 388.

102. *Merlucius vulgaris* Flem. (Merlus vulgaire). — P.C. — IV, p. 390.

103. *Lota vulgaris* Cuv. (Lote vulgaire). — A.R. — IV, p. 391.

104. *Lota molva* (L.) (Lote molve). — P.C. — IV, p. 392.

105. *Phycis blennoides* (Brünn.) (Phycis blennoïde). — T.-R. — IV, p. 393.

106. *Onos tricirratus* (Bl.) (Motelle à trois barbillons). — A.C. — IV, p. 394.

107. *Onos mustela* (L.) (Motelle à cinq barbillons). — T.-C. — IV, p. 395.

108. *Raniceps raninus* (L.) (Raniceps trifurqué). — R. — IV, p. 397.

109. *Hippoglossus vulgaris* Flem. (Hippoglosse flétan). — R. — IV, p. 399.

110. *Hippoglossoides platessoides* (O. Fabr.) (Hippoglossoïde platessoïde). — Degré de fréquence ou de rareté (?). — IV, p. 400.

111. *Limanda platessoides* (Faber) (Limande vulgaire). — T.-C. — IV, p. 403.

112. *Platessa vulgaris* Flem. (Plie carrelet). — T.-C. — IV, p. 404.

113. *Platessa microcephala* (Donov.) (Plie microcéphale). — A.R. — IV, p. 405.

114. *Flesus vulgaris* É. Moreau (Flet vulgaire). — T.-C. — IV, p. 406.

115. *Solea vulgaris* Quensel (Sole vulgaire). — T.-C. — IV, p. 408.

116. *Solea lascaris* Risso (Sole lascaris). — A.R. — IV, p. 409.

117. *Microchirus luteus* (Risso) (Microchire jaune). — P.C. — IV, p. 410.

118. *Microchirus variegatus* (Donov.) (Microchire panaché). — A.R. (?) — IV, p. 411.

119. *Zeugopterus punctatus* (Bl.) (Zeugoptère targeur). — R. — IV, p. 413.

120. *Zeugopterus unimaculatus* (Risso) (Zeugoptère unimaculé). — R. — IV, p. 414.

121. *Platophrys laterna* (Walb.) (Platophrys arnoglosse). — T.-C. — IV, p. 416.

122. *Lepidorhombus whiff* (Walb.) (Lépidorhombe mégastome). — P.C. — IV, p. 417.

123. *Bothus maximus* (L.) (Bothe turbot). — C. — IV, p. 419.

124. *Bothus rhombus* (L.) (Bothe barbue). — C. — IV, p. 420.

125. *Cyclopterus lumpus* L. (Cycloptère lompe). — P.C. — IV, p. 421.

126. *Cyclogaster liparis* (L.) (Cyclogastère liparis). — P.C. — IV, p. 425.

127. *Lepadogaster Gouani* Lacép. (Lépadogastère de Goüan). — P.C. — IV, p. 428.

128. *Lepadogaster Candollei* Risso (Lépadogastère de Candolle). — Degré de fréquence ou de rareté (?) — IV, p. 431.

129. *Lepadogaster bimaculatus* (Donov.) (Lépadogastère à deux taches). — A.C. — IV, p. 432.

130. *Cyprinus carpio* L. (Cyprin carpe). — C. — IV, p. 433.

131. *Cyprinus auratus* L. (Cyprin doré). — T.-C. — IV, p. 435.

132. *Barbus vulgaris* Flem. (Barbeau vulgaire). — A.C. IV, p. 437.

133. *Tinca vulgaris* Cuv. (Tanche vulgaire). — C. — IV, p. 438.

134. *Gobio fluviatilis* Flem. (Goujon de rivière). — C — IV, p. 439.

135. *Rhodeus amarus* (Bl.) (Bouvière commune). — P.C. — IV, p. 441.

136. *Phoxinus aphya* (L.) (Vairon vulgaire). — T.-C.— IV, p. 443.

137. *Abramis brama* (L.) (Brême vulgaire). — C. — IV, p. 445.

138. *Abramis blicca* (Bl.) (Brême bordelière). — C. — IV, p. 446.

139. *Alburnus lucidus* Heck. (Ablette vulgaire). — C.— IV, p. 447.

140. *Alburnus bipunctatus* (Bl.) (Ablette spirlin). — P.C. — IV, p. 449.

141. *Scardinius erythrophthalmus* (L.) (Rotengle vulgaire). — T.-C. — IV, p. 451.

142. *Leuciscus rutilus* (L.) (Gardon vulgaire). — T.-C. — IV, p. 452.

143. *Squalius cephalus* (L.) (Chevaine vulgaire). — C. — IV, p. 453.

144. *Squalius grislagine* (L.) (Chevaine vandoise). — C. — IV, p. 455.

145. *Chondrostoma nasus* (L.) (Chondrostome nase). — P.C. — IV, p. 457.

146. *Cobitis barbatula* L. (Loche franche). — C. — IV, p. 458.

147. *Cobitis taenia* L. (Loche de rivière). — P.C. — IV, p. 459.

148. *Clupea harengus* L. (Clupée hareng). — T.-C. — IV, p. 461.

149. *Meletta sprattus* (L.) (Melette esprot). — T.-C. — IV, p. 465.

150. *Harengula latula* C. et V. (Harengule blanquette). — T.-C. — IV, p. 467.

151. *Alosa communis* Yarr. (Alose commune). — P.C. — IV, p. 467.

152. *Alosa finta* Cuv. (Alose finte). — C. — IV, p. 469.

153. *Esox lucius* L. (Ésoce brochet). — C. — IV, p. 473.

154. *Ramphistoma belone* (L.) (Ramphistome orphie). — C. — IV, p. 474.

155. *Salmo salar* L. (Saumon vulgaire). — P.C. — IV, p. 476.

156. *Trutta marina* Duham. (Truite de mer). — A.R. — IV, p. 479.

157. *Trutta fario* (L.) (Truite vulgaire). — T.-C. — IV, p. 480.

158. *Osmerus eperlanus* (L.) (Osmère éperlan). — C. — IV, p. 482.

Apodes (2 espèces).

159. *Anguilla vulgaris* Turt. (Anguille vulgaire). — T.-C. — IV, p. 484.

160. *Conger niger* Risso (Congre vulgaire). — T.-C. — IV, p. 487.

Cyclostomes (2 espèces).

161. *Petromyzon marinus* L. (Lamproie marine). — A.R. — IV, p. 490.

162. *Petromyzon fluviatilis* L. (Lamproie fluviatile). — A.C. — IV, p. 492.

Branchiostomiens (1 espèce).

163. *Branchiostoma lanceolatum* (Pall.) (Branchiostome lancéolé). — A.C. — IV, p. 494.

RÉSUMÉ GÉNÉRAL.

Vertébrés : 575 espèces (dont 569 formes typiques et 6 variétés), plus 12 variétés dont les formes typiques sont au nombre des précédentes, sauf une variété d'oiseau : l'*Uria lomvia* (L.) *var. ringvia* Brünn. (Guillemot lumme var. bridée), dont la forme typique n'a pas, à ma connaissance, été observée en Normandie, mais dont je compte ici, comme espèce, la *var. Troile* (L.) (var. de Troïl). Ce total des espèces de Vertébrés sauvages observées en Normandie se décompose de cette manière en les cinq classes qui constituent cet embranchement :

Mammifères : 62 espèces et 1 variété de l'une d'elles.

Oiseaux : 322 espèces (dont 318 formes typiques et 4 variétés), plus 10 variétés dont les formes typiques sont au nombre des précédentes, sauf l'*Uria lomvia* (L.) *var. ringvia* Brünn. (Guillemot lumme var. bridée) dont la forme typique n'a pas, à ma connaissance, été observée en Normandie, mais dont je compte ici, comme espèce, la *var. Troile* (L.) (var. de Troïl).

Reptiles : 12 espèces.

Batraciens : 16 espèces (15 formes typiques et 1 variété).

Poissons : 163 espèces (dont 162 formes typiques et 1 variété), plus 1 variété dont la forme typique est au nombre des précédentes.

LISTE MÉTHODIQUE DES VERTÉBRÉS SAUVAGES

DONT IL EST FAIT UNE MENTION SPÉCIALE
DANS LES QUATRE PREMIERS FASCICULES DE CETTE FAUNE,
MAIS QUI NE DOIVENT PAS FIGURER
DANS LA PRÉCÉDENTE LISTE MÉTHODIQUE
DES VERTÉBRÉS SAUVAGES OBSERVÉS EN NORMANDIE [1].

Mammifères.

Myoxus glis (L.) (Loir vulgaire). — Fasc. I, p. 165; et IV, p. 527.

Balaenoptera borealis Cuv. (Rorqual du Nord). — IV, p. 540.

Oiseaux.

Circus macrurus (S. Gm.) (Busard blafard). — II, p. 91.

Aquila leucocephala Briss. (Aigle à tête blanche). — II, p. 99; et III, p. 504.

Falco Feldeggi Schleg. (Faucon lanier). — II, p. 113.

Falco vespertinus L. (Faucon kobez). — II, p. 113.

Picus martius L. (Pic noir). — II, p. 188.

Picus leuconotus Bchst. (Pic à dos blanc). — II, p. 189.

(1) Les Vertébrés sauvages mentionnés ici ne doivent pas figurer dans la précédente liste en question, soit parce que leur présence en Normandie n'a pas été constatée, selon moi, d'une manière suffisamment précise, soit parce qu'ils furent indiqués à tort dans la faune de cette province et que je devais signaler ces erreurs, soit parce que leur tentative d'acclimatation y est encore, à mon avis, trop récente, soit parce que, très-vraisemblablement, il s'agit d'individus échappés d'établissements zoologiques ou de jardins d'amateurs, etc.

Aedon galactodes (Temm.) (Agrobate rubigineux). — II, p. 216.

Locustella certhiola (Pall.) (Locustelle certhiole). — II, p. 350.

Locustella fluviatilis (M. et W.) (Locustelle fluviatile). — II, p. 350.

Saxicola rufescens (Briss.) (Traquet oreillard). — II, p. 351.

Erithacus caerulecula (Pall.) (Rubiette suédoise). — II, p. 274.

Motacilla citreola Pall. (Bergeronnette citrine). — II, p. 284.

Alauda calandra L. (Alouette calandre). — II, p. 302.

Linaria italica (Briss.) (Linotte venturon). — II, p. 325.

Fringilla nivalis Briss. (Pinson niverolle). — II, p. 328.

Pyrrhula enucleator (L.) (Bouvreuil dur-bec). — II, p. 338.

Pterocles pyrenaicus (Briss.) (Ganga cata). — III, p. 218.

Lagopus vulgaris Vieill. (Lagopède des Alpes). — IV, p. 553.

Limosa cinerea (Güldst.) (Barge térek). — III, p. 266.

Totanus macularius (L.) (Chevalier grivelé). — III, p. 276.

Totanus semipalmatus (Gm.) (Chevalier semipalmé). — III, p. 277.

Totanus nutans (?). — III, p. 277.

Larus atricilla L. (Goëland atricille), — III, p. 375.

Puffinus obscurus (Gm.) (Puffin obscur). — III, p. 390.

Pelecanus onocrotalus L. (Pélican blanc). — III, p. 399.

Anser niveus Briss. (Oie des neiges). — III, p. 419.

Cygnus atratus (Lath.) (Cygne noir). — III, p. 425.

Anas viduata L. (Canard de Maragnon). — III, p. 439.

Anas kazarka L. (Canard kazarka). — III, p. 440.

Anas galericulata L. (Canard mandarin). — III, p. 440.

Anas torquata Vieill. (Canard à collier noir). — III, p. 441.

Anas virginiana (Briss.) (Canard soucrourou).—III, p. 441.

Fuligula islandica (Gm.) (Fuligule de Barrow). — III, p. 464.

Uria lomvia (L.) *var. arra* (Pall.) (Guillemot lumme var. à gros bec). — III, p. 492.

Alca impennis L. (Pingouin brachyptère). — III, p. 499 et pl. I; et IV, p. 583.

Reptiles.

Tropidonotus viperinus (Latr.) (Tropidonote vipérin). — IV, p. 177 et 498.

Zamenis gemonensis (Laur.) (Zaménis vert et jaune). — IV, p. 184.

Poissons.

Oxyrhina Spallanzanii Ag. (Oxyrhine de Spallanzani). — IV, p. 237.

Rhinobatus (Rhinobate). — IV, p. 252.

Acipenser Valenciennesi A. Dum. (Esturgeon de Valenciennes). — IV, p. 273 et 502.

Syngnathus ethon Risso (Syngnathe éthon). — IV, p. 279.

Entelurus anguineus (Jen.) (Entelure serpentiforme). — IV, p. 283.

Enchelyopus viviparus (L.) (Zoarcès vivipare). — IV, p. 295.

Gobius jozo L. (Gobie jozo). — IV, p. 306.

Scorpaena scrofa L. (Scorpène truie). — IV, p. 325.

Scorpaena dactyloptera Delar. (Scorpène dactyloptère). — IV, p. 325.

Tetrapturus belone Raf. (Tétrapture aiguille). — IV, p. 355.

Cantharus brama C. et V. (Canthère brême). — IV, p. 361.

Gadus minutus L. (Gade capelan). — IV, p. 387.

Merlangus virens (L.) (Merlan colin). — IV, p. 389.

Cyclogaster Montagui (Donov.) (Cyclogastère de Montagu). — IV, p. 427.

Cobitis fossilis L. (Loche d'étang). — IV, p. 460.

Alosa pilchardus (Walb.) (Alose sardine). — IV, p. 470.

Stolephorus encrasicholus (L.) (Stoléphore anchois). — IV, p. 472.

Oncorhynchus quinnat (Rich.) (Oncorhynque quinnat). — IV, p. 482.

Trutta iridea (Gibb.) (Truite arc-en-ciel). — IV, p. 482.

Umbla salvelinus (L.) (Omble chevalier). — IV, p. 482.

ABRÉVIATIONS.

T.-C. — Très-commun.

C. — Commun.

A. C. — Assez commun.

P.C. — Peu commun.

A.R. — Assez rare.

R. — Rare.

T.-R. — Très-rare.

ERRATUM

DU SUPPLÉMENT AUX MAMMIFÈRES ET AUX OISEAUX.

Page 547, ligne 8 : lire *Muscicapa grisola* (Klein), au lieu de *Muscicapa grisola* L.

TABLE ALPHABÉTIQUE

DES

NOMS LATINS ET FRANÇAIS DES ESPÈCES ET DES VARIÉTÉS

DE VERTÉBRÉS INDIQUÉES DANS CE FASCICULE (1).

A

(1) Je n'ai inscrit dans cette table, pour ne pas lui donner une extension trop grande, que les noms des espèces et des variétés, latins et français. imprimés en gros caractères dans ce volume.

B

C

D

E

F

G

H

I

J

L

M

N

O

P

R

S

T

U

V

X

Z

TABLE DES MATIÈRES

DE CE FASCICULE.

Nombre de pages de ce fascicule : **532.**

MATIÈRE & MOUVEMENT
HCK
TOUT POUR L'HUMANITÉ
BIBLIOTHÈQUE NATIONALE
IMPRIMÉS

www.ingramcontent.com/pod-product-compliance
Lightning Source LLC
Chambersburg PA
CBHW031350210326
41599CB00019B/2721

* 9 7 8 2 0 1 2 6 6 3 7 1 8 *